“十三五”国家重点出版物出版规划项目

中 国 生 物 物 种 名 录

第一卷 植 物

种子植物(III)

被子植物 ANGIOSPERMS

(百合科 **Liliaceae—**五桠果科 **Dilleniaceae**)

覃海宁 刘 博 何兴金 叶建飞 编著

科 学 出 版 社
北 京

内 容 简 介

本书收录了中国被子植物共22科169属2679种（不含种下等级），其中1856种（69.3%）为中国特有，31种（1.2%）为外来种，主要是栽培植物。每一种的内容包括中文名、学名和异名及原始发表文献、国内外分布等信息。

本书可作为中国植物分类系统学和多样性研究的基础资料，也可作为环境保护、林业、医学等从业人员及高等院校师生的参考书。

图书在版编目（CIP）数据

中国生物物种名录. 第一卷，植物. 种子植物. Ⅲ，被子植物. 百合科—五桠果科/覃海宁等编著. —北京：科学出版社，2018.2
"十三五"国家重点出版物出版规划项目 国家出版基金项目
ISBN 978-7-03-056484-9

Ⅰ. ①中… Ⅱ. ①覃… Ⅲ. ①生物–物种–中国–名录 ②百合科–物种–中国–名录 ③五桠果科–物种–中国–名录 Ⅳ. ①Q152-62 ②Q949.71-62 ③Q949.758.1-62

中国版本图书馆CIP数据核字（2018）第020500号

责任编辑：马 俊 王 静 付 聪 侯彩霞 / 责任校对：李 影
责任印制：张 伟 / 封面设计：刘新新

科学出版社出版
北京东黄城根北街16号
邮政编码：100717
http://www.sciencep.com
北京教图印刷有限公司印刷
科学出版社发行 各地新华书店经销
*
2018年2月第 一 版 开本：889 × 1194 1/16
2018年2月第一次印刷 印张：17 3/4
字数：626 000
定价：128.00元
（如有印装质量问题，我社负责调换）

Species Catalogue of China

Volume 1 Plants

SPERMATOPHYTES (III)

ANGIOSPERMS

(Liliaceae—Dilleniaceae)

Authors: Haining Qin Bo Liu Xingjin He Jianfei Ye

Science Press

Beijing

《中国生物物种名录》编委会

总　　序

生物多样性保护研究、管理和监测等许多工作都需要翔实的物种名录作为基础。建立可靠的生物物种名录也是生物多样性信息学建设的首要工作。通过物种唯一的有效学名可查询关联到国内外相关数据库中该物种的所有资料，这一点在网络时代尤为重要，也是整合生物多样性信息最容易实现的一种方式。此外，“物种数目”也是一个国家生物多样性丰富程度的重要统计指标。然而，像中国这样生物种类非常丰富的国家，各生物类群研究基础不同，物种信息散见于不同的志书或不同时期的刊物中，加之分类系统及物种学名也在不断被修订。因此建立实时更新、资料翔实，且经过专家审订的全国性生物物种名录，对我国生物多样性保护具有重要的意义。

生物多样性信息学的发展推动了生物物种名录编研工作。比较有代表性的项目，如全球鱼类数据库（FishBase）、国际豆科数据库（ILDIS）、全球生物物种名录（CoL）、全球植物名录（TPL）和全球生物名称（GNA）等项目；最有影响的全球生物多样性信息网络（GBIF）也专门设立子项目处理生物物种名称（ECAT）。生物物种名录的核心是明确某个区域或某个类群的物种数量，处理分类学名称，厘清生物分类学上有效发表的拉丁学名的性质，即接受名还是异名及其演变过程；好的生物物种名录是生物分类学研究进展的重要标志，是各种志书编研必需的基础性工作。

自 2007 年以来，中国科学院生物多样性委员会组织国内外 100 多位分类学专家编辑中国生物物种名录；并于 2008 年 4 月正式发布《中国生物物种名录》光盘版和网络版（http://www.sp2000.cn），此后，每年更新一次；2012 年版名录已于同年 9 月面世，包括 70 596 个物种（含种下等级）。该名录自发布受到广泛使用和好评，成为环境保护部物种普查和农业部作物野生近缘种普查的核心名录库，并为环境保护部中国年度环境公报物种数量的数据源，我国还是全球首个按年度连续发布全国生物物种名录的国家。

电子版名录发布以后，有大量的读者来信索取光盘或从网站上下载名录数据，取得了良好的社会效果。有很多读者和编者建议出版《中国生物物种名录》印刷版，以方便读者、扩大名录的影响。为此，在 2011 年 3 月 31 日中国科学院生物多样性委员会换届大会上正式征求委员的意见，与会者建议尽快编辑出版《中国生物物种名录》印刷版。该项工作得到原中国科学院生命科学与生物技术局的大力支持，设立专门项目，支持《中国生物物种名录》的编研，项目于 2013 年正式启动。

组织编研出版《中国生物物种名录》（印刷版）主要基于以下几点考虑。①及时反映和推动中国生物分类学工作。“三志”是本项工作的重要基础。从目前情况看，植物方面的基础相对较好，2004 年 10 月《中国植物志》80 卷 126 册全部正式出版，*Flora of China* 的编研也已完成；动物方面的基础相对薄弱，《中国动物志》虽已出版 130 余卷，但仍有很多类群没有出版；《中国孢子植物志》已出版 80 余卷，很多类群仍有待编研，且微生物名录数字化基础比较薄弱，在 2012 年版中国生物物种名录光盘版中仅收录 900 多种，而植物有 35 000 多种，动物有 24 000 多种。需要及时总结分类学研究成果，把新种和新的修订，包括分类系统修订的信息及时整合到生物物种名录中，以克服志书编写出版周期长的不足，让各个方面的读者和用户及时了解和使用新的分类学成果。②生物物种名称的审订和处理是志书编写的基础性工作，名录的编研出版可以推动生物志书的编研；相关学科如生物地理学、保护生物学、生态学等的研究工作需要及时更新的生物物种名录。③政府部门和社会团体等在生物多样性保护和可持续利用的实践中，希望及时得到中国物种多样性的统计信息。④全球生物物种名录等国际项目需要中国生物物种名录等区域性名录信息不断更新完善，因此，我们的工作也可以在一定程度上推动全球生物多样性编目与保护工作的进展。

编研出版《中国生物物种名录》（印刷版）是一项艰巨的任务，尽管不追求短期内涉及所有类群，也是难度很大的。衷心感谢各位参编人员的严谨奉献，感谢几位副主编和工作组的把关和协调，特别感谢不幸过世的副主编刘瑞玉院士的积极支持。感谢国家出版基金和科学出版社的资助和支持，保证了本系列丛书的顺利出版。在此，对所有为《中国生物物种名录》编研出版付出艰辛努力的同仁表示诚挚的谢意。

虽然我们在《中国生物物种名录》网络版和光盘版的基础上，组织有关专家重新审订和编写名录的印刷版。但限于资料和编研队伍等多方面因素，肯定会有诸多不尽如人意之处，恳请各位同行和专家批评指正，以便不断更新完善。

陈宜瑜

2013 年 1 月 30 日于北京

植物卷前言

《中国生物物种名录》（印刷版）植物卷共计十二个分册和总目录一册，涵盖中国全部野生高等植物，以及重要和常见栽培植物和归化植物。包括苔藓植物、蕨类植物（包括石松类和蕨类植物）各一个分册，种子植物十个分册，提供每种植物（含种下等级）名称及国内外分布等基本信息，学名及其异名还附有原始发表文献；总目录册为索引性质，也包括全部高等植物，但不引异名及文献。

根据《中国生物物种名录》编委会关于采用新的和成熟的分类系统排列的决议，苔藓植物采用Frey等（2009）的系统；蕨类植物基本上采用*Flora of China*（Vol. 2-3，2013）的系统；裸子植物按Christenhusz等（2011）系统排列；被子植物科按"被子植物发育研究组（Angiosperm Phylogeny Group，APG）"第三版（APGIII）排列（APG，2009；Haston et al.，2009；Reveal and Chase，2011），但对菊目（Asterales）、南鼠刺目（Escalloniales）、川续断目（Dipsacales）、天门冬目（Asparagales）（除兰科外）各科及百合目（Liliales）百合科（Liliaceae）的顺序作了调整，以保持各册书籍体量之间的平衡；科级范畴与刘冰等（2015）文章基本一致（http://www.biodiversity-science.net/article/2015/1005-0094-23-2-225.html）。种子植物各册所包含类群及排列顺序见附件一。

本卷名录收载苔藓植物150科591属3021种（贾渝和何思，2013）；蕨类植物40科178属2147种（严岳鸿等，2016）；裸子植物10科45属262种；被子植物264科3191属30 729种。全书共收载中国高等植物464科4005属36 159种，其中外来种1283种，特有种18 919种。

"●"表示中国特有种，"☆"表示栽培种，"△"表示归化种。

工作组以2013年电子版（网络版）《中国生物物种名录》（http://www.sp2000.org.cn/）为基础，并补充*Flora of China*新出版卷册信息构建名录底库，提供给卷册编著者作为编研基础和参考；编著者在广泛查阅近期分类学文献后，按照编写指南精心编制类群名录；初稿经过同行评审和编委会组织的专家审稿会审定后，作者再修改终成文付梓。我们对名录编著者的辛勤劳动和各位审核专家的帮助表示诚挚的谢意！

2007～2009年，我们曾广泛邀请国内植物分类学专家审核《中国生物物种名录》（电子版）高等植物部分。共有28家单位82位专家参加名录审核工作，涉及大多数高等植物种类，一些疑难科属还进行了数次或多人交叉审核。我们借此机会感谢这些专家学者的贡献，尤其感谢内蒙古大学赵一之教授和曲阜师范大学侯元同教授协助审核许多小型科属。可以说，没有这些专家的工作就没有物种名录电子版，也是他们的工作奠定了名录印刷版编研的基础。电子版名录审核专家名单见附件二。

我们再次感谢各位名录编著者的支持、投入和敬业；感谢丛书编委会主编及植物卷各位编委的审核和把关；感谢中国科学院生物多样性委员会各位领导老师的指导和帮助；感谢何强、李奕、包伯坚、赵莉娜、刘慧圆、纪红娟、刘博、叶建飞等多位同事和学生在名录录入和数据整理工作上提供的帮助；感谢杨永、刘冰两位博士提供APGIII系统框架及其科级范畴资料；感谢科学出版社各位编辑耐心而细致的编辑工作。

《中国生物物种名录》植物卷工作组

2016年10月30日

主要参考文献

Angiosperm Phylogeny Group. 2009. An update of the Angiosperm Phylogeny Group classification for the orders and families of flowering plants: APG Ⅲ. Bot. J. Linn. Soc., 161(2): 105-121.

Christenhusz M J M, Reveal J L, Farjon A, Gardner M F, Mill R R, Chase M W. 2011. A new classification and linear sequence of extant gymnosperms. Phytotaxa, 19: 55-70.

Frey W, Stech M, Fischer E. 2009. Bryophytes and seedless vascular plants. Syllabus of plant families. 3. Berlin, Stuttgart: Gebr. Borntraeger Verlagsbuchhandlung.

Haston E, Richardson J E, Stevens P F, Chase M W, Harris D J. 2009. The Linear Angiosperm Phylogeny Group (LAPG) Ⅲ: a linear sequence of the families in APGⅢ. Bot. J. Linn. Soc., 161(2): 128-131.

Reveal J L, Chase M W. 2011. APGⅢ: Bibliographical Information and Synonymy of Magnoliidae. Phytotaxa, 19: 71-134.

Wu C Y, Raven P H, Hong D Y. 1994-2013. Flora of China. Volume 1-25. Beijing: Science Press, St. Louis: Missouri Botanical Garden Press.

贾渝，何思. 2013. 中国生物物种名录 第一卷 植物 苔藓植物. 北京：科学出版社.

刘冰，叶建飞，刘夙，汪远，杨永，赖阳均，曾刚，林秦文. 2015. 中国被子植物科属概览：依据 APGⅢ系统. 生物多样性, 23(2): 225-231.

骆洋，何廷彪，李德铢，王雨华，伊廷双，王红. 2012. 中国植物志、*Flora of China* 和维管植物新系统中科的比较. 植物分类与资源学报, 34(3): 231-238.

汤彦承，路安民. 2004.《中国植物志》和《中国被子植物科属综论》所涉及“科”界定及比较. 云南植物研究, 26(2): 129-138.

严岳鸿，张宪春，周喜乐，孙久琼. 2016. 中国生物物种名录 第一卷 植物 蕨类植物. 北京：科学出版社.

中国科学院中国植物志编辑委员会. 1959-2004. 中国植物志(第一至第八十卷). 北京：科学出版社.

附件一 《中国生物物种名录》植物卷种子植物部分系统排列

（Ⅰ分册）

裸子植物 GYMNOSPERMS

苏铁亚纲 Cycadidae

苏铁目 Cycadales

1 苏铁科 Cycadaceae

银杏亚纲 Ginkgoidae

银杏目 Ginkgoales

2 银杏科 Ginkgoaceae

买麻藤亚纲 Gnetidae

买麻藤目 Gnetales

3 买麻藤科 Gnetaceae

麻黄目 Ephedrales

4 麻黄科 Ephedraceae

松柏亚纲 Pinidae

松目 Pinales

5 松科 Pinaceae

南洋杉目 Araucariales

6 南洋杉科 Araucariaceae

7 罗汉松科 Podocarpaceae

柏目 Cupressales

8 金松科 Sciadopityaceae

9 柏科 Cupressaceae

10 红豆杉科 Taxaceae

被子植物 ANGIOSPERMS

木兰亚纲 Magnoliidae

睡莲超目 Nymphaeanae

睡莲目 Nymphaeales

1 莼菜科 Cabombaceae

2 睡莲科 Nymphaeaceae

木兰藤超目 Austrobaileyanae

木兰藤目 Austrobaileyales

3 五味子科 Schisandraceae

木兰超目 Magnolianae

胡椒目 Piperales

4 三白草科 Saururaceae

5 胡椒科 Piperaceae

6 马兜铃科 Aristolochiaceae

木兰目 Magnoliales

7 肉豆蔻科 Myristicaceae

8 木兰科 Magnoliaceae

9 番荔枝科 Annonaceae

樟目 Laurales

10 蜡梅科 Calycanthaceae

11 莲叶桐科 Hernandiaceae

12 樟科 Lauraceae

金粟兰目 Chloranthales

13 金粟兰科 Chloranthaceae
百合超目 Lilianae
菖蒲目 Acorales
14 菖蒲科 Acoraceae
泽泻目 Alismatales
15 天南星科 Araceae
16 岩菖蒲科 Tofieldiaceae
17 泽泻科 Alismataceae
18 花蔺科 Butomaceae
19 水鳖科 Hydrocharitaceae
20 冰沼草科 Scheuchzeriaceae
21 水蕹科 Aponogetonaceae
22 水麦冬科 Juncaginaceae
23 大叶藻科 Zosteraceae
24 眼子菜科 Potamogetonaceae
25 海神草科（波喜荡科）Posidoniaceae
26 川蔓藻科 Ruppiaceae
27 丝粉藻科 Cymodoceaceae
无叶莲目 Petrosaviales
28 无叶莲科 Petrosaviaceae
薯蓣目 Dioscoreales
29 肺筋草科 Nartheciaceae
30 水玉簪科 Burmanniaceae
31 薯蓣科 Dioscoreaceae
露兜树目 Pandanales
32 霉草科 Triuridaceae
33 翡若翠科 Velloziaceae
34 百部科 Stemonaceae
35 露兜树科 Pandanaceae
百合目 Liliales
36 藜芦科 Melanthiaceae
37 秋水仙科 Colchicaceae
38 菝葜科 Smilacaceae
39 白玉簪科 Corsiaceae
40 百合科 Liliaceae（移到III分册）
天门冬目 Asparagales
41 兰科 Orchidaceae

（II 分册）

42 仙茅科 Hypoxidaceae（移到III分册）
43 鸢尾蒜科 Ixioliriaceae（移到III分册）
44 鸢尾科 Iridaceae（移到III分册）
45 黄脂木科 Xanthorrhoeaceae（移到III分册）
46 石蒜科 Amaryllidaceae（移到III分册）
47 天门冬科 Asparagaceae（移到III分册）
棕榈目 Arecales
48 棕榈科 Arecaceae
鸭跖草目 Commelinales
49 鸭跖草科 Commelinaceae
50 田葱科 Philydraceae
51 雨久花科 Pontederiaceae
姜目 Zingiberales
52a 鹤望兰科 Strelitziaceae
52b 兰花蕉科 Lowiaceae
53 芭蕉科 Musaceae
54 美人蕉科 Cannaceae
55 竹芋科 Marantaceae
56 闭鞘姜科 Costaceae
57 姜科 Zingiberaceae
禾本目 Poales
58 香蒲科 Typhaceae
59 凤梨科 Bromeliaceae
60 黄眼草科 Xyridaceae
61 谷精草科 Eriocaulaceae
62 灯心草科 Juncaceae
63 莎草科 Cyperaceae
64 刺鳞草科 Centrolepidaceae
65 帚灯草科 Restionaceae
66 须叶藤科 Flagellariaceae
67 禾本科 Poaceae

（III分册）

百合科和天门冬目各科（除兰科外）
金鱼藻超目 Ceratophyllanae
金鱼藻目 Ceratophyllales
68 金鱼藻科 Ceratophyllaceae
毛茛超目 Ranunculanae
毛茛目 Ranunculales
69 领春木科 Eupteleaceae
70 罂粟科 Papaveraceae
71 星叶草科 Circaeasteraceae
72 木通科 Lardizabalaceae
73 防己科 Menispermaceae
74 小檗科 Berberidaceae
75 毛茛科 Ranunculaceae
山龙眼超目 Proteanae
清风藤目 Sabiales
76 清风藤科 Sabiaceae
山龙眼目 Proteales
77 莲科 Nelumbonaceae
78 悬铃木科 Platanaceae
79 山龙眼科 Proteaceae
昆栏树超目 Trochodendranae
昆栏树目 Trochodendrales
80 昆栏树科 Trochodendraceae
黄杨超目 Buxanae
黄杨目 Buxales
81 黄杨科 Buxaceae

234 车前科 Plantaginaceae
235 玄参科 Scrophulariaceae
236 母草科 Linderniaceae
237 芝麻科 Pedaliaceae
（Ⅸ分册）
238 唇形科 Lamiaceae
239 透骨草科 Phrymaceae
240 泡桐科 Paulowniaceae
241 列当科 Orobanchaceae
242 狸藻科 Lentibulariaceae
243 爵床科 Acanthaceae
244 紫葳科 Bignoniaceae
245 马鞭草科 Verbenaceae
246 角胡麻科 Martyniaceae
冬青目 Aquifoliales
247 粗丝木科 Stemonuraceae
248 心翼果科 Cardiopteridaceae
249 青荚叶科 Helwingiaceae
250 冬青科 Aquifoliaceae
伞形目 Apiales
260 鞘柄木科 Torricelliaceae
261 海桐花科 Pittosporaceae
262 五加科 Araliaceae
263 伞形科 Apiaceae
（Ⅹ分册）
菊目 Asterales
251 桔梗科 Campanulaceae
252 五膜草科 Pentaphragmataceae
253 花柱草科 Stylidiaceae
254 睡菜科 Menyanthaceae
255 草海桐科 Goodeniaceae
256 菊科 Asteraceae
南鼠刺目 Escalloniales
257 南鼠刺科 Escalloniaceae
川续断目 Dipsacales
258 五福花科 Adoxaceae
259 忍冬科 Caprifoliaceae

附件二 《中国生物物种名录》（2007~2009）电子版植物类群编著者名单

苔藓植物：贾　渝[中国科学院植物研究所].
蕨类植物：张宪春[中国科学院植物研究所].
裸子植物：杨　永[中国科学院植物研究所].
被子植物：
曹　伟[中国科学院沈阳应用生态研究所]：杨柳科.
曹　明[广西壮族自治区中国科学院广西植物研究所]：芸香科.
陈家瑞[中国科学院植物研究所]：假繁缕科、锁阳科、小二仙草科、菱科、柳叶菜科.
陈　介[中国科学院昆明植物研究所]：野牡丹科、使君子科、桃金娘科.
陈世龙[中国科学院西北高原生物研究所]：龙胆科.
陈文俐，刘　冰[中国科学院植物研究所]：禾亚科.
陈艺林[中国科学院植物研究所]：鼠李科.
陈又生[中国科学院植物研究所]：槭树科、堇菜科.
陈之端[中国科学院植物研究所]：葡萄科.
邓云飞[中国科学院华南植物园]：爵床科.
方瑞征[中国科学院昆明植物研究所]：旋花科.
高天刚[中国科学院植物研究所]：菊科.
耿玉英[中国科学院植物研究所]：杜鹃花科.
谷粹芝[中国科学院植物研究所]：蔷薇科.
郭丽秀[中国科学院华南植物园]：棕榈科、清风藤科.
郭友好[武汉大学]：水蕹科、水鳖科、雨久花科、香蒲科、田葱科、花蔺科、茨藻科、浮萍科、泽泻科、黑三棱科、眼子菜科.
洪德元，潘开玉[中国科学院植物研究所]：桔梗科、芍药科、鸭跖草科.
侯元同[曲阜师范大学]：锦葵科、谷精草科、省沽油科、安息香科、苋科、椴树科、桃叶珊瑚科、蓼科、石蒜科等.
侯学良[厦门大学]：番荔枝科.
胡启明[中国科学院华南植物园]：报春花科、紫金牛科.
郎楷永[中国科学院植物研究所]：兰科.
雷立功[中国科学院昆明植物研究所]：冬青科.
黎　斌[西安植物园]：石竹科.
李安仁[中国科学院植物研究所]：藜科.
李秉滔[华南农业大学]：萝藦科、夹竹桃科、马钱科.
李　恒[中国科学院昆明植物研究所]：天南星科.
李建强[中国科学院武汉植物园]：猕猴桃科、景天科.
李锡文[中国科学院昆明植物研究所]：唇形科、藤黄科、龙脑香科.
李振宇[中国科学院植物研究所]：车前科、狸藻科.
梁松筠[中国科学院植物研究所]：百合科.
林　祁[中国科学院植物研究所]：五味子科、荨麻科.
林秦文[中国科学院植物研究所]：杜英科、梧桐科、黄杨科、漆树科、卫矛科、大风子科、山龙眼科.
刘启新[江苏省中国科学院植物研究所]：伞形科、十字花科.
刘　青[中国科学院华南植物园]：山矾科.
刘全儒[北京师范大学]：败酱科、川续断科.
刘心恬[中国科学院植物研究所]：马鞭草科.
刘　演[广西壮族自治区中国科学院广西植物研究所]：山榄科、苦苣苔科、柿科.
陆玲娣[中国科学院植物研究所]：虎耳草科.

罗　艳[中国科学院西双版纳热带植物园]：毛茛科（乌头属）.
马海英[云南大学]：金虎尾科、远志科.
马金双[中国科学院上海辰山植物科学研究中心]：大戟科、马兜铃科.
彭　华，刘恩德[中国科学院昆明植物研究所]：茶茱萸科、楝科.
彭镜毅[台湾“中央研究院”生物多样性研究中心]：秋海棠科.
齐耀东[中国医学科学院药用植物研究所]：瑞香科.
丘华兴[中国科学院华南植物园]：桑寄生科、槲寄生科.
任保青[中国科学院植物研究所]：桦木科.
萨　仁[中国科学院植物研究所]：榆科.
覃海宁[中国科学院植物研究所]：灯心草科、木通科、山柑科、海桑科.
王利松[中国科学院植物研究所]：伞形科.
王瑞江[中国科学院华南植物园]：茜草科（除粗叶木属外）.
王英伟[中国科学院植物研究所]：罂粟科.
韦发南[广西壮族自治区中国科学院广西植物研究所]：樟科.
文　军[美国史密斯研究院]、刘　博[中央民族大学]：五加科、葡萄科.
吴德邻[中国科学院华南植物园]：姜科.
武建勇[环境保护部南京环境科学研究所]：小檗科.
夏念和[中国科学院华南植物园]：竹亚科、木兰科、檀香科、无患子科、胡椒科.
向秋云[美国北卡罗来纳大学]：山茱萸科（广义）.
谢　磊[北京林业大学]、阳文静[江西师范大学]：毛茛科（铁线莲属、唐松草属）.
徐增莱[江苏省中国科学院植物研究所]：薯蓣科.
许炳强[中国科学院华南植物园]：木犀科.
阎丽春[中国科学院西双版纳热带植物园]：茜草科（粗叶木属）.
杨福生[中国科学院植物研究所]：玄参科.
杨世雄[中国科学院昆明植物研究所]：山茶科.
于　慧[中国科学院华南植物园]：桑科.
于胜祥[中国科学院植物研究所]：凤仙花科.
袁　琼[中国科学院华南植物园]：毛茛科（乌头属、铁线莲属和唐松草属除外）.
张树仁[中国科学院植物研究所]：莎草科.
张志耘[中国科学院植物研究所]：海桐花科、金缕梅科、列当科、茄科、葫芦科、胡桃科、紫葳科.
张志翔[北京林业大学]：谷精草科.
赵一之[内蒙古大学]：柽柳科、胡颓子科、八角枫科、金粟兰科、桤叶树科、千屈菜科、忍冬科、牻牛儿苗科、车前科等.
赵毓棠[东北师范大学]：鸢尾科.
周庆源[中国科学院植物研究所]：莼菜科、莲科、芸香科、睡莲科.
周浙昆[中国科学院西双版纳热带植物园]：壳斗科.
朱格麟[西北师范大学]：紫草科.
朱相云[中国科学院植物研究所]：豆科.

本册编写说明

本册为《中国生物物种名录》第一卷种子植物III分册，共收录中国百合科至五桠果科等 22 科 169 属 2679 种（不含种下等级）。其中中国特有植物 1856 种，占 69.3%，外来植物 31 种（主要是栽培植物），占 1.2%。

我们在工作组提供的名录基库基础上，参考 *Flora of China*（简称“FOC”）各卷册，以及 FOC 相关科出版后发表的大量文献资料进行名录编写。资料截至 2013 年年底，部分更新至 2016 年上半年。因篇幅有限，在此不一一列出所参考资料。

本册与 FOC 处理相比，变动较大的类群有百合科、天门冬科、石蒜科和毛茛科。

《中国植物志》（简称“FRPS”）和 FOC 均采用广义百合科的概念，包含野生及外来植物约 60 属 600～700 种。本册依照 APGIII系统，中国的百合科植物只包括大百合属（*Cardiocrinum*）、七筋菇属（*Clintonia*）、猪牙花属（*Erythronium*）、贝母属（*Fritillaria*）、顶冰花属（*Gagea*）、百合属（*Lilium*）、洼瓣花属（*Lloydia*）、豹子花属（*Nomocharis*）、假百合属（*Notholirion*）、扭柄花属（*Streptopus*）、油点草属（*Tricyrtis*）和郁金香属（*Tulipa*），以及从郁金香属中分离出的老鸦瓣属（*Amana*），共计 13 属 166 种。FOC 和 FRPS 百合科中其余的大部分属（24 属）转移到天门冬科（Asparagaceae），以及石蒜科（Amaryllidaceae）、秋水仙科（Colchicaceae）、藜芦科（Melanthiaceae）、肺筋草科（Nartheciaceae）、无叶莲科（Petrosaviaceae）、菝葜科（Smilacaceae）、岩菖蒲科（Tofieldiaceae）和黄脂木科（Xanthorrhoeaceae）等 9 科。除石蒜科外，其余 8 科都是 FOC 没有记载的。

天门冬科（Asparagaceae）有 26 属 332 种，种类较多的有蜘蛛抱蛋属（*Aspidistra*）、开口箭属（*Campylandra*）、舞鹤草属（*Maianthemum*）、沿阶草属（*Ophiopogon*）和黄精属（*Polygonatum*）。蜘蛛抱蛋属物种数达到 100 种，比 FOC 增加 30 余种，增加最多；自 FOC 第 24 卷（2000 年，含百合科蜘蛛抱蛋属）出版后 10 余年来所发表的新分类群和新名称达 50 余个，主要产自广西和贵州。

石蒜科（Amaryllidaceae）记载 6 属 164 种[其中葱属（*Allium*）142 种]，比 FOC 增加许多种类，主要是葱属从百合科移入该科的原因。

毛茛科（Ranunculaceae）共收载 38 属 926 种。属种数目大致与 FOC 持平，但有些属种经历较大的修订。例如，铁线莲属（*Clematis*）依据毛茛科专家王文采先生 2003～2007 年的几篇分类修订文章作了处理。此外，乌头属（*Aconitum*）也根据罗艳和杨亲二 2005 年的论文作了更新。

本册分工如下：何兴金（中国科学院植物研究所）、李娟（中国科学院植物研究所）、杨利琴（四川大学）负责百合科、天门冬科和石蒜科葱属的编写；张树仁（中国科学院植物研究所）负责仙茅科、鸢尾蒜科、鸢尾科、黄脂木科和石蒜科（除葱属外）的编写；覃海宁（中国科学院植物研究所）、刘博（中央民族大学）和叶建飞（中国科学院植物研究所）负责其余科的编写。

本册在编写过程中，承蒙洪德元院士、张宪春研究员、刘全儒教授、包伯坚先生、谢磊博士（毛茛科）、刘演研究员（蜘蛛抱蛋属）审核稿件，在此表示衷心的感谢；感谢王利松博士和薛纳新女士为本册编写做的大量协助工作。虽然作者在名录编写过程中，借助电子媒介和纸版书籍，尽量收集处理新近发表的新类群、新名称及新分布资料，但由于本书涉及类群较多，许多类群非编著者所熟悉，加之文献资料浩如烟海，难免有遗漏和采用偏颇之处，敬请广大读者批评指正。

覃海宁　刘　博　何兴金　叶建飞

2016 年 1 月于北京香山

目　录

被子植物 ANGIOSPERMS

40. 百合科 LILIACEAE [13 属：166 种]

老鸦瓣属 **Amana** Honda

老鸦瓣

Amana edulis (Miq.) Honda, Bull. Biogeogr. Soc. Japan 6: 20 (1935).

Orithyia edulis Miq., Ann. Mus. Bot. Lugduno-Batavi 3: 158 (1867); *Tulipa edulis* (Miq.) Baker, J. Linn. Soc., Bot. 14: 295 (1874).

辽宁、山东、陕西、安徽、江苏、浙江、江西、湖南、湖北；日本、朝鲜半岛。

阔叶老鸦瓣

Amana erythronioides (Baker) D. Y. Tan et D. Y. Hong, Bot. J. Linn. Soc. 154: 441 (2007).

Tulipa erythronioides Baker, J. Bot. 13: 292 (1875).

安徽、浙江；日本。

括苍山老鸦瓣

•**Amana kuocangshanica** D. Y. Tan et D. Y. Hong, Bot. J. Linn. Soc. 154: 437 (2007).

浙江。

皖浙老鸦瓣

•**Amana wanzhensis** Lu Q. Huang, B. X. Han et K. Zhang, Phytotaxa 177 (2): 120 (2014) [epublished].

安徽。

大百合属 **Cardiocrinum** (Endl.) Lindl.

荞麦叶大百合

•**Cardiocrinum cathayanum** (E. H. Wilson) Stearn, Gard. Chron., sér. 3 124: 4 (1948).

Lilium cathayanum E. H. Wilson, Lilies East. Asia 99 (1925).

河南、安徽、江苏、浙江、江西、湖南、湖北、福建。

大百合

Cardiocrinum giganteum (Wall.) Makino, Bot. Mag. 27 (318): 125 (1913).

Lilium giganteum Wall., Tent. Fl. Napal. 1: 21, pl. 12-13 (1824); *Lilium cordifolium* D. Don, Prodr. Fl. Nepal. (1836), non Thunb (1794).

河南、陕西、甘肃、江西、湖南、湖北、四川、贵州、云南、福建、广西；缅甸（北部）、不丹、尼泊尔、印度（东北部）。

大百合（原变种）

Cardiocrinum giganteum var. **giganteum**

西藏；缅甸（北部）、不丹、尼泊尔、印度（东北部）。

云南大百合

•**Cardiocrinum giganteum** var. **yunnanense** (Leichtlin ex Elwes) Stearn, Gard. Chron., sér. 3 124: 4 (1948).

Lilium giganteum var. *yunnanense* Leichtlin ex Elwes, Gard. Chron., sér. 3 60: 49, f. 18 (1916); *Lilium mirabile* Franch., J. Bot. (Morot) 6 (17-18): 310 (1892).

河南、陕西、甘肃、湖南、湖北、四川、贵州、云南、广西、江西、福建。

七筋菇属 **Clintonia** Raf.

七筋菇

Clintonia udensis Trautv. et C. A. Mey., Fl. Ochot. Phaenog. 92, pl. 30 (1856).

Smilacina alpina Royle, Ill. Bot. Himal. Mts. 380 (1839), *nom. nud.*; *Clintonia alpina* Kunth ex Baker, J. Linn. Soc., Bot. 14 (80): 585 (1875); *Clintonia alpina* var. *udensis* (Trautv. et C. A. Mey.) J. F. Macbr., Contr. Gray Herb. 56: 18 (1918); *Clintonia udensis* var. *alpina* (Kunth ex Baker) H. Hara, J. Jap. Bot. 38 (3): 71 (1963).

黑龙江、吉林、辽宁、河北、山西、河南、陕西、甘肃、湖北、四川、云南、西藏；日本、朝鲜半岛、缅甸、不丹、印度、俄罗斯（远东地区、西伯利亚）。

猪牙花属 **Erythronium** L.

猪牙花（山芋头，母猪牙）

Erythronium japonicum Decne., Rev. Hort. Bouchesdu-Rhone, sér. 4 3: 284 (1854).

Erythronium dens-canis var. *japonicum* Baker, J. Linn. Soc., Bot. 14 (76): 297 (1874); *Erythronium japonicum* f. *album* C. F. Fang, Nat. Resour. Res. 1: 31 (1986); *Erythronium japonicum* f. *immaculatum* Sun Q. S., Fl. Liaoning. 2: 1159 (1992).

吉林、辽宁；日本、朝鲜半岛。

新疆猪牙花

Erythronium sibiricum (Fisch. et C. A. Mey.) Krylov, Fl. Sibir. Occid. 3: 641 (1929).

Erythronium dens-canis var. *sibiricum* Fisch. et C. A. Mey., Index Sem. [St. Petersburg] 7: 47 (1841).

新疆；哈萨克斯坦、俄罗斯。

贝母属 **Fritillaria** L.

安徽贝母

•**Fritillaria anhuiensis** S. C. Chen et S. F. Yin, Acta Phytotax. Sin. 21 (1): 100 (1983).

Fritillaria hupehensis var. *dabieshanensis* M. B. Deng et K. Yao, Bull. Nanjing Bot. Gard. 1982: 32 (1982); *Fritillaria ebeiensis* G. D. Yu et G. Q. Ji, J. Nanjing Coll. Pharm. 16 (3): 29 (1985); *Fritillaria ebeiensis* var. *purpurea* G. D. Yu et P. Li, J. Nanjing Coll. Pharm. 16 (3): 30, f. 5 (1985); *Fritillaria wuyangensis* Z. Y. Gao, Acta Phytotax. Sin. 23 (1): 69 (1985); *Fritillaria anhuiensis* var. *albiflora* S. C. Chen et S. F. Yin, Acta Bot. Yunnan. 7 (3): 307, pl. 1, f. 5 (1986); *Fritillaria anhuiensis* f. *jinzhaiensis* Y. K. Yang et J. Z. Zhao, J. Wuhan Bot. Res. 5 (2): 143 (1987); *Fritillaria shuchengensis* Y. K. Yang, D. Q. Wang et J. Z. Shao, J. Wuhan Bot. Res. 5 (2): 140 (1987).

河南、安徽。

川贝母

Fritillaria cirrhosa D. Don, Prodr. Fl. Nepal. 51 (1825).

Lilium bonatii H. Lév., Repert. Spec. Nov. Regni Veg. 11 (286-290): 303 (1912); *Fritillaria cirrhosa* var. *viridiflava* S. C. Chen, Acta Bot. Yunnan. 5 (4): 373 (1983); *Fritillaria cirrhosa* var. *bonatii* (H. Lév.) S. C. Chen, Acta Bot. Yunnan. 5: 37 (1983); *Fritillaria cirrhosa* var. *dingriensis* Y. K. Yang et J. Z. Zhang, Acta Bot. Boreal.-Occid. Sin. 5 (1): 34 (1985); *Fritillaria duilongdeqingensis* Y. K. Yang et Gesan, *op. cit.* 5 (1): 30 (1985); *Fritillaria zhufenensis* Y. K. Yang et J. Z. Zhang, *op. cit.* 5 (1): 21 (1985); *Fritillaria lhiinzeensis* Y. K. Yang, Y. Q. Ye et al., J. Wuhan Bot. Res. 5 (2): 126 (1987).

甘肃、青海、四川、云南、西藏；不丹、印度、尼泊尔。

粗茎贝母

•**Fritillaria crassicaulis** S. C. Chen, Acta Phytotax. Sin. 15 (2): 36 (1977).

Fritillaria omeiensis S. C. Chen, Acta Phytotax. Sin. 15 (2): 39 (1977); *Fritillaria wabuensis* S. Y. Tang et S. C. Yueh, Acta Acad. Med. Sichuan. 14 (4): 331 (1983); *Fritillaria chuanganensis* Y. K. Yang et J. K. Wu, Acta Bot. Boreal.-Occid. Sin. 5 (1): 28, pl. 1: 3 (1985); *Fritillaria cirrhosa* var. *jilongensis* Y. K. Yan et Gesan, Acta Bot. Boreal.-Occid. Sin. 5 (1): 34, f. 6 (1985).

四川、云南。

大金贝母

•**Fritillaria dajinensis** S. C. Chen, Acta Bot. Yunnan. 5 (4): 369 (1983).

四川。

米贝母（米百合）

•**Fritillaria davidii** Franch., Nouv. Arch. Mus. Hist. Nat., sér. 2 10: 93, pl. 16, f. beta (1887).

四川。

梭砂贝母（德氏贝母，阿皮卡）

Fritillaria delavayi Franch., J. Bot. (Morot) 12 (13-14): 222 (1898).

Fritillaria delavayi var. *banmaensis* Y. K. Yang et J. K. Wu, Acta Bot. Boreal.-Occid. Sin. 5 (1): 24 (1985).

青海、四川、云南、西藏；不丹、印度。

高山贝母

•**Fritillaria fusca** Turrill, Hooker's Icon. Pl. 35 (2): pl. 3427, f. 8-11 (1943).

Fritillaria himalaica Y. K. Yang, Y. Q. Ye et al., J. Wuhan Bot. Res. 5 (2): 126 (1987).

西藏。

砂贝母（滩贝母）

Fritillaria karelinii (Fisch. ex D. Don) Baker, J. Linn. Soc., Bot. 14: 268 (1874).

Rhinopetalum karelinii Fisch. ex D. Don, Edinburgh New Philos. J. 8: 19 (1830); *Fritillaria karelinii* var. *albiflora* X. Z. Duan et X. J. Zheng, Acta Phytotax. Sin. 25 (1): 63 (1987).

新疆；巴基斯坦、阿富汗、伊朗、塔吉克斯坦、哈萨克斯坦、乌兹别克斯坦、土库曼斯坦。

轮叶贝母（一轮贝母）

Fritillaria maximowiczii Freyn, Oesterr. Bot. Z. 53 (1): 21 (1903).

Fritillaria maximowiczii f. *flaviflora* Q. S. Sun et H. C. Luo, Fl. Liaoning. 2: 1159 (1992).

黑龙江、吉林、辽宁、河北；俄罗斯（远东地区、东西伯利亚）。

阿尔泰贝母

Fritillaria meleagris L., Sp. Pl. 1: 304 (1753).

新疆；亚洲（西南部）、欧洲。

额敏贝母

Fritillaria meleagroides Patrin ex Schult. f., Syst. Veg. (ed. 15 bis) 7 (1): 395 (1829).

Fritillaria meleagroides var. *flavovirens* X. Z. Duan et X. J. Zheng, Acta Phytotax. Sin. 25 (1): 58 (1987); *Fritillaria meleagroides* var. *rhodantha* X. Z. Duan et X. J. Zheng, Acta Phytotax. Sin. 27 (4): 309 (1989); *Fritillaria meleagroides* var. *plena* X. Z. Duan et X. J. Zheng, Acta Phytotax. Sin. 27 (4): 309 (1989).

新疆；哈萨克斯坦、俄罗斯；欧洲。

天目贝母

•**Fritillaria monantha** Migo, J. Shanghai Sci. Inst. sect. 3 4: 139 (1939).

Fritillaria hupehensis P. G. Xiao et K. C. Hsia, Acta Phytotax. Sin. 15 (2): 40 (1977); *Fritillaria monantha* var. *tonglingensis*

S. C. Chen et S. F. Yin, Acta Phytotax. Sin. 21 (1): 101, pl. 1, f. 2 (1983); *Fritillaria ningguoensis* S. C. Chen et S. F. Yin, Acta Bot. Yunnan. 7 (3): 306 (1985); *Fritillaria puqiensis* G. D. Yu et C. Y. Chen, J. Nanjing Coll. Pharm. 16 (3): 28 (1985); *Fritillaria lichuanensis* P. Li et C. P. Yang, J. Nanjing Coll. Pharm. 16 (3): 27 (1985); *Fritillaria huangshanensis* Y. K. Yang et C. J. Wu, Acta Bot. Boreal.-Occid. Sin. 5 (1): 41 (1985); *Fritillaria wanjiangensis* Y. K. Yang, J. Z. Shao et Y. H. Zhang, J. Wuhan Bot. Res. 5 (2): 141 (1987); *Fritillaria monantha* var. *ningguoica* Y. K. Yang et M. M. Fang, J. Wuhan Bot. Res. 5 (2): 143 (1987); *Fritillaria qimenensis* D. C. Zhang et J. Z. Shao, Acta Phytotax. Sin. 29 (5): 474 (1991).
河南、安徽、浙江、江西、湖北、四川。

伊贝母

Fritillaria pallidiflora Schrenk ex Fisch. et C. A. Mey., Enum. Pl. Nov. 1: 5 (1841).
Fritillaria bolensis G. Z. Zhang et Y. M. Liu, Acta Phytotax. Sin. 22 (2): 158 (1984); *Fritillaria halabulanica* X. Z. Duan et X. J. Zheng, Acta Phytotax. Sin. 25 (1): 57 (1987); *Fritillaria pallidiflora* var. *plena* X. Z. Duan et X. J. Zheng, Acta Phytotax. Sin. 27 (4): 306 (1989).
新疆；哈萨克斯坦。

甘肃贝母

•**Fritillaria przewalskii** Maxim., Decas Pl. Nov. 9 (1882).
Fritillaria przewalskii f. *emacula* Y. K. Yang et J. K. Wu, Acta Bot. Boreal.-Occid. Sin. 5 (1): 40 (1985); *Fritillaria przewalskii* var. *discolor* Y. K. Yang et Y. S. Zhou, *op. cit.* 5 (1): 40 (1985); *Fritillaria przewalskii* var. *tessellata* Y. K. Yang et Y. S. Zhou, *op. cit.* 5 (1): 39 (1985); *Fritillaria gansuensis* S. C. Chen et G. D. Yu, Acta Bot. Yunnan. 7 (2): 148 (1985); *Fritillaria przewalskii* var. *gannanica* Y. K. Yang et J. Z. Ren, J. Wuhan Bot. Res. 5 (2): 132 (1987).
甘肃、青海、四川。

华西贝母

•**Fritillaria sichuanica** S. C. Chen, Acta Bot. Yunnan. 5 (4): 371 (1983).
Fritillaria cirrhosa var. *ecirrhosa* Franch., J. Bot. (Morot) 12 (13-14): 223 (1898); *Fritillaria mellea* S. Y. Tang et S. C. Yueh, Acta Acad. Med. Sichuan. 14 (4): 329 (1983); *Fritillaria taipaiensis* var. *zhouquensis* S. C. Chen et G. D. Yu, Acta Bot. Yunnan. 7 (2): 149 (1985); *Fritillaria przewalskii* var. *longistigma* Y. K. Yang et J. K. Wu, Acta Bot. Boreal.-Occid. Sin. 5 (1): 36 (1985); *Fritillaria qingchuanensis* Y. K. Yang et J. K. Wu, *op. cit.* 5 (1): 25 (1985); *Fritillaria pingwuensis* Y. K. Yang et J. K. Wu, *op. cit.* 5 (1): 26 (1985); *Fritillaria wenxianensis* Y. K. Yang et J. K. Wu, J. Wuhan Bot. Res. 5 (2): 129 (1987); *Fritillaria chuanbeiensis* Y. K. Yang, D. H. Jiang et Y. H. Yang, *op. cit.* 5 (2): 137 (1987); *Fritillaria chuanbeiensis* var. *huyabeimu* Y. K. Yang et D. H. Jiang, *op. cit.* 5 (2): 138 (1987); *Fritillaria fujiangensis* Y. K. Yang, D. H. Jiang et Y. H. Yang, *op. cit.* 5 (2): 139 (1987); *Fritillaria xibeiensis* Y. K. Yang, C. X. Feng et H. Z. Yang, *op. cit.* 5 (2): 130 (1987); *Fritillaria glabra* var. *qingchuanensis* (Y. K. Yang et J. K. Wu) S. Y. Tang et S. C. Yueh, Fl. Sichuan. 7: 73 (1991).
甘肃、青海、四川。

中华贝母

•**Fritillaria sinica** S. C. Chen, Acta Phytotax. Sin. 19 (4): 500 (1981).
四川。

太白贝母

•**Fritillaria taipaiensis** P. Y. Li, Acta Phytotax. Sin. 11: 251 (1966).
Fritillaria cirrhosa f. *glabra* P. Y. Li, Acta Phytotax. Sin. 11 (3): 251 (1966); *Fritillaria glabra* (P. Y. Li) S. C. Chen, Acta Bot. Yunnan. 5 (4): 372 (1983); *Fritillaria taipaiensis* f. *platyphylla* Y. K. Yang et S. X. Zhang, J. Wuhan Bot. Res. 5 (2): 134 (1987); *Fritillaria shaanxiica* Y. K. Yang, S. X. Zhang et D. K. Zhang, *op. cit.* 5 (2): 133 (1987); *Fritillaria taipaiensis* var. *fengxianensis* Y. K. Yang et J. K. Wu, *op. cit.* 5 (2): 134 (1987); *Fritillaria lhiinzeensis* Y. K. Yang, Y. Q. Ye et al., *op. cit.* 5 (2): 126 (1987); *Fritillaria shennongjiaensis* Y. K. Yang et Z. Zheng, *op. cit.* 5: 136 (1987); *Fritillaria shennongjiaensis* var. *zhengbaensis* Y. K. Yang et J. X. Yang, *op. cit.* 5 (2): 137 (1987).
陕西、甘肃、湖北、四川。

浙贝母

Fritillaria thunbergii Miq., Ann. Mus. Bot. Lugduno-Batavi 3: 157 (1867).
安徽、江苏、浙江；日本。

浙贝母（原变种）

Fritillaria thunbergii var. **thunbergii**
Uvularia cirrhosa D. Don (1825), non Thunb., Fl. Jap. 136, pl. 2 (1784); *Fritillaria collicola* Hance, J. Bot. 8 (88): 76 (1870); *Fritillaria verticillata* var. *thunbergii* (Miq.) Baker, J. Linn. Soc., Bot. 14 (76): 258 (1874); *Fritillaria austroanhuiensis* Y. K. Yang et J. K. Wu, Acta Bot. Boreal.-Occid. Sin. 5 (1): 44 (1985).
安徽、江苏、浙江；日本。

东阳贝母

•**Fritillaria thunbergii** var. **chekiangensis** P. K. Hsiao et K. C. Hsia, Acta Phytotax. Sin. 15 (2): 42, pl. 5, f. 5 (1977).
Fritillaria xiaobeimu Y. K. Yang, J. Z. Shao et M. M. Fang, J. Wuhan Bot. Res. 5 (2): 142 (1987).
浙江。

托里贝母

•**Fritillaria tortifolia** X. Z. Duan et X. J. Zheng, Acta Phytotax. Sin. 25 (1): 59, pl. 1, f. 2 (1987).
Fritillaria tortifolia var. *wusunica* X. Z. Duan et X. J. Zheng, Acta Phytotax. Sin. 27 (4): 308 (1989); *Fritillaria tortifolia* var. *plena* X. Z. Duan et X. J. Zheng, *op. cit.* 27 (4): 307 (1989); *Fritillaria tortifolia* var. *barlikensis* X. Z. Duan et X. J. Zheng,

op. cit. 27 (4): 308 (1989).
新疆。

暗紫贝母（松贝，冲松贝）

●**Fritillaria unibracteata** P. K. Hsiao et K. C. Hsia, Acta Phytotax. Sin. 15 (2): 39 (1977).
甘肃、青海、四川。

暗紫贝母（原变种）

●**Fritillaria unibracteata** var. **unibracteata**
Fritillaria sulcisquamosa S. Y. Tang et S. C. Yueh, Acta Acad. Med. Sichuan. 14 (4): 327 (1983); *Fritillaria lixianensis* Y. K. Yang et J. K. Wu, Acta Bot. Boreal.-Occid. Sin. 5 (1): 25 (1985); *Fritillaria unibracteata* var. *ganziensis* Y. K. Yang et J. K. Wu, J. Wuhan Bot. Res. 5 (2): 137 (1987).
甘肃、青海、四川。

长腺贝母

●**Fritillaria unibracteata** var. **longinectarea** S. Y. Tang et C. H. Yueh, Fl. Sichuan. 7: 60 (1991).
四川。

平贝母

Fritillaria ussuriensis Maxim., Decas. Pl. Nov. 9 (1882).
Fritillaria sulcisquamosa S. Y. Tang et S. C. Yueh, Acta Acad. Med. Sichuan. 14: 327 (1983); *Fritillaria unibracteata* var. *sulcisquamosa* (S. Y. Yang et S. C. Yueh) Hsiao et S. C. Yu, Acta Phytotax. Sin. 30 (3): 277 (1992).
黑龙江、吉林、辽宁；朝鲜半岛、俄罗斯（远东地区）。

黄花贝母

Fritillaria verticillata Willd., Sp. Pl. 2: 91 (1799).
Fritillaria amoena C. Y. Yang, Bull. Bot. Lab. N. E. Forest. Inst., Harbin 6 (1): 173 (1986); *Fritillaria verticillata* var. *jimunaica* X. Z. Duan et X. J. Zheng, Acta Phytotax. Sin. 25 (1): 61 (1987); *Fritillaria tortifolia* var. *citrina* X. Z. Duan et X. J. Zheng, *op. cit.* 25 (1): 60 (1987); *Fritillaria heboksarensis* X. Z. Duan et X. J. Zheng, *op. cit.* 25 (1): 62 (1987); *Fritillaria borealixingjiangensis* Y. K. Yang, S. X. Zhang et G. J. Liu, J. Wuhan Bot. Res. 5 (2): 128 (1987); *Fritillaria tortifolia* var. *albiflora* X. Z. Duan et X. J. Zheng, Acta Phytotax. Sin. 27 (4): 307 (1989); *Fritillaria tortifolia* var. *parviflora* X. Z. Duan et X. J. Zheng, *op. cit.* 27 (4): 307 (1989); *Fritillaria albidoflora* var. *rhodanthera* X. Z. Duan et X. J. Zheng, Acta Bot. Yunnan. 13 (1): 15 (1991); *Fritillaria albidoflora* var. *purpurea* X. Z. Duan et X. J. Zheng, *op. cit.* 13 (1): 15 (1991); *Fritillaria albidoflora* X. Z. Duan et X. J. Zheng, *op. cit.* 13 (1): 14 (1991).
新疆；哈萨克斯坦、俄罗斯。

新疆贝母（天山贝母）

Fritillaria walujewii Regel, Gartenflora 28: 353, pl. 993 (1879).
Fritillaria xinyuanensis Y. K. Yang et J. K. Wu, Acta Bot. Boreal.-Occid. Sin. 5 (1): 40 (1985); *Fritillaria tianshanica* Y. K. Yang et L. R. Xu, J. Wuhan Bot. Res. 5 (2): 127 (1987); *Fritillaria walujewii* var. *plena* X. Z. Duan et X. J. Zheng, Acta Phytotax. Sin. 27 (4): 306 (1989); *Fritillaria walujewii* var. *shawanensis* X. Z. Duan et X. J. Zheng, Acta Phytotax. Sin. 27 (4): 306 (1989).
新疆；哈萨克斯坦。

裕民贝母

●**Fritillaria yuminensis** X. Z. Duan, Acta Phytotax. Sin. 19 (2): 257 (1985).
Fritillaria tachengensis X. Z. Duan et X. J. Zheng, Acta Phytotax. Sin. 25 (1): 61 (1987); *Fritillaria tachengensis* var. *nivea* Y. K. Yang et S. X. Zhang, J. Wuhan Bot. Res. 5 (2): 129 (1987); *Fritillaria yuminensis* var. *varians* Y. K. Yang et G. J. Liu, *op. cit.* 5 (2): 129 (1987); *Fritillaria yuminensis* var. *albiflora* X. Z. Duan et X. J. Zheng, Acta Phytotax. Sin. 27 (4): 308 (1989); *Fritillaria yuminensis* var. *roseiflora* X. Z. Duan et X. J. Zheng, *op. cit.* 27 (4): 309 (1989).
新疆。

榆中贝母

●**Fritillaria yuzhongensis** G. D. Yu et Y. S. Zhou, Acta Bot. Yunnan. 7 (2): 146 (1985).
Fritillaria glabra var. *shanxiensis* S. C. Chen, Acta Bot. Yunnan. 5 (4): 373 (1983); *Fritillaria cirrhosa* var. *brevistigma* Y. K. Yang et J. K. Wu, Acta Bot. Boreal.-Occid. Sin. 5 (1): 36 (1985); *Fritillaria taipaiensis* var. *ningxiaensis* Y. K. Yang et J. K. Wu, *op. cit.* 5 (1): 32 (1985); *Fritillaria lishiensis* Y. K. Yang et J. K. Wu, J. Wuhan Bot. Res. 5 (2): 134 (1987); *Fritillaria lishiensis* var. *yichengensis* Y. K. Yang et P. P. Ling, *op. cit.* 5 (2): 135 (1987); *Fritillaria taipaiensis* var. *yuxiensis* Y. K. Yang, Z. Y. Gao et C. S. Zhou, *op. cit.* 5 (2): 135 (1987); *Fritillaria lanzhouensis* Y. K. Yang, P. P. Ling et G. Yao, *op. cit.* 5 (2): 132 (1987).
山西、河南、陕西、宁夏、甘肃。

顶冰花属 Gagea Salisb.

贺兰山顶冰花

●**Gagea alashanica** Y. Z. Zhao et L. Q. Zhao, Acta Phytotax. Sin. 41 (4): 393 (2003).
内蒙古。

毛梗顶冰花

Gagea albertii Regel, Trudy Imp. S.-Peterburgsk. Bot. Sada 6 (2): 512 (1880).
新疆；哈萨克斯坦。

阿尔泰顶冰花

Gagea altaica Schischk. et Sumn., Sist. Zametki Mater. Gerb. Krylova Tomsk. Gosud. Univ. Kuybysheva 8: 1 (1929).
新疆；哈萨克斯坦、俄罗斯。

安吉拉顶冰花（新拟）

●**Gagea angelae** Levichev et Schnittler, Organisms Diversity Evol. 11 (5): 393 (2011).

新疆。

腋球顶冰花（珠芽顶冰花）

Gagea bulbifera (Pall.) Salisb., Ann. Bot. (Oxford) 2: 557 (1806).
Ornithogalum bulbiferum Pall., Reise Russ. Reich. 2: 736 (1773).
新疆；印度、哈萨克斯坦、俄罗斯。

中国顶冰花

●**Gagea chinensis** Y. Z. Zhao et L. Q. Zhao, Ann. Bot. Fenn. 41 (4): 297 (2004).
内蒙古。

大青山顶冰花

●**Gagea daqingshanensis** L. Q. Zhao et Jie Yang, Ann. Bot. Fenn. 43 (3): 223 (2006).
内蒙古。

叉梗顶冰花

Gagea divaricata Regel, Trudy Imp. S.-Peterburgsk. Bot. Sada 6 (2): 510 (1880).
新疆；哈萨克斯坦、乌兹别克斯坦。

镰叶顶冰花

Gagea fedtschenkoana Pascher, Repert. Spec. Nov. Regni Veg. 1 (12): 190 (1905).
新疆；蒙古国、哈萨克斯坦、俄罗斯。

林生顶冰花

Gagea filiformis (Ledeb.) Kar. et Kir., Bull. Soc. Imp. Naturalistes Moscou 14: 751 (“851”) (1841).
Ornithogalum filiforme Ledeb., Fl. Altaic. 2: 30 (1830); *Gagea sacculifera* Regel, Trudy Imp. S.-Peterburgsk. Bot. Sada 6: 510 (1880); *Gagea pseudorubescens* Pascher, Repert. Spec. Nov. Regni Veg. 2 (18): 67 (1906); *Gagea minuta* Grossh., Fl. U. R. S. S. 4: 734 (1935); *Gagea nigra* L. Z. Shue, Fl. Reipubl. Popularis Sin. 14: 282 (1980).
新疆；蒙古国、巴基斯坦、阿富汗、哈萨克斯坦、俄罗斯。

钝瓣顶冰花

Gagea fragifera (Vill.) E. Bayer et G. López, Taxon 38 (4): 643 (1989).
Ornithogalum fragiferum Vill., Hist. Pl. Dauphine 2: 270 (1787); *Gagea emarginata* Kar. et Kir., Bull. Soc. Imp. Naturalistes Moscou 14: 851 (1841).
新疆；蒙古国、哈萨克斯坦、俄罗斯。

粒鳞顶冰花

Gagea granulosa Turcz., Bull. Soc. Imp. Naturalistes Moscou 27 (2): 112 (1854).
新疆；蒙古国、哈萨克斯坦、俄罗斯；欧洲。

霍城顶冰花（新拟）

●**Gagea huochengensis** Levichev, Organisms Diversity Evol. 11 (5): 394 (2011).
新疆。

高山顶冰花

Gagea jaeschkei Pascher, Sitzungsber. Deutsch. Naturwiss.-Med. Vereins Böhmen “Lotos” Prag 52: 128 (1904).
Gagea pamirica Grossh., Fl. U. R. S. S. 4: 738, pl. 6: 18 (1935).
新疆；巴基斯坦、阿富汗、哈萨克斯坦；亚洲（西南部）。

詹氏顶冰花（新拟）

●**Gagea jensii** Levichev et Schnittler, Organisms Diversity Evol. 11 (5): 393 (2011).
新疆。

顶冰花

Gagea lutea (L.) Ker Gawl., Bot. Mag. 30: t. 1200 (1809).
Ornithogalum luteum L., Sp. Pl., ed. 1: 506 (1753); *Gagea coreana* Nakai, Bot. Mag. (Tokyo) 46: 603 (1932), non H. Lév., Repert. Spec. Nov. Regni Veg. 8: 360 (1910); *Gagea nakaiana* Kitag., Linearn. Fl. Mansh. 136 (1939).
黑龙江、吉林、辽宁；日本、朝鲜半岛、尼泊尔、印度、巴基斯坦、俄罗斯。

新疆顶冰花

Gagea neopopovii Golosk., Bot. Mater. Gerb. Inst. Bot. Akad. Nauk Uzbeksk. S. S. S. R. 9: 8 (1975).
Gagea vaginata Popov ex Golosk., Bot. Mater. Gerb. Bot. Inst. Komarova Akad. Nauk S. S. S. R. 17: 87 (1955), non Pascher, Repert. Spec. Nov. Regni Veg. 2: 58 (1906); *Gagea subalpina* L. Z. Shue, Fl. Reipubl. Popularis Sin. 14: 76 (1980).
新疆；哈萨克斯坦。

多球顶冰花

Gagea ova Stapf, Denkschr. Kaiserl. Akad. Wiss., Wien. Math.-Naturwiss. Kl. 50 (2): 16 (1885).
新疆；阿富汗、塔吉克斯坦、哈萨克斯坦；亚洲（西南部）。

少花顶冰花

Gagea pauciflora (Turcz. ex Trautv.) Ledeb., Fl. Ross. 4: 143 (1853).
Plecostigma pauciflorum Turcz. ex Trautv., Pl. Imag. Descr. Fl. Russ. 8: pl. 2 (1844); *Szechenyia lloydioides* Kanitz, Pl. Exped. Szechen. in As. Centr. Collect. 61 (1891); *Gagea provisa* Pascher, Repert. Spec. Nov. Regni Veg. 1 (13): 195 (1905); *Lloydia szechenyiana* Engl., Nat. Pflanzenfam. 15 a: 337 (1930); *Gagea lloydioides* (Kanitz) Pascher, Lotus n. f. 14: 118 1904 (1970).
黑龙江、内蒙古、河北、陕西、甘肃、青海、西藏；蒙古国、俄罗斯。

草原顶冰花

●**Gagea stepposa** L. Z. Shue, Fl. Reipubl. Popularis Sin. 14: 75, 282 (Addenda) (1980).
新疆。

小顶冰花

Gagea terraccianoana Pascher, Repert. Spec. Nov. Regni Veg. 2 (16-17): 58 (1906).

Gagea japonica Pascher, Repert. Spec. Nov. Regni Veg. 2 (16-17): 57 (1906); *Gagea nipponensis* Makino, J. Jap. Bot. 3 (12): 48 (1926).

黑龙江、吉林、辽宁、河北、山西、陕西、甘肃、青海；蒙古国、朝鲜半岛、俄罗斯。

存疑种

乌恰顶冰花

Gagea olgae Regel, Trudy Imp. S.-Peterburgsk. Bot. Sada 3 (2): 292 (1875).

？新疆；印度、巴基斯坦、阿富汗、哈萨克斯坦、乌兹别克斯坦。中国是否有分布待确定（据 FOC）。

细弱顶冰花

Gagea tenera Pascher, Sitzungsber. Deutsch. Naturwiss.-Med. Vereins Böhmen “Lotos” Prag 52: 128 (1904).

？新疆；哈萨克斯坦、俄罗斯。中国是否有分布待确定（据 FOC）。

百合属 Lilium L.

秀丽百合

Lilium amabile Palib., Trudy Imp. S.-Peterburgsk. Bot. Sada 19 (2): 113 (1901).

Lilium fauriei H. Lév. et Vaniot, Repert. Spec. Nov. Regni Veg. 5 (93-98): 282 (1908).

辽宁；朝鲜半岛。

玫红百合

●**Lilium amoenum** E. H. Wilson ex Sealy, Bot. Mag. 166: pl. 73 (1949).

Lilium sempervivoideum subsp. *amoenum* (E. H. Wilson ex Sealy) S. Y. Liang, Acta Phytotax. Sin. 22 (4): 299 (1984).

云南。

安徽百合

●**Lilium anhuiense** D. C. Zhang et J. Z. Shao, Acta Phytotax. Sin. 29 (5): 475 (1991).

安徽。

滇百合

Lilium bakerianum Collett et Hemsl., J. Linn. Soc., Bot. 28 (189-191): 138, pl. 22 (1890).

四川、贵州、云南；缅甸。

滇百合（原变种）

●**Lilium bakerianum** var. **bakerianum**

四川、云南。

金黄花滇百合

●**Lilium bakerianum** var. **aureum** Grove et Cotton, Lily Year-Book. 8: 127 (1939).

四川、云南。

黄绿花滇百合

Lilium bakerianum var. **delavayi** (Franch.) E. H. Wilson, Lilies East. Asia 43 (1925).

Lilium delavayi Franch., J. Bot. (Morot) 6 (17-18): 314 (1892).

四川、贵州、云南；缅甸。

紫红花滇百合

●**Lilium bakerianum** var. **rubrum** Stearn, Gard. Chron., sér. 3 124: 4 (1948).

Lilium linceorum H. Lév. et Vaniot, Liliac.etc. de Chine 43 (1905).

贵州、云南。

无斑滇百合

●**Lilium bakerianum** var. **yunnanense** (Franch.) Sealy ex Woodcock et Stearn, Lilies World 151 (1950).

Lilium yunnanense Franch., J. Bot. (Morot) 6 (17-18): 314 (1892).

四川、云南。

短柱小百合

●**Lilium brevistylum** (S. Y. Liang) S. Y. Liang, Acta Bot. Yunnan. 8 (1): 52 (1986).

Lilium nanum var. *brevistylum* S. Y. Liang, Fl. Reipubl. Popularis Sin. 14: 131, 283 (Addenda) (1980).

西藏。

野百合

●**Lilium brownii** F. E. Br. ex Miellez, Cat. Expas. Soc. Hort. Lille. (1841).

河北、山西、河南、陕西、甘肃、安徽、江苏、浙江、江西、湖南、湖北、四川、贵州、云南、福建、广东、广西。

野百合（原变种）

●**Lilium brownii** var. **brownii**

Lilium australe Stapf, Gard. Chron., sér. 3 70: 101 (1921); *Lilium brownii* var. *australe* (Stapf) Stearn, Lilies World 165 (1950).

陕西、安徽、浙江、江西、湖南、湖北、四川、贵州、云南、福建、广东、广西。

大野百合（新拟）

●**Lilium brownii** var. **gigataeum** G. Y. Li et Z. H. Chen, J. Zhejiang Foresty Coll. 24 (6): 767 (2007).

浙江。

百合

●**Lilium brownii** var. **viridulum** Baker, Gard. Chron., n. s. 24: 134 (1885).

Lilium odorum Planch., Fl. Serres Jard. Eur. 9: 53 (1853); *Lilium brownii* var. *platyphyllum* Baker, Gard. Chron. 1891 (2): 225 (1891); *Lilium brownii* var. *ferum* Stapf ex Elwes in Lecomte, Notul. Syst. (Paris) 1: (1909); *Lilium longiflorum* var. *purpureoviolaceum* H. Lév., Repert. Spec. Nov. Regni Veg. 6 (119-124): 264 (1909); *Lilium brownii* var. *odorum* (Planch.) Baker, Gard. Chron. 70: 101 (1921); *Lilium aduncum* Elwes, *op. cit.*, sér. 3 70: 101 (1921); *Lilium brownii* var. *colchesteri* Van Houtte ex Stapf, *op. cit.*, sér. 3 70: 101 (1921).
河北、山西、河南、陕西、甘肃、安徽、江苏、浙江、江西、湖南、湖北、四川、云南、福建、广西。

条叶百合

Lilium callosum Siebold et Zucc., Fl. Jap. 1: 86, pl. 41 (1839).
Lilium callosum var. *stenophyllum* Baker, Elwes. Mon. sub. t. 41 (1877); *Lilium tenuifolium* var. *stenophyllum* (Baker) Elwes, J. Linn. Soc., Bot. 14: 251 (1874); *Lilium taquetii* H. Lév. et Vaniot, Feddes Repert. 5: 283 (1908); *Lilium talanense* Hayata, Icon. Pl. Formosan. 6: 98 (1916); *Lilium mandshuricum* Gand., Bull. Soc. Bot. France 1919 (66): 292 (1920).
吉林、辽宁、内蒙古、河南、安徽、江苏、浙江、台湾、广东、广西；日本、朝鲜半岛、俄罗斯。

垂花百合

Lilium cernuum Kom., Trudy Imp. S.-Peterburgsk. Bot. Sada 20: 461 (1901).
Lilium graminifolium H. Lév. et Vaniot, Repert. Spec. Nov. Regni Veg. 5 (93-98): 283 (1908); *Lilium cernuum* var. *atropurpureum* Nakai, Bot. Mag. Tokyo 31: 5 (1917); *Lilium changbaishanicum* J. J. Chien, J. E. China Norm. Univ., Nat. Sci., ed. 105 (1980).
吉林、辽宁；朝鲜半岛、俄罗斯。

渥丹

Lilium concolor Salisb., Parad. Lond. 1: pl. 47 (1806).
黑龙江、吉林、辽宁、内蒙古、河北、山西、山东、河南、陕西、湖北、云南；蒙古国、日本、朝鲜半岛、俄罗斯（远东地区、东西伯利亚）。

渥丹（原变种）

●**Lilium concolor** var. **concolor**
Lilium sinicum Lindl. et Paxton, Paxton's Fl. Gard. 2: 115, pl. 193 (1851); *Lilium mairei* H. Lév., Repert. Spec. Nov. Regni Veg. 11 (286-290): 303 (1912); *Lilium concolor* var. *sinicum* (Lindl. et Paxton) Hook. f., Publ. Field Mus. Nat. Hist. Bot. Ser. (1937).
河北、山西、山东、河南、陕西、湖北。

大花百合

●**Lilium concolor** var. **megalanthum** F. T. Wang et T. Tang, Fl. Reipubl. Popularis Sin. 14: 133, 283 (Addenda) (1980).
Lilium megalanthum (F. T. Wang et T. Tang) Q. S. Sun, Bull. Bot. Lab. N. E. Forest. Inst., Harbin 9 (3): 135 (1989).
吉林。

有斑百合

Lilium concolor var. **pulchellum** (Fisch.) Regel, Gartenflora 25: 354 (1876).
Lilium pulchellum Fisch., Index Sem. [St. Petersburg]6: 56 (1839); *Lilium buschianum* Lodd., Bot. Cab. 17: pl. 1628 (1830); *Lilium concolor* var. *buschianum* (Lodd.) Baker, J. Linn. Soc., Bot. 14: 236 (1874).
黑龙江、吉林、辽宁、内蒙古、河北、山西、山东；蒙古国、日本、朝鲜半岛、俄罗斯。

毛百合

Lilium dauricum Ker Gawl., Bot. Mag. 30: pl. 1210 (1809).
Lilium pensylvanicum Ker Gawl., Bot. Mag. 22: pl. 872 (1805); *Lilium spectabile* Link, Enum. Hort. Berol. Alt. 1: 321 (1821); *Lilium pseudodahuricum* M. Fedoss. et S. Fedoss., Rev. Hort. Bouches-du-Rhone 411 (1867); *Lilium maculatum* subsp. *dauricum* (Ker Gawl.) H. Hara, J. Jap. Bot. 38: 249 (1963).
黑龙江、吉林、辽宁、内蒙古、河北；蒙古国、日本、朝鲜半岛、俄罗斯。

川百合

●**Lilium davidii** Duch. ex Elwes, Monogr. Lilium pl. 24 (1877).
山西、河南、陕西、甘肃、湖北、四川、贵州、云南。

川百合（原变种）

●**Lilium davidii** var. **davidii**
Lilium sutchuenense Franch., J. Bot. (Morot) 6 (17-18): 318 (1892); *Lilium biondii* Baroni, Nuovo Giorn. Bot. Ital., n. s. 2: 337, pl. 3 et 4 (1895); *Lilium cavaleriei* H. Lév. et Vaniot, Liliac. etc. de Chine 44 (1905); *Lilium thayerae* E. H. Wilson, Kew Bull. 266 (1913).
四川、贵州、云南。

兰州百合

●**Lilium davidii** var. **willmottiae** (E. H. Wilson) Raffill, Gard. Chron., sér. 3 104: 231 (1938).
Lilium willmottiae E. H. Wilson, Bull. Misc. Inform. Kew 1913 (7): 266 (1913); *Lilium chinense* Baroni, Nuovo Giorn. Bot. Ital., n. s. 2: 333, pl. 1 et 2 (1895).
陕西、湖北、四川、云南。

东北百合

Lilium distichum Nakai ex Kamibayashi, Chosen Yuri Dzukai.: pl. 7 (1915).
黑龙江、吉林、辽宁；朝鲜半岛、俄罗斯。

宝兴百合

●**Lilium duchartrei** Franch., Nouv. Arch. Mus. Hist. Nat., sér. 2 10: 90 (1887).
Lilium forrestii W. W. Sm., Notes Roy. Bot. Gard. Edinburgh 8 (38): 192 (1914); *Lilium farreri* Turrill, Gard. Chron., sér. 3 66: 76 (1919).
陕西、甘肃、四川。

绿花百合

●**Lilium fargesii** Franch., J. Bot. (Morot) 6 (17-18): 317 (1892).

Lilium cupreum H. Lév., Bull. Acad. Int. Geogr. Bot. 25: 38 (1915).

陕西、湖北、四川、云南。

凤凰百合

●**Lilium floridum** J. L. Ma et Y. J. Li, J. Wuhan Bot. Res. 18 (2): 115 (2000).

辽宁。

台湾百合

●**Lilium formosanum** Wallace, Mongr. Lilium 5 (1880).

台湾。

台湾百合（原变种）

●**Lilium formosanum** var. **formosanum**

Lilium longiflorum var. *formosanum* Baker, Garden (London) 18: 458 (1880); *Lilium philippinense* var. *formosanum* (Wallace) E. H. Wilson, Lilies East. Asia 21 (1925); *Lilium formosanum* var. *pricei* Stoker, Lily Year-Book. 4: 16 (1935).

台湾。

小叶百合

●**Lilium formosanum** var. **microphyllum** T. S. Liu et S. S. Ying, Fl. Taiwan 5: 61 (1978).

台湾。

哈巴百合

●**Lilium habaense** F. T. Wang et T. Tang, Acta Bot. Yunnan. 8 (1): 51, f. 1 (1986).

云南。

竹叶百合

Lilium hansonii Leichtlin ex D. D. T. Moore, Rural New Yorker 24: 60 (1871).

Lilium medeoloides var. *obovatum* Franch. et Sav., Kew Bull. (1946).

吉林；朝鲜半岛。

墨江百合

●**Lilium henrici** Franch., J. de Bot. 220 (1898).

四川、云南。

墨江百合（原变种）

●**Lilium henrici** var. **henrici**

Nomocharis henrici (Franch.) E. H. Wilson, Lilies East. Asia 13 (1925).

四川、云南。

斑块百合

●**Lilium henrici** var. **maculatum** (W. E. Evans) Woodcock et Stearn, Lilies World 226 (1950).

Nomocharis henricii f. *maculata* W. E. Evans, Notes Roy. Bot. Gard. Edinburgh 15 (73): 194 (1926).

云南。

湖北百合

●**Lilium henryi** Baker, Gard. Chron., sér. 3 4: 660 (1888).

江西、湖北、贵州。

会东百合

●**Lilium huidongense** J. M. Xu, Acta Phytotax. Sin. 23 (3): 232 (1985).

四川。

金佛山百合

●**Lilium jinfushanense** L. J. Peng et B. N. Wang, Acta Bot. Yunnan. 8 (2): 225 (1986).

四川。

匍茎百合

●**Lilium lankongense** Franch., J. Bot. (Morot) 6 (17-18): 317 (1892).

Lilium ninae Vrishcz, Bot. Zhurn. 53 (10): 1468 (1968).

云南、西藏。

大花卷丹（山丹花）

Lilium leichtlinii var. **maximowiczii** (Regel) Baker, Gard. Chron. 1871: 1422 (1871).

Lilium maximowiczii Regel, Gartenflora 17: 332, pl. 596 (1868); *Lilium pseudotigrinum* Carrière, Rev. Hort. Bouches-du-Rhone 411 (1867).

吉林、辽宁、河北、陕西；日本、朝鲜半岛、俄罗斯。

宜昌百合

●**Lilium leucanthum** (Baker) Baker, J. Roy. Hort. Soc. 26: 337 (1901).

Lilium brownii var. *leucanthum* Baker, Gard. Chron., sér. 3 16: 180 (1894).

甘肃、湖北、四川。

宜昌百合（原变种）

●**Lilium leucanthum** var. **leucanthum**

Lilium leucanthum var. *leiostylum* Stapf ex Elwes, Gard. Chron., sér. 3 70: 101 (1921); *Lilium leucanthum* var. *primarium* Stapf, Gard. Chron. 70: 101 (1921).

湖北、四川。

紫脊百合

●**Lilium leucanthum** var. **centifolium** (Stapf ex Elwes) Stearn in Wodcock et Coutts, Lilies 213 (1935).

Lilium centifolium Stapf ex Elwes, Gard. Chron., sér. 3 70: 101 (1921).

甘肃。

丽江百合

●**Lilium lijiangense** L. J. Peng, Acta Bot. Yunnan. 6 (2): 189

(1984).
Lilium ningnanense J. M. Xu, Bull. Bot. Lab. N. E. Forest. Inst., Harbin 6 (2): 68 (1986).
四川、云南。

糙茎百合

●**Lilium longiflorum** var. **scabrum** Masam., Trans. Nat. Hist. Soc. Taiwan 26: 218 (1936).
Lilium japonicum var. *scabrum* Masam., List Vasc. Pl. Taiwan. 132 (1954).
台湾。

尖被百合

●**Lilium lophophorum** (Bureau et Franch.) Franch., J. Bot. (Morot) 12 (13-14): 221 (1898).
Fritillaria lophophora Bureau et Franch., J. Bot. (Morot) 5 (10): 153 (1891).
四川、云南、西藏。

尖被百合（原变种）

●**Lilium lophophorum** var. **lophophorum**
Nomocharis wardii Balf. f., Trans. et Proc. Bot. Soc. Edinburgh 27: 297 (1918); *Nomocharis lophophora* var. *wardii* (Balf. f.) W. W. Sm. et W. E. Evans, Notes Roy. Bot. Gard. Edinburgh 14 (69-70): 120 (1924); *Nomocharis lophophora* (Bureau et Franch.) W. E. Evans, Notes Roy. Bot. Gard. Edinburgh 15 (71): 11 (1925); *Lilium lophophorum* f. *wardii* (Balf. f.) Sealy, Kew Bull. 5 (2): 294 (1950); *Lilium lophophorum* f. *latifolium* Sealy, Kew Bull. 5 (2): 294, f. 5 f-k (1950).
四川、云南、西藏。

线叶百合

●**Lilium lophophorum** var. **linearifolium** (Sealy) S. Y. Liang, Fl. Reipubl. Popularis Sin. 14: 129 (1980).
Lilium lophophorum subsp. *linearifolium* Sealy, Kew Bull. 5 (2): 294, f. 4 p-q (1950).
云南。

新疆百合

Lilium martagon var. **pilosiusculum** Freyn, Oesterr. Bot. Z. 40 (6): 224 (1890).
Lilium pilosiusculum (Freyn) Miscz., Trudy Bot. Muz. Imp. Akad. Nauk 8: 192 (1911); *Lilium martagon* subsp. *pilosiusculum* (Freyn) E. Pritz., Veg. Siber.-Mongol. Front. 183 (1921).
新疆；蒙古国、俄罗斯。

马塘百合

●**Lilium matangense** J. M. Xu, Acta Phytotax. Sin. 23 (3): 233 (1985).
四川。

浙江百合

Lilium medeoloides A. Gray, Mém. Amer. Acad. Arts, n. s. 6 (2): 415 (1858).
Lilium avenaceum Fisch. ex Regel, Gartenflora 290: pl. 485 (1865).
浙江；日本、朝鲜半岛、俄罗斯。

墨脱百合

●**Lilium medogense** S. Y. Liang, Acta Phytotax. Sin. 23 (5): 392 (1985).
西藏。

小百合

Lilium nanum Klotzsch et Garcke, Bot. Ergebn. Reise Waldemar 53 (1862).
四川、云南、西藏；缅甸、不丹、尼泊尔、印度。

小百合（原变种）

Lilium nanum var. **nanum**
Nomocharis nana (Klotzsch et Garcke) E. H. Wilson, Lilies East. Asia 13 (1925).
四川、云南、西藏；缅甸、不丹、尼泊尔、印度。

黄斑百合

Lilium nanum var. **flavidum** (Rendle) Sealy, Bot. Mag. 169: pl. 218 (1952).
Fritillaria flavida Rendle, J. Bot. 44 (2): 45 (1906); *Nomocharis euxantha* W. W. Sm. et W. E. Evans, Notes Roy. Bot. Gard. Edinburgh 15 (71): 14, pl. 201 (1925); *Nomocharis nana* (Klotzsch et Garcke) E. H. Wilson, Lilies East. Asia 13 (1925); *Lilium euxanthum* (W. W. Sm. et W. E. Evans) Sealy, Kew Bull. 5 (2): 289 (1950); *Lilium nanum* f. *flavidum* (Rendle) H. Hara, Fl. E. Himalaya 3: 132 (1975).
云南、西藏；缅甸、印度。

紫斑百合

Lilium nepalense D. Don, Mém. Wern. Nat. Hist. Soc. 3: 412 (1820).
云南、西藏；缅甸、不丹、尼泊尔、印度。

乳头百合

●**Lilium papilliferum** Franch., J. Bot. (Morot) 6 (17-18): 316 (1892).
陕西、四川、云南。

藏百合

●**Lilium paradoxum** Stearn, Bull. Brit. Mus. (Nat. Hist.), Bot. 2 (3): 78, pl. 7 (1956).
西藏。

松叶百合

●**Lilium pinifolium** L. J. Peng, Acta Bot. Yunnan. 7 (3): 317 (1985).
Lilium sempervivoideum subsp. *pinifolium* (L. J. Peng) S. Y. Liang, Vasc. Pl. Hengduan Mount. 2: 2441 (1994).
云南。

报春百合

Lilium primulinum Baker, Bot. Mag. 118: pl. 7227 (1892).

四川、贵州、云南；缅甸、泰国。

报春百合（原变种）

Lilium primulinum var. **primulinum**
四川、贵州、云南；缅甸、泰国。

紫喉百合

Lilium primulinum var. **burmanicum** (W. W. Sm.) Stearn, Gard. Chron., sér. 3 124: 13 (1948).
Lilium nepalense var. *burmanicum* W. W. Sm., Trans. et Proc. Bot. Soc. Edinburgh 28: 135 (1922); *Lilium ochraceum* var. *burmanicum* (W. W. Sm.) Cotton, Kew Bull. Int. (1937).
云南；缅甸、泰国。

川滇百合

●**Lilium primulinum** var. **ochraceum** (Franch.) Stearn, Gard. Chron., sér. 3 124: 13 (1948).
Lilium ochraceum Franch., J. Bot. (Morot) 6 (17-18): 319 (1892); *Lilium majoense* H. Lév., Repert. Spec. Nov. Regni Veg. 6 (119-124): 265 (1909); *Lilium tenii* H. Lév., Repert. Spec. Nov. Regni Veg. 6 (119-124): 263 (1909); *Lilium nepalense* var. *ochraceum* (Franch.) S. Y. Liang, Fl. Reipubl. Popularis Sin. 14: 138 (1980).
四川、贵州、云南。

普洱百合

●**Lilium puerense** Y. Y. Qian, Guihaia 11 (2): 125 (1991).
云南。

山丹

Lilium pumilum Redouté, Liliac. 7: pl. 378 (1812).
Lilium linifolium Horn., Hort. Hafn. 1: 326 (1813); *Lilium tenuifolium* Fisch. ex Hook., Bot. Mag.: pl. 7715, 1900 (1832); *Lilium sinensium* Gand., Bull. Soc. Bot. France 1919 (66): 292 (1920); *Lilium potaninii* Vrishcz, Bot. Zhurn. S. S. S. R. 53: 1472 (1968); *Lilium pumilum* var. *potaninii* (Vrishcz) Y. Z. Zhao, Flora Intramongolica 8: 179 (1985).
黑龙江、吉林、辽宁、内蒙古、河北、山西、山东、河南、陕西、宁夏、甘肃、青海；蒙古国、朝鲜半岛、俄罗斯（西伯利亚中部和东部）。

毕氏百合

●**Lilium pyi** H. Lév., Repert. Spec. Nov. Regni Veg. 6 (119-124): 263 (1909).
云南。

岷江百合

●**Lilium regale** E. H. Wilson, Gard. Chron., sér. 3 53: 416 (1913).
Lilium myriophyllum E. H. Wilson, Fl. et Sylva 3: 330, (1905), not Franchet (1892).
四川。

洛克百合

●**Lilium rockii** R. H. Miao, Acta Sci. Nat. Univ. Sunyatseni. 34 (3): 81 (1995).
云南。

南川百合

●**Lilium rosthornii** Diels, Bot. Jahrb. Syst. 29 (2): 243 (1900).
湖北、四川、贵州。

囊被百合

●**Lilium saccatum** S. Y. Liang, Fl. Xizang. 5: 540 (1987).
西藏。

泸定百合

●**Lilium sargentiae** E. H. Wilson, Gard. Chron., sér. 3 51: 385 (1921).
Lilium formosum Franch., J. Bot. (Morot) 6 (17-18): 313 (1892), non Lem., Ill. Hort. 12: t. 459 (1865); *Lilium leucanthum* var. *sargentiae* (E. H. Wilson) Stapf, Contr. Arnold Arbor. (1932-1938) (1932); *Lilium omeiense* Z. Y. Zhu, Bull. Bot. Res. North-East. Forest. Univ. 13 (1): 54 (1993).
四川、云南。

蒜头百合

●**Lilium sempervivoideum** H. Lév., Bull. Acad. Int. Geogr. Bot. 25: 38 (1915).
Lilium bakerianum subsp. *sempervivoideum* (H. Lév.) McKean, Notes Roy. Bot. Gard. Edinburgh 44 (1): 185 (1986).
四川、云南。

紫花百合

●**Lilium souliei** (Franch.) Sealy, Kew Bull. 5 (2): 296 (1950).
Fritillaria souliei Franch., J. Bot. (Morot) 12 (13-14): 221 (1898); *Nomocharis souliei* (Franch.) W. W. Sm. et W. E. Evans, Notes Roy. Bot. Gard. Edinburgh 14 (69-70): 102 (1925).
四川、云南、西藏。

药百合

●**Lilium speciosum** var. **gloriosoides** Baker, Gard. Chron., n. s. 14: 198 (1880).
Lilium konishii Hayata, J. Coll. Sci. Imp. Univ. Tokyo 30 (1): 364 (1911); *Lilium kanahirai* Hayata, Icon. Pl. Formosan. 2: 146 (1912).
安徽、浙江、江西、湖南、台湾、广西。

单花百合

●**Lilium stewartianum** Balf. f. et W. W. Sm., Trans. et Proc. Bot. Soc. Edinburgh 28 (3): 127, pl. 4 (1922).
云南。

淡黄花百合

Lilium sulphureum Baker ex Hook. f., Fl. Brit. India 6 (18): 351 (1892).
四川、贵州、云南、广西；缅甸。

大理百合

●**Lilium taliense** Franch., J. Bot. (Morot) 6 (17-18): 319

(1892).
Lilium feddei H. Lév., Repert. Spec. Nov. Regni Veg. 11 (286-290): 303 (1912).
四川、云南、西藏。

天山百合

•**Lilium tianschanicum** N. A. Ivanova ex Grubov, Rast. Centr. Azii, Mater. Bot. Inst. Komarov 7: 70 (1977).
新疆。

卷丹

Lilium tigrinum Ker Gawl., Bot. Mag. 31: pl. 1237 (1809).
Lilium tigrinum Thunb., Trans. Linn. Soc. London 2: 333 (1794).
吉林、河北、山西、山东、河南、陕西、甘肃、青海、安徽、江苏、浙江、江西、湖南、湖北、四川、西藏、广西；日本、朝鲜半岛。

青岛百合

Lilium tsingtauense Gilg, Bot. Jahrb. Syst. 34 (Beibl. 75): 24 (1904).
Lilium miquelianum Makino, Somoku Dzusetsu, ed. 3 1: 432 (1907).
山东、安徽；朝鲜半岛。

卓巴百合

•**Lilium wardii** Stapf ex Stern, J. Roy. Hort. Soc. 57: 291 (1932).
四川、贵州、西藏。

文山百合

•**Lilium wenshanense** L. J. Peng et F. X. Li, Acta Bot. Yunnan. Suppl. 3: 33 (1990).
云南。

乡城百合

•**Lilium xanthellum** F. T. Wang et T. Tang, Fl. Reipubl. Popularis Sin. 14: 150, 283 (Addenda) (1980).
四川。

乡城百合（原变种）

•**Lilium xanthellum** var. **xanthellum**
四川。

黄花百合

•**Lilium xanthellum** var. **luteum** S. Y. Liang, Fl. Reipubl. Popularis Sin. 14: 152, 283 (Addenda) (1980).
四川。

亚坪百合

•**Lilium yapingense** Y. D. Gao et X. J. He, Ann. Bot. Fenn. 50: 187 (2013).
云南。

洼瓣花属 **Lloydia** Salisb.

黄洼瓣花

Lloydia delavayi Franch., J. Bot. (Morot) 12 (12): 193 (1898).
云南；缅甸。

平滑洼瓣花

Lloydia flavonutans H. Hara, J. Jap. Bot. 49 (7): 202 (1974).
西藏；不丹、尼泊尔、印度。

紫斑洼瓣花（兜瓣萝蒂）

•**Lloydia ixiolirioides** Baker ex Oliv., Hooker's Icon. Pl. 23: t. 2215 (1892).
Lloydia tibetica var. *purpurascens* Franch., J. Bot. (Morot) 12 (12): 193 (1898).
四川、云南、西藏。

矮洼瓣花（新拟）

•**Lloydia nana** R. Li et H. Li, Bangladesh J. Pl. Taxon. 19 (1): 33 (2012).
西藏。

尖果洼瓣花

•**Lloydia oxycarpa** Franch., J. Bot. (Morot) 12 (12): 192 (1898).
Lloydia forrestii Diels, Notes Roy. Bot. Gard. Edinburgh 5 (25): 303 (1912); *Lloydia forrestii* var. *psilostemon* Hand.-Mazz., Anz. Akad. Wiss. Wien, Math.-Naturwiss. Kl. 63: 112 (1926).
甘肃、四川、云南、西藏。

洼瓣花

Lloydia serotina (L.) Salisb. ex Rchb., Fl. Germ. Excurs. 102 (1830).
黑龙江、吉林、辽宁、内蒙古、河北、陕西、宁夏、甘肃、青海；蒙古国、日本、朝鲜半岛、不丹、尼泊尔、印度、巴基斯坦、哈萨克斯坦、俄罗斯；欧洲、北美洲。

洼瓣花（原变种）

Lloydia serotina var. **serotina**
Bulbocodium serotinum L., Sp. Pl. 1: 294 (1753); *Anthericum serotinum* (L.) L., Sp. Pl., ed. 1444 (1762); *Lloydia alpina* Salisb., Trans. Linn. Soc. London 1: 328 (1812); *Lloydia himalensis* Royle, Ill. Bot. Himal. Mts. 1: 388, pl. 93, f. 2 (1833); *Lloydia serotina* var. *unifolia* Franch., J. Bot. (Morot) 12 (12): 192 (1898).
黑龙江、吉林、辽宁、内蒙古、河北、陕西、宁夏、甘肃、青海；蒙古国、日本、朝鲜半岛、不丹、尼泊尔、印度、巴基斯坦、哈萨克斯坦、俄罗斯；欧洲、北美洲。

矮小洼瓣花

Lloydia serotina var. **parva** (C. Marquand et Airy Shaw) H. Hara, Bull. Univ. Mus. Univ. Tokyo 2: 166 (1971).

Lloydia serotina f. *parva* C. Marquand et Airy Shaw, J. Linn. Soc., Bot. 48 (321): 228 (1929).
新疆、四川；不丹、尼泊尔、印度。

西藏洼瓣花（高山罗蒂，狗牙贝，尖贝）

Lloydia tibetica Baker ex Oliv., Hooker's Icon. Pl. 23 (1): pl. 2216 (1892).
Lloydia tibetica var. *lutescens* Franch., J. Bot. (Morot) 12 (12): 193 (1898); *Giraldiella montana* Damm., Bot. Jahrb. Syst. 36 (5, Beibl. 82): 21 (1905); *Lloydia montana* (Damm.) P. C. Kuo, Fl. Tsinling. 1: 360 (1976).
河北、山西、陕西、甘肃、湖北、四川、西藏；尼泊尔。

三花洼瓣花

Lloydia triflora (Ledeb.) Baker, J. Linn. Soc., Bot. 14 (76): 300 (1874).
Ornithogalum triflorum Ledeb., Mém. Acad. Imp. Sci. St.-Pétersbourg Hist. Acad. 5: 529 (1815); *Gagea triflora* (Ledeb.) Schult. et Schult. f., Syst. Veg. (ed. 15 bis) 7 (1): 551 (1828).
黑龙江、吉林、辽宁、河北、山西；日本、朝鲜半岛、俄罗斯。

云南洼瓣花

Lloydia yunnanensis Franch., J. Bot. (Morot) 12 (12): 192 (1898).
Lloydia filiformis Franch., J. Bot. (Morot) 12 (12): 192 (1898); *Lloydia mairei* H. Lév., Bull. Acad. Int. Geogr. Bot. 25: 38 (1915); *Lloydia yanyuanensis* S. Y. Liang, Acta Bot. Yunnan. 8 (2): 227 (1986).
四川、云南；印度。

豹子花属 Nomocharis Franch.

开瓣豹子花

Nomocharis aperta (Franch.) E. H. Wilson, Lilies East. Asia 13 (1925).
Lilium apertum Franch., J. Bot. (Morot) 12 (13-14): 220 (1898); *Fritillaria oxypetala* Royle, Ill. Bot. Himal. Mts. 1: 388 (1833); *Lilium oxypetalum* (Royle) Baker, J. Linn. Soc., Bot. 14 (76): 234 (1874); *Nomocharis forrestii* Balf. f., Trans. et Proc. Bot. Soc. Edinburgh 27 (3): 293 (1915).
四川、云南、西藏；缅甸。

美丽豹子花

Nomocharis basilissa Farrer ex W. E. Evans, Notes Roy. Bot. Gard. Edinburgh 15: 96 (1925).
云南；缅甸。

滇西豹子花

Nomocharis farreri (W. E. Evans) Hatus., New Fl. et Silva 1: 76 (1928).
Nomocharis pardanthina var. *farreri* W. E. Evans, Notes Roy. Bot. Gard. Edinburgh 15 (71): 20 (1925).
云南；缅甸。

贡山豹子花

●**Nomocharis gongshanensis** Y. D. Gao et X. J. He, Pl. Syst. Evol. 298 (1): 78, fig. 3 (2012).
云南。

多斑豹子花

●**Nomocharis meleagrina** Franch., J. Bot. (Morot) 12 (12): 196 (1898).
Nomocharis biluoensis S. Y. Liang, Bull. Bot. Lab. N. E. Forest. Inst., Harbin 4 (3): 169 (1984).
四川、云南、西藏。

豹子花

●**Nomocharis pardanthina** Franch., J. Bot. (Morot) 3: 113 (1889).
Nomocharis mairei H. Lév., Repert. Spec. Nov. Regni Veg. 12: 287 (1913); *Nomocharis leucantha* Balf. f., Trans. Bot. Soc. Edinburgh 27: 276 (1918); *Nomocharis mairei* f. *candida* W. E. Evans, Notes Roy. Bot. Gard. Edinburgh 15: 29 (1925); *Nomocharis mairei* f. *leucantha* (Balf. f.) W. E. Evans, Notes Roy. Bot. Gard. Edinburgh 15: 29 (1925).
四川、云南。

云南豹子花

Nomocharis saluenensis Balf. f., Trans. et Proc. Bot. Soc. Edinburgh 27 (3): 294 (1919).
Lilium apertum var. *thibeticum* Franch., J. Bot. (Morot) 12 (13-14): 221 (1898); *Lilium saluenense* (Balf. f.) S. Y. Liang, Fl. Reipubl. Popularis Sin. 14: 154 (1980).
四川、云南、西藏；缅甸。

假百合属 Notholirion Wall. ex Boiss.

假百合

Notholirion bulbuliferum (Lingelsh. ex H. Limpr.) Stearn, Kew Bull. 5 (3): 421 (1950).
Paradisea bulbuliferum Lingelsh. ex H. Limpr., Repert. Spec. Nov. Regni Veg. Beih. 12: 316 (1922); *Lilium hyacinthinum* E. H. Wilson, Lilies East. Asia 100, pl. 15 (1925); *Notholirion hyacinthinum* (E. H. Wilson) Stapf, Bull. Misc. Inform. Kew 1934 (2): 96 (1934).
陕西、甘肃、四川、云南、西藏；不丹、尼泊尔、印度。

钟花假百合

Notholirion campanulatum Cotton et Stearn, Lily Year-Book. 3: 19, f. 6 (1934).
四川、云南；缅甸、不丹。

大叶假百合

Notholirion macrophyllum (D. Don) Boiss., Fl. Orient. 5: 190 (1882).
Fritillaria macrophylla D. Don, Prodr. Fl. Nepal. 51 (1825); *Lilium macrophyllum* (D. Don) Voss, Vilm. Blumengaertn., ed.

3 1: 1105 (1895).
四川、云南、西藏；不丹、尼泊尔、印度。

扭柄花属 **Streptopus** Michx.

丝梗扭柄花

Streptopus koreanus (Kom.) Ohwi, Bot. Mag. 45 (532): 189 (1931).
Streptopus ajanensis var. *koreanus* Kom., Trudy Imp. S.-Peterburgsk. Bot. Sada 20: 476 (1901); *Streptopus streptopoides* var. *koreanus* (Kom.) Kitam., Acta Phytotax. Geobot. 22: 68 (1966).
黑龙江、吉林、辽宁；朝鲜半岛。

扭柄花

●**Streptopus obtusatus** Fassett, Rhodora 37 (435): 102, pl. 328, f. e (1935).
Streptopus geniculatus F. T. Wang et T. Tang, Contr. Inst. Bot. Natl. Acad. Peiping 6: 17 (1948).
陕西、甘肃、湖北、四川、云南。

卵叶扭柄花

Streptopus ovalis (Ohwi) F. T. Wang et Y. C. Tang, Fl. Reipubl. Popularis Sin. 15: 49 (1978).
Disporum ovale Ohwi, Bot. Mag. 45 (536): 385 (1931); *Prosartes ovalis* (Ohwi) M. N. Tamura, Fam. Gen. Vasc. Pl. 3: 171 (1998).
辽宁；朝鲜半岛。

小花扭柄花

●**Streptopus parviflorus** Franch., Nouv. Arch. Mus. Hist. Nat., sér. 2 10: 89 (1887).
Streptopus mairei H. Lév., Bull. Acad. Int. Geogr. Bot. 25: 39 (1915).
四川、云南。

腋花扭柄花

Streptopus simplex D. Don, Prodr. Fl. Nepal. 48 (1825).
云南、西藏；缅甸、不丹、尼泊尔、印度。

油点草属 **Tricyrtis** Wall.

台湾油点草

●**Tricyrtis formosana** Baker, J. Linn. Soc., Bot. 17 (103): 465 (1879).
台湾。

台湾油点草（原变种）

●**Tricyrtis formosana** var. **formosana**
台湾。

小型油点草

●**Tricyrtis formosana** var. **glandosa** (Simizu) T. S. Liu et S. S. Ying, Fl. Taiwan 5: 79 (1978).
Tricyrtis formosana f. *glandosa* Simizu, Bot. Bull. Acad. Sin., n. s. 3: 37 (1962).
台湾。

大花油点草

●**Tricyrtis formosana** var. **grandiflora** S. S. Ying, Col. Illustr. Pl. Taiwan 3: 619 (1988).
台湾。

毛果油点草

●**Tricyrtis lasiocarpa** Matsum., Bot. Mag. 11 (130): 79 (1897).
Tricyrtis formosana var. *lasiocarpa* (Matsum.) Masam., J. Soc. Trop. Agric. (Formosa) 2: 46 (1930).
台湾。

宽叶油点草

Tricyrtis latifolia Maxim., Bull. Acad. Imp. Sci. Saint-Pétersbourg 11: 435 (1867).
Tricyrtis bakeri Koidz., Bot. Mag. 38 (449): 103 (1924); *Tricyrtis puberula* Nakai et Kitag., Rep. First Sci. Exped. Manchoukuo 4 (1): 19 (1934).
河北、河南、陕西、湖北、四川；日本。

油点草

Tricyrtis macropoda Miq., Verslagen Meded. Afd. Natuurk. Kon. Akad. Wetensch., sér. 2 2: 86 (1868).
陕西、安徽、江苏、浙江、江西、湖南、湖北、贵州、福建、广东、广西；日本。

卵叶油点草

●**Tricyrtis ovatifolia** S. S. Ying, Quart. J. Chin. Forest. 6 (1): 168 (1972).
台湾。

黄花油点草

Tricyrtis pilosa Wall., Tent. Fl. Napal. 2: 62, pl. 46 (1826).
Compsoa maculata D. Don, Prodr. Fl. Nepal. 51 (1825); *Compsanthus maculatus* (D. Don) Spreng., Syst. Veg. 4 (2): 137 (1827); *Disporum esquirolii* H. Lév., Bull. Soc. Bot. France 54 (6): 370 (1907); *Corchorus polygonatum* H. Lév., Repert. Spec. Nov. Regni Veg. 10 (260-262): 437 (1912); *Tricyrtis maculata* (D. Don) J. F. Macbr., Contr. Gray Herb. 53: 5 (1918).
河北、河南、陕西、甘肃、湖南、湖北、四川、贵州、云南、广西；不丹、尼泊尔、印度。

拟阔叶油点草（新拟）

●**Tricyrtis pseudolatifolia** Hir. Takah. et H. Koyama, Acta Phytotax. Geobot. 57 (3): 200 (2007).
湖北。

高山油点草

●**Tricyrtis ravenii** C. I. Peng et C. L. Tiang, Botanical Studies 48 (3): 358(2007).

台湾。

山油点草

●**Tricyrtis stolonifera** Matsum., Bot. Mag. 11 (130): 78 (1897).
Tricyrtis formosana var. *stolonifera* (Matsum.) Masam., J. Trop. Agric. 2: 46 (1930).
台湾。

侧花油点草

●**Tricyrtis suzukii** Masam., J. Soc. Trop. Agric. 3: 21 (1931).
台湾。

绿花油点草

●**Tricyrtis viridula** Hir., Acta Phytotax. Geobot. 48 (2): 123 (1997 publ. 1998) (1998).
浙江、江西、贵州、云南、广西。

仙居油点草

●**Tricyrtis xianjuensis** G. Y. Li, Z. H. Chen et D. D. Ma, Ann. Bot. Fenn. 51 (4): 218 (2014).
浙江。

郁金香属 Tulipa L.

阿尔泰郁金香

Tulipa altaica Pall. ex Spreng., Syst. Veg. 2: 63 (1825).
新疆；哈萨克斯坦、俄罗斯。

皖郁金香

●**Tulipa anhuiensis** X. S. Sheng, Acta Bot. Yunnan. 23 (1): 39 (2001).
安徽。

柔毛郁金香

Tulipa biflora Pall., Reise Russ. Reich. 3: 727 (1776).
Tulipa buhseana Boiss., Diagn. Pl. Orient., sér. 2 4: 98 (1859).
新疆；巴基斯坦、阿富汗、哈萨克斯坦、乌兹别克斯坦、土库曼斯坦、俄罗斯；亚洲（西南部）、欧洲、非洲。

毛蕊郁金香

Tulipa dasystemon (Regel) Regel, Trudy Imp. S.-Peterburgsk. Bot. Sada 6 (2): 507 (1880).
Orithyia dasystemon Regel, Trudy Imp. S.-Peterburgsk. Bot. Sada 5 (1): 261 (1877).
新疆；塔吉克斯坦、吉尔吉斯斯坦、哈萨克斯坦、乌兹别克斯坦。

郁金香

☆**Tulipa gesneriana** L., Sp. Pl. 1: 306 (1753).
中国引种栽培；原产于土耳其。

异瓣郁金香

Tulipa heteropetala Ledeb., Icon. Pl. 1: 21, t. 85 (1829).
新疆；哈萨克斯坦、俄罗斯。

异叶郁金香

Tulipa heterophylla (Regel) Baker, J. Linn. Soc., Bot. 14 (76): 295 (1874).
Orithyia heterophylla Regel, Bull. Soc. Imp. Naturalistes Moscou 41 (1): 440 (1868).
新疆；吉尔吉斯斯坦、哈萨克斯坦。

伊犁郁金香

Tulipa iliensis Regel, Gartenflora 28: 162, pl. 975, f. e-d; 277, pl. 982, f. 4-6 (1879).
新疆；哈萨克斯坦。

迟花郁金香

Tulipa kolpakovskiana Regel, Trudy Imp. S.-Peterburgsk. Bot. Sada 5 (1): 266 (1877).
Tulipa aristata Regel, Trudy Imp. S.-Peterburgsk. Bot. Sada 6 (2): 506 (1879).
新疆；吉尔吉斯斯坦、哈萨克斯坦。

内蒙郁金香

●**Tulipa mongolica** Y. Z. Zhao, Novon 13 (2): 277, f. 1 A-C (2003).
内蒙古。

垂蕾郁金香

Tulipa patens C. Agardh ex Schult. et Schult. f., Syst. Veg. (ed. 15 bis) 7 (1): 384 (1829).
新疆；哈萨克斯坦、俄罗斯。

新疆郁金香

●**Tulipa sinkiangensis** Z. M. Mao, Fl. Reipubl. Popularis Sin. 14: 93, 282 (Addenda) (1980).
新疆。

塔城郁金香

●**Tulipa tarbagataica** D. Y. Tan et X. Wei, Acta Phytotax. Sin. 38 (3): 302 (2000).
新疆。

四叶郁金香

Tulipa tetraphylla Regel, Trudy Imp. S.-Peterburgsk. Bot. Sada 3 (2): 296 (1875).
新疆；吉尔吉斯斯坦、哈萨克斯坦。

天山郁金香

Tulipa thianschanica Regel, Trudy Imp. S.-Peterburgsk. Bot. Sada 6 (2): 508 (1880).
新疆；哈萨克斯坦。

天山郁金香（原变种）

Tulipa thianschanica var. **thianschanica**
新疆；哈萨克斯坦。

赛里木湖郁金香

●**Tulipa thianschanica** var. **sailimuensis** X. Wei et D. Y. Tan, Acta Phytotax. Sin. 38 (3): 304 (2000).
新疆。

单花郁金香

Tulipa uniflora (L.) Bess. ex Baker, J. Linn. Soc., Bot. 14 (76): 295 (1874).
Ornithogalum uniflorum L., Mant. Pl. 1: 62 (1767); *Gagea uniflora* (L.) Schult. et Schult. f., Syst. Veg. (ed. 15 bis) 7 (1): 553 (1830); *Orithyia uniflora* (L.) D. Don, Brit. Fl. Gard. 2: pl. 336 (1838); *Orithyia nutans* Trautv., Pl. Imag. 15: pl. 10 (1844); *Tulipa nutans* (Trautv.) B. Fedtsch., Bot. Jahrb. Syst. 617 (1914).
内蒙古、新疆；蒙古国、哈萨克斯坦、俄罗斯。

42. 仙茅科 HYPOXIDACEAE [3 属：9 种]

仙茅属 **Curculigo** Gaertn.

短葶仙茅

●**Curculigo breviscapa** S. C. Chen, Acta Phytotax. Sin. 11 (2): 132 (1966).
广东、广西。

大叶仙茅（野棕，假槟榔树）

Curculigo capitulata (Lour.) Kuntze, Revis. Gen. Pl. 2: 703 (1891).
Leucojum capitulatum Lour., Fl. Cochinch. 1: 199 (1790); *Curculigo recurvata* W. T. Aiton, Hort. Kew., ed. 2 2: 253 (1811); *Molineria capitulata* (Lour.) Herb., Amaryllidaceae 84 (1837); *Tupistra esquirolii* H. Lév. et Vaniot, Nouv. Contrib. Liliac. Chine 15 (1906); *Veratrum mairei* H. Lév., Bull. Acad. Int. Geogr. Bot. 25: 39 (1915); *Curculigo fuziwarae* Yamam., Contr. Fl. Kainan. 1: 31 (1934); *Curculigo strobiliformis* D. Fang et D. H. Qin, Guihaia 16 (1): 3 (1996).
四川、贵州、云南、西藏、福建、台湾、广东、广西、海南；日本、菲律宾、越南、老挝、缅甸、泰国、马来西亚、印度尼西亚、不丹、尼泊尔、印度、孟加拉国、斯里兰卡、巴布亚新几内亚。

绒叶仙茅

Curculigo crassifolia (Baker) Hook. f., Fl. Brit. India 6 (18): 279 (1892).
Molineria crassifolia Baker, J. Linn. Soc., Bot. 17 (99): 121 (1878).
云南；不丹、尼泊尔、印度。

光叶仙茅（无毛仙茅）

Curculigo glabrescens (Ridl.) Merr., J. Straits Branch Roy. Asiat. Soc. 85: 163 (1922).
Curculigo latifolia var. *glabrescens* Ridl., Mat. Fl. Malay. Penins. 2: 66 (1908); *Curculigo senporeiensis* Yamam., Contr. Fl. Kainan. 1: 31 (1943).
广东、海南；马来西亚、印度尼西亚。

疏花仙茅

Curculigo gracilis (Kurz) Hook. f., Fl. Brit. India 6 (18): 278 (1892).
Molineria gracilis Kurz, Ann. Mus. Bot. Lugduno-Batavi 4: 177 (1869).
四川、贵州、广西；越南、泰国、柬埔寨、尼泊尔。

仙茅（地棕，独茅，山党参）

Curculigo orchioides Gaertn., Fruct. Sem. Pl. 1: 63 (1788).
Curculigo orchioides var. *minor* Benth., Fl. Hongk. 366 (1861).
浙江、江西、湖南、四川、贵州、福建、台湾、广东、广西；日本、菲律宾、越南、老挝、缅甸、泰国、柬埔寨、印度尼西亚、印度、巴基斯坦、巴布亚新几内亚。

中华仙茅

●**Curculigo sinensis** S. C. Chen, Acta Phytotax. Sin. 11 (2): 133 (1966).
云南。

小金梅草属 **Hypoxis** L.

小金梅草

Hypoxis aurea Lour., Fl. Cochinch. 1: 200 (1790).
安徽、江苏、浙江、江西、湖南、湖北、四川、贵州、云南、福建、台湾、广东、广西；日本、朝鲜、菲律宾、越南、老挝、缅甸、泰国、柬埔寨、印度尼西亚、不丹、尼泊尔、印度、巴基斯坦、巴布亚新几内亚。

华茅属 **Sinocurculigo** Z. J. Liu, L. J. Chen et K. Wei Liu

台山华茅

●**Sinocurculigo taishanica** Z. J. Liu, L. J. Chen et K. Wei Liu, PLoS ONE 7 (6): e38880 (4) (2012) [epublished].
广东（台山）。

43. 鸢尾蒜科 IXIOLIRIACEAE [1 属：2 种]

鸢尾蒜属 **Ixiolirion** Fisch. ex Herb.

准噶尔鸢尾蒜

●**Ixiolirion songaricum** P. Yan, Fl. Xinjiang. 6: 605 (1996).
新疆。

鸢尾蒜

Ixiolirion tataricum (Pall.) Herb., Bot. Reg. Appendix 37

(1821).
Amaryllis tatarica Pall., Reise Russ. Reich. 3: 727 (1776).
新疆；巴基斯坦、阿富汗、吉尔吉斯斯坦、哈萨克斯坦、土库曼斯坦、俄罗斯。

鸢尾蒜（原变种）

Ixiolirion tataricum var. **tataricum**
新疆；巴基斯坦、阿富汗、哈萨克斯坦、土库曼斯坦、俄罗斯。

假管鸢尾蒜

Ixiolirion tataricum var. **ixiolirioides** (Regel) X. H. Qian, Bull. Bot. Res., Harbin 4 (2): 158 (1984).
Kolpakowskia ixiolirioides Regel, Trudy Imp. S.-Peterburgsk. Bot. Sada 5 (2): 635 (1878); *Ixiolirion kolpakowskianum* Regel, Trudy Imp. S.-Peterburgsk. Bot. Sada 6 (2): 494 (1879); *Ixiolirion ixiolirioides* (Regel) Dandy, J. Bot. 70: 329 (1932).
新疆；吉尔吉斯斯坦、哈萨克斯坦。

44. 鸢尾科 IRIDACEAE [3 属：61 种]

射干属 Belamcanda Adans.

射干（交剪草，野萱花）

Belamcanda chinensis (L.) Redouté, Liliac. 3 (21): t. 121 (1805).
Ixia chinensis L., Sp. Pl. 1: 36 (1753); *Belamcanda punctata* Moench, Methodus (Moench) 529 (1794); *Pardanthus chinensis* (L.) Ker Gawl., Ann. Bot. (König et Sims) 1: 247 (1804); *Belamcanda pampaninii* H. Lév., Repert. Spec. Nov. Regni Veg. 8 (160-162): 59 (1910); *Belamcanda chinensis* var. *taiwanensis* S. S. Ying, Coloured Illustr. Pl. Taiwan 1: 237 (1980).
中国大部分省（自治区、直辖市）；日本、朝鲜、菲律宾、越南、缅甸、不丹、尼泊尔、印度、俄罗斯。

番红花属 Crocus L.

白番红花

Crocus alatavicus Semen. et Regel, Bull. Soc. Imp. Naturalistes Moscou 41 (1): 434 (1868).
新疆；吉尔吉斯斯坦、哈萨克斯坦、乌兹别克斯坦。

番红花（藏红花，西红花）

☆**Crocus sativus** L., Sp. Pl. 1: 36 (1753).
中国多地栽培；可能杂交起源于东地中海，世界各地广泛栽培。

鸢尾属 Iris L.

单苞鸢尾（避蛇参，春不见，蛇不见）

●**Iris anguifuga** Y. T. Zhao et X. J. Xue, Acta Phytotax. Sin. 18 (1): 56 (1980).
安徽、浙江、湖北、广西。

小髯鸢尾

●**Iris barbatula** Noltie et K. Y. Guan, New Plantsman 2 (3): 137 (1995).
云南。

中亚鸢尾

Iris bloudowii Ledeb., Icon. Fl. Ross. 2: 5 (1830).
Iris flavissima var. *bloudowii* (Ledeb.) Baker, Handb. Irid. 29 (1892); *Iris flavissima* var. *umbrosa* Bunge in Ledebour, Fl. Altaic. 1: 60 (1829).
新疆；蒙古国、哈萨克斯坦、俄罗斯。

西南鸢尾（空茎鸢尾）

Iris bulleyana Dykes, Gard. Chron., sér. 3 47: 418 (1910).
四川、云南、西藏；缅甸。

大苞鸢尾

●**Iris bungei** Maxim., Bull. Acad. Imp. Sci. Saint-Pétersbourg 26: 509 (1880).
内蒙古、山西、宁夏、甘肃；蒙古国。

华夏鸢尾

●**Iris cathayensis** Migo, J. Shanghai Sci. Inst., sect. 3 4: 140 (1939).
安徽、江苏、浙江、湖北。

金脉鸢尾（金纹鸢尾，金网鸢尾）

Iris chrysographes Dykes, Gard. Chron., sér. 3 49: 362 (1911).
四川、贵州、云南、西藏；缅甸。

西藏鸢尾

Iris clarkei Baker, Handb. Irid. 25 (1892).
Iris himalaica Dykes, Gard. Chron., sér. 3 45: 3, 36 (1909).
云南、西藏；缅甸、不丹、尼泊尔、印度。

高原鸢尾

Iris collettii Hook. f., Bot. Mag. 129: t. 7889 (1903).
四川、云南、西藏；越南、缅甸、泰国、？尼泊尔、印度（东北部）。

高原鸢尾（原变种）

Iris collettii var. **collettii**
四川、云南、西藏；越南、缅甸、泰国、？尼泊尔、印度（东北部）。

大理鸢尾

●**Iris collettii** var. **acaulis** Noltie, New Plantsman 2 (3): 136 (1995).
Iris daliensis X. D. Dong et Y. T. Zhao, Acta Phytotax. Sin. 35 (1): 81 (1997).
四川、云南。

扁竹兰（扁竹根，扁竹）

●**Iris confusa** Sealy, Gard. Chron., sér. 3 102: 414 (1937).
四川、贵州、云南、广西。

大锐果鸢尾

●**Iris cuniculiformis** Noltie et K. Y. Guan, New Plantsman 2 (3): 131 (1995).
Iris goniocarpa var. *grossa* Y. T. Zhao, Acta Phytotax. Sin. 18 (1): 60 (1980).
四川、云南。

弯叶鸢尾

●**Iris curvifolia** Y. T. Zhao, Acta Phytotax. Sin. 20 (1): 99 (1982).
新疆。

尼泊尔鸢尾（小兰花）

Iris decora Wall., Pl. Asiat. Rar. 1: 77 (1830).
Iris nepalensis D. Don, Prodr. Fl. Nepal. 54 (1825), non Wall ex Lindl., Bot. Reg. 10: t. 818 (1824); *Iris yunnanensis* H. Lév., Repert. Spec. Nov. Regni Veg. 6 (107-112): 113 (1908); *Junopsis decora* (Wall.) Wern. Schulze, Oesterr. Bot. Z. 117: 327 (1969); *Iris decora* var. *leucantha* X. D. Dong et Y. T. Zhao, Bull. Bot. Res., Harbin 18: 150 (1998).
四川、云南、西藏；不丹、尼泊尔、印度。

长葶鸢尾

●**Iris delavayi** Micheli, Rev. Hort. 67: 398 (1895).
四川、贵州、云南、西藏。

野鸢尾（白射干，二歧鸢尾，扇子草）

Iris dichotoma Pall., Reise Russ. Reich. 3: 712 (1776).
Pardanthopsis dichotoma (Pall.) Lenz, Aliso 7 (4): 403 (1972).
黑龙江、吉林、辽宁、内蒙古、河北、山西、山东、河南、陕西、宁夏、甘肃、安徽、江西、湖南、湖北、云南；蒙古国、朝鲜、俄罗斯。

长管鸢尾

Iris dolichosiphon Noltie, Kew Mag. 7 (1): 9 (1990).
四川、云南、西藏；缅甸、不丹、印度。

长管鸢尾（原亚种）

Iris dolichosiphon subsp. **dolichosiphon**
西藏；不丹。

东方鸢尾（小花长筒鸢尾）

Iris dolichosiphon subsp. **orientalis** Noltie, New Plantsman 2 (3): 135 (1995).
四川、云南；缅甸、印度。

玉蝉花（花菖蒲，紫花鸢尾，东北鸢尾）

Iris ensata Thunb., Trans. Linn. Soc. London 2: 328 (1794).
Iris kaempferi Siebold ex Lem., Ill. Hort. 5: pl. 157 (1858); *Iris laevigata* var. *kaempferi* (Siebold ex Lem.) Maxim., Bull. Acad. Imp. Sci. Saint-Pétersbourg 26 (3): 521 (1880); *Iris kaempferi* var. *spontanea* Makino, Bot. Mag. 23 (268): 94 (1909); *Iris ensata* var. *spontanea* (Makino) Nakai, Veg. Mt. Apoi. 78 (1930).
黑龙江、吉林、辽宁、山东、浙江；日本、朝鲜、俄罗斯。

多斑鸢尾（草叶鸢尾）

●**Iris farreri** Dykes, Gard. Chron., sér. 3 57: 175 (1915).
Iris songarica var. *gracilis* Maxim., Bull. Acad. Imp. Sci. Saint-Pétersbourg 26 (3): 510 (1880); *Iris polysticta* Diels, Svensk Bot. Tidskr. 18: 428 (1924); *Iris maximowiczii* Grubov, Trudy Bot. Inst. Akad. Nauk S. S. S. R., Ser. 1 Fl. Sist. Vyssh. Rast. 7: 93 (1977).
甘肃、青海、四川、云南、西藏。

黄金鸢尾（黄花鸢尾，黄鸢尾）

Iris flavissima Pall., Reise Russ. Reich. 1: 715 (1776).
Iris dahurica Herb. ex Klatt, Bot. Zeitung (Berlin) 30: 514 (1872).
黑龙江、吉林、内蒙古、宁夏、新疆；蒙古国、哈萨克斯坦、俄罗斯。

台湾鸢尾

●**Iris formosana** Ohwi, Acta Phytotax. Geobot. 3: 115 (1934).
台湾。

云南鸢尾（大紫石蒲）

Iris forrestii Dykes, Gard. Chron., sér. 3 47: 418 (1910).
四川、云南、西藏；缅甸。

锐果鸢尾（小排草）

Iris goniocarpa Baker, Gard. Chron. 2 (6): 710 (1876).
Iris gracilis Maxim., Bull. Acad. Imp. Sci. Saint-Pétersbourg 26 (3): 527 (1880); *Iris goniocarpa* var. *tenella* Y. T. Zhao, Acta Phytotax. Sin. 18 (1): 60 (1980).
陕西、甘肃、青海、湖北、四川、云南、西藏；缅甸、不丹、尼泊尔、印度。

喜盐鸢尾（厚叶马蔺）

Iris halophila Pall., Reise Russ. Reich. 3: 713 (1776).
Iris spuria var. *halophila* (Pall.) Sims, Bot. Mag. 28: t. 1131 (1808); *Iris spuria* subsp. *halophila* (Pall.) B. Mathew et Wendelbo, Fl. Iran. 112: 23 (1975).
甘肃、新疆；蒙古国、巴基斯坦、阿富汗、吉尔吉斯斯坦、乌兹别克斯坦、俄罗斯、罗马尼亚、乌克兰；亚洲（西南部）、欧洲（东南部）。

喜盐鸢尾（原变种）

Iris halophila var. **halophila**
Iris gueldenstaedtiana Lepech., Trudy Imp. S.-Peterburgsk. Bot. Sada 5 (1): 292 (1781); *Iris desertorum* Gueldenst., Reis. Russland (Gueldenst.) 1: 80 (1787).
甘肃、新疆；蒙古国、阿富汗、吉尔吉斯斯坦、俄罗斯、罗马尼亚、乌克兰；亚洲（西南部）、欧洲（东南部）。

蓝花喜盐鸢尾

Iris halophila var. **sogdiana** (Bunge) Grubov, Novosti Sist. Nizsh. Rast. 6: 30 (1970).
Iris sogdiana Bunge, Mém. Acad. Imp. Sci. St.-Pétersbourg Divers Savants 7: 507 (1847).
? 甘肃、新疆；巴基斯坦、阿富汗、伊朗、吉尔吉斯斯坦、乌兹别克斯坦、俄罗斯。

长柄鸢尾

●**Iris henryi** Baker, Handb. Irid. 6 (1892).
Iris gracilipes Pamp., Nuovo Giorn. Bot. Ital., n. s. 22 (2): 269 (1915), non A. Gray, Mem. Amer. Acad. Arts, n. s. 6: 412 (1859).
甘肃、安徽、湖南、湖北、四川。

蝴蝶花（日本鸢尾，扁竹根，剑刀草）

Iris japonica Thunb., Trans. Linn. Soc. London 2: 327 (1794).
山西、陕西、甘肃、青海、安徽、江苏、浙江、江西、湖南、湖北、四川、贵州、云南、西藏、福建、广东、广西、海南；日本、缅甸。

蝴蝶花（原变型）

Iris japonica f. **japonica**
Iris fimbriata Vent., Descr. Pl. Nouv. t. 9 (1800); *Iris chinensis* Curtis, Bot. Mag. 11: t. 373 (1797).
山西、陕西、甘肃、青海、安徽、江苏、浙江、江西、湖南、湖北、四川、贵州、云南、西藏、福建、广东、广西、海南；日本、缅甸。

白蝴蝶花

●**Iris japonica** f. **pallescens** P. L. Chiu et Y. T. Zhao, Acta Phytotax. Sin. 18 (1): 58 (1980).
浙江。

库门鸢尾

Iris kemaonensis Wall. ex Royle, Ill. Bot. Himal. Mts. 1: 372 (1839).
西藏；不丹、尼泊尔、印度（北部）。

矮鸢尾

●**Iris kobayashii** Kitag., J. Jap. Bot. 9 (4): 249 (1933).
辽宁。

马蔺

Iris lactea Pall., Reise Russ. Reich. 3: 713 (1776).
黑龙江、吉林、辽宁、内蒙古、河北、山西、山东、河南、陕西、宁夏、甘肃、青海、新疆、安徽、江苏、湖北、四川、西藏；蒙古国、朝鲜、印度（北部）、巴基斯坦、阿富汗、哈萨克斯坦、俄罗斯。

马蔺（原变种）（白花马蔺）

Iris lactea var. **lactea**
Iris biglumis Vahl, Enum. Pl. 3: 149 (1806); *Iris pallasii* var. *chinensis* Fisch., Bot. Mag. 49: t. 2331 (1822); *Iris longispatha* Fisch., Bot. Mag. 52: t. 2528 (1824); *Iris ensata* var. *chinensis* (Fisch.) Maxim., Gartenflora 29: 161 (1880); *Iris lactea* var. *chinensis* (Fisch.) Koidz., Bot. Mag. (Tokyo) 39 (468): 300 (1925); *Iris iliensis* Poljakov, Bot. Mater. Gerb. Bot. Inst. Komarova Akad. Nauk S. S. S. R. 12: 88 (1950).
黑龙江、吉林、辽宁、内蒙古、河北、山西、山东、河南、陕西、宁夏、甘肃、青海、新疆、安徽、江苏、湖北、四川、西藏；蒙古国、朝鲜、印度（北部）、巴基斯坦、阿富汗、哈萨克斯坦、俄罗斯。

黄花马蔺

●**Iris lactea** var. **chrysantha** Y. T. Zhao, Bull. Bot. Lab. N. E. Forest. Inst. 9: 76 (1980).
西藏。

燕子花（平叶鸢尾，光叶鸢尾）

Iris laevigata Fisch., Index Sem. (St. Petersburg). 5: 36 (1839).
Iris phragmitetorum Hand.-Mazz., Anz. Akad. Wiss. Wien., Math.-Naturwiss. Kl. 62: 241 (1925).
黑龙江、吉林、辽宁、内蒙古、云南；日本、朝鲜、俄罗斯。

宽柱鸢尾

●**Iris latistyla** Y. T. Zhao, Acta Phytotax. Sin. 18 (1): 61 (1980).
西藏。

薄叶鸢尾

●**Iris leptophylla** Lingelsh. ex H. Limpr., Repert. Spec. Nov. Regni Veg. Beih. 12: 325 (1922).
Iris sichuanensis Y. T. Zhao, Acta Phytotax. Sin. 18 (1): 59 (1980).
甘肃、四川。

天山鸢尾

Iris loczyi Kanitz, Bot. Resl. Szech. Cent. As. Exped. 58 (1891).
Iris tenuifolia var. *thianschanica* Maxim., Bull. Acad. Imp. Sci. Saint-Pétersbourg 26: 512 (1880); *Iris thianschanica* (Maxim.) Vved., Fl. Turkm. 1: 325 (1932).
内蒙古、宁夏、甘肃、青海、新疆、四川、西藏；蒙古国、俄罗斯、塔吉克斯坦、阿富汗、伊朗。

乌苏里鸢尾

Iris maackii Maxim., Bull. Acad. Imp. Sci. Saint-Pétersbourg 26: 541 (1880).
Iris pseudacorus var. *mandshurica* L. H. Bailey, Manual Cult. Pl. 273 (1949).
黑龙江、辽宁；俄罗斯。

长白鸢尾（东北鸢尾）

Iris mandshurica Maxim., Bull. Acad. Imp. Sci. Saint-Pétersbourg 26: 530 (1880).
黑龙江、吉林、辽宁；朝鲜、俄罗斯。

红花鸢尾

Iris milesii Baker ex Foster, Gard. Chron., n. s. 20: 231 (1883).
四川、云南、西藏；印度。

小黄花鸢尾

Iris minutoaurea Makino, J. Jap. Bot. 5: 17 (1928).
Iris minuta Franch. et Sav., Enum. Pl. Jap. 2: 42, 521 (1879), non L. f., Suppl. Pl. 98 (1782).
辽宁；日本、朝鲜。

水仙花鸢尾

●**Iris narcissiflora** Diels, Svensk Bot. Tidskr. 18: 428 (1924).
四川。

朝鲜鸢尾

Iris odaesanensis Y. N. Lee, Korean J. Bot. 17 (1): 33 (1974).
吉林；朝鲜。

卷鞘鸢尾

Iris potaninii Maxim., Bull. Acad. Imp. Sci. Saint-Pétersbourg 26: 528 (1880).
甘肃、青海、四川、西藏；蒙古国、俄罗斯。

卷鞘鸢尾（原变种）

Iris potaninii var. **potaninii**
Iris thoroldii Baker, J. Linn. Soc., Bot. 30 (206): 118 (1894).
甘肃、青海、四川、西藏；蒙古国、俄罗斯。

蓝花卷鞘鸢尾

Iris potaninii var. **ionantha** Y. T. Zhao, Acta Phytotax. Sin. 18 (1): 59 (1980).
甘肃、青海、四川、西藏；蒙古国、俄罗斯。

小鸢尾

●**Iris proantha** Diels, Svensk Bot. Tidskr. 18: 427 (1924).
河南、安徽、江苏、浙江、湖南、湖北。

小鸢尾（原变种）（拟罗斯鸢尾）

●**Iris proantha** var. **proantha**
Iris pseudorossii S. S. Chien, Contr. Biol. Lab. Sci. Soc. China, Bot., Ser. 6 72 (1931).
河南、安徽、江苏、浙江、湖南、湖北。

粗壮小鸢尾（拟罗斯鸢尾大花变种）

●**Iris proantha** var. **valida** (S. S. Chien) Y. T. Zhao, Acta Phytotax. Sin. 20 (1): 100 (1982).
Iris pseudorossii var. *valida* S. S. Chien, Contr. Biol. Lab. Sci. Soc. China, Bot., Ser. 6: 74 (1931).
浙江。

沙生鸢尾

●**Iris psammocola** Y. T. Zhao, Acta Phytotax. Sin. 30 (2): 181 (1992).
宁夏。

青海鸢尾

●**Iris qinghainica** Y. T. Zhao, Acta Phytotax. Sin. 18: 55 (1980).
甘肃、青海。

长尾鸢尾（柔鸢尾）

Iris rossii Baker, Gard. Chron., n. s. 8: 809 (1877).
辽宁；日本、朝鲜。

紫苞鸢尾

Iris ruthenica Ker Gawl., Bot. Mag. 28: t. 1123 (1808).
黑龙江、吉林、辽宁、内蒙古、河北、山西、山东、河南、陕西、宁夏、甘肃、青海、新疆、安徽、江西、湖南、湖北、四川、贵州、云南；蒙古国、朝鲜、哈萨克斯坦、俄罗斯；欧洲（东部）。

紫苞鸢尾（原变种）（俄罗斯鸢尾，紫石蒲，细茎鸢尾）

Iris ruthenica var. **ruthenica**
Iris ruthenica var. *brevituba* Maxim., Bull. Acad. Imp. Sci. Saint-Pétersbourg 26 (3): 516 (1880); *Iris ruthenica* var. *nana* Maxim., Bull. Acad. Imp. Sci. Saint-Pétersbourg 26 (3): 316 (1880).
黑龙江、吉林、辽宁、内蒙古、河北、山西、山东、河南、陕西、宁夏、甘肃、青海、新疆、安徽、江西、湖南、湖北、四川、贵州、云南；蒙古国、朝鲜、哈萨克斯坦、俄罗斯；欧洲（东部）。

白花紫苞鸢尾

●**Iris ruthenica** f. **leucantha** Y. T. Zhao, Acta Phytotax. Sin. 18 (1): 56 (1980).
新疆。

溪荪

Iris sanguinea Donn ex Hornem., Hort. Bot. Hafn. 1: 58 (1813).
Iris sibirica var. *sanguinea* (Donn ex Hornem) Ker Gawl., Bot. Mag. 35: t. 1604 (1813).
黑龙江、吉林、辽宁、内蒙古、江苏；蒙古国、日本、朝鲜、俄罗斯。

溪荪（原变种）

Iris sanguinea var. **sanguinea**
Iris nertschinskia Lodd., Bot. Cab. 19: t. 1843 (1832); *Iris sibirica* var. *orientalis* Baker, J. Linn. Soc., Bot. 16 (90): 139 (1877); *Iris extremorientalis* Koidz., Bot. Mag. (Tokyo) 40 (474): 330 (1926).
黑龙江、吉林、辽宁、内蒙古；蒙古国、日本、朝鲜、俄罗斯。

宜兴溪荪

•**Iris sanguinea** var. **yixingensis** Y. T. Zhao, Acta Phytotax. Sin. 20 (1): 99 (1982).
江苏。

膜苞鸢尾（镰叶马蔺）

Iris scariosa Willd. ex Link, Jahrb. Gewächsk. 1 (3): 71 (1820).
新疆；哈萨克斯坦、俄罗斯。

山鸢尾

Iris setosa Pall. ex Link, Jahrb. Gewächsk. 1 (3): 71 (1820).
吉林；日本、朝鲜、俄罗斯、美国（阿拉斯加州）、加拿大（东部）。

准噶尔鸢尾

Iris songarica Schrenk ex Fisch. et C. A. Mey., Enum. Pl. Nov. 1: 3 (1841).
陕西、宁夏、甘肃、青海、新疆、四川；巴基斯坦、阿富汗、伊朗、塔吉克斯坦、哈萨克斯坦、乌兹别克斯坦、土库曼斯坦、俄罗斯。

小花鸢尾（亮紫鸢尾，八棱麻，六轮茅）

•**Iris speculatrix** Hance, J. Bot. 13: 196 (1875).
山西、陕西、青海、安徽、江苏、浙江、江西、湖南、湖北、四川、贵州、云南、西藏、福建、广东、广西、海南、香港。

小花鸢尾（原变种）

•**Iris speculatrix** var. **speculatrix**
Iris grijsii Maxim., Bull. Acad. Imp. Sci. Saint-Pétersbourg 26: 527 (1880); *Iris cavaleriei* H. Lév., Liliac. etc. Chine 18 (1905).
山西、陕西、青海、安徽、江苏、浙江、江西、湖南、湖北、四川、贵州、云南、西藏、福建、广东、广西、海南。

白花小花鸢尾

•**Iris speculatrix** var. **alba** V. H. C. Jarrett, Sunyatsenia 3 (4): 265 (1937).
香港。

中甸鸢尾

•**Iris subdichotoma** Y. T. Zhao, Acta Phytotax. Sin. 18 (1): 57 (1980).
云南。

中甸鸢尾（原变型）

•**Iris subdichotoma** f. **subdichotoma**
云南。

白花中甸鸢尾

•**Iris subdichotoma** f. **alba** Y. G. Shen et Y. T. Zhao, Acta Bot. Yunnan. 26: 492 (2004).
云南。

鸢尾

Iris tectorum Maxim., Bull. Acad. Imp. Sci. Saint-Pétersbourg 15: 380 (1871).
山西、陕西、青海、安徽、江苏、浙江、江西、湖南、湖北、四川、贵州、云南、西藏、福建、广东、广西、海南；日本、朝鲜、？缅甸。

鸢尾（原变型）

Iris tectorum f. **tectorum**
Iris chinensis Bunge, Enum. Pl. China Bor. 64 (1833), non Curtis, Bot. Mag. 11: t. 373 (1797); *Iris rosthornii* Diels, Bot. Jahrb. Syst. 29 (2): 261 (1900).
山西、陕西、青海、安徽、江苏、浙江、江西、湖南、湖北、四川、贵州、云南、西藏、福建、广东、广西、海南；日本、朝鲜、？缅甸。

白花鸢尾

Iris tectorum f. **alba** (Dykes) Makino, Ill. Fl. Nippon. 714 (1940).
Iris tectorum var. *alba* Dykes, Gen. Iris 103 (1913).
浙江；日本。

细叶鸢尾（老牛拽，细叶马蔺，丝叶马蔺）

Iris tenuifolia Pall., Reise Russ. Reich. 3: 714 (1776).
黑龙江、吉林、辽宁、内蒙古、河北、山西、山东、陕西、宁夏、甘肃、青海、新疆、西藏；蒙古国、巴基斯坦、阿富汗、哈萨克斯坦、俄罗斯。

粗根鸢尾

Iris tigridia Bunge ex Ledeb., Fl. Altaic. 1: 60 (1829).
黑龙江、吉林、辽宁、内蒙古、山西、甘肃、青海、四川；蒙古国、哈萨克斯坦、俄罗斯。

粗根鸢尾（原变种）

Iris tigridia var. **tigridia**
Iris pandurata Maxim., Bull. Acad. Imp. Sci. Saint-Pétersbourg 26: 529 (1880).
黑龙江、吉林、辽宁、内蒙古、山西、甘肃、青海、四川；蒙古国、哈萨克斯坦、俄罗斯。

大粗根鸢尾

•**Iris tigridia** var. **fortis** Y. T. Zhao, Acta Phytotax. Sin. 18 (1): 60 (1980).
吉林、内蒙古、山西。

北陵鸢尾（香蒲叶鸢尾）

•**Iris typhifolia** Kitag., Bot. Mag. (Tokyo) 48 (566): 94 (1934).
吉林、辽宁、内蒙古。

单花鸢尾

Iris uniflora Pall. ex Link, Jahrb. Gewächsk. 1 (3): 71 (1820).
Iris ruthenica var. *uniflora* (Pall. ex Link) Baker, Handb. Irid. 4 (1892); *Iris uniflora* var. *caricina* Kitag., Bot. Mag. (Tokyo)

49 (580): 232 (1935).
黑龙江、吉林、辽宁、内蒙古；蒙古国、朝鲜、俄罗斯。

囊花鸢尾（巨苞鸢尾）

Iris ventricosa Pall., Reise Russ. Reich. 3: 712 (1776).
黑龙江、吉林、辽宁、内蒙古、河北、青海、新疆；蒙古国、俄罗斯。

扇形鸢尾（扁竹兰，铁扇子，老君扇）

Iris wattii Baker, Handb. Irid. 17 (1892).
云南、西藏；缅甸、印度（东北部）。

黄花鸢尾

●**Iris wilsonii** C. H. Wright, Bull. Misc. Inform. Kew 1907: 321 (1907).
陕西、甘肃、湖北、四川、云南。

黄花鸢尾（原变种）

●**Iris wilsonii** var. **wilsonii**
陕西、甘肃、湖北、四川、云南。

大黄花鸢尾

●**Iris wilsonii** var. **major** C. H. Wright, Bull. Misc. Inform. Kew 1907 (8): 321 (1907).
中国（西部）。

存疑种

哈巴鸢尾

●**Iris habaensis** X. D. Dong, Bull. Bot. Res., Harbin 28 (2): 136 (2008), nom. inval.
云南。未见标本（据 FOC）。

蓝花鸢尾

Iris oxypetala Bunge, Enum. Pl. Chin. Bor. 63 (1832).
未知分布区。

45. 黄脂木科 XANTHORRHOEACEAE [4 属：17 种]

芦荟属 Aloe L.

芦荟

☆**Aloe vera** (L.) Burm. f., Fl. Ind. 83 (1768).
Aloe perfoliata var. *vera* L., Sp. Pl. 1: 320 (1753); *Aloe barbadensis* var. *chinensis* Haw., Suppl. Pl. Succ. 45 (1819); *Aloe chinensis* (Haw.) Baker, Bot. Mag. pl. 6301 (1877).
中国有栽培，云南南部有归化；原产地可能是地中海，广泛栽培。

山菅属 Dianella Lam.

山菅

Dianella ensifolia (L.) DC., Liliac. 1 (1): t. 1 (1802).
Dracaena ensifolia L., Mant. Pl. 1: 63 (1767); *Dianella nemorosa* Lam., Encycl. 2 (1): 276 (1786); *Dianella nemorosa* f. *racemulifera* Schlittler in Lecomte, Notul. Syst. (Paris) 1: (1909); *Dianella ensifolia* f. *racemulifera* (Schlittler) Tang S. Liu et S. S. Ying, Fl. Taiwan 5: 49 (1978); *Dianella ensifolia* f. *albiflora* Tang S. Liu et S. S. Ying, Fl. Taiwan 5: 49 (1978).
江西、四川、贵州、云南、福建、台湾、广东、广西、海南；日本（南部）、菲律宾、越南、老挝、缅甸、泰国、柬埔寨、马来西亚、印度尼西亚、不丹、尼泊尔、印度、孟加拉国、斯里兰卡、澳大利亚（东部）、太平洋诸岛；非洲（马达加斯加）。

独尾草属 Eremurus M. Bieb.

阿尔泰独尾草

Eremurus altaicus (Pall.) Steven, Bull. Soc. Imp. Naturalistes Moscou 4: 255 (1832).
Asphodelus altaicus Pall., Acta Acad. Sci. Imp. Petrop. 1779 (2): 258 (1783); *Eremurus altaicus* f. *fuscus* O. Fedtsch., Zap. Imp. Akad. Nauk Fiz.-Mat. Otd. 23 (8): 44 (1909); *Eremurus fuscus* (O. Fedtsch.) Vved., Notul. Syst. Herb. Inst. Bot. Acad. Sci. Uzbeckistan. 13: 27, in obs. (1952).
新疆；蒙古国、塔吉克斯坦、吉尔吉斯斯坦、哈萨克斯坦、乌兹别克斯坦、俄罗斯。

异翅独尾草

Eremurus anisopterus (Kar. et Kir.) Regel, Trudy Imp. S.-Peterburgsk. Bot. Sada 2 (2): 429 (1873).
Henningia anisoptera Kar. et Kir., Bull. Soc. Imp. Naturalistes Moscou 15: 517 (1842).
新疆；哈萨克斯坦。

独尾草

●**Eremurus chinensis** O. Fedtsch., Gard. Chron., sér. 3 41: 199 (1907).
甘肃、四川、云南、西藏。

粗柄独尾草

Eremurus inderiensis (Steven) Regel, Trudy Imp. S.-Peterburgsk. Bot. Sada 2 (2): 427 (1873).
Asphodelus inderiensis Steven, Bull. Soc. Imp. Naturalistes Moscou 4: 257 (1832).
新疆；蒙古国、巴基斯坦、阿富汗、哈萨克斯坦、乌兹别克斯坦、土库曼斯坦、俄罗斯；亚洲（西南部）。

萱草属 Hemerocallis L.

黄花菜（金针菜，柠檬萱草）

Hemerocallis citrina Baroni, Nuovo Giorn. Bot. Ital., n. s. 4: 305 (1897).
Hemerocallis coreana Nakai, Bot. Mag. (Tokyo) 46: 123 (1932); *Hemerocallis altissima* Stout, Herbertia 9: 103 (1943).
原产于中国，现国内外广泛栽培。内蒙古、河北、山东、

河南、陕西、安徽、江苏、浙江、江西、湖南、湖北、四川；日本、朝鲜。

小萱草

Hemerocallis dumortieri C. Morren, Hort. Belge 2: 195 (1834).
吉林、河北、陕西、甘肃；日本、朝鲜、俄罗斯（东西伯利亚）。

北萱草

Hemerocallis esculenta Koidz., Bot. Mag. (Tokyo) 39 (457): 28 (1925).
Hemerocallis dumortieri var. *esculenta* (Koidz.) Kitag., Col. Illustr. Pl. Jap. 3: 142 (1964).
辽宁、河北、山西、山东、河南、陕西、宁夏、甘肃、湖北；日本、俄罗斯。

西南萱草

•**Hemerocallis forrestii** Diels, Notes Roy. Bot. Gard. Edinburgh 5 (25): 298 (1912).
四川、云南。

萱草

Hemerocallis fulva (L.) L., Sp. Pl., ed. 2 1: 462 (1762).
Hemerocallis lilioasphodelus var. *fulvus* L., Sp. Pl. 1: 324 (1753).
河北、山西、山东、河南、陕西、安徽、江苏、浙江、江西、湖南、湖北、四川、贵州、云南、西藏、福建、台湾、广东、广西；日本、朝鲜、印度、俄罗斯。

萱草（原变种）（忘萱草）

Hemerocallis fulva var. **fulva**
Hemerocallis fulva var. *maculata* Baroni, Nuovo Giorn. Bot. Ital., n. s. 2 (4): 306 (1897).
河北、山西、山东、河南、陕西、安徽、江苏、浙江、江西、湖南、湖北、四川、贵州、云南、西藏、福建、台湾、广东、广西；日本、朝鲜、印度、俄罗斯。

长管萱草

☆**Hemerocallis fulva** var. **angustifolia** Baker, J. Linn. Soc., Bot. 11: 359 (1871).
Hemerocallis disticha Donn ex Sweet, Hort. Cantabrig., ed. 6 93 (1811); *Hemerocallis longituba* Miq., Ann. Mus. Bot. Lugduno-Batavi 3: 152 (1868); *Hemerocallis fulva* var. *longituba* (Miq.) Maxim., Gartenflora 34: 98 (1885).
中国有栽培，但野生状态不明；原产日本、朝鲜。

常绿萱草

Hemerocallis fulva var. **aurantiaca** (Baker) M. Hotta, Acta Phytotax. Geobot. 37 (1-3): 21 (1986).
Hemerocallis aurantiaca Baker, Gard. Chron., sér. 3 8: 94 (1890).
台湾、广东、广西；日本、朝鲜。

长瓣萱草（千叶萱草）

☆**Hemerocallis fulva** var. **kwanso** Regel, Gartenflora 15: 66 (1866).
Hemerocallis disticha var. *kwanso* Nakai, Bot. Mag. (Tokyo) 38: 79 (1924); *Hemerocallis fulva* f. *kwanso* (Regel) Kitam., Acta Phytotax. Geobot. 22: 69 (1996).
栽培于北京等地；日本、朝鲜。

北黄花菜

Hemerocallis lilioasphodelus L., Sp. Pl. 1: 324 (1753).
黑龙江、吉林、辽宁、河北、山西、山东、河南、陕西、甘肃、江苏、江西；日本、朝鲜、俄罗斯；欧洲。

大苞萱草

Hemerocallis middendorffii Trautv. et C. A. Mey., Reise Sibir. 1 (2): 94 (1856).
Hemerocallis dumortieri var. *middendorffii* (Trautv. et C. A. Mey.) Kitam., Col. Illustr. Pl. Jap. 3: 142 (1964).
黑龙江、吉林、辽宁；日本、朝鲜、俄罗斯。

大苞萱草（原变种）

Hemerocallis middendorffii var. **middendorffii**
黑龙江、吉林、辽宁；日本、朝鲜、俄罗斯。

长苞萱草

•**Hemerocallis middendorffii** var. **longibracteata** Z. T. Xiong, Bull. Bot. Res., Harbin 13 (2): 122 (1993).
吉林。

小黄花菜

Hemerocallis minor Mill., Gard. Dict., ed. 8, no. 2 (1768).
Hemerocallis graminea Andrews, Bot. Repos. 4: t. 244 (1804); *Hemerocallis flava* var. *minor* (Mill.) M. Hotta, Acta Phytotax. Geobot. 22 (1-2): 40 (1966).
黑龙江、吉林、辽宁、内蒙古、河北、山西、山东、陕西、甘肃；蒙古国、朝鲜、俄罗斯。

多花萱草

•**Hemerocallis multiflora** Stout, Addisonia 14: 31 (1929).
河南。

矮萱草

•**Hemerocallis nana** Forrest et W. W. Sm., Notes Roy. Bot. Gard. Edinburgh 10 (46): 39 (1917).
云南。

折叶萱草

•**Hemerocallis plicata** Stapf, Bot. Mag. 148: sub t. 8968 (1923).
四川、云南。

存疑种

对苞萱草

•**Hemerocallis fulva** var. **oppositibracteata** H. Kong et C. R.

Wang, Guihaia 16 (4): 303 (1996).
甘肃。

46. 石蒜科 AMARYLLIDACEAE [6 属：164 种]

葱属 Allium L.

针叶韭

•**Allium aciphyllum** J. M. Xu, Fl. Reipubl. Popularis Sin. 14: 230, 284 (Addenda) (1980).
四川。

鄂尔多斯韭

•**Allium alabasicum** Y. Z. Zhao, Acta Sci. Nat. Univ. Intramongol. 23 (4): 555, f. 1 (1992).
内蒙古。

阿尔泰葱

Allium altaicum Pall., Reise Russ. Reich. 2: 737, pl. R (1773).
Allium sapidissimum Pall. ex Schult. et Schult. f., Collecteana: 76 (1806); *Allium ceratophyllum* Bess. ex Schult. et Schult. f., Syst. Veg. (ed. 15 bis) 7 (2): 1029 (1830).
黑龙江、内蒙古、新疆；蒙古国、哈萨克斯坦、俄罗斯。

直立韭

Allium amphibolum Ledeb., Fl. Altaic. 2: 5 (1830).
新疆；蒙古国、哈萨克斯坦、俄罗斯。

矮韭

Allium anisopodium Ledeb., Fl. Ross. 4: 183 (1852).
黑龙江、吉林、辽宁、内蒙古、河北、山西、山东、陕西、甘肃、新疆；蒙古国、朝鲜半岛、哈萨克斯坦、俄罗斯。

矮韭（原变种）

Allium anisopodium var. **anisopodium**
Allium tenuissimum var. *anisopodium* (Ledeb.) Regel, Allior. Monogr. 175 (1875); *Allium tchefouense* Debeaux, Actes Soc. Linn. Bordeaux. 32: 25 (1878); *Allium tenuissimum* var. *purpureum* Regel, Trudy Imp. S.-Peterburgsk. Bot. Sada 10 (1): 342 (1887).
黑龙江、吉林、辽宁、内蒙古、河北、山西、山东、新疆；蒙古国、朝鲜半岛、哈萨克斯坦、俄罗斯。

糙葶韭

•**Allium anisopodium** var. **zimmermannianum** (Gilg) F. T. Wang et T. Tang, Contr. Inst. Bot. Natl. Acad. Peiping 2 (8): 260 (1934).
Allium zimmermannianum Gilg, Bot. Jahrb. Syst. 34 (1, Beibl. 75): 23 (1904); *Allium tenuissimum* f. *zimmermannianum* (Gilg) Q. S. Sun., Fl. Liaoning. 2: 717 (1992).
黑龙江、吉林、辽宁、内蒙古、河北、山西、山东、陕西、甘肃。

红皮香葱（香葱，细香葱）

Allium ascalonicum L., Fl. Palaest. 17 (1756).
河北、河南、安徽、浙江、江西、湖北、福建、广东、广西、海南；亚洲、欧洲。

蓝苞葱

Allium atrosanguineum Schrenk, Bull. Acad. Imp. Sci. Saint-Pétersbourg 10 (23): 355 (1842).
甘肃、青海、新疆、四川、云南、西藏；蒙古国、印度、巴基斯坦、阿富汗、塔吉克斯坦、吉尔吉斯斯坦、哈萨克斯坦、乌兹别克斯坦、俄罗斯。

蓝苞葱（原变种）

Allium atrosanguineum var. **atrosanguineum**
Allium monadelphum Turcz. ex Kar. et Kir., Bull. Soc. Imp. Naturalistes Moscou 15: 508 (1842).
青海、新疆、四川；蒙古国、阿富汗、塔吉克斯坦、吉尔吉斯斯坦、哈萨克斯坦、俄罗斯。

费葱

Allium atrosanguineum var. **fedschenkoanum** (Regel) G. H. Zhu et Turland, Novon 10 (2): 181 (2000).
Allium fedtschenkoanum Regel, Trudy Imp. S.-Peterburgsk. Bot. Sada 3 (2): 82 (1875); *Allium fedschenkoanum* var. *elatum* Regel, *op. cit.* 3 (2): 82 (1875); *Allium kaufmannii* Regel, *op. cit.* 10: 590 (1887); *Allium monadelphum* var. *kaufmannii* (Regel) Regel, *op. cit.* 10: 310 (1887); *Allium monadelphum* var. *fedschenkoanum* (Regel) Regel, *op. cit.* 10: 308 (1887).
新疆、西藏；印度、巴基斯坦、阿富汗、塔吉克斯坦、吉尔吉斯斯坦、哈萨克斯坦、乌兹别克斯坦。

藏葱

•**Allium atrosanguineum** var. **tibeticum** (Regel) G. H. Zhu et Turland, Novon 10 (2): 182 (2000).
Allium monadelphum var. *tibeticum* Regel, Trudy Imp. S.-Peterburgsk. Bot. Sada 10: 311 (1887); *Allium chalcophengos* Airy Shaw, Notes Roy. Bot. Gard. Edinburgh 16 (78): 137 (1931).
甘肃、青海、四川、云南、西藏。

蓝花韭

•**Allium beesianum** W. W. Sm., Notes Roy. Bot. Gard. Edinburgh 8 (38): 176 (1914).
四川、云南。

砂韭

Allium bidentatum Fisch. ex Prokh. et Ikonn.-Gal., Mat. Comm. Etude Republ. Mong. Touva et Bour. 2: 83 (1929).
Allium polyrhizum var. *potaninii* Regel, Trudy Imp. S.-Peterburgsk. Bot. Sada 10: 340 (1887); *Allium omiostema* Airy Shaw, Notes Roy. Bot. Gard. Edinburgh 16 (78): 144 (1931);

Allium salsum Skv. et Bar., Clav. Pl. Chin. Bor.-Orient. 572, t. 421, f. 6 (1959); *Allium edentatum* Y. P. Hsu, Acta Bot. Boreal.-Occid. Sin. 7 (4): 258, f. 1, 1 (1987); *Allium bidentatum* var. *andaense* Q. S. Sun, Bull. Bot. Res. 15 (3): 332 (1995).
黑龙江、吉林、辽宁、内蒙古、河北、山西、新疆；蒙古国、哈萨克斯坦、俄罗斯。

白韭

Allium blandum Wall., Pl. Asiat. Rar. 3: 38, pl. 260 (1832).
新疆；印度、巴基斯坦、阿富汗、塔吉克斯坦。

矮齿韭

●**Allium brevidentatum** F. Z. Li, Bull. Bot. Lab. N. E. Forest. Inst., Harbin 6 (1): 170 (1986).
山东。

棱叶韭

Allium caeruleum Pall., Reise Russ. Reich. 2: 727, pl. R (1773).
Allium coerulescens G. Don, Monogr. All. 34 (1827); *Allium azureum* Ledeb., Fl. Altaic. 2: 13 (1830); *Allium viviparum* Kar. et Kir., Bull. Soc. Imp. Naturalistes Moscou 14: 852 (1841).
新疆；塔吉克斯坦、吉尔吉斯斯坦、哈萨克斯坦、乌兹别克斯坦、俄罗斯。

知母薤

Allium caesium Schrenk, Bull. Cl. Phys.-Math. Acad. Imp. Sci. Saint-Pétersbourg 2: 113 (1844).
Allium urceolatum Regel, Gartenflora 236 (1873); *Allium renardii* Regel, Trudy Imp. S.-Peterburgsk. Bot. Sada 6: 521 (1879).
新疆；塔吉克斯坦、吉尔吉斯斯坦、哈萨克斯坦、乌兹别克斯坦。

疏生韭

Allium caespitosum Siev. ex Bong. et C. A. Mey., Bull. Sci. Acad. Imp. Sci. Saint-Pétersbourg 8: 341 (1841).
新疆；哈萨克斯坦。

石生韭

Allium caricoides Regel, Trudy Imp. S.-Peterburgsk. Bot. Sada 6 (2): 532 (1880).
Allium hoeitzeri Regel, Gartenflora 23: 291 (1884).
新疆；吉尔吉斯斯坦、哈萨克斯坦。

镰叶韭

Allium carolinianum Redouté, Liliac. 2: t. 101 (1804).
Allium polyphyllum Kar. et Kir., Bull. Soc. Imp. Naturalistes Moscou 15: 509 (1842); *Allium obtusifolium* Klotzsch, Bot. Ergebn. Reise Waldemar 51, pl. 95 (1862); *Allium thomsonii* Baker, J. Bot. 12 (142): 294 (1874); *Allium platyspathum* var. *falcatum* Regel, Allior. Monogr. 135 (1875); *Allium aitchisonii* Baker, Fl. Orient. 5: 248 (1882); *Allium platystylum* Regel, Acta Horti Petrop. 10: 328, t. 2, IIg. 2 (1887).
新疆、西藏；不丹、尼泊尔、印度、巴基斯坦、阿富汗、塔吉克斯坦、吉尔吉斯斯坦、哈萨克斯坦、乌兹别克斯坦。

洋葱

☆**Allium cepa** L., Sp. Pl. 1: 300 (1753).
中国各省（自治区、直辖市）广泛栽培；原产于亚洲（西部）。

洋葱（原变种）

☆**Allium cepa** var. **cepa**
中国各省（自治区、直辖市）广泛栽培；原产于亚洲（西部）。

火葱

☆**Allium cepa** var. **aggregatum** L., Mém. Werm. Wern. Nat. Hist. 6: 27 (1827).
栽培于河南、安徽、浙江、江西、湖南、湖北、福建、广东、广西、海南；世界广泛栽培。

楼子葱

●**Allium cepa** var. **proliferum** Regel, Trudy Imp. S.-Peterburgsk. Bot. Sada 3 (2): 93 (1875).
Cepa prolifera Moench, Methodus, 244 (1794); *Allium proliferum* (Moench) Schrad. ex Willd., Enum. Pl. 1: 358 (1809).
河北、河南、陕西、宁夏、甘肃、四川。

香葱

●**Allium cepiforme** G. Don, Mém. Wern. Nat. Hist. Soc. 6: 31 (1827).
Allium ascalonicum var. *chinense* Kunth, Repert. Spec. Nov. Regni Veg. Beih. (1911).
新疆。

昌都韭

●**Allium changduense** J. M. Xu, Fl. Reipubl. Popularis Sin. 14: 236, 285 (Addenda) (1980).
四川、西藏。

剑川韭

●**Allium chienchuanense** J. M. Xu, Fl. Reipubl. Popularis Sin. 14: 211, 284 (Addenda) (1980).
云南。

藠头

●**Allium chinense** G. Don, Mém. Wern, Nut. Hist. Soc. 6: 83 (1827).
Caloscordum exsertum Lindl., Edwards's Bot. Reg. 33: sub t. 5 (1847); *Allium bakeri* Regel, Allior. Monogr. 141 (1875); *Allium martini* H. Lév. et Vaniot, Liliac. etc. Chine. 40 (1905); *Allium bodinieri* H. Lév. et Vaniot, Liliac. etc. Chine. 38 (1905).
原产于中国，现国内外有栽培。河南、安徽、浙江、江西、

湖南、湖北、贵州、福建、广东、广西、海南；日本、越南、老挝、柬埔寨、美国。

冀韭

●**Allium chiwui** F. T. Wang et T. Tang, Bull. Fan Mem. Inst. Biol. Bot. 7: 294 (1937).
河北。

野葱（黄花韭）

●**Allium chrysanthum** Regel, Trudy Imp. S.-Peterburgsk. Bot. Sada 3 (2): 91 (1875).
陕西、甘肃、青海、湖北、四川、云南、西藏。

折被韭

●**Allium chrysocephalum** Regel, Trudy Imp. S.-Peterburgsk. Bot. Sada 10 (1): 335, pl. 3, f. 1 (1887).
甘肃、青海、四川。

细叶北韭

Allium clathratum Ledeb., Fl. Altaic. 2: 18 (1830).
新疆；蒙古国、哈萨克斯坦、俄罗斯。

黄花葱

Allium condensatum Turcz., Bull. Soc. Imp. Naturalistes Moscou 27 (2): 121 (1854).
黑龙江、吉林、辽宁、内蒙古、河北、山西、山东；蒙古国、朝鲜半岛、俄罗斯。

天蓝韭

Allium cyaneum Regel, Trudy Imp. S.-Peterburgsk. Bot. Sada 3 (2): 174 (1875).
Allium hugonianum Rendle, J. Bot. 44 (2): 43, pl. 476 A (1906); *Allium tui* F. T. Wang et T. Tang, Bull. Fan Mem. Inst. Biol. Bot. 7: 295 (1937); *Allium szechuanicum* F. T. Wang et T. Tang, *op. cit.* 7: 296 (1937).
陕西、宁夏、甘肃、青海、湖北、四川、西藏；朝鲜半岛。

杯花韭

●**Allium cyathophorum** Bureau et Franch., J. Bot. (Morot) 5 (10): 154 (1891).
Allium venustum C. H. Wright, J. Linn. Soc., Bot. 36: 126 (1903).
甘肃、青海、四川、云南、西藏。

杯花韭（原变种）

●**Allium cyathophorum** var. **cyathophorum**
Allium venustum C. H. Wright, J. Linn. Soc., Bot. 36: 126 (1903).
青海、四川、云南、西藏。

川甘韭

●**Allium cyathophorum** var. **farreri** (Stearn) Stearn, Bot. Mag. 170: pl. 252 (1955).
Allium farreri Stearn, J. Bot. 64: 342 (1930).
甘肃、四川。

星花蒜

Allium decipiens Fisch. ex Roem. et Schult., Syst. Veg. (ed. 15 bis) 7: 1117 (1830).
新疆；哈萨克斯坦、俄罗斯。

迷人薤

Allium delicatulum Siev. ex Schult. et Schult. f., Syst. Veg. (ed. 15 bis) 7: 1133 (1830).
Allium willdenowii Kunth, Enum. Pl. 4: 452 (1843); *Allium dolonkarense* Regel, Trudy Imp. S.-Peterburgsk. Bot. Sada 3 (2): 113 (1875).
新疆；哈萨克斯坦、俄罗斯。

短齿韭

●**Allium dentigerum** Prokh., Izv. Glavn. Bot. Sada S. S. S. R. 29: 563 (1930).
陕西、甘肃。

贺兰韭

Allium eduardii Stearn, Herbertia 11: 102 (1946).
Allium fischeri Regel, Trudy Imp. S.-Peterburgsk. Bot. Sada 3 (2): 161 (1875), *nom. illeg. hom.*
内蒙古、河北、宁夏、新疆；蒙古国、俄罗斯。

雅韭

●**Allium elegantulum** Kitag., Rep. Exped. Manchoukuo Sect. IV, Pt. 2, Contr. Cogn. Fl. Manshuricae, sect. 4 2: 98 (1935).
辽宁。

真籽韭

●**Allium eusperma** Airy Shaw, Notes Roy. Bot. Gard. Edinburgh 16 (78): 137 (1931).
四川、云南。

梵净山韭

●**Allium fanjingshanense** C. D. Yang et G. Q. Gou, Acta Bot. Yunnan. 30 (4): 437 (2008).
贵州。

粗根韭

Allium fasciculatum Rendle, J. Bot. 44 (2): 42 (1906).
Allium gageanum W. W. Sm., Rec. Bot. Surv. India 4 (5): 247 (1911).
青海、四川、西藏；不丹、尼泊尔、印度。

多籽蒜

Allium fetisowii Regel, Trudy Imp. S.-Peterburgsk. Bot. Sada 5 (2): 631 (1878).
Allium simile Regel, *op. cit.* 10 (1): 359 (1887); *Allium tschimganicum* B. Fedtsch., Rastitel'n. Turkestana. 237 (1915).
新疆；塔吉克斯坦、吉尔吉斯斯坦。

葱

☆**Allium fistulosum** L., Sp. Pl. 1: 301 (1753).

Allium wakegi Araki, J. Jap. Bot. 25: 206 (1950).

有悠久栽培历史，可能原产于中国西部；世界广泛栽培。

新疆韭

Allium flavidum Ledeb., Fl. Altaic. 2: 7 (1830).

新疆；蒙古国、哈萨克斯坦、俄罗斯。

阿拉善韭

●**Allium flavovirens** Regel, Trudy Imp. S.-Peterburgsk. Bot. Sada 10: 344 (1887).

Allium alaschanicum Y. Z. Zhao, Acta Sci. Nat. Univ. Intramongol. 23 (1): 109, f. 1 (1992).

内蒙古。

梭沙韭

●**Allium forrestii** Diels, Notes Roy. Bot. Gard. Edinburgh 5 (25): 302 (1912).

四川、云南、西藏。

玉簪叶山韭

●**Allium funckiifolium** Hand.-Mazz., Anz. Akad. Wiss. Wien, Math.-Naturwiss. Kl. 57: 175 (1920).

湖北、四川。

实葶葱

Allium galanthum Kar. et Kir., Bull. Soc. Imp. Naturalistes Moscou 15: 508 (1842).

Allium pseudocepa Schrenk, Bull. Sci. Acad. Imp. Sci. Saint-Pétersbourg 10: 355 (1814).

新疆；蒙古国、哈萨克斯坦、俄罗斯。

假山韭（新拟）

●**Allium pseudosenescens** H. J. Choi et B. U. Oh, Brittonia 62 (3): 200 (2010).

黑龙江。

头花韭

Allium glomeratum Prokh., Izv. Glavn. Bot. Sada S. S. S. R. 29: 560, f. 2 (1930).

新疆；吉尔吉斯斯坦。

灰皮葱

●**Allium grisellum** J. M. Xu, Fl. Reipubl. Popularis Sin. 14: 259, 286 (Addenda) (1980).

新疆。

灌县韭

●**Allium guanxianense** J. M. Xu, Acta Phytotax. Sin. 31 (4): 376 (1993).

四川。

疏花韭

●**Allium henryi** C. H. Wright, Bull. Misc. Inform. Kew 119 (1895).

湖北、四川。

金头韭

●**Allium herderianum** Regel, Trudy Imp. S.-Peterburgsk. Bot. Sada 10 (1): 289, 324, pl. 8, f. 2 (1887).

甘肃、青海。

异梗韭

●**Allium heteronema** F. T. Wang et T. Tang, Fl. Reipubl. Popularis Sin. 14: 231, 285 (Addenda) (1980).

四川。

宽叶韭

Allium hookeri Thwaites, Enum. Pl. Zeyl. 339 (1864).

四川、云南、西藏；缅甸、不丹、印度、斯里兰卡。

宽叶韭（原变种）（大叶韭）

Allium hookeri var. **hookeri**

Allium tsoongii F. T. Wang et T. Tang, Bull. Fan Mem. Inst. Biol. Bot. 7: 292 (1937).

四川、云南、西藏；缅甸、不丹、印度、斯里兰卡。

木里韭

●**Allium hookeri** var. **muliense** Airy Shaw, Notes Roy. Bot. Gard. Edinburgh 16 (78): 139 (1931).

四川、云南。

雪韭

Allium humile Kunth, Enum. Pl. 4: 443 (1843).

Allium gowanianum Wall. ex Baker, J. Bot. 12: 293 (1874); *Allium nivale* Jacquem. ex Hook. f. et Thomson, Acta Horti Petrop. 3 2: 178 (1875).

云南、西藏；印度、巴基斯坦。

北疆韭

Allium hymenorhizum Ledeb., Fl. Altaic. 2: 12 (1830).

新疆；蒙古国、塔吉克斯坦、吉尔吉斯斯坦、哈萨克斯坦、俄罗斯。

北疆韭（原变种）

Allium hymenorhizum var. **hymenorhizum**

Allium macrorrhizum Boiss., Diagn. Pl. Orient., sér. 1 13: 32 (1854).

新疆；蒙古国、塔吉克斯坦、吉尔吉斯斯坦、哈萨克斯坦、俄罗斯。

旱生韭

●**Allium hymenorhizum** var. **dentatum** J. M. Xu, Fl. Reipubl. Popularis Sin. 14: 245, 285 (Addenda) (1980).

新疆。

齿棱茎合被韭

Allium inutile Makino, Bot. Mag. 12: 104 (1898).

Caloscordum inutile (Makino) Okuyama et Kitag., J. Jap. Bot. 45: 123 (1970).
安徽；日本。

尤尔都斯薤

●**Allium juldusicola** Regel, Trudy Imp. S.-Peterburgsk. Bot. Sada 6: 523 (1880).
新疆。

草地韭

Allium kaschianum Regel, Trudy Imp. S.-Peterburgsk. Bot. Sada 10 (1): 338, pl. 3, f. 2, 2 a (1887).
新疆；吉尔吉斯斯坦、哈萨克斯坦。

钟花韭

●**Allium kingdonii** Stearn, Bull. Brit. Mus. (Nat. Hist.), Bot. 2 (6): 175, pl. 9, f. 10 a (1960).
西藏。

狭叶韭（新拟）

●**Allium kirilovii** N. Friesen et Seregin, Bot. J. Linn. Soc. 178 (1): 88 (2015).
新疆。

褐皮韭

Allium korolkowii Regel, Trudy Imp. S.-Peterburgsk. Bot. Sada 3 (2): 158 (1875).
Allium oliganthum var. *elongatum* Kar. et Kir., Bull. Soc. Imp. Naturalistes Moscou *op. cit.* 15: 511 (1842); *Allium moschatum* var. *brevipedunculatum* Regel, Trudy Imp. S.-Peterburgsk. Bot. Sada 6 (2): 523 (1880); *Allium moschatum* var. *dubium* Regel, *op. cit.* 6 (2): 552 (1880).
新疆；吉尔吉斯斯坦、哈萨克斯坦。

条叶长喙韭

Allium kurssanovii Popov, Byull. Moskovsk. Obshch. Isp. Prir. Otd. Biol. 47: 85 (1938).
Allium pseudoglobosum Popov ex Gamajun., Bot. Mater. Gerb. Bot. Inst. Bot. Acad. Nauk Kazakhsk. S. S. R. 2: 11 (1964).
新疆；吉尔吉斯斯坦、哈萨克斯坦。

硬皮葱

Allium ledebourianum Schult. et Schult. f., Syst. Veg. (ed. 15 bis) 7 (2): 1029 (1830).
Allium uliginosum Ledeb., Fl. Altaic. 2: 16 (1830).
黑龙江、吉林、辽宁、内蒙古、新疆；蒙古国、哈萨克斯坦、俄罗斯。

白头韭

Allium leucocephalum Turcz. ex Ledeb., Bull. Soc. Imp. Naturalistes Moscou 27 (2): 123 (1854).
黑龙江、内蒙古、甘肃；蒙古国、俄罗斯。

北韭

Allium lineare L., Sp. Pl. 1: 295 (1753).
新疆；蒙古国、哈萨克斯坦、俄罗斯。

对叶山韭

●**Allium listera** Stearn, Bull. Fan Mem. Inst. Biol. Bot. 5: 326 (1934).
Allium victorialis var. *listera* (Stearn) J. M. Xu, Fl. Reipubl. Popularis Sin. 14: 204 (1980).
吉林、河北、山西、河南、陕西、安徽。

长柱韭

●**Allium longistylum** Baker, J. Bot. 12 (142): 294 (1874).
Allium jeholense Franch., Pl. David. 1: 305 (1884); *Allium hopeiense* Nakai, J. Jap. Bot. 19 (11): 316 (1943).
内蒙古、河北、山西。

马克韭

Allium maackii (Maxim.) Prokh. ex Kom. et Aliss., Key Pl. Far East. Reg. U. S. S. R. 1: 366 (1931).
Allium lineare var. *maackii* Maxim., Mém. Acad. Imp. Sci. St.-Pétersbourg Divers Savans 9: 282 (1859); *Allium splendens* subsp. *prokhanovii* Vorosch., Byull. Glavn. Bot. Sada (Moscow) 130: 35 (1984); *Allium prokhanovii* (Vorosch.) Barkalov, Sosud. Rast. Sovet. Dal'nego Vostoka 2: 385 (1987).
黑龙江；俄罗斯。

大花韭

Allium macranthum Baker, J. Bot. 12 (142): 293 (1874).
Allium oviflorum Regel, Trudy Imp. S.-Peterburgsk. Bot. Sada 8: 658 (1884); *Allium simethis* H. Lév. et Giraudias, Repert. Spec. Nov. Regni Veg. 12: 288 (1913).
陕西、甘肃、四川、云南、西藏；不丹、印度。

薤白（小根蒜，密花小根蒜，团葱）

Allium macrostemon Bunge, Enum. Pl. Chin. Bor. 65 (1833).
Allium nereidum Hance, Ann. Sci. Nat., Bot., sér. 5 5: 224 (1866); *Allium grayi* Regel, Trudy Imp. S.-Peterburgsk. Bot. Sada 3: 125 (1875); *Allium nipponicum* Franch. et Sav., Enum. Pl. Jap. 2: 76 (1879); *Allium uratense* Franch., Nouv. Arch. Mus. Hist. Nat., sér. 2 7: 114 (1884); *Allium iatasen* H. Lév., Nouv. Contrib. Liliac. etc. Chine 17 (1906); *Allium ouensanense* Nakai, Bot. Mag. 27 (323): 215 (1913); *Allium chanetii* H. Lév., Repert. Spec. Nov. Regni Veg. 12 (317-321): 184 (1913).
中国遍布，除青海、新疆、海南外；蒙古国、日本、朝鲜半岛、俄罗斯（远东地区）。

滇韭

●**Allium mairei** H. Lév., Repert. Spec. Nov. Regni Veg. 7 (152-156): 339 (1909).
Allium yunnanense Diels, Notes Roy. Bot. Gard. Edinburgh 5 (25): 301 (1912); *Allium giraudiasii* H. Lév., Cat. Pl. Yun-Nan 163 (1916); *Allium amabile* Stapf, Bot. Mag. 155: pl. 9257 (1929); *Allium pyrrhorrhizum* var. *leucorrhizum* F. T. Wang et T. Tang, Notes Roy. Bot. Gard. Edinburgh 16 (78): 141 (1931);

Allium pyrrhorrhizum Airy Shaw, *op. cit.* 16 (78): 141 (1931).
四川、云南、西藏。

茂汶薤

●**Allium maowenense** J. M. Xu, Acta Phytotax. Sin. 32 (4): 356 (1994).
四川。

马葱

Allium maximowiczii Regel, Trudy Imp. S.-Peterburgsk. Bot. Sada 3 (2): 153 (1875).
Allium schoenoprasum var. *orientale* Regel, Trudy Imp. S.-Peterburgsk. Bot. Sada 3 (2): 80 (1875).
黑龙江、吉林、内蒙古；蒙古国、日本、朝鲜半岛、俄罗斯。

大鳞韭

●**Allium megalobulbon** Regel, Trudy Imp. S.-Peterburgsk. Bot. Sada 6: 526 (1880).
新疆。

单花韭（矮韭）

Allium monanthum Maxim., Bull. Acad. Imp. Sci. Saint-Pétersbourg 31 (1): 109 (1886).
Allium monanthum var. *floribundum* Z. J. Zhong et X. T. Huang, Bull. Bot. Res. North-East. Forest. Univ. 17 (1): 53 (1997).
黑龙江、吉林、辽宁、河北；日本、朝鲜半岛、俄罗斯。

蒙古韭

Allium mongolicum Turcz. ex Regel, Trudy Imp. S.-Peterburgsk. Bot. Sada 3 (2): 160 (1875).
辽宁、内蒙古、陕西、宁夏、甘肃、青海、新疆；蒙古国、哈萨克斯坦、俄罗斯。

蒙古韭（原变种）

Allium mongolicum var. **mongolicum**
辽宁、内蒙古、陕西、宁夏、甘肃、青海、新疆；蒙古国、哈萨克斯坦、俄罗斯。

哈巴河葱

●**Allium mongolicum** var. **kabaense** C. Y. Yang et T. H. Huang, Bull. Bot. Res. 21 (2): 186. f. 1 (2001).
新疆。

山地草原葱（新拟）

●**Allium montanostepposum** N. Friesen et Seregin, Bot. J. Linn. Soc. 178 (1): 85 (2015).
新疆。

短葶韭

●**Allium nanodes** Airy Shaw, Notes Roy. Bot. Gard. Edinburgh 16 (78): 141 (1931).
四川、云南。

长梗合被韭

Allium neriniflorum (Herb.) G. Don, Encyc. Pl. Physiol. 2 (142): 290 (1855).
Caloscordum neriniflorum Herb., Bot. Reg. 30 (Misc. Matter): 67 (1844); *Nothoscordum neriniflorum* (Herb.) Benth. et Hook. f., Gen. Pl. 3 (2): 802 (1883); *Nothoscordum neriniflorum* var. *albiflorum* Kitag., Jap. J. Bot. (1923).
黑龙江、吉林、辽宁、内蒙古、河北；蒙古国、俄罗斯。

齿丝山韭

Allium nutans L., Sp. Pl. 1: 299 (1753).
新疆；蒙古国、哈萨克斯坦、俄罗斯。

高葶韭

Allium obliquum L., Sp. Pl. 1: 296 (1753).
新疆；蒙古国、吉尔吉斯斯坦、哈萨克斯坦、俄罗斯；欧洲。

峨眉韭

●**Allium omeiense** Z. Y. Zhu, Bull. Bot. Lab. N. E. Forest. Inst., Harbin 9 (4): 65 (1989).
四川。

高地蒜

Allium oreophilum C. A. Mey., Verz. Pfl. Casp. Meer. 37 (1831).
Allium platystemon Kar. et Kir., Bull. Soc. Nat. Moscou 15: 514 (1842); *Allium ostrowskianum* Regel, Acta Horti Petrop. 7: 545 (1880).
新疆；巴基斯坦、阿富汗、塔吉克斯坦、吉尔吉斯斯坦、哈萨克斯坦、乌兹别克斯坦、俄罗斯；亚洲（西南部）。

滩地韭

Allium oreoprasum Schrenk, Bull. Acad. Imp. Sci. Saint-Pétersbourg 10 (23): 354 (1842).
新疆、西藏；巴基斯坦、阿富汗、塔吉克斯坦、吉尔吉斯斯坦、哈萨克斯坦、乌兹别克斯坦。

卵叶山葱

●**Allium ovalifolium** Hand.-Mazz., Kaiserl. Akad. Wiss. Wien, Math.-Naturwiss. Kl., Denkschr. 60: 101 (1924).
陕西、甘肃、青海、湖北、四川、贵州、云南。

卵叶山葱（原变种）（鹿耳韭）

●**Allium ovalifolium** var. **ovalifolium**
Allium prattii var. *latifoliatum* F. T. Wang et T. Tang, Bull. Fan Mem. Inst. Biol. Bot. 7: 297 (1937).
陕西、甘肃、青海、湖北、四川、贵州、云南。

心叶山葱

●**Allium ovalifolium** var. **cordifolium** (J. M. Xu) J. M. Xu, Fl. Sichuan. 7: 140 (1991).
Allium cordifolium J. M. Xu, Fl. Reipubl. Popularis Sin. 14: 205, 284 (Addenda) (1980).

四川。

白脉山葱

●**Allium ovalifolium** var. **leuconeurum** J. M. Xu, Fl. Reipubl. Popularis Sin. 14: 205, 283 (Addenda) (1980).
四川。

天蒜

●**Allium paepalanthoides** Airy Shaw, Notes Roy. Bot. Gard. Edinburgh 16 (78): 1542 (1931).
Allium albostellerianum F. T. Wang et T. Tang, Bull. Fan Mem. Inst. Biol. Bot. 7: 293 (1937).
内蒙古、山西、陕西、四川。

小山韭

Allium pallasii Murray, Nov. Com. Soc. Reg. Sci. Goett 6: 32, pl. 3 (1775).
Allium tenue G. Don, Monogr. All. 34 (1827); *Allium lepidum* Ledeb., Ic. Pl. Ross. Alt. 4: 17 (1833); *Allium caricifolium* Kar. et Kir., Bull. Soc. Imp. Naturalistes Moscou 14: 854 (1841); *Allium albertii* Regel, Trudy Imp. S.-Peterburgsk. Bot. Sada 5 (2): 632 (1878); *Allium semiretschenskianum* Regel, *op. cit.* 5 (2): 630 (1878).
新疆；蒙古国、哈萨克斯坦、俄罗斯。

石坡韭

Allium petraeum Kar. et Kir., Bull. Soc. Imp. Naturalistes Moscou 15: 512 (1842).
新疆；哈萨克斯坦。

昆仑韭

●**Allium pevtzovii** Prokh., Izv. Glavn. Bot. Sada S. S. S. R. 29: 561 (1930).
新疆。

帕里韭

Allium phariense Rendle, J. Bot. 44 (2): 42 (1906).
四川、西藏；不丹。

宽苞韭

Allium platyspathum Schrenk in Fisch. et C. A. Mey., Enum. Pl. Nov. 1: 7 (1841).
新疆；蒙古国、阿富汗、塔吉克斯坦、吉尔吉斯斯坦、哈萨克斯坦、乌兹别克斯坦、俄罗斯。

宽苞韭（原亚种）

Allium platyspathum subsp. **platyspathum**
新疆；蒙古国、阿富汗、塔吉克斯坦、吉尔吉斯斯坦、哈萨克斯坦、乌兹别克斯坦、俄罗斯。

钝叶韭

Allium platyspathum subsp. **amblyophyllum** Frizen, Fl. Siles. 4: 81 (1987).
Allium amblyophyllum Kar. et Kir., Bull. Soc. Imp. Naturalistes Moscou 15: 510 (1842); *Allium alataviense* Regel, *op. cit.* 41: 448 (1868).
新疆；蒙古国、吉尔吉斯斯坦、哈萨克斯坦、俄罗斯。

多叶韭

●**Allium plurifoliatum** Rendle, J. Bot. 44 (2): 43, pl. 476, f. 5-7 (1906).
陕西、甘肃、安徽、湖北、四川。

鹧鸪韭

●**Allium plurifoliatum** var. **zhegushanense** J. M. Xu, Fl. Reipubl. Popularis Sin. 14: 234, 285 (Addenda) (1980).
四川。

碱韭（紫花韭）

Allium polyrhizum Turcz. ex Regel, Trudy Imp. S.-Peterburgsk. Bot. Sada 3 (2): 162 (1875).
Allium polyrhizum var. *przewalskii* Regel, *op. cit.* 3 (2): 163 (1875).
黑龙江、吉林、辽宁、内蒙古、河北、山西、宁夏、甘肃、青海、新疆；蒙古国、哈萨克斯坦、俄罗斯。

韭葱（扁葱）

☆**Allium porrum** L., Sp. Pl. 1: 295 (1753).
Allium ampeloprasum var. *porrum* Regel, Allior. Monogr. 54 (1875).
中国广泛栽培；原产于亚洲（西南部）和欧洲。

太白山葱

Allium prattii C. H. Wright ex F. B. Forbes et Hemsl., J. Linn. Soc., Bot. 36: 124 (1903).
Allium victorialis var. *angustifolium* Hook. f., Fl. Brit. India 6 (18): 343 (1892); *Allium cannifolium* H. Lév., Repert. Spec. Nov. Regni Veg. 13 (368-369): 339 (1914); *Allium prattii* var. *vinicolor* F. T. Wang et T. Tang, Bull. Fan Mem. Inst. Biol. Bot. 7: 296 (1937); *Allium prattii* var. *ellipticum* F. T. Wang et T. Tang, Bull. Fan Mem. Inst. Biol. Bot. 7: 297 (1937).
河南、陕西、甘肃、青海、安徽、四川、云南、西藏；不丹、尼泊尔、印度。

蒙古野韭

Allium prostratum Trevir., Allii Sp. 16 (1822).
Allium declinatum Willd., Icon. Fl. Germ. Helv. 5: 46 (1841); *Allium deflexum* Fisch. ex Schult. et Schult. f., Enum. Pl. 4: 428 (1843); *Allium congestum* G. Don, Mém. Wern. Soc. 6: 66 (1927); *Allium satoanum* Kitag., Bot. Mag. 48 (566): 92 (1934).
内蒙古、新疆；蒙古国、俄罗斯。

青甘韭（青甘野韭）

Allium przewalskianum Regel, Trudy Imp. S.-Peterburgsk. Bot. Sada 3 (2): 164 (1875).
Allium junceum Jacquem. ex Baker, J. Bot. 12: (142): 295 (1874), *nom. illeg.*; *Allium jacquemontii* Regel, Trudy Imp.

S.-Peterburgsk. Bot. Sada 3 (2): 162 (1875); *Allium stoliczkii* Regel, Allior. Monogr. 160 (1875).
内蒙古、陕西、宁夏、甘肃、青海、新疆、四川、云南、西藏；尼泊尔、印度、巴基斯坦。

野韭

Allium ramosum L., Sp. Pl. 1: 296 (1753).
Allium odorum Thunb., Fl. Jap. 132 (1767); *Allium tataricum* L. f., Suppl. Pl. 196 (1781); *Allium potaninii* Regel, Trudy Imp. S.-Peterburgsk. Bot. Sada 6 (2): 295 (1879); *Allium weichanicum* Palib., *op. cit.* 14 (1): 142 (1895); *Allium lancipetalum* Y. P. Hsu, Acta Bot. Boreal.-Occid. Sin. 7 (4): 259, f. 1, 4 (1987).
黑龙江、吉林、辽宁、内蒙古、河北、山西、山东、陕西、宁夏、甘肃、青海、新疆；蒙古国、哈萨克斯坦、俄罗斯。

宽叶滇韭

●**Allium rhynchogynum** Diels, Notes Roy. Bot. Gard. Edinburgh 5 (25): 302 (1912).
云南。

新疆蒜

Allium roborowskianum Regel, Trudy Imp. S.-Peterburgsk. Bot. Sada 10 (1): 359, pl. 8, f. 4 (1887).
Allium sinkiangense F. T. Wang et Y. C. Tang, Fl. Reipubl. Popularis Sin. 14: 269, 286 (Addenda) (1980).
新疆；蒙古国。

健蒜

Allium robustum Kar. et Kir., Bull. Soc. Imp. Naturalistes Moscou 14: 753 (“853”) (1841).
Allium robustum var. *alpestre* Kar. et Kir., *op. cit.* 15: 513 (1842).
新疆；哈萨克斯坦。

红花韭

Allium rubens Schrad. ex Willd., Enum. Pl. 1: 360 (1809).
新疆；蒙古国、哈萨克斯坦、俄罗斯。

野黄韭

●**Allium rude** J. M. Xu, Fl. Reipubl. Popularis Sin. 14: 249, 286 (Addenda) (1980).
甘肃、青海、四川、西藏。

沙地薤

Allium sabulosum Stev. ex Bunge, Reise Steppen Russl. 2: 311 (1838).
新疆；塔吉克斯坦、吉尔吉斯斯坦、哈萨克斯坦、乌兹别克斯坦、土库曼斯坦、俄罗斯。

朝鲜薤

Allium sacculiferum Maxim., Mém. Acad. Imp. Sci. St.-Pétersbourg Divers Savans 9: 281 (1859).
Allium pseudojaponicum Makino, Bot. Mag. 24: 30 (1910); *Allium komarovianum* Vved., Byull. Sredne-Aziatsk. Gosud. Univ. 19: 119 (1934); *Allium yuchuanii* Y. Z. Zhao et J. Y. Chao, Acta Sci. Nat. Univ. Intramongol. 20 (2): 241 (1989).
黑龙江、吉林、辽宁、内蒙古；日本、朝鲜半岛、俄罗斯。

赛里木薤

Allium sairamense Regel, Trudy Imp. S.-Peterburgsk. Bot. Sada 6 (2): 520 (1880).
新疆；哈萨克斯坦。

蒜

☆**Allium sativum** L., Sp. Pl. 1: 296 (1753).
Allium pekinense Prokhanov, Trudy Prikl. Bot. 24 (2): 181 (1930).
中国广泛栽培；原产于亚洲，世界广泛栽培。

长喙韭

Allium saxatile Bieb., Tabl. Prov. Mer. Casp. 114 (1798).
Allium globosum Bieb. ex Redouté, Liliac. 3: pl. 179 (1807); *Allium caucasicum* Bieb., Fl. Taur.-Caucas. 3: 258 (1819); *Allium stevenii* Ledeb., Fl. Ross. 4: 176 (1853); *Allium gmelinianum* Miscz. ex Grossh., Fl. Kavkaza 1: 209 (1928).
新疆；哈萨克斯坦、俄罗斯；欧洲。

类北葱

Allium schoenoprasoides Regel, Trudy Imp. S.-Peterburgsk. Bot. Sada 5 (2): 630 (1878).
Allium kesselringii Regel, *op. cit.* 8 (1): 272 (1883).
新疆；塔吉克斯坦、吉尔吉斯斯坦、哈萨克斯坦。

北葱

Allium schoenoprasum L., Sp. Pl. 1: 301 (1753).
新疆；蒙古国、日本、朝鲜半岛、印度、巴基斯坦、哈萨克斯坦、俄罗斯；亚洲（西南部）、欧洲、北美洲。

北葱（原变种）

Allium schoenoprasum var. **schoenoprasum**
Allium sibiricum L., Mant. Pl. 2: 562 (1771); *Allium raddeanum* Regel, Trudy Imp. S.-Peterburgsk. Bot. Sada 3 (2): 155 (1875).
新疆；蒙古国、日本、朝鲜半岛、印度、巴基斯坦、哈萨克斯坦、俄罗斯；亚洲（西南部）、欧洲、北美洲。

糙葶北葱

Allium schoenoprasum var. **scaberrimum** Regel, Trudy Imp. S.-Peterburgsk. Bot. Sada 3 (2): 80 (1875).
Allium scabrellum Boiss. et Buhse, Nouv. Mém. Soc. Imp. Naturalistes Moscou 11: 215 (1860); *Allium karelinii* Poljakov, Bot. Mater. Gerb. Inst. Bot. Akad. Nauk Uzbeksk. S. S. S. R. 12: 70 (1950).
新疆；蒙古国、哈萨克斯坦、俄罗斯。

单丝辉韭

Allium schrenkii Regel, Trudy Imp. S.-Peterburgsk. Bot. Sada

3 (2): 172 (1875).
Allium bogdoicola Regel, *op. cit.* 6 (2): 530 (1880).
新疆；蒙古国、哈萨克斯坦、俄罗斯。

管丝韭

Allium semenowii Regel, Bull. Soc. Imp. Naturalistes Moscou 41: 449 (1868).
Allium tristylum Regel, Trudy Imp. S.-Peterburgsk. Bot. Sada 10 (1): 333, pl. 2, f. 3 (1887).
新疆；吉尔吉斯斯坦、哈萨克斯坦。

丝叶韭

Allium setifolium Schrenk in Fisch. et C. A. Mey., Enum. Pl. Nov. 1: 6 (1841).
新疆；蒙古国、吉尔吉斯斯坦、哈萨克斯坦。

高山韭

Allium sikkimense Baker, J. Bot. 12 (142): 292 (1874).
Allium kansuense Regel, Trudy Imp. S.-Peterburgsk. Bot. Sada 10 (2): 690 (1887); *Allium cyaneum* var. *brachystemon* Regel, *op. cit.* 10 (2): 346 (1887); *Allium tibeticum* Rendle, J. Bot. 44 (2): 41 (1906).
陕西、宁夏、甘肃、青海、四川、云南、西藏；不丹、尼泊尔、印度。

管花韭

•**Allium siphonanthum** J. M. Xu, Fl. Reipubl. Popularis Sin. 14: 217, 284 (Addenda) (1980).
云南。

松潘韭

•**Allium songpanicum** J. M. Xu, Fl. Reipubl. Popularis Sin. 14: 261, 286 (Addenda) (1980).
四川。

穗花韭

Allium spicatum (Prain) N. Friesen, Molec. Phylogen. Evol. 17: 216 (2000).
Milula spicata Prain, Ann. Roy. Bot. Gard. (Calcutta) 5: 165 (1896).
西藏；尼泊尔。

扭叶韭

Allium spirale Willd., Enum. Suppl. 17 (1814).
Allium glaucum Schrad. ex Poir. in Lamarck, Encycl. Suppl. 1: 265 (1810); *Allium austrosibiricum* Frizen, Fl. Sibir. (Arac.-Orchidac.): 66 (1987); *Allium burjaticum* Frizen, *op. cit.* 68 (1987).
黑龙江、吉林、辽宁、内蒙古、河北、山西、河南、陕西、宁夏、甘肃；蒙古国、朝鲜半岛、俄罗斯。

丽韭

Allium splendens Willd. ex Schult. et Schult. f., Syst. Veg. (ed. 15 bis) 7: 1025 (1830).
黑龙江、吉林、辽宁、内蒙古；日本、朝鲜半岛、蒙古国、俄罗斯。

岩韭

Allium spurium G. Don, Mém. Wern. Nat. Hist. Soc. 6: 59 (1827).
Allium saxicola Kitag., Rep. Inst. Sci. Res. Manchoukuo 2: 288 (1938); *Allium dauricum* Frizen, Fl. Sibir. (Arac.-Orchidac.): 58 (2001).
黑龙江、吉林、辽宁、内蒙古、河北；蒙古国、俄罗斯。

雾灵韭

•**Allium stenodon** Nakai et Kitag., Rep. First Sci. Exped. Manchoukuo 4 (1): 18, pl. 6 (1934).
Allium plurifoliatum var. *stenodon* (Nakai et Kitag.) J. M. Xu, Fl. Reipubl. Popularis Sin. 14: 233 (1980).
内蒙古、河北、山西、河南。

辉韭（辉葱）

Allium strictum Schrad., Hort. Gott. 1: 1 (1809).
Allium volhynicum Bess., Catal. Hort. Cremen. Suppl. 3: 2 (1814); *Allium lineare* var. *strictum* Krylov, Fl. W. Sibir. 3: 626 (1929).
内蒙古、甘肃、新疆；蒙古国、吉尔吉斯斯坦、哈萨克斯坦、俄罗斯；欧洲。

紫花韭

•**Allium subangulatum** Regel, Trudy Imp. S.-Peterburgsk. Bot. Sada 10 (1): 340, pl. 5, f. 1 (1887).
宁夏、甘肃、青海。

蜜囊韭

Allium subtilissimum Ledeb., Fl. Altaic. 2: 22 (1830).
内蒙古、新疆；蒙古国、哈萨克斯坦、俄罗斯。

泰山韭

•**Allium taishanense** J. M. Xu, Fl. Reipubl. Popularis Sin. 14: 240, 285 (Addenda) (1980).
山东。

唐古韭

•**Allium tanguticum** Regel, Trudy Imp. S.-Peterburgsk. Bot. Sada 10 (1): 317, pl. 2, f. 1 (1887).
甘肃、青海、西藏。

荒漠韭

Allium tekesicola Regel, Trudy Imp. S.-Peterburgsk. Bot. Sada 10 (1): 350 (1887).
Allium deserticola Popov, Bot. Mater. Gerb. Bot. Inst. Bot. Acad. Nauk Kazakhsk. S. S. R. 8: 75 (1940).
新疆；哈萨克斯坦。

细叶韭（细丝韭，丝葱）

Allium tenuissimum L., Sp. Pl. 1: 301 (1753).

Allium pseudotenuissimum Skv., Clav. Pl. Chin. Bor.-Orient. 570 (1959); *Allium tenuissimum* var. *nalinicum* Shan Chen, Flora Intramongolica 8: 348, 199 (1985).
黑龙江、吉林、辽宁、内蒙古、河北、山西、山东、河南、陕西、宁夏、甘肃、新疆、江苏、浙江、四川；蒙古国、哈萨克斯坦、俄罗斯。

西疆韭

Allium teretifolium Regel, Trudy Imp. S.-Peterburgsk. Bot. Sada 5 (2): 629 (1878).
Allium grimmii Regel, Decas Pl. Nov. 10 (1882).
新疆；吉尔吉斯斯坦、哈萨克斯坦。

球序韭

Allium thunbergii G. Don, Mém. Wern. Nat. Hist. Soc. 6: 84 (1827).
Allium japonicum Regel, Trudy Imp. S.-Peterburgsk. Bot. Sada 3 (2): 133 (1875); *Allium taquetii* H. Lév., Repert. Spec. Nov. Regni Veg. 5 (93-98): 283 (1908); *Allium ophiopogon* H. Lév., Repert. Spec. Nov. Regni Veg. 12 (317-321): 184 (1913); *Allium morrisonense* Hayata, Icon. Pl. Formosan. 7: 42 (1918); *Allium pseudocyaneum* Gruning, Repert. Spec. Nov. Regni Veg. Beih. 12: 320 (1922); *Allium bakeri* var. *morrisonense* (Hayata) Tang S. Liu et S. S. Ying, Fl. Taiwan 5: 45 (1978).
黑龙江、吉林、辽宁、内蒙古、河北、山西、山东、河南、陕西、江苏、湖北、台湾；日本、朝鲜半岛。

天山韭

Allium tianschanicum Rupr., Mém. Acad. Imp. Sci. St.-Pétersbourg 14 (4): 33 (1869).
Allium macrorhizon Regel, Acta Horti Petrop. 3 2: 154 (1875); *Allium hymenorhizum* var. *tianschanicum* (Rupr.) Regel, Trudy Imp. S.-Peterburgsk. Bot. Sada 3 (2): 132 (1875); *Allium globosum* var. *albidum* Regel, *op. cit.* 10: 352 (1887).
新疆；塔吉克斯坦、吉尔吉斯斯坦、哈萨克斯坦。

三柱韭

●**Allium trifurcatum** (F. T. Wang et T. Tang) J. M. Xu, Fl. Sichuan. 7: 145 (1991).
Allium humile var. *trifurcatum* F. T. Wang et T. Tang, Fl. Reipubl. Popularis Sin. 14: 284, pl. 32 (1980).
四川、云南。

韭

Allium tuberosum Rottler ex Spreng., Syst. Veg. 2: 38 (1825).
Allium sulvia Buch.-Ham. ex D. Don, Prodr. Fl. Nepal. 53 (1825); *Allium roxburghii* Kunth, Enum. Pl. 4: 454 (1843); *Allium clarkei* Hook. f., Fl. Brit. India 6 (18): 344 (1892); *Allium argyi* H. Lév., Nouv. Contrib. Liliac. etc. Chine 16 (1906); *Allium yesoense* Nakai, Bot. Mag. 36 (431): 117 (1922).
中国广泛栽培，原产于山西，在中国南方及热带亚洲有归化。

合被韭

●**Allium tubiflorum** Rendle, J. Bot. 44 (2): 44, pl. 476, c. 8-11 (1906).
Caloscordum tubiflorum (Rendle) Traub, Pl. Life 28: 67 (1972).
河北、山西、河南、陕西、甘肃、湖北、四川。

郁金叶蒜

Allium tulipifolium Ledeb., Fl. Altaic. 2: 9 (1830).
新疆；哈萨克斯坦、俄罗斯。

茖葱

Allium victorialis L., Sp. Pl. 1: 295 (1753).
Allium victorialis subsp. *platyphyllum* Hultén, Fl. Kamtschatka 1: 239 (1927); *Allium microdictyum* Prokh., Bull. Appl. Bot. Pl. Breed. 24 (2): 174 (1930); *Allium latissimum* Prokh., Trudy Prikl. Bot. 24 (2): 174 (1930); *Allium ochotense* Prokh., Trudy Prikl. Bot. 24 (2): 174 (1930); *Allium wenchuanense* Z. Y. Zhu, Bull. Bot. Lab. N. E. Forest. Inst., Harbin 11 (1): 34 (1991).
黑龙江、吉林、辽宁、内蒙古、河北、山西、河南、陕西、甘肃、安徽、浙江、湖北、四川；蒙古国、日本、朝鲜半岛、印度、哈萨克斯坦、俄罗斯；欧洲、北美洲。

多星韭

Allium wallichii Kunth, Enum. Pl. 4: 443 (1843).
湖南、四川、贵州、云南、西藏、广西；缅甸、不丹、尼泊尔、印度。

多星韭（原变种）

Allium wallichii var. **wallichii**
Nothoscordum mairei H. Lév., Repert. Spec. Nov. Regni Veg. 7 (152-156): 384 (1909); *Allium tchongchanense* H. Lév., *op. cit.* 6 (119-124): 263 (1909); *Allium bulleyanum* Diels, Notes Roy. Bot. Gard. Edinburgh 5 (25): 301 (1912); *Allium polyastrum* Diels, *op. cit.* 5 (25): 300 (1912); *Allium praelatitium* H. Lév., Repert. Spec. Nov. Regni Veg. 12 (325-330): 288 (1913); *Allium feddei* H. Lév., *op. cit.* 12 (325- 330): 288 (1913); *Allium bulleyanum* var. *tchongchanense* (H. Lév.) Airy Shaw, Notes Roy. Bot. Gard. Edinburgh 16 (78): 139 (1931); *Allium liangshanense* Z. Y. Zhu, Bull. Bot. Lab. N. E. Forest. Inst., Harbin 11 (1): 33 (1991).
湖南、四川、贵州、云南、西藏、广西；缅甸、不丹、尼泊尔、印度。

柳叶韭

●**Allium wallichii** var. **platyphyllum** (Diels) J. M. Xu, Fl. Reipubl. Popularis Sin. 14: 211 (1980).
Allium polyastrum var. *platyphyllum* Diels, Notes Roy. Bot. Gard. Edinburgh 5 (25): 300 (1912); *Allium platyphyllum* (Diels) F. T. Wang et T. Tang, Bull. Fan Mem. Inst. Biol. Bot. 7: 292 (1937); *Allium lancifolium* Stearn, Bull. Brit. Mus. (Nat. Hist.), Bot. 2 (6): 183 (1960).

云南。

坛丝韭

Allium weschniakowii Regel, Trudy Imp. S.-Peterburgsk. Bot. Sada 6 (2): 531 (1880).
新疆；吉尔吉斯斯坦、哈萨克斯坦。

伊犁蒜

Allium winklerianum Regel, Trudy Imp. S.-Peterburgsk. Bot. Sada 8: 661 (1884).
新疆；阿富汗、塔吉克斯坦、吉尔吉斯斯坦。

乡城韭

●**Allium xiangchengense** J. M. Xu, Acta Phytotax. Sin. 31 (4): 374 (1993).
四川。

西川韭

●**Allium xichuanense** J. M. Xu, Fl. Reipubl. Popularis Sin. 14: 249, 285 (Addenda) (1980).
四川、云南。

白花葱

●**Allium yanchiense** J. M. Xu, Fl. Reipubl. Populeris Sin. 14: 260, 286 (Addenda) (1980).
内蒙古、河北、山西、陕西、宁夏、甘肃、青海。

永登韭

●**Allium yongdengense** J. M. Xu, Fl. Reipubl. Popularis Sin. 14: 224, 284 (Addenda) (1980).
甘肃、青海。

齿被韭

●**Allium yuanum** F. T. Wang et T. Tang, Bull. Fan Mem. Inst. Biol. Bot. 7: 295 (1937).
四川。

文殊兰属 Crinum L.

文殊兰（文珠兰）

●**Crinum asiaticum** var. **sinicum** (Roxb. ex Herb.) Baker, Handb. Amaryll. 75 (1888).
Crinum sinicum Roxb. ex Herb., Bot. Mag. 47: sub t. 2121, p. 7 (1820).
福建、台湾、广东、广西，中国广泛栽培。

西南文殊兰（西南文珠兰）

Crinum latifolium L., Sp. Pl. 1: 291 (1753).
Crinum ornatum var. *latifolium* (L.) Herb., Amaryllidaceae 263 (1837); *Crinum esquirolii* H. Lév., Mém. Pont. Acad. Rom. Nuovi Lincei 24: 343 (1906).
贵州、云南、广西；越南、老挝、缅甸、泰国、印度、斯里兰卡。

石蒜属 Lycoris Herb.

乳白石蒜

Lycoris albiflora Koidz., Bot. Mag. (Tokyo) 38: 100 (1924).
江苏、浙江；日本、朝鲜。

安徽石蒜

●**Lycoris anhuiensis** Y. Xu et G. J. Fan, Acta Phytotax. Sin. 20 (2): 197 (1982).
安徽、江苏。

忽地笑（铁色箭）

Lycoris aurea (L'Hér.) Herb., Bot. Mag. 47: sub t. 2113, p. 5 (1820).
Amaryllis aurea L'Hér., Sert. Angl. 14 (1788); *Lycoris traubii* W. Harward, Pl. Life 13: 40 (1957); *Lycoris aurea* var. *angustitepala* P. S. Hsu, Kurita, Z. Z. Yu et J. Z. Lin, Sida 16: 318 (1994).
河南、陕西、甘肃、江苏、浙江、江西、湖南、湖北、四川、贵州、云南、福建、台湾、广东、广西；日本、越南、老挝、缅甸、泰国、印度尼西亚、印度、巴基斯坦。

短蕊石蒜

●**Lycoris caldwellii** Traub, Herbertia 13: 46 (1957).
江苏、浙江、江西。

中国石蒜

Lycoris chinensis Traub, Herbertia 14: 44 (1958).
河南、陕西、江苏、浙江、四川；朝鲜半岛（南部）。

广西石蒜

●**Lycoris guangxiensis** Y. Xu et G. J. Fan, Acta Phytotax. Sin. 20 (2): 196 (1982).
广西。

江苏石蒜

●**Lycoris houdyshelii** Traub, Herbertia 13: 45 (1957).
江苏、浙江。

香石蒜

●**Lycoris incarnata** Comes ex Sprenger, Gartenwelt 10: 490 (1906).
湖北、云南。

长筒石蒜

●**Lycoris longituba** Y. Xu et G. J. Fan, Acta Phytotax. Sin. 12 (3): 299 (1974).
江苏。

长筒石蒜（原变种）

●**Lycoris longituba** var. **longituba**
江苏。

黄长筒石蒜

●**Lycoris longituba** var. **flava** Y. Xu et X. L. Huang, Acta Phytotax. Sin. 20 (2): 198 (1982).

江苏。

石蒜（蟑螂花，龙爪花）

Lycoris radiata (L'Hér.) Herb., Bot. Mag. 47: sub t. 2113, p. 5 (1819).
Amaryllis radiata L'Hér., Sert. Angl. 16 (1788); *Lycoris radiata* var. *pumila* Grey, Hardy Bulbs 2: 58 (1938).
山东、河南、陕西、安徽、江苏、浙江、江西、湖南、湖北、四川、贵州、云南、福建、广东、广西；日本、朝鲜、尼泊尔。

玫瑰石蒜

●**Lycoris rosea** Traub et Moldenke, Amaryllidaceae: Tribe Amarylleae 178 (1949).
江苏、浙江。

陕西石蒜

●**Lycoris shaanxiensis** Y. Hsu et Z. B. Hu, Acta Phytotax. Sin. 20 (2): 196 (1982).
陕西、四川。

换锦花

●**Lycoris sprengeri** Comes ex Baker, Gard. Chron., sér. 3 32: 469 (1902).
安徽、江苏、浙江、湖北。

鹿葱（夏水仙）

Lycoris squamigera Maxim., Bot. Jahrb. Syst. 6: 79 (1885).
山东、江苏、浙江；日本、朝鲜。

稻草石蒜

Lycoris straminea Lindl., J. Hort. Soc. London 3: 76 (1848).
江苏、浙江；日本。

水仙属 Narcissus L.

黄水仙（洋水仙，喇叭水仙）

☆**Narcissus pseudo-narcissus** L., Sp. Pl. 1: 289 (1753).
中国有栽培；原产于欧洲。

水仙

●**Narcissus tazetta** var. **chinensis** M. Roem., Fam. Nat. Syn. Monogr. 4: 223 (1847).
中国广泛栽培，浙江、福建有归化。

全能花属 Pancratium L.

全能花

Pancratium biflorum Roxb., Fl. Ind., ed. 1832 2: 125 (1832).
香港；印度。

葱莲属 Zephyranthes Herb.

葱莲（玉帘，葱兰）

☆**Zephyranthes candida** (Lindl.) Herb., Bot. Mag. 53: t. 2607 (1826).
Amaryllis candida Lindl., Bot. Reg. 9: t. 724 (1823); *Argyropsis candida* (Lindl.) M. Roem., Syn. Ensat. 125 (1847).
中国广泛栽培做观赏，在华南有归化；原产于南美洲。

韭莲（风雨花）

☆**Zephyranthes carinata** Herb., Bot. Mag. 52: t. 2594 (1825).
中国广泛栽培做观赏，华南归化；原产于墨西哥。

47. 天门冬科 ASPARAGACEAE [26 属：332 种]

龙舌兰属 Agave L.

龙舌兰

△**Agave americana** L., Sp. Pl. 1: 323 (1753).
归化于中国南方；原产于热带美洲。

狭叶龙舌兰

☆**Agave angustifolia** Haw., Syn. Pl. Succ. 72 (1812).
中国南方多地栽培；原产于美洲。

剑麻（菠萝麻）

☆**Agave sisalana** Perrine ex Engelm., Trans. Acad. Sci. St. Louis 3: 314 (1875).
华南栽培或有逸生；原产于墨西哥。

知母属 Anemarrhena Bunge

知母（兔子油草，穿地龙）

Anemarrhena asphodeloides Bunge, Mém. Acad. Imp. Sci. St.-Pétersbourg Divers Savans 2: 140 (1831).
黑龙江、吉林、辽宁、内蒙古、河北、山西、山东、陕西、甘肃、江苏、四川、贵州，栽培于台湾；蒙古国、朝鲜半岛。

天门冬属 Asparagus L.

山文竹

●**Asparagus acicularis** F. T. Wang et S. C. Chen, Acta Phytotax. Sin. 16 (1): 93 (1978).
江西、湖南、湖北、广东、广西。

折枝天门冬

Asparagus angulofractus Iljin, Fl. U. R. S. S. 4: 746, pl. 25, 5 (1935).
Asparagus soongoricus Iljin, Fl. U. R. S. S. 4: 747 (1935).
新疆；哈萨克斯坦。

攀援天门冬（海滨天冬，寄马桩）

Asparagus brachyphyllus Turcz., Bull. Soc. Imp. Naturalistes Moscou 13: 78 (1840).

Asparagus trichophyllus var. *trachyphyllus* Kunth, Enum. Pl. 5: 63 (1850).
吉林、辽宁、河北、山西、陕西、宁夏；蒙古国、朝鲜半岛、塔吉克斯坦、哈萨克斯坦、乌兹别克斯坦、土库曼斯坦。

西北天门冬

Asparagus breslerianus Schult. f., Syst. Veg. (ed. 15 bis) 7 (1): 323 (1829).
Asparagus persicus Baker, J. Linn. Soc., Bot. 14 (80): 603 (1875); *Asparagus tamariscinus* Ivanova ex Grubov, Bot. Mater. Gerb. Bot. Inst. Bot. Acad. Nauk Kazakhsk. S. S. R. 17: 10 (1955).
宁夏、甘肃、青海、新疆；蒙古国、哈萨克斯坦、乌兹别克斯坦、土库曼斯坦、俄罗斯；亚洲（西南部）。

天门冬（三百棒，丝冬，老虎尾巴根）

Asparagus cochinchinensis (Lour.) Merr., Fl. Gen. Indo-Chine 6: 780 (1908).
Melanthium cochinchinense Lour., Fl. Cochinch., ed. 2 1: 216 (1790); *Asparagus lucidus* Lindl., Bot. Reg. 7: 29 (1844); *Asparagus gaudichaudianus* Kunth, Enum. Pl. 5: 71 (1850); *Asparagopsis sinica* Miq., J. Bot. Néerl. 1: 90 (1861); *Asparagus insularis* Hance, Ann. Sci. Nat., Bot., sér. 5 5: 245 (1866); *Asparagus sinicus* (Miq.) C. H. Wright, J. Linn. Soc., Bot. 36 (250): 103 (1903); *Asparagus dauricus* var. *elongatus* Pamp., Nuovo Giorn. Bot. Ital., n. s. 22 (2): 264 (1915); *Asparagus cochinchinensis* var. *longifolius* F. T. Wang et T. Tang, Bull. Fan Mem. Inst. Biol. Bot. 7: 291 (1937); *Asparagus cochinchinensis* var. *dolichoclados* F. T. Wang et T. Tang, Bull. Fan Mem. Inst. Biol. Bot. 7: 291 (1937).
除东北、华北外，中国大部分省（自治区、直辖市）有分布；日本、朝鲜半岛、越南、老挝。

兴安天门冬

Asparagus dauricus Link, Enum. Hort. Berol. Alt. 1: 340 (1821).
Asparagus gibbus Bunge, Mém. Acad. Imp. Sci. St.-Pétersbourg Divers Savans 2: 139 (1833); *Asparagus tuberculatus* Bunge ex Iljin, Fl. U. R. S. S. 4: 747 (1935).
黑龙江、吉林、辽宁、内蒙古、河北、山西、山东、陕西、江苏；蒙古国、朝鲜半岛、俄罗斯（远东地区、西伯利亚）。

非洲天门冬（万年青）

☆**Asparagus densiflorus** (Kunth) Jessop, Bothalia. 9: 65 (1966).
Asparagopsis densiflora Kunth, Enum. Pl. 5: 96 (1850); *Asparagus sprengeri* Regel, Trudy Imp. S.-Peterburgsk. Bot. Sada 11 (2): 302 (1890).
中国广泛栽培，偶见归化；原产于非洲。

羊齿天门冬（滇百部，月牙一支蒿，土百部）

Asparagus filicinus D. Don, Prodr. Fl. Nepal. 49 (1825).
Asparagus filicinus var. *giraldii* C. H. Wright, Gard. Chron., sér. 3 44: 122, f. 48 (1908); *Asparagus filicinus* var. *megaphyllus* F. T. Wang et T. Tang, Bull. Fan Mem. Inst. Biol. Bot. 7: 290 (1937); *Asparagus qinghaiensis* Y. Wan, Guihaia 11 (4): 289, f. 1 (1991).
山西、河南、陕西、甘肃、浙江、湖南、湖北、四川、贵州、云南；缅甸、泰国、不丹、印度。

戈壁天门冬

Asparagus gobicus Ivanova ex Grubov, Bot. Mater. Gerb. Bot. Inst. Komarova Akad. Nauk S. S. S. R. 17: 9 (1955).
Asparagus angulofractus var. *scabridus* Kitag., J. Jap. Bot. 13 (6): 434 (1937).
内蒙古、陕西、宁夏、甘肃、青海；蒙古国。

甘肃天门冬

●**Asparagus kansuensis** F. T. Wang et T. Tang, Acta Phytotax. Sin. 16 (1): 94 (1978).
甘肃。

长花天门冬

●**Asparagus longiflorus** Franch., Nouv. Arch. Mus. Hist. Nat., sér. 2 7: 110 (1884).
河北、山西、山东、河南、陕西、甘肃、青海。

短梗天门冬（山百部）

Asparagus lycopodineus (Baker) F. T. Wang et T. Tang, Bull. Fan Mem. Inst. Biol. Bot. 7: 291 (1937).
Asparagus filicinus var. *lycopodineus* Baker, J. Linn. Soc., Bot. 14 (80): 605 (1875); *Asparagus filicinus* var. *brevipes* Baker, *op. cit.* 14 (80): 605 (1875); *Asparagus lycopodineus* var. *sessilis* F. T. Wang et T. Tang, Bull. Fan Mem. Inst. Biol. Bot. 7: 291 (1937).
陕西、甘肃、湖南、湖北、四川、贵州、云南、广西；缅甸、不丹、印度。

昆明天门冬

●**Asparagus mairei** H. Lév., Repert. Spec. Nov. Regni Veg. 7 (152-156): 339 (1909).
云南。

密齿天门冬

●**Asparagus meioclados** H. Lév., Repert. Spec. Nov. Regni Veg. 8 (160-162): 59 (1910).
Asparagus yunnanensis H. Lév., Cat. Pl. Yun-Nan 164 (1916); *Asparagus vaniotii* H. Lév., *op. cit.* 164 (1916).
四川、贵州、云南。

西南天门冬

●**Asparagus munitus** F. T. Wang et S. C. Chen, Acta Phytotax. Sin. 16 (1): 91 (1978).
四川、云南。

多刺天门冬

●**Asparagus myriacanthus** F. T. Wang et S. C. Chen, Acta Phytotax. Sin. 16 (1): 92 (1978).
云南、西藏。

新疆天门冬

Asparagus neglectus Kar. et Kir., Bull. Soc. Imp. Naturalistes Moscou 14: 750 (1841).

新疆；蒙古国、巴基斯坦、阿富汗、塔吉克斯坦、哈萨克斯坦、乌兹别克斯坦、土库曼斯坦、俄罗斯（东西伯利亚）。

石刁柏（露笋）

Asparagus officinalis L., Sp. Pl. 1: 313 (1753).

Asparagus officinalis var. *altilis* L., Sp. Pl. 1: 313 (1753); *Asparagus polyphyllus* Stev., Bull. Soc. Imp. Naturalistes Moscou 30: 343 (1857).

新疆；蒙古国、哈萨克斯坦、俄罗斯；亚洲、欧洲、非洲，世界广泛栽培。

南玉带

Asparagus oligoclonos Maxim., Mém. Acad. Imp. Sci. St.-Pétersbourg Divers Savans 9: 286 (1859).

Asparagus tamaboki Yatabe, Bot. Mag. 7: 61 (1893); *Asparagus oligoclonos* var. *purpurascens* X. J. Xue et H. Yao, Bull. Bot. Res. 14 (3): 242, f. 2 (1994).

黑龙江、吉林、辽宁、河北、山东、河南；蒙古国、日本、朝鲜半岛、俄罗斯（远东地区、西伯利亚）。

北天门冬

●**Asparagus przewalskyi** N. A. Ivanova ex Grubov et T. V. Egorova, Rast. Centr. Azii, Mater. Bot. Inst. Komarova 7: 81 (1977).

Asparagus borealis S. C. Chen, Acta Phytotax. Sin. 19 (4): 502 (1981); *Asparagus dolichorhizomatus* J. M. Ni et R. N. Zhao, *op. cit.* 31 (4): 378 (1993).

青海。

长刺天门冬

Asparagus racemosus Willd., Sp. Pl., ed. 2: 152 (1799).

西藏；缅甸、马来西亚、不丹、尼泊尔、印度、巴基斯坦、澳大利亚；非洲。

龙须菜（雉隐天冬）

Asparagus schoberioides Kunth, Enum. Pl. 5: 70 (1850).

Asparagus parviflorus Turcz., Fl. Baical.-Dahur. 2: 226 (1856); *Asparagus sieboldii* Maxim., Mém. Acad. Imp. Sci. St.-Pétersbourg Divers Savans 9: 287 (1859); *Asparagus schoberioides* var. *subsetaceus* Franch., Nouv. Arch. Mus. Hist. Nat., sér. 2 7: 112 (1884).

黑龙江、吉林、辽宁、河北、山西、山东、河南、陕西、甘肃；蒙古国、日本、朝鲜半岛、俄罗斯（远东地区、西伯利亚）。

文竹

☆**Asparagus setaceus** (Kunth) Jessop, Bothalia. 9: 51 (1966).

Asparagopsis setacea Kunth, Abh. Königl. Akad. Wiss. Berlin. 1842: 82 (1842); *Asparagus plumosus* Baker, J. Linn. Soc., Bot. 14 (80): 613 (1875).

中国广泛栽培；原产于非洲（南部）。

四川天门冬

●**Asparagus sichuanicus** S. C. Chen et D. Q. Liu, Acta Phytotax. Sin. 22 (5): 418 (1984).

四川、西藏。

滇南天门东

●**Asparagus subscandens** F. T. Wang et S. C. Chen, Acta Phytotax. Sin. 16 (1): 92 (1978).

云南。

大理天门冬

●**Asparagus taliensis** F. T. Wang et T. Tang ex S. C. Chen, Acta Phytotax. Sin. 16 (1): 91 (1978).

云南。

西藏天门冬

●**Asparagus tibeticus** F. T. Wang et S. C. Chen, Acta Phytotax. Sin. 16 (1): 93 (1978).

西藏。

细枝天门冬

●**Asparagus trichoclados** (F. T. Wang et Tang) F. T. Wang et S. C. Chen, Fl. Reipubl. Popularis Sin. 15: 111 (1978).

Asparagus meioclados var. *trichoclados* F. T. Wang et T. Tang, Bull. Fan Mem. Inst. Biol. Bot. 7: 290 (1937).

云南。

曲枝天门冬

Asparagus trichophyllus Bunge, Enum. Pl. Chin. Bor. 65 (1833).

辽宁、内蒙古、河北、山西；蒙古国、俄罗斯。

盐边天门冬

●**Asparagus yanbianensis** S. C. Chen, Acta Phytotax. Sin. 26 (2): 139 (1988).

四川。

盐源天门冬

●**Asparagus yanyuanensis** S. C. Chen, Acta Phytotax. Sin. 19 (4): 501 (1981).

四川。

蜘蛛抱蛋属 Aspidistra Ker Gawl.

蝶柱蜘蛛抱蛋

●**Aspidistra acetabuliformis** Y. Wan et C. C. Huang, Acta Phytotax. Sin. 25 (5): 396, pl. 1, f. 1-4 (1987).

广西。

白花蜘蛛抱蛋

●**Aspidistra albiflora** C. R. Lin, W. B. Xu et Y. Liu, Nordic J. Bot. 29 (4): 443 (2011).

广西。

忻城蜘蛛抱蛋

●**Aspidistra alternativa** D. Fang et L. Y. Yu, Acta Phytotax. Sin. 40 (2): 161 (2002).
广西。

吉婆岛蜘蛛抱蛋

Aspidistra arnautovii subsp. **catbaensis** Tillich, Feddes Repert. 116: 316 (2005).
广西；越南。

薄叶蜘蛛抱蛋

●**Aspidistra attenuata** Hayata, Icon. Pl. Formosan. 2: 145 (1912).
台湾。

黔南蜘蛛抱蛋

●**Aspidistra australis** S. Z. He et W. F. Xu, Ann. Bot. Fenn. 50 (5): 305 (2013).
贵州。

华南蜘蛛抱蛋

●**Aspidistra austrosinensis** Y. Wan et C. C. Huang, Guihaia 7 (3): 221, f. 4 (1987).
广西。

巴马蜘蛛抱蛋（新拟）

●**Aspidistra bamaensis** C. R. Lin, Y. Y. Liang et Y. Liu, Ann. Bot. Fenn. 46 (5): 416 (2009).
广西。

基生蜘蛛抱蛋

●**Aspidistra basalis** Tillich, Gard. Bull. Singapore 64 (1): 202 (2012).
江苏。

两色蜘蛛抱蛋

Aspidistra bicolor Tillich, Feddes Repert. 116 (5-6): 317 (2005).
广西；越南。

丛生蜘蛛抱蛋

●**Aspidistra caespitosa** C. Pei, Contr. Biol. Lab. Sci. Soc. China, Bot., Ser. 12: 101, f. 4 (1939).
四川。

天峨蜘蛛抱蛋

●**Aspidistra carinata** Y. Wan et X. H. Lu, Bull. Bot. Lab. N. E. Forest. Inst., Harbin 9 (2): 97 (1989).
广西。

洞生蜘蛛抱蛋

●**Aspidistra cavicola** D. Fang et K. C. Yen, Acta Phytotax. Sin. 31 (2): 180 (1993).
广西。

蜡黄蜘蛛抱蛋

●**Aspidistra cerina** G. Z. Li et S. C. Tang, Guihaia 22 (4): 289 (2002).
广西。

赤水蜘蛛抱蛋（新拟）

●**Aspidistra chishuiensis** S. Z. He et W. F. Xu, Ann. Bot. Fenn. 47 (2): 118 (2010).
贵州。

崇左蜘蛛抱蛋（新拟）

●**Aspidistra chongzuoensis** C. R. Lin et Y. S. Huang, Phytotaxa 208 (3): 231 (2015) [epublished].
广西。

春秀蜘蛛抱蛋（新拟）

●**Aspidistra chunxiuensis** C. R. Lin et Y. Liu, Phytotaxa 208 (2): 163 (2015) [epublished].
广西。

棒蕊蜘蛛抱蛋

●**Aspidistra claviformis** Y. Wan, Bull. Bot. Res. 4 (4): 166, f. 1, 6-9 (1984).
广西。

大柱蜘蛛抱蛋

●**Aspidistra columellaris** Tillich, Gard. Bull. Singapore 64 (1): 204 (2012).
中国（来源省份不详）；基于慕尼黑植物园栽培植物发表。

合瓣蜘蛛抱蛋

Aspidistra connata Tillich, Feddes Repert. 116 (5-6): 318 (2005).
广西；越南。

粗丝蜘蛛抱蛋（新拟）

●**Aspidistra crassifila** Y. Liu et C. I. Peng, Bot. Stud. (Taipei) 54: 43 (2013).
广西。

十字蜘蛛抱蛋

●**Aspidistra cruciformis** Y. Wan et X. H. Lu, Guihaia 7 (3): 217 (1987).
广西。

杯花蜘蛛抱蛋

●**Aspidistra cyathiflora** Y. Wan et C. C. Huang, Bull. Bot. Res. 9 (2): 100, f. 3 (1989).
广西。

大武蜘蛛抱蛋

●**Aspidistra daibuensis** Hayata, Icon. Pl. Formosan. 9: 143 (1920).
台湾。

大新蜘蛛抱蛋

●**Aspidistra daxinensis** M. F. Hou et Y. Liu, Bot. Stud. 50 (3): 371 (2009).
广西。

长药蜘蛛抱蛋

●**Aspidistra dolichanthera** X. X. Chen, Guihaia 2 (2): 77 (1982).
广西。

峨边蜘蛛抱蛋

●**Aspidistra ebianensis** K. Y. Lang et Z. Y. Zhu, Acta Phytotax. Sin. 37 (5): 492 (1999).
四川。

蜘蛛抱蛋

☆**Aspidistra elatior** Blume, Tijdschr. Natuurl. Gesch. Physiol. 1: 76, pl. 4 (1834).
Plectogyne variegata Link, Allg. Gartenzeitung. 2: 265 (1834); *Aspidistra punctata* var. *albomaculata* Hook., Bot. Mag. 89: pl. 5386 (1863).
中国广泛栽培；原产于日本。

直立蜘蛛抱蛋

●**Aspidistra erecta** Y. Liu et C. I. Peng, Bot. Stud. 52 (3): 367 (2011).
广西。

红头蜘蛛抱蛋

●**Aspidistra erythrocephala** C. R. Lin et Y. Y. Liang, Phytotaxa 247 (4): 295 (2016).
广西。

带叶蜘蛛抱蛋

●**Aspidistra fasciaria** G. Z. Li, Acta Phytotax. Sin. 37 (5): 484 (1999).
？广西（基于桂林植物园资料描述和发表）。

凤凰蜘蛛抱蛋

●**Aspidistra fenghuangensis** K. Y. Lang, Acta Phytotax. Sin. 37 (5): 494, pl. 13, f. 9-12 (1999).
湖南。

流苏蜘蛛抱蛋

●**Aspidistra fimbriata** F. T. Wang et K. Y. Lang, Acta Phytotax. Sin. 16 (1): 76, f. 1 (1978).
福建、广东、海南。

黄花蜘蛛抱蛋

●**Aspidistra flaviflora** K. Y. Lang et Z. Y. Zhu, Acta Phytotax. Sin. 20 (4): 485 (1982).
四川。

伞柱蜘蛛抱蛋

●**Aspidistra fungilliformis** Y. Wan, Bull. Bot. Res. 4 (4): 165, f. 1, 1-5 (1984).
广西。

细长梗蜘蛛抱蛋

●**Aspidistra gracilis** Tillich, Gard. Bull. Singapore 64 (1)：206 (2012).
香港。

窄瓣蜘蛛抱蛋

●**Aspidistra guangxiensis** S. C. Tang et Y. Liu, Novon 13 (4): 480 (2003).
广西。

贵州蜘蛛抱蛋（新拟）

●**Aspidistra guizhouensis** S. Z. He et W. F. Xu, Phytotaxa 202 (2): 150 (2015) [epublished].
贵州。

海南蜘蛛抱蛋

●**Aspidistra hainanensis** Chun et F. C. How, Fl. Hainan. 4: 533 (1977).
广东、广西、海南。

河口蜘蛛抱蛋

●**Aspidistra hekouensis** H. Li, Sendtnera. 5: 15 (1998).
云南。

贺州蜘蛛抱蛋

●**Aspidistra hezhouensis** Q. Gao et Y. Liu, J. Syst. Evol. 49: 506 (2011).
广西。

环江蜘蛛抱蛋

●**Aspidistra huanjiangensis** G. Z. Li et Y. G. Wei, Acta Phytotax. Sin. 41 (4): 384 (2003).
广西。

靖西蜘蛛抱蛋（新拟）

●**Aspidistra jingxiensis** Y. Liu et C. R. Lin, Ann. Bot. Fenn. 49 (3): 193 (2012).
广西。

乐山蜘蛛抱蛋

●**Aspidistra leshanensis** K. Y. Lang et Z. Y. Zhu, Acta Bot. Yunnan. 6 (4): 385 (1984).
四川。

乐业蜘蛛抱蛋

●**Aspidistra leyeensis** Y. Wan et C. C. Huang, Guihaia 7 (3): 219, f. 2 (1987).
广西。

荔波蜘蛛抱蛋

●**Aspidistra liboensis** S. Z. He et J. Y. Wu, Ann. Bot. Fenn. 48 (5): 440 (2011).

贵州。

线叶蜘蛛抱蛋

●**Aspidistra linearifolia** Y. Wan et C. C. Huang, Guihaia 7 (3): 220, f. 3 (1987).

广西。

灵川蜘蛛抱蛋（新拟）

●**Aspidistra lingchuanensis** C. R. Lin et L. F. Guo, Phytotaxa 195 (1): 86 (2015) [epublished].

广西。

凌云蜘蛛抱蛋（新拟）

●**Aspidistra lingyunensis** C. R. Lin et L. F. Guo, Nordic J. Bot. 32 (1): 60 (2013).

广西。

浅裂蜘蛛抱蛋

●**Aspidistra lobata** Tillich, Feddes Repert. 117 (1-2): 141 (2006).

四川。

隆安蜘蛛抱蛋

●**Aspidistra longanensis** Y. Wan, Acta Phytotax. Sin. 23 (2): 151, pl. 1 (1985).

广西。

弄岗蜘蛛抱蛋（新拟）

●**Aspidistra longgangensis** C. R. Lin, Y. S. Huang et Y. Liu, Nordic J. Bot. 33 (3): 377 (2015).

广西。

巨型蜘蛛抱蛋

●**Aspidistra longiloba** G. Z. Li, Acta Phytotax. Sin. 26 (2): 156 (1988).

广西。

长梗蜘蛛抱蛋

●**Aspidistra longipedunculata** D. Fang, Guihaia 2 (2): 78, f. 2 (1982).

广西。

长瓣蜘蛛抱蛋

●**Aspidistra longipetala** S. Z. Huang, Guihaia 6 (4): 273 (1986).

广西。

长筒蜘蛛抱蛋

●**Aspidistra longituba** Y. Liu et C. R. Lin, Ann. Bot. Fenn. 48 (6): 519 (2011).

广西。

龙胜蜘蛛抱蛋（新拟）

●**Aspidistra longshengensis** C. R. Lin et W. B. Xu, Phytotaxa 208 (2): 166 (2015) [epublished].

广西。

罗甸蜘蛛抱蛋

●**Aspidistra luodianensis** D. D. Tao, Acta Phytotax. Geobot. 43 (2): 121 (1992).

贵州、广西。

九龙盘（竹叶盘，青蛇莲，接骨丹）

●**Aspidistra lurida** Ker Gawl., Bot. Reg. 8: pl. 628 (1822).

Macrogyne convallariifolia Link et Otto, Icon. Pl. Select. Pl. 31 (1823); *Aspidistra kouytchensis* var. *aucubimaculata* H. Lév. et Vaniot, Liliac. etc. Chine 35 (1905); *Aspidistra kouytchensis* H. Lév. et Vaniot, *op. cit.* 35 (1905).

贵州、广东、广西。

黄瓣蜘蛛抱蛋

Aspidistra lutea Tillich, Feddes Repert. 116 (5-6): 320 (2005).

广西；越南。

啮边蜘蛛抱蛋

●**Aspidistra marginella** D. Fang et L. Zeng, Acta Phytotax. Sin. 31 (2): 182, pl. 1, f. 7-13 (1993).

广西。

小花蜘蛛抱蛋

●**Aspidistra minutiflora** Stapf, J. Linn. Soc., Bot. 36 (250): 113 (1903).

湖南、贵州、广东、广西、海南、香港。

帆状蜘蛛抱蛋

●**Aspidistra molendinacea** G. Z. Li et S. C. Tang, Guihaia 22 (4): 290 (2002).

广西。

糙果蜘蛛抱蛋

●**Aspidistra muricata** F. C. How ex K. Y. Lang, Acta Phytotax. Sin. 19 (3): 383, f. 1, 1-4 (1981).

广西。

雾庄蜘蛛抱蛋

●**Aspidistra mushaensis** Hayata, Icon. Pl. Formosan. 9: 144 (1920).

台湾。

南川蜘蛛抱蛋（新拟）

●**Aspidistra nanchuanensis** Tillich, Feddes Repert. 117 (1-2): 139 (2006).

四川。

南昆山蜘蛛抱蛋（新拟）

●**Aspidistra nankunshanensis** Y. Liu et C. R. Lin, Ann. Bot. Fenn. 50 (1-2): 123 (2013).

广东。

锥花蜘蛛抱蛋

●**Aspidistra obconica** C. R. Lin et Y. Liu, Bot. Stud. (Taipei) 51 (2): 263 (2010).
广西。

棕叶草

●**Aspidistra oblanceifolia** F. T. Wang et K. Y. Lang, Acta Phytotax. Sin. 20 (4): 487, pl. 2 (1982).
湖北、四川、贵州。

歪盾蜘蛛抱蛋

●**Aspidistra obliquipeltata** D. Fang et L. Y. Yu, Acta Phytotax. Sin. 40 (2): 162 (2002).
广西。

长圆叶蜘蛛抱蛋

●**Aspidistra oblongifolia** F. T. Wang et K. Y. Lang, Acta Phytotax. Sin. 37 (5): 476, pl. 13, f. 1-4 (1999).
广西。

峨眉蜘蛛抱蛋

●**Aspidistra omeiensis** Z. Y. Zhu et J. L. Zhang, Acta Phytotax. Sin. 19 (3): 386 (1981).
四川。

拟卵叶蜘蛛抱蛋（新拟）

●**Aspidistra ovatifolia** Y. Liu et C. R. Lin, Novon 23 (3): 287 (2014).
广西。

乳突蜘蛛抱蛋

●**Aspidistra papillata** G. Z. Li, Acta Phytotax. Sin. 41 (4): 382 (2003).
广西。

柳江蜘蛛抱蛋

●**Aspidistra patentiloba** Y. Wan et X. H. Lu, Bull. Bot. Lab. N. E. Forest. Inst., Harbin 9 (2): 99 (1989).
广西。

帽状蜘蛛抱蛋

●**Aspidistra pileata** D. Fang et L. Y. Yu, Acta Phytotax. Sin. 40 (2): 159 (2002).
广西。

平伐蜘蛛抱蛋

●**Aspidistra pingfaensis** S. Z. He et Q. W. Sun, Phytotaxa 178 (1): 33. (2014) [epublished].
贵州。

平塘蜘蛛抱蛋

●**Aspidistra pingtangensis** S. Z. He, W. F. Xu et Q. W. Sun, Novon 21 (2): 187 (2011).
贵州。

斑点蜘蛛抱蛋

●**Aspidistra punctata** Lindl., Bot. Reg. 12: pl. 977 (1826).
广东、香港。

拟斑点蜘蛛抱蛋

●**Aspidistra punctatoides** Y. Liu et C. R. Lin, Nordic J. Bot. 29 (2): 189 (2011).
广西。

裂柱蜘蛛抱蛋

●**Aspidistra quadripartita** G. Z. Li et S. C. Tang, Guihaia 22 (4): 289 (2002).
广西。

广西蜘蛛抱蛋

●**Aspidistra retusa** K. Y. Lang et S. Z. Huang, Acta Phytotax. Sin. 19 (3): 379 (1981).
广西。

卷瓣蜘蛛抱蛋

●**Aspidistra revoluta** H. Zhou, S. R. Yi et Q. Gao, Phytotaxa 257 (3): 280 (2016).
重庆。

融安蜘蛛抱蛋

●**Aspidistra ronganensis** C. R. Lin, J. Liu et W. B. Xu, Phytotaxa 270 (1): 063 (2016).
广西。

石山蜘蛛抱蛋

●**Aspidistra saxicola** Y. Wan, Guihaia 4 (2): 129, f. s. n. (1984).
广西。

四川蜘蛛抱蛋

●**Aspidistra sichuanensis** K. Y. Lang et Z. Y. Zhu, Acta Bot. Yunnan. 6 (4): 387 (1984).
湖南、四川、贵州、云南、广西。

刺果蜘蛛抱蛋

●**Aspidistra spinula** S. Z. He, Acta Phytotax. Sin. 40 (4): 377 (2002).
贵州。

狭叶蜘蛛抱蛋（新拟）

●**Aspidistra stenophylla** C. R. Lin et R. C. Hu, Phytotaxa 170 (1): 53 (2014) [epublished].
广西。

辐花蜘蛛抱蛋

●**Aspidistra subrotata** Y. Wan et C. C. Huang, Guihaia 7 (3): 223, f. 5 (1987).
广西。

剑叶蜘蛛抱蛋（新拟）

●**Aspidistra tenuifolia** C. R. Lin et J. C. Yang, Phytotaxa 161

(4): 289 (2014) [epublished].
广西。

大花蜘蛛抱蛋

Aspidistra tonkinensis (Gagnep.) F. T. Wang et K. Y. Lang, Acta Phytotax. Sin. 16 (1): 77 (1978).
Colania tonkinensis Gagnep., Bull. Mus. Hist. Nat. (Paris), sér. 2 6 (2): 190 (1934).
贵州、云南、广西；越南。

湖南蜘蛛抱蛋

●**Aspidistra triloba** F. T. Wang et K. Y. Lang, Acta Phytotax. Sin. 19 (3): 380, f. 1, 11-13 (1981).
江西、湖南。

卵叶蜘蛛抱蛋

Aspidistra typica Baill., Bull. Mens. Soc. Linn. Paris 2 (143): 1129 (1894).
云南、广西；越南。

坛花蜘蛛抱蛋

●**Aspidistra urceolata** F. T. Wang et K. Y. Lang, Acta Phytotax. Sin. 19 (3): 381, f. 1, 5-7 (1981).
贵州。

乌江蜘蛛抱蛋（新拟）

●**Aspidistra wujiangensis** W. F. Xu et S. Z. He, Phytotaxa 231 (3): 297 (2015) [epublished].
贵州。

西林蜘蛛抱蛋

●**Aspidistra xilinensis** Y. Wan et X. H. Lu, Acta Phytotax. Sin. 25 (5): 397 (1987).
广西。

盈江蜘蛛抱蛋

●**Aspidistra yingjiangensis** L. J. Peng, Acta Bot. Yunnan. 11 (2): 173 (1989).
云南。

宜州蜘蛛抱蛋（新拟）

●**Aspidistra yizhouensis** B. Pan et C. R. Lin, Phytotaxa 246 (1): 85 (2016) [epublished].
广西。

云雾蜘蛛抱蛋（新拟）

●**Aspidistra yunwuensis** S. Z. He et W. F. Xu, Phytotaxa 205 (4): 295 (2015) [epublished].
贵州。

棕耙叶

●**Aspidistra zongbayi** K. Y. Lang et Z. Y. Zhu, Acta Phytotax. Sin. 20 (4): 486 (1982).
四川。

绵枣儿属 **Barnardia** Lindl.

绵枣儿

Barnardia japonica (Thunb.) Schult. et Schult. f., Syst. Veg. (ed. 15 bis) 7: 555 (1829).
Ornithogalum japonicum Thunb., Nova Acta Regiae Soc. Sci. Upsal. 3: 209 (1780); *Ornithogalum sinense* Lour., Fl. Cochinch., ed. 2 1: 206 (1790); *Barnardia scilloides* Lindl., Sketch Veg. Swan R.: pl. 1029 (1826); *Scilla chinensis* Benth., Fl. Hongk. 373 (1861), nom. Illeg.; *Scilla chinensis* var. *mounsei* H. Lév., Fl. Hongk. 373 (1861); *Scilla japonica* Baker, J. Linn. Soc., Bot. 13: 233 (1873); *Scilla thunbergii* Miyabe et Kudo, Trans. Sapporo Nat. Hist. Soc. 8: 3 (1912); *Scilla sinensis* (Lour.) Merr., Philipp. J. Sci. 15 (3): 229 (1919); *Scilla bispatha* Hand.-Mazz., Symb. Sin. 7 (5): 1202, pl. 33, f. 3 (1936); *Scilla alboviridis* Hand.-Mazz., Symb. Sin. 7 (5): 1203, pl. 33, f. 1-2 (1936); *Scilla thunbergii* var. *pulchella* Kitag., Rep. Exped. Manchoukuo Sect. IV, Pt. 2, Contr. Cogn. Fl. Manshuricae 2: 289 (1938); *Scilla borealijaponica* M. Kikuchi, Ann. Rep. Gakugei Fac. Iwate Univ. 11 (2): 67 (1957); *Scilla scilloides* f. *albida* Y. N. Lee, Korean J. Bot. 17 (2): 85 (1974); *Scilla scilloides* var. *alboviridis* (Hand.-Mazz.) F. T. Wang et T. Tang, Fl. Reipubl. Popularis Sin. 14: 167 (1980); *Scilla scilloides* var. *mounsei* (H. Lév.) McKean, Notes Roy. Bot. Gard. Edinburgh 44 (1): 195 (1986); *Barnardia alboviridis* (Hand.-Mazz.) Speta, Phyton (Horn) 38 (1): 96 (1998); *Barnardia borealijaponica* (M. Kikuchi) Speta, *op. cit.* 38 (1): 97 (1998); *Barnardia bispatha* (Hand.-Mazz.) Speta, *op. cit.* 38 (1): 96 (1998).
黑龙江、吉林、辽宁、内蒙古、河北、山西、河南、江苏、江西、湖南、湖北、四川、云南、台湾、广东、广西；日本、朝鲜半岛、俄罗斯。

开口箭属 **Campylandra** Baker

环花开口箭

●**Campylandra annulata** (H. Li et J. L. Huang) M. N. Tamura, S. Y. Liang et Turland, Novon 10 (2): 159 (2000).
Tupistra annulata H. Li et J. L. Huang, Acta Bot. Yunnan. Suppl. 3: 51 (1990).
云南。

橙花开口箭

Campylandra aurantiaca Baker, J. Linn. Soc., Bot. 14: 582 (1875).
云南、西藏；尼泊尔、印度。

开口箭

●**Campylandra chinensis** (Baker) M. N. Tamura, S. Y. Liang et Turland, Novon 10 (2): 159 (2000).
Tupistra chinensis Baker, Hooker's Icon. Pl. 19 (3): pl. 1867 (1889); *Tupistra fargesii* Baill., Bull. Mens. Soc. Linn. Paris 2 (141): 1114 (1893); *Tupistra chlorantha* Baill., Bull. Mens.

Soc. Linn. Paris 2 (141): 1115 (1893); *Tupistra viridiflora* Franch., Bull. Soc. Bot. France 43: 41 (1896); *Tupistra lorifolia* Franch., Bull. Soc. Bot. France 43: 41 (1896); *Rohdea watanabei* Hayata, Icon. Pl. Formosan. 5: 236 (1915); *Campylandra kwangtungensis* Dandy, Sunyatsenia 1 (2-3): 127, pl. 32 (1933); *Campylandra watanabei* (Hayata) Dandy, Sunyatsenia 1 (2-3): 127 (1933); *Campylandra viridiflora* (Franch.) Hand.-Mazz., Symb. Sin. 7 (5): 1212 (1936); *Campylandra pachynema* F. T. Wang et T. Tang, Contr. Inst. Bot. Natl. Acad. Peiping 6: 18 (1949); *Tupistra sparsiflora* S. C. Chen et Y. T. Ma, J. Wuhan Bot. Res. 3 (1): 25 (1985); *Tupistra heensis* Y. Wan et X. H. Lu, Bull. Bot. Lab. N. E. Forest. Inst., Harbin 7 (1): 81 (1987); *Tupistra kwangtungensis* S. S. Ying, Mém. Coll. Agric. Natl. Taiwan Univ. 31 (1): 30 (1991); *Rohdea japonica* var. *watanabei* (Hayata) S. S. Ying, Mém. Coll. Agric. Natl. Taiwan Univ. 31 (1): 31 (1991).
河南、陕西、安徽、江西、湖南、湖北、四川、云南、福建、台湾、广东、广西。

筒花开口箭

•**Campylandra delavayi** (Franch.) M. N. Tamura, S. Y. Liang et Turland, Novon 10 (2): 159 (2000).
Tupistra delavayi Franch., Bull. Soc. Bot. France 43: 40 (1896).
湖南、湖北、四川、贵州、云南、广西。

峨眉开口箭

•**Campylandra emeiensis** (Z. Y. Zhu) M. N. Tamura, S. Y. Liang et Turland, Novon 10 (2): 159 (2000).
Tupistra emeiensis Z. Y. Zhu, Acta Bot. Yunnan. 4 (3): 271 (1982).
四川。

剑叶开口箭

•**Campylandra ensifolia** (F. T. Wang et Tang) M. N. Tamura, S. Y. Liang et Turland, Novon 10 (2): 159 (2000).
Tupistra ensifolia F. T. Wang et T. Tang, Bull. Fan Mem. Inst. Biol. Bot. 7 (2): 86 (1936).
云南。

齿瓣开口箭

Campylandra fimbriata (Hand.-Mazz.) M. N. Tamura, S. Y. Liang et Turland, Novon 10 (2): 159 (2000).
Tupistra fimbriata Hand.-Mazz., Anz. Akad. Wiss. Wien, Math.-Naturwiss. Kl. 59: 253 (1922); *Tupistra fimbriata* var. *breviloba* H. Li et J. L. Huang, Acta Bot. Yunnan. Suppl. 3: 50 (1990).
云南、西藏；尼泊尔、印度。

金山开口箭

•**Campylandra jinshanensis** (Z. L. Yang et X. G. Luo) M. N. Tamura, S. Y. Liang et Turland, Novon 10 (2): 159 (2000).
Tupistra jinshanensis Z. L. Yang et X. G. Luo, Acta Bot. Yunnan. 6 (4): 389 (1984).
四川。

凉山开口箭

•**Campylandra liangshanensis** (Z. Y. Zhu) M. N. Tamura, S. Y. Liang et Turland, Novon 10 (2): 159 (2000).
Tupistra liangshanensis Z. Y. Zhu, Acta Phytotax. Sin. 19 (4): 521 (1981).
四川。

利川开口箭

•**Campylandra lichuanensis** (Y. K. Yang, J. K. Wu et D. T. Peng) M. N. Tamura, S. Y. Liang et Turland, Novon 10 (2): 160 (2000).
Tupistra lichuanensis Y. K. Yang, J. K. Wu et D. T. Peng, J. Wuhan Bot. Res. 9 (1): 40 (1991).
湖北。

长梗开口箭

•**Campylandra longipedunculata** (F. T. Wang et S. Y. Liang) M. N. Tamura, S. Y. Liang, Novon 10 (2): 160 (2000).
Tupistra longipedunculata F. T. Wang et S. Y. Liang, Fl. Reipubl. Popularis Sin. 15: 10, 249 (Addenda) (1978).
云南。

蝶花开口箭

•**Campylandra tui** (F. T. Wang et T. Tang) M. N. Tamura, S. Y. Liang et Turland, Novon 10 (2): 160 (2000).
Rohdea tui F. T. Wang et T. Tang, Bull. Fan Mem. Inst. Biol. Bot. 7: 284 (1937); *Tupistra tui* (F. T. Wang et T. Tang) F. T. Wang et S. Y. Liang, Fl. Reipubl. Popularis Sin. 15: 14 (1978).
四川。

尾萼开口箭

•**Campylandra urotepala** (Hand.-Mazz.) M. N. Tamura, S. Y. Liang et Turland, Novon 10 (2): 160 (2000).
Rohdea urotepala Hand.-Mazz., Anz. Akad. Wiss. Wien, Math.-Naturwiss. Kl. 57: 272 (1920); *Tupistra urotepala* (Hand.-Mazz.) F. T. Wang et Y. C. Tang, Fl. Reipubl. Popularis Sin. 15: 14 (1978).
四川。

疣点开口箭

•**Campylandra verruculosa** (Q. H. Chen) M. N. Tamura, S. Y. Liang et Turland, Novon 10 (2): 160 (2000).
Tupistra verruculosa Q. H. Chen, Acta Phytotax. Sin. 25 (1): 69 (1987).
贵州。

弯蕊开口箭

Campylandra wattii C. B. Clarke, J. Linn. Soc., Bot. 25 (165-169): 78, pl. 32 (1889).
Tupistra wattii (C. B. Clarke) Hook. f., Fl. Brit. India 6 (18): 325 (1892); *Tupistra tonkinensis* Baill., Bull. Mens. Soc. Linn. Paris 2 (141): 1116 (1893); *Campylandra cauliflora* Chun, Sunyatsenia 1 (4): 213 (1934); *Campylandra longibracteata* F.

T. Wang et T. Tang, Contr. Inst. Bot. Natl. Acad. Peiping 6: 17 (1949).
四川、贵州、云南、广东、广西；不丹、印度。

云南开口箭

•**Campylandra yunnanensis** (F. T. Wang et S. Y. Liang) M. N. Tamura et S. Y. Liang, Novon 10 (2): 160 (2000).
Tupistra yunnanensis F. T. Wang et S. Y. Liang, Fl. Reipubl. Popularis Sin. 15: 10, 249 (Addenda) (1978).
云南。

吊兰属 Chlorophytum Ker Gawl.

狭叶吊兰

•**Chlorophytum chinense** Bureau et Franch., J. Bot. (Morot) 5 (10): 154 (1891).
Chlorophytum platystemon Diels, Notes Roy. Bot. Gard. Edinburgh 5 (25): 299 (1912).
四川、云南。

小花吊兰（疏花吊兰，三角草）

Chlorophytum laxum R. Br., Prodr. Fl. Nov. Holland. 277 (1810).
Phalangium parviflorum Wight, Icon. Pl. Ind. Orient. Pl. 2039 (1840); *Chlorophytum parviflorum* (Wight) Dalzell, Hooker's J. Bot. Kew Gard. Misc. 2: 141 (1850); *Anthericum parviflorum* (Wight) Benth., Fl. Hongk. 373 (1861).
广东、海南；缅甸、泰国、马来西亚、印度尼西亚、印度、斯里兰卡、澳大利亚；热带非洲。

大叶吊兰

Chlorophytum malayense Ridl., Fl. Malay. Penin. 5: 341 (1925).
云南、广西；越南、老挝、泰国、马来西亚。

西南吊兰

Chlorophytum nepalense (Lindl.) Baker, J. Linn. Soc., Bot. 15: 330 (1876).
Phalangium nepalensis Lindl., Trans. Linn. Soc. London 6: 277 (1826); *Chlorophytum khasianum* Hook. f., Fl. Brit. India 6 (18): 334 (1892); *Chlorophytum oreogenes* W. W. Sm., Notes Roy. Bot. Gard. Edinburgh 13 (63-64): 157 (1921); *Chlorophytum mekongense* W. W. Sm., *op. cit.* 13 (63-64): 156 (1921); *Chlorophytum flaccidum* W. W. Sm., *op. cit.* 13 (63-64): 156 (1921).
四川、贵州、云南、西藏；缅甸、不丹、尼泊尔、印度。

铃兰属 Convallaria L.

铃兰

Convallaria majalis L., Sp. Pl. 1: 314 (1753).
Convallaria keiskei Miq., Ann. Mus. Bot. Lugduno-Batavi 3: 148 (1867); *Convallaria majalis* var. *manshurica* Kom., Abridg. Manual Identif. Far Eastern Pl. 153 (1925); *Convallaria keiskei* var. *trifolia* Y. C. Chu et J. F. Li, Nat. Resour. Res. 2: 4 (1979).
黑龙江、吉林、辽宁、内蒙古、河北、山西、山东、河南、陕西、宁夏、甘肃、浙江、湖南；蒙古国、日本、朝鲜半岛、缅甸、俄罗斯；欧洲、北美洲。

朱蕉属 Cordyline Commerson ex R. Br.

朱蕉

Cordyline fruticosa (L.) A. Chev., Cat. Pl. Jard. Gand. 66 (1919).
Convallaria fruticosa L., Herb. Amboin. (Linn.) 16 (1754); *Asparagus terminalis* L., Sp. Pl., ed. 1: 450 (1762); *Dracaena terminalis* (L.) L., Syst. Nat., ed. 12 2: 246 (1767); *Dracaena ferrea* L., Syst. Nat., ed. 12 2: 246 (1767); *Aletris chinensis* Lam., Encycl. 1 (1): 79 (1783); *Taetsia ferrea* Medik., Theodora 82 (1786); *Cordyline terminalis* (L.) Kunth, Abh. Königl. Akad. Wiss. Berlin. 30 (1820); *Cordyline terminalis* var. *ferrea* (L.) Baker, J. Bot. 11 (129): 265 (1873); *Taetsia terminalis* (L.) W. Wight ex Saff., Contr. U. S. Natl. Herb. 9: 382 (1905); *Taetsia fruticosa* (L.) Merr., Interpr. Herb. Amboin. 137 (1917).
广泛栽培于福建、广东、广西、海南；可能原产于太平洋岛屿。

竹根七属 Disporopsis Hance

散斑竹根七

•**Disporopsis aspersa** (Hua) Engl. ex K. Krause in Engler et Prantl, Nat. Pflanzenfam., ed. 2 15 (A): 370 (1930).
Aulisconema aspersa Hua, J. Bot. (Morot) 6 (24): 471, pl. 14, f. 1 (1892).
湖南、湖北、四川、云南、广西。

竹根七

Disporopsis fuscopicta Hance, J. Bot. 21 (9): 278 (1883).
Disporum luzoniense Merr., Philipp. J. Sci. 5 (4): 338 (1910).
江西、湖南、四川、贵州、云南、福建、广东、广西；菲律宾。

金佛山竹根七

•**Disporopsis jinfushanensis** Z. Y. Liu, Acta Phytotax. Sin. 25 (1): 67, pl. 1 (1987).
四川。

长叶竹根七（长叶万寿竹）

Disporopsis longifolia Craib, Bull. Misc. Inform. Kew 1912 (10): 410 (1912).
Polygonatum laoticum Gagnep., Bull. Soc. Bot. France 81: 288 (1934); *Polygonatum tonkinense* Gagnep., Bull. Soc. Bot. France 81: 288 (1934).
云南、广西；越南、老挝、泰国。

深裂竹根七（竹根假万寿竹）

•**Disporopsis pernyi** (Hua) Diels, Bot. Jahrb. Syst. 29 (2): 249

(1900).
Aulisconema pernyi Hua, J. Bot. (Morot) 6 (24): 472, pl. 14, f. 2 (1892); *Polygonatum ensifolium* H. Lév., Bull. Acad. Int. Geogr. Bot. 12 (163): 261 (1903); *Polygonatum bodinieri* H. Lév., *op. cit.* 12 (163): 262 (1903); *Polygonatum ensifolium* var. *didymocarpum* H. Lév., Recueil Trav. Bot. Neerl. (1904); *Disporopsis arisanensis* Hayata, Icon. Pl. Formosan. 5: 230 (1915); *Disporopsis leptophylla* Hayata, *op. cit.* 5: 232 (1915); *Disporopsis taiwanensis* S. S. Ying, J. Jap. Bot. 64 (5): 153, f. 4 (1989).
浙江、江西、湖南、四川、贵州、云南、台湾、广东、广西。

峨眉竹根七

●**Disporopsis undulata** M. N. Tamura et Ogisu, Acta Phytotax. Geobot. 49 (1): 34, f. 1, A-M (1998).
四川。

鹭鸶兰属 **Diuranthera** Hemsl.

秦岭鹭鸶兰

●**Diuranthera chinglingensis** J. Q. Xing et T. C. Cui, Acta Bot. Boreal.-Occid. Sin. 7 (3): 203 (1987).
陕西。

南川鹭鸶兰

●**Diuranthera inarticulata** F. T. Wang et K. Y. Lang, Fl. Reipubl. Popularis Sin. 14: 46, 282 (Addenda) (1980).
四川。

鹭鸶兰（土洋参）

●**Diuranthera major** Hemsl., Hooker's Icon. Pl. t. 2734 (1902).
Chlorophytum majus (Hemsl.) Marais et Reilly, Kew Bull. 32: 661 (1978).
四川、贵州、云南。

小鹭鸶兰

●**Diuranthera minor** (C. H. Wright) C. H. Wright ex Hemsl., Hooker's Icon. Pl. t. 2734 (1902).
Paradisea minor C. H. Wright, Bull. Misc. Inform. Kew 118 (1895).
四川、贵州、云南。

龙血树属 **Dracaena** Vand. ex L.

长花龙血树（槟榔青）

Dracaena angustifolia Roxb., Fl. Ind. 2: 155 (1832).
Pleomele angustifolia (Roxb.) N. E. Br., Bull. Misc. Inform. Kew 1914 (8): 277 (1914); *Dracaena menglaensis* G. Z. Ye, Acta Bot. Yunnan. 14 (1): 30 (1992).
云南、台湾、海南；菲律宾、越南、老挝、缅甸、泰国、柬埔寨、马来西亚、印度尼西亚、不丹、印度、巴布亚新几内亚、澳大利亚（北部）。

柬埔寨龙血树

Dracaena cambodiana Pierre ex Gagnep., Bull. Soc. Bot. France 81: 286 (1934).
Pleomele cambodiana (Pierre ex Gagnep.) Merr. et Chun, Sunyatsenia 5 (1-3): 31 (1940).
海南；越南、老挝、泰国、柬埔寨。

剑叶龙血树（柬埔寨龙血树）

Dracaena cochinchinensis (Lour.) S. C. Chen, Fl. Reipubl. Popularis Sin. 14: 276 (1980).
Aletris cochinchinensis Lour., Fl. Cochinch., ed. 2 1: 204 (1790); *Pleomele cochinchinensis* (Lour.) Merr. ex Gagnep., Bull. Soc. Bot. France 81: 287 (1934); *Dracaena loureiroi* Gagnep., Bull. Soc. Bot. France 81: 287 (1934).
云南、广西；越南、柬埔寨。

细枝龙血树

Dracaena elliptica Thunb., Dracaena. 6 (1808).
Dracaena elliptica var. *gracilis* Baker, J. Bot. 11: 264 (1873); *Dracaena atropurpurea* var. *gracilis* (Baker) Baker, J. Linn. Soc., Bot. 14 (80): 534 (1875); *Dracaena gracilis* (Baker) Hook. f., Fl. Brit. India 6: 330 (1892).
广西；越南、老挝、缅甸、泰国、马来西亚、印度尼西亚。

河口龙血树

Dracaena hokouensis G. Z. Ye, Acta Bot. Yunnan. 14 (1): 29 (1992).
云南、广西；越南、泰国。

深脉龙血树

●**Dracaena impressivenia** Yu H. Yan et H. J. Guo, Acta Phytotax. Sin. 44 (2): 185 (2006).
云南。

矮龙血树

Dracaena terniflora Roxb., Fl. Ind. 2: 159 (1832).
云南；泰国、马来西亚、印度。

异黄精属 **Heteropolygonatum** M. N. Tamura et Ogisu

金佛山异黄精

●**Heteropolygonatum ginfushanicum** (F. T. Wang et T. Tang) M. N. Tamura, S. C. Chen et Turland, Novon 10 (2): 157 (2000).
Smilacina ginfushanica F. T. Wang et Y. C. Tang, Fl. Reipubl. Popularis Sin. 15: 38, 249 (Addenda) (1978); *Polygonatum ginfushanicum* (F. T. Wang et Y. C. Tang) F. T. Wang et T. Tang, Acta Bot. Yunnan. 5 (3): 261, pl. 2 (1983).
湖北、四川、贵州。

垂茎异黄精

●**Heteropolygonatum pendulum** (Z. G. Liu et X. H. Hu) M. N. Tamura et Ogisu, Kew Bull. 52 (4): 951 (1997).

Polygonatum pendulum Z. G. Liu et X. H. Hu, Acta Phytotax. Sin. 22 (5): 426 (1984).
四川。

异黄精

•**Heteropolygonatum roseolum** M. N. Tamura et Ogisu, Kew Bull. 52 (4): 951 (1997).
广西。

壶花异黄精

•**Heteropolygonatum urceolatum** J. M. H. Shaw, Plantsman, n. s. 9 (3): 174 (2010).
广西。

四川异黄精

•**Heteropolygonatum xui** W. K. Bao et M. N. Tamura, Acta Phytotax. Geobot. 49 (2): 143 (1998 publ. 1999) (1997).
四川。

玉簪属 **Hosta** Tratt.

白粉玉簪

•**Hosta albofarinosa** D. Q. Wang, Guihaia 9 (4): 297, f. 1 (1989).
安徽。

白缘玉簪（新拟）

Hosta albomarginata (Hook.) Ohwi, Acta Phytotax. Geobot. 11: 265 (1942).
Funkia albomarginata Hook., Bot. Mag. 65: t. 3657 (1838); *Hemerocallis japonica* Thunb., Fl. Jap. 142 (1794); *Hemerocallis lancifolia* Thunb., Trans. Linn. Soc. London 2: 335 (1794); *Hosta lancifolia* (Thunb.) Engl., Nat. Pflanzenfam. 2 (II, 5): 40 (1888).
江西；日本。

东北玉簪

Hosta ensata F. Maek., J. Jap. Bot. 13 (12): 900 (1937).
Hosta clausa var. *normalis* F. Maek., J. Jap. Bot. 13 (12): 899 (1937); *Hosta clausa* var. *ensata* (F. Maek.) W. G. G. Schmid, Genus Hosta 316 (1991); *Hosta ensata* var. *normalis* (F. Maek.) Sun, Fl. Liaoning. 2: 682 (1992); *Hosta ensata* var. *foliata* P. Y. Fu et Sun, Q. S., Bull. Bot. Res. 15 (3): 333 (1995).
吉林、辽宁；朝鲜半岛、俄罗斯。

玉簪

•**Hosta plantaginea** (Lam.) Asch., Botanische Zeitung. Berlin. 21 (7): 53 (1863).
Hemerocallis plantaginea Lam., Encycl. 3 (1): 103 (1789); *Hosta plantaginea* f. *stenantha* F. Maek., J. Fac. Sci. Univ. Tokyo, Sect. 3, Bot. 5 (4): 347, photo. 7 (1940).
辽宁、河北、陕西、安徽、江苏、浙江、湖南、湖北、四川、云南、福建、广东、广西，广泛栽培。

紫萼

•**Hosta ventricosa** (Salisb.) Stearn, Gard. Chron., sér. 3 90 (2324): 27 (1931).
Bryocles ventricosa Salisb., Trans. Linn. Soc. London 1: 335 (1812); *Hosta coerulea* Tratt., Arch. Gewächsk. 2: 144 (1814).
安徽、江苏、江西、湖南、湖北、四川、贵州、福建、广东、广西，广泛栽培。

山麦冬属 **Liriope** Lour.

禾叶山麦冬

•**Liriope graminifolia** (L.) Baker, J. Linn. Soc., Bot. 14 (79): 538 (1875).
Asparagus graminifolius L., Sp. Pl., ed. 1: 450 (1762); *Dracaena graminifolia* (L.) L., Syst. Nat., ed. 12 2: 246 (1767); *Mondo graminifolium* (L.) Koidz., Bot. Mag. 40: 333 (1926); *Liriope angustissima* Ohwi, Acta Phytotax. Geobot. 3 (4): 201 (1934); *Liriope crassiuscula* Ohwi, Acta Phytotax. Geobot. 12 (2): 108 (1943).
河北、山西、河南、陕西、甘肃、安徽、江苏、浙江、江西、湖北、四川、贵州、福建、台湾、广东。

甘肃山麦冬

•**Liriope kansuensis** (Batalin) C. H. Wright, J. Linn. Soc., Bot. 36 (250): 79 (1903).
Ophiopogon kansuensis Batalin, Trudy Imp. S.-Peterburgsk. Bot. Sada 13 (1): 103 (1893); *Mondo kansuense* (Batalin) Farw., Amer. Midl. Naturalist 7 (2): 42 (1921).
甘肃、四川。

长梗山麦冬

•**Liriope longipedicellata** F. T. Wang et Y. C. Tang, Fl. Reipubl. Popularis Sin. 15: 126, 251 (Addenda) (1978).
四川。

矮小山麦冬

Liriope minor (Maxim.) Makino, Bot. Mag. 7: 323 (1893).
Ophiopogon spicatus var. *minor* Maxim., Bull. Acad. Imp. Sci. Saint-Pétersbourg 15 (1): 85 (1871); *Liriope graminifolia* var. *minor* (Maxim.) Baker, J. Linn. Soc., Bot. 17 (103): 500 (1879); *Liriope spicata* var. *minor* (Maxim.) C. H. Wright, J. Linn. Soc., Bot. 36 (250): 80 (1903); *Mondo cernuum* Koidz., Bot. Mag. 40: 332 (1926); *Mondo tokyoense* Nakai, J. Jap. Bot. 19 (11): 314 (1943).
辽宁、河南、陕西、江苏、浙江、湖北、四川、福建、台湾、广西；日本。

阔叶山麦冬

Liriope muscari (Decne.) L. H. Bailey, Gentes Herb. 2: 35 (1929).
Ophiopogon muscari Decne., Fl. Serres Jard. Eur. 17: 181 (1867); *Ophiopogon spicatus* var. *communis* Maxim., Bull. Acad. Imp. Sci. Saint-Pétersbourg 15 (1): 85 (1871); *Liriope*

graminifolia var. *densifolia* Maxim. ex Baker, J. Linn. Soc., Bot. 17 (103): 500 (1879); *Liriope spicata* var. *latifolia* Franch., Pl. David. 296 (1884); *Liriope spicata* var. *densifolia* (Maxim. ex Baker) C. H. Wright, J. Linn. Soc., Bot.: 36 (250): 79 (1903); *Liriope platyphylla* F. T. Wang et T. Tang, Acta Phytotax. Sin. 1: 332 (1951); *Liriope muscari* var. *communis* (Maxim.) P. S. Hsu et L. C. Li, Acta Phytotax. Sin. 19 (4): 460 (1981); *Liriope yingdeensis* R. H. Miao, Acta Sci. Nat. Univ. Sunyatseni. (3): 75 (1982).
山东、河南、安徽、江苏、浙江、江西、湖南、湖北、四川、贵州、福建、台湾、广东、广西；日本。

山麦冬

Liriope spicata (Thunb.) Lour., Fl. Cochinch., ed. 2 1: 201 (1790).
Convallaria spicata Thunb., Syst. Veg. 334 (1784); *Ophiopogon spicatus* var. *koreanus* Palib., Bot. Reg. 7: pl. 593 (1821); *Ophiopogon spicatus* (Thunb.) Ker Gawl., Bot. Reg. 7: pl. 593 (1821); *Ophiopogon fauriei* H. Lév. et Vaniot, Repert. Spec. Nov. Regni Veg. 5 (93-98): 283 (1908); *Mondo fauriei* (H. Lév. et Vaniot) Farw., Amer. Midl. Naturalist 7 (2): 43 (1921); *Liriope spicata* f. *koreana* (Palib.) H. Hara, J. Jap. Bot. 59 (2): 38 (1984); *Liriope spicata* var. *prolifera* Y. T. Ma, J. Wuhan Bot. Res. 3 (1): 27 (1985); *Liriope spicata* var. *humilis* F. Z. Li, Bull. Bot. Res. 6 (1): 170 (1986).
河北、山西、山东、河南、陕西、甘肃、安徽、江苏、浙江、江西、湖南、湖北、四川、贵州、云南、福建、台湾、广东、广西、海南；日本、朝鲜半岛、越南。

浙江山麦冬（新拟）

●**Liriope zhejiangensis** G. H. Xia et G. Y. Li, Ann. Bot. Fenn. 49 (1-2): 64 (2012).
浙江。

舞鹤草属 Maianthemum F. H. Wigg.

高大鹿药

●**Maianthemum atropurpureum** (Franch.) LaFrankie, Taxon 35 (3): 588 (1986).
Tovaria atropurpurea Franch., Bull. Soc. Bot. France 43: 45 (1896); *Tovaria prattii* Franch., Bull. Soc. Bot. France 43: 46 (1896); *Tovaria prattii* var. *robusta* Franch., Bull. Soc. Bot. France 43: 46 (1896); *Peliosanthes mairei* H. Lév., Bull. Geogr. Bot. 25. 25 (1915); *Tovaria wardii* W. W. Sm., Notes Roy. Bot. Gard. Edinburgh 12 (59): 226 (1920); *Smilacina smithii* K. Krause, Acta Horti Gothob. 2 (2): 93 (1926); *Smilacina prattii* (Franch.) H. R. Wehrh., Die Gartenstauden 1: 176 (1929); *Smilacina robusta* (Franch.) F. T. Wang et T. Tang, Bull. Fan Mem. Inst. Biol. Bot. 7: 288 (1937); *Smilacina atropurpurea* (Franch.) F. T. Wang et T. Tang, *op. cit.* 7: 288 (1937); *Smilacina wardii* (W. W. Sm.) F. T. Wang et T. Tang, Bull. Fan Mem. Inst. Biol. Bot. 7: 288 (1937); *Maianthemum wardii* (W. W. Sm.) H. Li, Acta Bot. Yunnan. Suppl. 3: 6 (1990).
四川、云南。

舞鹤草

Maianthemum bifolium (L.) F. W. Schmidt, Fl. Boem. Cent. 4: 55 (1794).
Convallaria bifolia L., Sp. Pl. 1: 316 (1753); *Smilacina bifolia* (L.) Desf., Ann. Mus. Natl. Hist. Nat. 9: 54 (1807).
黑龙江、吉林、辽宁、内蒙古、河北、山西、陕西、甘肃、青海、新疆、四川；蒙古国、日本、朝鲜半岛、俄罗斯；欧洲、北美洲。

兴安鹿药

Maianthemum dahuricum (Turcz. ex Fisch. et C. A. Mey.) LaFrankie, Taxon 35 (3): 588 (1986).
Smilacina dahurica Turcz. ex Fisch. et C. A. Mey., Index Sem. [St.-Petersburg]. 1: 38 (1835); *Asteranthemum dahuricum* (Turcz. ex Fisch. et C. A. Mey.) Kunth, Enum. Pl. 5: 153 (1850); *Tovaria dahurica* (Turcz. ex Fisch. et C. A. Mey.) Baker, J. Linn. Soc., Bot. 14 (80): 567 (1875); *Vagnera dahurica* (Turcz. ex Fisch. et C. A. Mey.) Makino, J. Jap. Bot. 6 (11): 31 (1929).
黑龙江、吉林、辽宁、内蒙古；朝鲜半岛、俄罗斯。

革叶鹿药

●**Maianthemum dulongense** var. **coriaceum** R. Li et H. Li, Novon 12 (4): 487, f. 1 A-E (2002).
云南。

台湾鹿药

●**Maianthemum formosanum** (Hayata) La Frankie, Taxon 35 (3): 588 (1986).
Smilacina formosana Hayata, Icon. Pl. Formosan. 9: 141 (1920); *Smilacina nokomonticola* Yamam., J. Soc. Trop. Agric. 10: 179 (1938).
台湾。

抱茎鹿药

●**Maianthemum forrestii** (W. W. Sm.) LaFrankie, Taxon 35 (3): 588 (1986).
Tovaria forrestii W. W. Sm., Notes Roy. Bot. Gard. Edinburgh 8 (38): 209 (1914); *Smilacina forrestii* (W. W. Sm.) Hand.-Mazz., Symb. Sin. 7 (5): 1206 (1936).
云南。

褐花鹿药

Maianthemum fusciduliflorum (Kawano) S. C. Chen et Kawano, Novon 10 (2): 113 (2000).
Smilacina fusciduliflora Kawano, J. Jap. Bot. 41 (12): 354 (1966); *Maianthemum dulongense* H. Li, Acta Bot. Yunnan. Suppl. 3: 7 (1990).
云南、西藏；缅甸。

西南鹿药

Maianthemum fuscum (Wall.) LaFrankie, Taxon 35 (3): 588

(1986).
云南、西藏；缅甸、不丹、尼泊尔、印度。

西南鹿药（原变种）

Maianthemum fuscum var. **fuscum**
Smilacina fusca Wall., Pl. Asiat. Rar. 3: 37, pl. 257 (1832); *Smilacina fusca* var. *pilosa* H. Hara, Pl. Asiat. Rar. 3: 37. pl. 257 (1832); *Smilacina bootanensis* Griff., Icon. Pl. Asiat. 3: t. 279 (1847); *Tovaria fusca* (Wall.) Baker, J. Linn. Soc., Bot. 14 (80): 568 (1875); *Tovaria finitima* W. W. Sm., Notes Roy. Bot. Gard. Edinburgh 12 (59): 225 (1920); *Smilacina finitima* (W. W. Sm.) F. T. Wang et T. Tang, Bull. Fan Mem. Inst. Biol. Bot. 7: 288 (1937).
云南、西藏；缅甸、不丹、尼泊尔、印度。

心叶鹿药

•**Maianthemum fuscum** var. **cordatum** R. Li et H. Li, Novon 12 (4): 489, f. 1 F, 2 (2002).
云南、西藏。

贡山鹿药

•**Maianthemum gongshanense** (S. Y. Liang) H. Li, Acta Bot. Yunnan. Suppl. 3: 10 (1990).
Smilacina gongshanensis S. Y. Liang, Acta Bot. Yunnan. 5 (3): 261 (1983).
云南。

原氏鹿药

•**Maianthemum harae** Y. H. Tseng et C. T. Chao, Ann. Bot. Fenn. 49 (4): 234 (2012).
台湾。

管花鹿药

Maianthemum henryi (Baker) LaFrankie, Taxon 35 (3): 588 (1986).
Oligobotrya henryi Baker, Hooker's Icon. Pl. 16 (2): pl. 1537 (1886); *Oligobotrya henryi* var. *violacea* C. H. Wright, Bot. Mag. 135: pl. 8238 (1909); *Oligobotrya limprichtii* Lingelsh. ex H. Limpr., Repert. Spec. Nov. Regni Veg. Beih. 12: 323 (1922); *Smilacina henryi* (Baker) F. T. Wang et T. Tang, J. Jap. Bot. 50 (8): 226, f. 1 a, b (1975).
山西、河南、陕西、甘肃、湖南、湖北、四川、云南、西藏；越南、缅甸。

鹿药

Maianthemum japonicum (A. Gray) La Frankie, Taxon 35 (3): 588 (1986).
Smilacina japonica A. Gray, Jap. Exp 2: 321 (1856); *Smilacina hirta* Maxim., Mém. Acad. Imp. Sci. St.-Pétersbourg Divers Savans 9: 276 (1859); *Tovaria japonica* (A. Gray) Baker, J. Linn. Soc., Bot. 14 (80): 570 (1875); *Tovaria rossii* Baker, J. Linn. Soc., Bot. 17 (102): 387 (1879); *Smilacina rossii* (Baker) Maxim., Bull. Acad. Imp. Sci. Saint-Pétersbourg 29: 214 (1883); *Smilacina japonica* var. *mandshurica* Maxim., Mélanges Biol. Bull. Phys.-Math. Acad. Imp. Sci. Saint-Pétersbourg 2: 857 (1883).
黑龙江、吉林、辽宁、河北、山西、山东、河南、陕西、甘肃、安徽、江苏、浙江、江西、湖南、湖北、四川、贵州、福建、广西；日本、朝鲜半岛、俄罗斯。

丽江鹿药

•**Maianthemum lichiangense** (W. W. Sm.) La Frankie, Taxon 35 (3): 589 (1986).
Tovaria lichiangensis W. W. Sm., Notes Roy. Bot. Gard. Edinburgh 8 (38): 209 (1914); *Smilacina lichiangensis* (W. W. Sm.) W. W. Sm., Notes Roy. Bot. Gard. Edinburgh 17 (81-82): 120 (1929).
陕西、甘肃、四川、云南。

南川鹿药

•**Maianthemum nanchuanense** H. Li et J. L. Huang, Bull. Bot. Lab. N. E. Forest. Inst., Harbin 10 (3): 51 (1990).
Smilacina nanchuanensis (H. Li et J. L. Huang) S. Y. Liang, Acta Phytotax. Sin. 33 (3): 229 (1995).
四川。

长柱鹿药

Maianthemum oleraceum (Baker) LaFrankie, Taxon 35 (3): 589 (1986).
Tovaria oleracea Baker, J. Linn. Soc., Bot. 14 (80): 569 (1875); *Lysimachia paridiformis* var. *elliptica* Franch., Bull. Soc. Linn. Paris 1: 433 (1884); *Smilacina oleracea* (Baker) Hook. f. et Thomson, Fl. Brit. India 6 (18): 323 (1892); *Smilacina oleracea* var. *acuminata* F. T. Wang et T. Tang, Bull. Fan Mem. Inst. Biol. Bot. 7: 288 (1937); *Smilacina mientienensis* F. T. Wang et T. Tang, Bull. Fan Mem. Inst. Biol. Bot. 7: 288 (1937); *Smilacina crassifolia* Kawano, J. Jap. Bot. 41 (12): 353 (1966); *Smilacina oleracea* f. *acuminata* (F. T. Wang et T. Tang) H. Hara, Enum. Fl. Pl. Nepal. 1: 78 (1978); *Maianthemum oleraceum* var. *acuminatum* (F. T. Wang et T. Tang) Noltie, Fl. Ind. Enumerat.-Monocot. 97 (1993).
四川、贵州、云南、西藏；缅甸、不丹、尼泊尔、印度。

紫花鹿药

Maianthemum purpureum (Wall.) La Frankie, Taxon 35 (3): 589 (1986).
Smilacina purpurea Wall., Pl. Asiat. Rar. 2: 38, pl. 144 (1831); *Smilacina purpurea* var. *albida* Wall., Pl. Asiat. Rar. 2: 38 (1831); *Smilacina albiflora* Wall., Pl. Asiat. Rar. 2: 38 (1831); *Smilacina pallida* Royle, Ill. Bot. Himal. Mts. 1: 380 (1839); *Jocaste purpurea* (Wall.) Kunth, Enum. Pl. 5: 154 (1850); *Smilacina purpurea* f. *oligophylla* (Baker) H. Hara, J. Fac. Sci. Univ. Tokyo, sect. 3 Bot. 14: 147 (1987); *Tovaria pallida* (Royle) Baker, J. Linn. Soc., Bot. 14 (80): 566 (1875); *Tovaria oligophylla* Baker, J. Linn. Soc., Bot. 14 (80): 565 (1875); *Tovaria purpurea* (Wall.) Baker, J. Linn. Soc., Bot. 14 (80): 566 (1875); *Smilacina oligophylla* (Baker) Hook. f., Fl. Brit. India 6 (18): 323 (1892); *Smilacina zhongdianensis* H. Li et Y.

Chen, Acta Bot. Yunnan. 5 (1): 77, pl. 1 (1983).
云南、西藏；不丹、尼泊尔、印度。

少叶鹿药

•**Maianthemum stenolobum** (Franch.) S. C. Chen et Kawano, Novon 10 (2): 113 (2000).
Tovaria stenoloba Franch., Bull. Soc. Bot. France 43: 47 (1896); *Smilacina stenoloba* (Franch.) Diels, Bot. Jahrb. Syst. 29: 247 (1900); *Smilacina tatsienensis* (Franch.) F. T. Wang et T. Tang, Bull. Fan Mem. Inst. Biol. Bot. 7: 287 (1937); *Smilacina paniculata* var. *stenoloba* (Franch.) F. T. Wang et T. Tang, Fl. Reipubl. Popularis Sin. 15: 32 (1978); *Smilacina tatsienensis* f. *stenoloba* (Franch.) H. Hara, J. Fac. Sci. Univ. Tokyo, Sect. 3, Bot. 14 (2): 155 (1987); *Smilacina tatsienensis* var. *stenoloba* (Franch.) D. M. Liu, Fl. Sichuan. 7: 202 (1991); *Maianthemum tatsienense* var. *stenolobum* (Franch.) H. Li, Fl. Yunnan. 7: 744 (1997).
甘肃、湖北、四川。

四川鹿药

•**Maianthemum szechuanicum** (F. T. Wang et T. Tang) H. Li, Acta Bot. Yunnan. Suppl. 3: 9 (1990).
Oligobotrya szechuanica F. T. Wang et T. Tang, Bull. Fan Mem. Inst. Biol. Bot. 7: 289 (1937); *Smilacina szechuanica* (F. T. Wang et T. Tang) H. Hara, J. Jap. Bot. 50 (8): 226 (1975); *Smilacina henryi* var. *szechuanica* (F. T. Wang et T. Tang) F. T. Wang et Y. C. Tang, Fl. Reipubl. Popularis Sin. 15: 36 (1978); *Maianthemum henryi* var. *szechuanicum* (F. T. Wang et T. Tang) H. Li, Fl. Yunnan. 7: 747 (1997).
四川、云南。

窄瓣鹿药

Maianthemum tatsienense (Franch.) La Frankie, Taxon 35 (3): 589 (1986).
Tovaria tatsienensis Franch., Bull. Soc. Bot. France 43: 47 (1896); *Streptopus paniculatus* Baker, Hooker's Icon. Pl. 20 (2): pl. 1932 (1890); *Tovaria yunnanensis* var. *rigida* Franch., Bull. Soc. Bot. France 43: 48 (1896); *Tovaria yunnanensis* Franch., Bull. Soc. Bot. France 43: 48 (1896); *Tovaria delavayi* Franch., Bull. Soc. Bot. France 43: 47 (1896); *Smilacina yunnanensis* (Franch.) Hand.-Mazz., Ann. Missouri Bot. Gard. 7 (5): 1209 (1936); *Smilacina tatsienensis* var. *paniculata* (Baker) F. T. Wang et T. Tang, Bull. Fan Mem. Inst. Biol. Bot. 7: 287 (1937); *Smilacina paniculata* (Baker) F. T. Wang et Y. C. Tang, Fl. Reipubl. Popularis Sin. 15: 32, pl. 10, f. 4 (1978).
甘肃、湖南、湖北、四川、贵州、云南、广西；缅甸、不丹、印度。

三叶鹿药

Maianthemum trifolium (L.) Sloboda, Rostlinnictvi 192 (1852).
Convallaria trifolia L., Sp. Pl. 1: 316 (1753); *Smilacina trifolia* (L.) Desf., Ann. Mus. Natl. Hist. Nat. 9: 52 (1807); *Asteranthemum trifolium* (L.) Kunth, Enum. Pl. 5: 153 (1850); *Vagnera trifolia* (L.) Morong, Mém. Torrey Bot. Club 5: 114 (1894); *Tovaria trifolia* (L.) Neck. ex Baker, Elem. 3: 190 (1971).
黑龙江、吉林、内蒙古；朝鲜半岛、俄罗斯；北美洲。

合瓣鹿药

•**Maianthemum tubiferum** (Batalin) LaFrankie, Taxon 35 (3): 589 (1986).
Smilacina tubifera Batalin, Trudy Imp. S.-Peterburgsk. Bot. Sada 13 (1): 104 (1893); *Tovaria fargesii* Franch., Bull. Soc. Bot. France 43: 45 (1896); *Tovaria prattii* var. *quadrifolia* Franch., Bull. Soc. Bot. France 43: 46 (1896); *Tovaria souliei* Franch., Bull. Soc. Bot. France 43: 45 (1896); *Smilacina fargesii* (Franch.) Diels, Bot. Jahrb. Syst. 29 (2): 246 (1900); *Tovaria tubifera* (Batalin) C. H. Wright, J. Linn. Soc., Bot. 36 (250): 111 (1903); *Smilacina souliei* (Franch.) F. T. Wang et T. Tang, Bull. Fan Mem. Inst. Biol. Bot. 7: 288 (1937).
陕西、甘肃、青海、湖北、四川。

沿阶草属 Ophiopogon Ker Gawl.

深圳沿阶草

•**Ophiopogon acerobracteatus** R. H. Miao ex W. B. Liao, J. H. Jin et W. Q. Liu, Ann. Bot. Fenn. 44 (6): 492 (2007).
云南。

白边沿阶草

•**Ophiopogon albimarginatus** D. Fang, J. Trop. Subtrop. Bot. 6 (2): 97 (1998).
广西。

钝叶沿阶草

•**Ophiopogon amblyphyllus** F. T. Wang et L. K. Dai, Fl. Reipubl. Popularis Sin. 15: 142, 251 (Addenda) (1978).
四川、云南。

短药沿阶草

•**Ophiopogon angustifoliatus** (F. T. Wang et Y. C. Tang) S. C. Chen, Acta Phytotax. Sin. 26 (2): 141 (1988).
Ophiopogon bockianus var. *angustifoliatus* F. T. Wang et Y. C. Tang, Fl. Reipubl. Popularis Sin. 15: 252 (1978).
湖南、湖北、四川、贵州。

连药沿阶草

•**Ophiopogon bockianus** Diels, Bot. Jahrb. Syst. 29 (2): 254 (1900).
Mondo bockianum (Diels) Farw., Amer. Midl. Naturalist 7 (2): 42 (1921).
湖南、湖北、四川、贵州、云南、广西。

沿阶草

Ophiopogon bodinieri H. Lév., Mém. Pontif. Accad. Romana Nuovi Lincei. 23: 343 (1905).

Ophiopogon lofouensis H. Lév., Repert. Spec. Nov. Regni Veg. 9 (199-201): 78 (1910); *Ophiopogon filiformis* H. Lév., Bull. Acad. Int. Geogr. Bot. 25: 25 (1915); *Mondo bodinieri* (H. Lév.) Farw., Amer. Midl. Naturalist 7 (2): 42 (1921); *Mondo formosanum* Ohwi, Repert. Spec. Nov. Regni Veg. 36 (1-6): 45 (1934); *Ophiopogon bodinieri* var. *pygmaeus* F. T. Wang et L. K. Dai, Fl. Reipubl. Popularis Sin. 15: 163, 253 (Addenda) (1978).
河南、陕西、甘肃、湖北、四川、贵州、云南、西藏、台湾；不丹。

长茎沿阶草（铁丝草）

●**Ophiopogon chingii** F. T. Wang et T. Tang, Bull. Fan Mem. Inst. Biol. Bot. 7: 282 (1937).
Ophiopogon chingii var. *glaucifolius* F. T. Wang et L. K. Dai, Fl. Reipubl. Popularis Sin. 15: 146, 252 (Addenda) (1978).
四川、贵州、云南、广东、广西、海南。

长丝沿阶草

Ophiopogon clarkei Hook. f., Fl. Brit. India 6 (18): 268 (1892).
Mondo dracaenoides var. *clarkei* (Hook. f.) Farw., Amer. Midl. Naturalist 7 (2): 42 (1921).
云南、西藏；不丹、尼泊尔、印度（东北部）。

棒叶沿阶草

●**Ophiopogon clavatus** C. H. Wright ex Oliv., Hooker's Icon. Pl. 24. t. 2382 (1895).
Mondo clavatum (C. H. Wright ex Oliv.) Farw., Amer. Midl. Naturalist 7 (2): 42 (1921).
湖南、湖北、四川、贵州、广东、广西。

厚叶沿阶草

●**Ophiopogon corifolius** F. T. Wang et L. K. Dai, Fl. Reipubl. Popularis Sin. 15: 156, 253 (Addenda) (1978).
贵州、广西。

褐鞘沿阶草

Ophiopogon dracaenoides (Baker) Hook. f., Fl. Brit. India 6 (18): 268 (1892).
Flueggea dracaenoides Baker, J. Bot. 12 (138): 174 (1874); *Mondo dracaenoides* (Baker) Farw., Amer. Midl. Naturalist 7 (2): 42 (1921).
贵州、云南、广西；越南、老挝、泰国（北部）、印度（东北部）。

丝梗沿阶草

●**Ophiopogon filipes** D. Fang, J. Trop. Subtrop. Bot. 6 (2): 98, f. 1, 3-4 (1998).
广西。

富宁沿阶草

●**Ophiopogon fooningensis** F. T. Wang et L. K. Dai, Fl. Reipubl. Popularis Sin. 15: 148, 252 (Addenda) (1978).
云南。

大沿阶草

●**Ophiopogon grandis** W. W. Sm., Notes Roy. Bot. Gard. Edinburgh 13 (63-64): 171 (1921).
贵州、云南。

异药沿阶草

●**Ophiopogon heterandrus** F. T. Wang et L. K. Dai, Fl. Reipubl. Popularis Sin. 15: 136, 251 (Addenda) (1978).
湖南、湖北、四川、贵州、广西。

红疆沿阶草

●**Ophiopogon hongjiangensis** Y. Y. Qian, Acta Bot. Austro Sin. 9: 54 (1994).
云南。

间型沿阶草

Ophiopogon intermedius D. Don, Prodr. Fl. Nepal. 48 (1825).
Flueggea japonica var. *intermedia* (D. Don) Schult., Syst. Veg. (ed. 15 bis) 7: 310 (1829); *Flueggea dubia* Kunth, Enum. Pl. 5: 305 (1850); *Flueggea jacquemontiana* Kunth, Enum. Pl. 5: 304 (1850); *Ophiopogon japonicus* var. *intermedius* (D. Don) Maxim., Mélanges Biol. Bull. Phys.-Math. Acad. Imp. Sci. Saint-Pétersbourg 7: 327 (1870); *Flueggea griffithii* Baker, J. Linn. Soc., Bot. 17: 502 (1879); *Ophiopogon wallichianus* (Kunth) Hook. f., Fl. Brit. India 6 (18): 268 (1892); *Ophiopogon griffithii* (Baker) Hook. f., Fl. Brit. India 6 (18): 270 (1892); *Mondo scabrum* Ohwi, Repert. Spec. Nov. Regni Veg. 36 (1-6): 46 (1934); *Ophiopogon scaber* Ohwi, Repert. Spec. Nov. Regni Veg. 36 (936-941): 46 (1934); *Ophiopogon compressus* Y. Wan et C. C. Huang, Acta Phytotax. Sin. 25 (5): 400, pl. 1, f. 3 (1987); *Ophiopogon longipedicellatus* Y. Wan et C. C. Huang, Acta Phytotax. Sin. 25 (5): 399, pl. 1, f. 2 (1987); *Ophiopogon aciformis* F. T. Wang et T. Tang ex H. Li et Y. P. Yang, Acta Bot. Yunnan. Suppl. 3: 92 (1990); *Ophiopogon longibracteatus* H. Li et Y. P. Yang, Acta Bot. Yunnan. Suppl. 3: 92 (1990); *Ophiopogon xiaokuai* Z. Y. Zhu, Guihaia 14 (3): 205 (1994).
河南、陕西、湖南、湖北、四川、贵州、云南、西藏、台湾、广东、广西、海南；越南、泰国、不丹、尼泊尔、印度、孟加拉国、斯里兰卡。

剑叶沿阶草

Ophiopogon jaburan (Siebold) Lodd., Bot. Cab. 19: t. 1876 (1832).
Slateria jaburan Siebold, Verh. Batav. Genootsch. Kunsten 12: 15 (1830); *Convallaria japonica* var. *major* Thunb., Fl. Jap. 159 (1784); *Flueggea japonica* var. *major* (Thunb.) Schult. et Schult. f., Syst. Veg. 7: 309 (1829); *Flueggea jaburan* (Siebold) Kunth., Enum. Pl. 5: 303 (1850); *Ophiopogon taquetii* H. Lév., Repert. Spec. Nov. Regni Veg. 8: 171 (1910); *Mondo jaburan* (Siebold) L. H. Bailey., Gentes Herb. 2: 27 (1929); *Mondo*

jaburan var. *major* (Thunb.) Nakai., Bull. Natl. Sci. Mus. Tokyo 31: 144 (1952).
浙江；日本、朝鲜半岛。

麦冬（麦门冬，沿阶草）

Ophiopogon japonicus (L. f.) Ker Gawl., Bot. Mag. 27: pl. 1063 (1807).
Convallaria japonica L. f., Suppl. Pl. 204 (1782); *Convallaria japonica* var. *minor* Thunb., Fl. Jap. 139 (1784); *Flueggea japonica* (L. f.) Rich., die Botanik 2 (1): 9, pl. 1 A (1807); *Slateria japonica* (L. f.) Desv., Verh. Batav. Genootsch. Kunsten 12: 15 (1830); *Anemarrhena cavaleriei* H. Lév., Mém. Acad. Imp. Sci. St.-Pétersbourg Divers Savans (1835); *Ophiopogon stolonifer* H. Lév. et Vaniot, Liliac. etc. Chine 16 (1905); *Ophiopogon argyi* H. Lév., Repert. Spec. Nov. Regni Veg. 9 (199-201): 77 (1910); *Ophiopogon chekiangensis* Kimura et Migo, J. Jap. Bot. 57 (10): 313, f. 1 (1982).
河北、山东、河南、陕西、安徽、江苏、浙江、江西、湖南、湖北、四川、贵州、云南、福建、台湾、广东、广西；日本、朝鲜半岛。

江城沿阶草

●**Ophiopogon jiangchengensis** Y. Y. Qian, Acta Bot. Austro Sin. 7: 14 (1991).
云南。

大叶沿阶草

Ophiopogon latifolius L. Rodrigues, Bull. Soc. Bot. France 75: 998 (1928).
云南、广西；越南。

泸水沿阶草

●**Ophiopogon lushuiensis** S. C. Chen, Acta Phytotax. Sin. 26 (2): 141 (1988).
云南。

西南沿阶草

●**Ophiopogon mairei** H. Lév., Repert. Spec. Nov. Regni Veg. 9: 78 (1910).
Anemarrhena mairei (H. Lév.) H. Lév., Repert. Spec. Nov. Regni Veg. 11 (301-303): 493 (1913).
湖北、四川、贵州、云南。

丽叶沿阶草

Ophiopogon marmoratus Pierre ex L. Rodr., Bull. Soc. Bot. France 75: 997 (1928).
云南、广西；越南、老挝、泰国、柬埔寨。

大花沿阶草

●**Ophiopogon megalanthus** F. T. Wang et L. K. Dai, Fl. Reipubl. Popularis Sin. 15: 154, 253 (Addenda) (1978).
云南。

勐连沿阶草

●**Ophiopogon menglianensis** H. W. Li, Acta Bot. Yunnan. 13 (3): 268, pl. 2 (1991).
云南。

墨脱沿阶草

●**Ophiopogon motouensis** S. C. Chen, Acta Phytotax. Sin. 17 (4): 111 (1979).
西藏。

隆安沿阶草

●**Ophiopogon multiflorus** Y. Wan, Guihaia 8 (3): 235, f. s. n. (1988).
广西。

芦山沿阶草

●**Ophiopogon ogisui** M. N. Tamura et J. M. Xu, Acta Phytotax. Geobot. 58 (1): 39 (2007).
广西。

锥序沿阶草

●**Ophiopogon paniculatus** Z. Y. Zhu, Guihaia 14 (3): 206 (1994).
四川。

长药沿阶草

●**Ophiopogon peliosanthoides** F. T. Wang et Y. C. Tang, Fl. Reipubl. Popularis Sin. 15: 144, 252 (Addenda) (1978).
贵州、云南、广西。

屏边沿阶草

●**Ophiopogon pingbienensis** F. T. Wang et L. K. Dai, Fl. Reipubl. Popularis Sin. 15: 140, 251 (Addenda) (1978).
云南。

宽叶沿阶草

●**Ophiopogon platyphyllus** Merr. et Chun, Sunyatsenia 2 (3-4): 211, pl. 38 (1935).
Ophiopogon hainanensis Masam., Trans. Nat. Hist. Soc. Taiwan 29: 28 (1939).
广东、广西、海南。

拟多花沿阶草

●**Ophiopogon pseudotonkinensis** D. Fang, J. Trop. Subtrop. Bot. 6 (2): 100, f. 1, 5-6 (1998).
广西。

蔓茎沿阶草

Ophiopogon reptans Hook. f., Fl. Brit. India 6 (18): 268 (1892).
Mondo dracaenoides var. *reptans* (Hook. f.) Farw., Amer. Midl. Naturalist 7 (2): 42 (1921).
广西、海南；越南、泰国、印度。

高节沿阶草

●**Ophiopogon reversus** C. C. Huang, Fl. Hainan. 4: 534 (1977).
广西、海南。

卷瓣沿阶草

Ophiopogon revolutus F. T. Wang et L. K. Dai, Fl. Reipubl. Popularis Sin. 15: 156, 253 (Addenda) (1978).
云南；泰国。

匍茎沿阶草

●**Ophiopogon sarmentosus** F. T. Wang et L. K. Dai, Fl. Reipubl. Popularis Sin. 15: 138, 251 (Addenda) (1978).
云南。

中华沿阶草

Ophiopogon sinensis Y. Wan et C. C. Huang, Acta Phytotax. Sin. 25 (5): 398, pl. 1, f. 1 (1987).
云南、广西；越南。

疏花沿阶草

●**Ophiopogon sparsiflorus** F. T. Wang et L. K. Dai, Fl. Reipubl. Popularis Sin. 15: 158, 253 (Addenda) (1978).
广东、广西。

狭叶沿阶草

●**Ophiopogon stenophyllus** (Merr.) L. Rodr., Bull. Mus. Hist. Nat. (Paris), sér. 2 6 (1): 95 (1934).
Peliosanthes stenophylla Merr., Philipp. J. Sci. 13 (3): 134 (1918).
江西、云南、广东、广西、海南。

林生沿阶草

●**Ophiopogon sylvicola** F. T. Wang et T. Tang, Bull. Fan Mem. Inst. Biol. Bot. 7: 281 (1937).
Ophiopogon dielsianus Hand.-Mazz., Oesterr. Bot. Z. 87: 128 (1938).
四川、贵州。

四川沿阶草

●**Ophiopogon szechuanensis** F. T. Wang et Y. C. Tang, Fl. Reipubl. Popularis Sin. 15: 154, 252 (Addenda) (1978).
四川、云南。

云南沿阶草

●**Ophiopogon tienensis** F. T. Wang et T. Tang, Bull. Fan Mem. Inst. Biol. Bot. 7: 283 (1937).
Ophiopogon lancangensis H. Li et Y. P. Yang, Acta Bot. Yunnan. Suppl. 3: 91 (1990).
云南、广西。

多花沿阶草

Ophiopogon tonkinensis L. Rodr., Bull. Soc. Bot. France 75: 998 (1928).
云南、广西；越南。

簇叶沿阶草

●**Ophiopogon tsaii** F. T. Wang et T. Tang, Bull. Fan Mem. Inst. Biol. Bot. 7: 282 (1937).
云南。

阴生沿阶草

●**Ophiopogon umbraticola** Hance, J. Bot. 6 (64): 115 (1868).
Flueggea japonica var. *umbraticola* (Hance) Baker, J. Linn. Soc., Bot. 17 (103): 501 (1879); *Ophiopogon japonicus* var. *umbraticolus* (Hance) C. H. Wright, J. Linn. Soc., Bot. 36 (250): 78 (1903); *Mondo japonicum* var. *umbraticola* (Hance) Farw., Amer. Midl. Naturalist 7 (2): 42 (1921); *Mondo umbraticola* (Hance) Ohwi, Repert. Spec. Nov. Regni Veg. 36: 45 (1934).
江西、四川、贵州、广东。

木根沿阶草

●**Ophiopogon xylorrhizus** F. T. Wang et L. K. Dai, Fl. Reipubl. Popularis Sin. 15: 144, 252 (Addenda) (1978).
云南。

阳朔沿阶草（新拟）

●**Ophiopogon yangshuoensis** R. H. Jiang et W. B. Xu, Ann. Bot. Fenn. 50 (5): 324 (2013).
广西。

滇西沿阶草

●**Ophiopogon yunnanensis** S. C. Chen, Acta Phytotax. Sin. 26 (2): 140 (1988).
云南。

姜状沿阶草

●**Ophiopogon zingiberaceus** F. T. Wang et L. K. Dai, Fl. Reipubl. Popularis Sin. 15: 154, 252 (Addenda) (1978).
四川、云南。

球子草属 Peliosanthes Andrews

展花球子草

●**Peliosanthes divaricatanthera** N. Tanaka, Kew Bull. 59 (1): 157 (2004).
云南。

台东球子草

●**Peliosanthes kaoi** Ohwi, J. Jap. Bot. 42 (10): 317 (1967).
台湾。

大盖球子草

●**Peliosanthes macrostegia** Hance, J. Bot. 23 (275): 328 (1885).
Peliosanthes delavayi Franch., Bull. Soc. Bot. France 43: 43 (1896); *Peliosanthes arisanensis* Hayata, Icon. Pl. Formosan. 6: 94, pl. 15 (1916); *Peliosanthes tashiroi* Hayata, *op. cit.* 6: 96 (1916).
湖南、四川、贵州、云南、台湾、广东、广西。

长苞球子草

●**Peliosanthes ophiopogonoides** F. T. Wang et Y. C. Tang, Fl.

Reipubl. Popularis Sin. 15: 253, pl. 56, f. 3 (1978).
云南。

粗穗球子草

•**Peliosanthes pachystachya** W. H. Chen et Y. M. Shui, Acta Phytotax. Sin. 41 (5): 489 (2003).
云南。

反折球子草

•**Peliosanthes reflexa** M. N. Y. C. Tamura et Ogisu, J. Jap. Bot. 83 (6): 339 (2008).
广西。

无柄球子草

•**Peliosanthes sessile** H. Li, Fl. Yunnan. 7: 721 (1997).
云南。

匍匐球子草

•**Peliosanthes sinica** F. T. Wang et Y. C. Tang, Fl. Reipubl. Popularis Sin. 15: 166, 253 (Addenda) (1978).
云南、广西。

簇花球子草

Peliosanthes teta Andrews, Bot. Repos. 10: pl. 605 (1808).
Peliosanthes tonkinensis F. T. Wang et T. Tang, Bull. Fan Mem. Inst. Biol. Bot. 7 (2): 83 (1936); *Peliosanthes minor* Yamam., Contr. Fl. Kainan. 1: 29 (1943); *Peliosanthes torulosa* Y. Wan, Bull. Bot. Res. 6 (1): 147, f. 2 (1986).
云南、广西、海南；越南、老挝、缅甸、泰国、马来西亚、印度、孟加拉国。

云南球子草

•**Peliosanthes yunnanensis** F. T. Wang et Y. C. Tang, Fl. Reipubl. Popularis Sin. 15: 167, 254 (Addenda) (1978).
云南。

黄精属 **Polygonatum** Mill.

五叶黄精

Polygonatum acuminatifolium Kom., Izv. Imp. Bot. Sada Petra Velikago 16: 157 (1916).
Polygonatum quinquefolium Kitag., Rep. Inst. Sci. Res. Manchoukuo 4: 79 (1940).
吉林、辽宁、河北；俄罗斯（远东地区）。

贴梗黄精

•**Polygonatum adnatum** S. Y. Liang, Acta Phytotax. Sin. 25 (1): 65 (1987).
四川。

短筒黄精

•**Polygonatum altelobatum** Hayata, Icon. Pl. Formosan. 5: 229 (1915).
台湾。

互卷黄精

•**Polygonatum alternicirrhosum** Hand.-Mazz., Symb. Sin. 7 (5): 1209 (1936).
Polygonatum racemosum F. T. Wang et T. Tang, Bull. Fan Mem. Inst. Biol. Bot. 7: 286 (1937).
四川。

钟花黄精（新拟）

•**Polygonatum campanulatum** G. W. Hu, Phytotaxa 236 (1): 94 (2015) [epublished].
广西。

棒丝黄精

Polygonatum cathcartii Baker, J. Linn. Soc., Bot. 14 (80): 559 (1875).
四川、云南、西藏；不丹、尼泊尔、印度。

清水山黄精

•**Polygonatum chingshuishanianum** S. S. Ying, Mém. Coll. Agric. Natl. Taiwan Univ. 28 (2): 42 col. (1988).
台湾。

卷叶黄精（滇钩吻）

Polygonatum cirrhifolium (Wall.) Royle, Ill. Bot. Himal. Mts. 1: 380 (1839).
Convallaria cirrhifolia Wall., Asiat. Res. 13: 382, pl. s. n. (1820); *Polygonatum fuscum* Hua, J. Bot. (Morot) 6 (23): 444 (1892); *Polygonatum trinerve* Hua, *op. cit.* 6 (23): 445 (1892); *Polygonatum souliei* Hua, J. Bot. (Morot) 6 (22): 427 (1892); *Polygonatum fargesii* Hua, *op. cit.* 6 (23): 446 (1892); *Polygonatum bulbosum* H. Lév., Repert. Spec. Nov. Regni Veg. 11 (286-290): 302 (1912); *Polygonatum lebrunii* H. Lév., *op. cit.* 12 (341-345): 536 (1913); *Polygonatum strumulosum* D. M. Liu et W. Z. Zeng, Bull. Bot. Lab. N. E. Forest. Inst., Harbin 6 (2): 92 (1986); *Polygonatum cirrhifoliodes* D. M. Liu et W. Z. Zeng, *op. cit.* 6 (2): 91 (1986).
陕西、宁夏、甘肃、青海、四川、云南、西藏、广西；不丹、尼泊尔、印度。

垂叶黄精

•**Polygonatum curvistylum** Hua, J. Bot. (Morot) 6 (22): 424 (1892).
四川、云南。

多花黄精（黄精，长叶黄精，白芨黄精）

•**Polygonatum cyrtonema** Hua, J. Bot. (Morot) 6 (21): 393 (1892).
Polygonatum henryi Diels, Bot. Jahrb. Syst. 29 (2): 247 (1900); *Polygonatum martinii* H. Lév., Bull. Acad. Int. Geogr. Bot. 12 (163): 261 (1903); *Polygonatum multiflorum* var. *longifolium* Merr., Lingnan Sci. J. 7: 299 (1929); *Polygonatum brachynema* Hand.-Mazz., Symb. Sin. 7 (5): 1208 (1936).
河南、陕西、安徽、江苏、浙江、江西、湖南、湖北、四川、贵州、福建、广东、广西。

长苞黄精

Polygonatum desoulavyi Kom., Key Pl. Far East. Reg. U. S. S. R. 1. 378 (1931).
黑龙江；朝鲜半岛、俄罗斯。

长果蓼（新拟）

●**Polygonatum dolichocarpum** M. N. Tamura, Fuse et Y. P. Yang, Acta Phytotax. Geobot. 65 (3): 159 (2014).
云南。

长梗黄精

●**Polygonatum filipes** Merr. ex C. Jeffrey et McEwan, Kew Bull. 34 (3): 445 (1980).
安徽、江苏、浙江、江西、湖南、福建、广东、广西。

距药黄精

●**Polygonatum franchetii** Hua, J. Bot. (Morot) 6 (21): 392 (1892).
陕西、湖南、湖北、四川。

贡山蓼（新拟）

●**Polygonatum gongshanense** L. H. Zhao et X. J. He, Ann. Bot. Fenn. 51 (5): 333 (2014).
云南。

细根茎黄精

●**Polygonatum gracile** P. Y. Li, Acta Phytotax. Sin. 11: 252 (1966).
山西、陕西、甘肃。

三脉黄精

Polygonatum griffithii Baker, J. Linn. Soc., Bot. 14: 558 (1875).
西藏；尼泊尔。

粗毛黄精

●**Polygonatum hirtellum** Hand.-Mazz., Symb. Sin. 7 (5): 1209, pl. 34, f. 1 (1936).
Polygonatum alternicirrhosum var. *piliferum* P. Y. Li, Acta Phytotax. Sin. 11 (3): 252 (1966).
陕西、甘肃、四川。

独花黄精

Polygonatum hookeri Baker, J. Linn. Soc., Bot. 14 (80): 558 (1875).
Polygonatum pumilum Hua, J. Bot. (Morot) 6 (22): 423 (1892).
陕西、甘肃、青海、四川、云南、西藏；印度。

小玉竹

Polygonatum humile Fisch. ex Maxim., Mém. Acad. Imp. Sci. St.-Pétersbourg Divers Savans 9: 275 (1859).
Polygonatum officinale var. *humile* (Fisch. ex Maxim.) Baker, J. Linn. Soc., Bot. 14 (80): 554 (1875); *Polygonatum humilimum* Nakai, Repert. Spec. Nov. Regni Veg. 13 (359-362): 248 (1914).
黑龙江、吉林、辽宁、内蒙古、河北、山西；蒙古国、日本、朝鲜半岛、俄罗斯。

毛筒玉竹

●**Polygonatum inflatum** Kom., Trudy Imp. S.-Peterburgsk. Bot. Sada 18 (3): 442 (1901).
Polygonatum inflatum var. *rotundifolium* Hatus. in Kunth, Enum. Pl. (1833); *Polygonatum virens* Nakai, Repert. Spec. Nov. Regni Veg. 13 (359-362): 247 (1914); *Polygonatum nakainum* Ishid., Clav. Pl. Chin. Bor.-Orient. 582: pl. 218, 5 (1959).
黑龙江、吉林、辽宁。

二苞黄精

Polygonatum involucratum (Franch. et Sav.) Maxim., Mélanges Biol. Bull. Phys.-Math. Acad. Imp. Sci. Saint-Pétersbourg 11: 844 (1883).
Periballanthus involucratus Franch. et Sav., Enum. Pl. Jap. 2: 524 (1878); *Polygonatum platyphyllum* Franch., J. Bot. (Morot) 4 (18): 318 (1890); *Polygonatum periballanthus* Makino, Bot. Mag. Tokyo 12: 228 (1898).
黑龙江、吉林、辽宁、内蒙古、河北、山西、河南、陕西；日本、朝鲜半岛、俄罗斯（远东地区）。

金寨黄精

●**Polygonatum jinzhaiense** D. C. Zhang et J. Z. Shao, Guihaia 20 (1): 34 (2000).
安徽。

滇黄精（节节高，仙人饭）

Polygonatum kingianum Collett et Hemsl., J. Linn. Soc., Bot. 28 (189-191): 138, pl. 21 (1890).
Polygonatum agglutinatum Hua, J. Bot. (Morot) 6 (23): 448 (1892); *Polygonatum huanum* H. Lév., Nouv. Contrib. Liliac. etc. Chine 11 (1906); *Polygonatum cavaleriei* H. Lév., *op. cit.* 11 (1906); *Polygonatum ericoideum* H. Lév., Repert. Spec. Nov. Regni Veg. 7 (152-156): 384 (1909); *Polygonatum esquirolii* H. Lév., *op. cit.* 8 (160-162): 59 (1910); *Polygonatum uncinatum* Diels, Notes Roy. Bot. Gard. Edinburgh 5 (25): 297 (1912); *Polygonatum darrisii* H. Lév., Repert. Spec. Nov. Regni Veg. 12 (341-345): 536 (1913); *Polygonatum kingianum* var. *grandifolium* D. M. Liu et W. Z. Zeng, Fl. Sichuan. 7: 230 (1991).
四川、贵州、云南、广西；越南、缅甸、泰国。

雷波黄精

●**Polygonatum leiboense** S. C. Chen et D. Q. Liu, Acta Phytotax. Sin. 22 (5): 417 (1984).
四川。

长柄黄精

●**Polygonatum longipedunculatum** S. Y. Liang, Acta Phytotax.

Sin. 25 (1): 64 (1987).
四川、云南。

百色黄精

•**Polygonatum longistylum** Y. Wan et C. Z. Gao, Guihaia 10 (3): 177, f. 2 (1990).
广西。

淡黄多疣黄精（新拟）

•**Polygonatum luteoverrucosum** Floden, Phytotaxa 236 (3): 276 (2015) [epublished].
西藏。

热河黄精（小叶球，多花黄精）

•**Polygonatum macropodum** Turcz., Bull. Soc. Imp. Naturalistes Moscou 5: 205 (1832).
Polygonatum umbellatum Baker, J. Linn. Soc., Bot. 14 (80): 553 (1875).
辽宁、内蒙古、河北、山西、山东。

大苞黄精

•**Polygonatum megaphyllum** P. Y. Li, Acta Phytotax. Sin. 11: 252 (1966).
河北、山西、陕西、甘肃、四川。

节根黄精

•**Polygonatum nodosum** Hua, J. Bot. (Morot) 6 (21): 394 (1892).
Polygonatum mairei H. Lév., Repert. Spec. Nov. Regni Veg. 11 (286-290): 302 (1912); *Polygonatum yunnanense* H. Lév., Cat. Pl. Yun-Nan 168 (1916); *Polygonatum leveilleanum* Fedde, Repert. Spec. Nov. Regni Veg. 28 (764-770): 239 (1930).
陕西、甘肃、湖北、四川、云南、广西。

玉竹

Polygonatum odoratum (Mill.) Druce, Ann. Scott. Nat. Hist. 60: 226 (1906).
黑龙江、辽宁、内蒙古、河北、山西、山东、河南、陕西、甘肃、青海、安徽、江苏、浙江、江西、湖南、湖北、台湾、广西；蒙古国、日本、朝鲜半岛、俄罗斯；欧洲。

玉竹（原变种）（萎蕤，地管子，尾参）

Polygonatum odoratum var. **odoratum**
Convallaria odorata Mill., Gard. Dict., ed. 8: Convallaria no. 4 (1768); *Convallaria polygonatum* L., Sp. Pl. 1: 315 (1753); *Polygonatum officinale* All., Fl. Pedem. 1: 131 (1785); *Polygonatum vulgare* Desf., Ann. Mus. Natl. Hist. Nat. 9: 49 (1807); *Polygonatum japonicum* C. Morren et Decne., Ann. Sci. Nat., Bot., sér. 2 2: 311 (1834); *Polygonatum thunbergii* C. Morren et Decne., *op. cit.* 2: 312 (1834); *Polygonatum maximowiczii* F. Schmidt, Reis. Amur-Land., Bot. 185 (1868); *Polygonatum officinale* var. *papillosum* Franch., Pl. David. 1: 302 (1884); *Polygonatum hondoense* Nakai ex Koidz., Fl. Symb. Orient.-Asiat. 34 (1930); *Polygonatum quelpaertense* Ohwi, J. Jap. Bot. 13 (6): 443 (1937); *Polygonatum simizui* Kitag., J. Jap. Bot. 22 (10-12): 176 (1948); *Polygonatum planifilum* Kitag. et Hir., J. Jap. Bot. 46 (10): 307 (1971); *Polygonatum odoratum* f. *ovalifolium* Y. C. Chu, Nat. Resour. Res. 2: 4 (1979); *Polygonatum langyaense* D. C. Zhang et J. Z. Shao, Guihaia 12 (2): 101 (1992).
黑龙江、辽宁、内蒙古、河北、山西、山东、河南、陕西、甘肃、青海、安徽、江苏、浙江、江西、湖南、湖北、台湾、广西；蒙古国、日本、朝鲜半岛、俄罗斯；欧洲。

萎莛

Polygonatum odoratum var. **pluriflorum** (Miq.) Ohwi, Fl. Jap. 302 (1953).
Polygonatum officinale var. *pluriflorum* Miq., Ann. Mus. Bot. Lugduno-Batavi 3: 148 (1867); *Polygonatum arisanense* Hayata, *op. cit.* 9: 140 (1920); *Polygonatum officinale* var. *formosanum* Hayata, *op. cit.* 9: 140 (1920).
台湾；日本、朝鲜半岛。

峨眉黄精

•**Polygonatum omeiense** Z. Y. Zhu, Bull. Bot. Lab. N. E. Forest. Inst., Harbin 12 (3): 267 (1992).
四川。

对叶黄精

Polygonatum oppositifolium (Wall.) Royle, Ill. Bot. Himal. Mts. 1: 380 (1839).
Convallaria oppositifolia Wall., Asiat. Res. 13: 380 (1820).
西藏；不丹、尼泊尔、印度（东北部）。

康定玉竹

•**Polygonatum prattii** Baker, Hooker's Icon. Pl. 23: t. 2217 (1892).
Polygonatum delavayi Hua, J. Bot. (Morot) 6 (22): 422 (1892); *Polygonatum gentilianum* H. Lév., Repert. Spec. Nov. Regni Veg. 12 (325-330): 287 (1913).
四川、云南。

点花黄精（树吊，滇钩吻）

Polygonatum punctatum Royle ex Kunth, Enum. Pl. 5: 142 (1850).
Polygonatum anomalum Hua, J. Bot. (Morot) 6 (22): 420 (1892); *Polygonatum marmoratum* H. Lév., Repert. Spec. Nov. Regni Veg. 7 (152-156): 384 (1909); *Disporopsis mairei* H. Lév., *op. cit.* 11 (286-290): 303 (1912); *Polygonatum mengtzense* F. T. Wang et T. Tang, Bull. Fan Mem. Inst. Biol. Bot. 7 (2): 84 (1936); *Polygonatum sinomairei* F. T. Wang et T. Tang, *op. cit.* 7 (2): 84 (1936); *Polygonatum parcefolium* F. T. Wang et T. Tang, Contr. Inst. Bot. Natl. Acad. Peiping 6: 216 (1949).
陕西、四川、贵州、云南、西藏、广西、海南；越南、缅甸、泰国、不丹、尼泊尔、印度（东北部）。

青海黄精

•**Polygonatum qinghaiense** Z. L. Wu et Y. C. Yang, Acta Bot.

Boreal.-Occid. Sin. 25 (10): 2088. f. 1 (2005).
青海。

新疆黄精

Polygonatum roseum (Ledeb.) Kunth, Enum. Pl. 5: 144 (1850).
Convallaria rosea Ledeb., Icon. Pl. 3: pl. 1 (1829).
新疆；塔吉克斯坦、吉尔吉斯斯坦、哈萨克斯坦、俄罗斯。

黄精（鸡头黄精，黄鸡菜，老虎姜）

Polygonatum sibiricum Redouté, Liliac. 6: t. 315 (1811).
Polygonatum chinense Kunth, Enum. Pl. 5: 146 (1850).
黑龙江、吉林、辽宁、内蒙古、河北、山西、山东、河南、陕西、宁夏、甘肃、安徽、浙江；蒙古国、朝鲜半岛、俄罗斯。

狭叶黄精

Polygonatum stenophyllum Maxim., Mém. Acad. Imp. Sci. St.-Pétersbourg Divers Savans 9: 274 (1859).
Polygonatum verticillatum var. *stenophyllum* (Maxim.) Baker, J. Linn. Soc., Bot. 14: 561 (1875).
黑龙江、吉林、辽宁、内蒙古、河北；朝鲜半岛、俄罗斯（远东地区）。

西南黄精

●**Polygonatum stewartianum** Diels, Notes Roy. Bot. Gard. Edinburgh 5 (25): 298 (1912).
Polygonatum kalapanum Hand.-Mazz., Symb. Sin. 7 (5): 1210, pl. 34, f. 2 (1936).
四川、云南。

格脉黄精

Polygonatum tessellatum F. T. Wang et T. Tang, Bull. Fan Mem. Inst. Biol. Bot. 7 (2): 85 (1936).
云南、广西；缅甸、泰国。

轮叶黄精（红果黄精，地吊）

Polygonatum verticillatum (L.) All., Fl. Pedem. 1: 131 (1785).
Convallaria verticillata L., Sp. Pl. 1: 315 (1753); *Polygonatum kansuense* Maxim. ex Batalin, Trudy Imp. S.-Peterburgsk. Bot. Sada 11 (2): 493 (1891); *Polygonatum erythrocarpum* Hua, J. Bot. (Morot) 6 (22): 424 (1892); *Polygonatum minutiflorum* H. Lév., Bull. Acad. Int. Geogr. Bot. 25: 38 (1915).
内蒙古、山西、陕西、甘肃、青海、四川、云南、西藏；不丹、尼泊尔、印度、巴基斯坦、阿富汗、俄罗斯；亚洲（西南部）、欧洲。

西藏黄精

Polygonatum wardii F. T. Wang et T. Tang, Bull. Fan Mem. Inst. Biol. Bot. 7: 284 (1937).
西藏；印度。

湖北黄精（虎其尾，野山姜）

●**Polygonatum zanlanscianense** Pamp., Nuovo Giorn. Bot. Ital., n. s. 22 (2): 267 (1915).
Polygonatum kungii F. T. Wang et T. Tang, Bull. Fan Mem. Inst. Biol. Bot. 7: 285 (1937); *Polygonatum anhuiense* D. C. Zhang et J. Z. Shao, Guihaia 12 (2): 99 (1992).
河南、陕西、甘肃、江苏、浙江、江西、湖南、湖北、四川、贵州、广西。

吉祥草属 **Reineckea** Kunth

吉祥草

Reineckea carnea (Andrews) Kunth, Abh. Königl. Akad. Wiss. Berlin. 1842: 29 (1844).
Sansevieria carnea Andrews, Bot. Repos. 5: pl. 361 (1804); *Sansevieria sessiliflora* Ker Gawl., Bot. Mag. 19: pl. 739 (1804); *Reineckea carnea* var. *rubra* H. Lév., Abh. Königl. Akad. Wiss. Berlin. 1842: 29 (1844); *Reineckea yunnanensis* W. W. Sm., Notes Roy. Bot. Gard. Edinburgh 12 (59): 220 (1920); *Reineckea ovata* Z. Y. Zhu, Bull. Bot. Res. 3 (1): 146, f. 1 (1983).
河南、陕西、安徽、江苏、浙江、江西、湖南、湖北、四川、贵州、云南、广东、广西；日本。

万年青属 **Rohdea** Roth

秦岭万年青（新拟）

●**Rohdea chinensis** var. **tsinlingensis** N. Tanaka, Makinoa, n. s. 9: 11 (2010).
陕西。

李恒万年青（新拟）

●**Rohdea lihengiana** Q. Qiao et C. Q. Zhang, Ann. Bot. Fenn. 45 (6): 482 (2008).
云南。

万年青

Rohdea japonica (Thunb.) Roth, Nov. Pl. Sp. 197 (1821).
Orontium japonicum Thunb., Syst. Veg. 340 (1784); *Rohdea esquirolii* H. Lév., Bull. Soc. Bot. France 54 (6): 371 (1907); *Rohdea sinensis* H. Lév., *op. cit.* 54 (6): 371 (1907).
山东、江苏、浙江、江西、湖南、湖北、四川、贵州、广西；日本。

假叶树属 **Ruscus** L.

假叶树

☆**Ruscus aculeatus** L., Sp. Pl. 2: 1041 (1753)。
中国南方有栽培；原产于南欧和北非，西欧和地中海沿岸地区。

白穗花属 **Speirantha** Baker

白穗花

●**Speirantha gardenii** (Hook.) Baill., Hist. Pl. 12: 524 (1894).
Albuca gardenii Hook., Bot. Mag. 81: pl. 4842 (1855); *Speirantha convallarioides* Baker, J. Linn. Soc., Bot. 14 (80): 563 (1875).
安徽、江苏、浙江、江西。

夏须草属 **Theropogon** Maxim.

夏须草

Theropogon pallidus Maxim., Bull. Acad. Imp. Sci. Saint-Pétersbourg 15 (1): 90 (1871).
云南、西藏；不丹、尼泊尔、印度。

异蕊草属 **Thysanotus** R. Br.

异蕊草

Thysanotus chinensis Benth., Fl. Hongk. 372 (1861).
Thysanotus chrysantherus F. Muell., Fragm. 5: 202 (1866); *Halongia purpurea* Jeanpl., Acta Biol. Acad. Sci. Hung. 16: 296, f. 1-6 (1970).
福建、台湾、广东、广西；菲律宾、越南、泰国、马来西亚、印度尼西亚、澳大利亚。

长柱开口箭属 **Tupistra** Ker Gawl.

伞柱开口箭

●**Tupistra fungilliformis** F. T. Wang et S. Y. Liang, Fl. Reipubl. Popularis Sin. 15: 10, 249 (Addenda) (1978).
云南、广西。

长柱开口箭

Tupistra grandistigma F. T. Wang et S. Y. Liang, Fl. Reipubl. Popularis Sin. 15: 8, 249 (Addenda) (1978).
云南、广西；越南。

红河开口箭（新拟）

●**Tupistra hongheensis** G. W. Hu et H. Li, J. Syst. Evol. 51 (2): 230 (2013).
云南。

长穗开口箭

●**Tupistra longispica** Y. Wan et X. H. Lu, Bull. Bot. Lab. N. E. Forest. Inst., Harbin 4 (4): 168 (1984).
广西。

屏边开口箭

●**Tupistra pingbianensis** J. L. Huang et X. Z. Liu, Acta Phytotax. Sin. 34 (6): 592 (1996).
云南。

68. 金鱼藻科 CERATOPHYLLACEAE [1 属：3 种]

金鱼藻属 **Ceratophyllum** L.

金鱼藻（细草，软草，灯笼丝）

Ceratophyllum demersum L., Sp. Pl. 2: 992 (1753).
黑龙江、吉林、内蒙古、河北、山西、山东、河南、陕西、宁夏、新疆、安徽、江苏、湖南、湖北、四川、贵州、云南、西藏、福建、台湾、广东、广西；世界广布。

粗糙金鱼藻

Ceratophyllum muricatum subsp. **kossinskyi** (Kuzen.) Les, Syst. Bot. 13 (1): 85 (1988).
Ceratophyllum kossinskyi Kuzen., Fl. U. R. S. S. 7: 719 (1937); *Ceratophyllum submersum* var. *manschuricum* Miki, Bot. Mag. (Tokyo) 49 (587): 778, f. 9 (1935); *Ceratophyllum manschuricum* (Miki) Kitag., Lin. Fl. Manshur. 207 (1939); *Ceratophyllum inflatum* C. C. Jao ex K. C. Kuan, Fl. Reipubl. Popularis Sin. 27: 18, 603 (Addenda) (1979); *Ceratophyllum submersum* var. *squamosum* Wilmot-Dear, Kew Bull. 40 (2): 266 (1985).
黑龙江、吉林、辽宁、内蒙古、河北、宁夏、江苏、湖北、云南、福建、台湾；哈萨克斯坦、俄罗斯；欧洲。

五刺金鱼藻（十叶金鱼藻）

Ceratophyllum platyacanthum subsp. **oryzetorum** (Kom.) Les, Syst. Bot. 13 (4): 517 (1988).
Ceratophyllum oryzetorum Kom., Izv. Bot. Sada Akad. Nauk. S. S. S. R. 30: 200 (1932); *Ceratophyllum demersum* var. *quadrispinum* Makino, J. Jap. Bot. 1 (6): 21 (1917); *Ceratophyllum pentacanthum* Hayata, Icon. Pl. Formosan. 8: 130, f. 57 a (1919); *Ceratophyllum demersum* var. *pentacorne* Kitag., Rep. First Sci. Exped. Manchoukuo 4: 86 (1936).
黑龙江、吉林、辽宁、内蒙古、河北、山东、宁夏、安徽、浙江、湖北、台湾、广西；日本、朝鲜半岛、俄罗斯。

69. 领春木科 EUPTELEACEAE [1 属：1 种]

领春木属 **Euptelea** Siebold et Zucc.

领春木（正心木，水桃）

Euptelea pleiosperma Hook. f. et Thomson, J. Linn. Soc., Bot. 7: 240, pl. 2 (1864).
Euptelea davidiana Baill., Adansonia 11: 305 (1875); *Euptelea delavayi* Tiegh., J. Bot. (Morot) 14 (9): 271 (1900); *Euptelea franchetii* Tiegh., J. Bot. (Morot) 14 (9): 271 (1900); *Euptelea minor* Ching, Sunyatsenia 6: 15, pl. 1 (1941); *Euptelea pleiospermum* f. *franchetii* (Tiegh.) P. C. Kuo, Fl. Tsinling. 1

(2): 221 (1974).
河北、山西、河南、陕西、甘肃、安徽、浙江、江西、湖南、湖北、四川、贵州、云南、西藏；不丹、印度（东北部）。

70. 罂粟科 PAPAVERACEAE [19 属：446 种]

荷包藤属 Adlumia Raf. ex DC.

荷包藤（藤荷包牡丹，合瓣花）

Adlumia asiatica Ohwi, Bot. Mag. (Tokyo) 45: 387 (1931).
黑龙江、吉林；朝鲜半岛、俄罗斯（远东地区）。

蓟罂粟属 Argemone L.

蓟罂粟（刺罂粟）

△**Argemone mexicana** L., Sp. Pl. 1: 508 (1753).
引入中国多个省（自治区、直辖市），云南、福建、台湾和广东有归化；原产于中美洲和热带美洲。

白屈菜属 Chelidonium L.

白屈菜（土黄连，水黄连，水黄草）

Chelidonium majus L., Sp. Pl. 1: 505 (1753).
Chelidonium majus var. *grandiflorum* DC., Syst. Nat. 2: 99 (1821); *Chelidonium grandiflorum* DC., Prodr. 1: 123 (1824).
黑龙江、吉林、辽宁、河北、山西、山东、河南、陕西、甘肃、青海、安徽、江苏、浙江、湖南、湖北、四川、贵州、云南；日本、朝鲜半岛、俄罗斯；欧洲。

紫堇属 Corydalis DC.

松潘黄堇（假顶冠黄堇）

●**Corydalis acropteryx** Fedde, Repert. Spec. Nov. Regni Veg. 20 (577-580): 357, t. 7 B (1924).
Corydalis pseudacropteryx Fedde, *op. cit.* 22 (606-608): 25, t. 19 B (1926).
四川。

川东紫堇（老鼠花，堇花还阳，牛角花）

●**Corydalis acuminata** Franch., J. Bot. (Morot) 7: 285 (1894).
Corydalis hupehensis C. Y. Wu ex Z. Zheng, Compr. Cat. Hupei 68 (1993); *Corydalis acuminata* subsp. *hupehensis* C. Y. Wu, Acta Bot. Yunnan. 18 (4): 401 (1996).
陕西、湖北、四川、重庆、贵州。

铁线蕨叶黄堇

Corydalis adiantifolia Hook. f. et Thomson, Fl. Ind. 1: 271 (1855).
新疆；巴基斯坦、克什米尔地区。

东义紫堇

●**Corydalis adoxifolia** C. Y. Wu, Acta Bot. Yunnan. 6 (3): 244, pl. 3, f. 1-2 (1984).
四川。

灰绿黄堇（旱生紫堇，师子色巴，柴布日—萨巴东干纳）

●**Corydalis adunca** Maxim., Bull. Acad. Imp. Sci. Saint-Pétersbourg, sér. 3 24: 29 (1879).
Corydalis albicaulis Franch., Nouv. Arch. Mus. Hist. Nat., sér. 2 5: 182, f. 8 (1884); *Corydalis adunca* var. *humilis* Maxim., Enum. Pl. Mongol. 38 (1889); *Corydalis odontostigma* Fedde, Repert. Spec. Nov. Regni Veg. 21 (581-587): 51, t. 14 (1925); *Corydalis scaphopetala* Fedde, *op. cit.* 22 (618-626): 220, pl. 35 A (1926); *Corydalis adunca* subsp. *microsperma* Lidén et Z. Y. Su, Fl. Reipubl. Popularis Sin. 32: 406 (1999); *Corydalis adunca* subsp. *scaphopetala* (Fedde) C. Y. Wu et Z. Y. Su, Fl. Reipubl. Popularis Sin. 32: 406 (1999).
内蒙古、陕西、宁夏、甘肃、青海、四川、云南、西藏。

艳巫岛紫堇

●**Corydalis aeaeae** X. F. Gao, Lidén, Y. W. Wang et Y. L. Peng, Novon 18 (3): 330 (2008).
四川。

湿崖紫堇

●**Corydalis aeditua** Lidén et Z. Y. Su, Novon 17: 481 (2007).
四川。

贺兰山延胡索

●**Corydalis alaschanica** (Maxim.) Peshkova, Bot. Zhurn. (Moscow et Leningrad) 75: 86 (1990).
Corydalis pauciflora var. *alaschanica* Maxim., Enum. Pl. Mongol. 37 (1889); *Corydalis pauciflora* var. *holanschanica* Fedde, Repert. Spec. Nov. Regni Veg. 22 (618-626): 221 (1926).
内蒙古、宁夏、甘肃。

攀援黄堇

●**Corydalis ampelos** Lidén et Z. Y. Su, Fl. China 7: 334 (2008).
云南。

文县紫堇

●**Corydalis amphipogon** Lidén, Fl. China 7: 421 (2008).
甘肃。

圆萼紫堇

●**Corydalis amplisepala** Z. Y. Su et Lidén, Novon 17: 488 (2007).
Corydalis pseudomucronata var. *cristata* C. Y. Wu, Acta Bot. Yunnan. 18 (4): 401 (1996).
湖北、四川。

藏中黄堇

•**Corydalis anaginova** Lidén et Z. Y. Su, Edinburgh J. Bot. 54 (1): 61 (1997).

西藏。

齿瓣紫堇

•**Corydalis ananke** Lidén, Fl. China 7: 423 (2008).

云南。

莳萝叶紫堇

•**Corydalis anethifolia** C. Y. Wu et Z. Y. Su, Acta Bot. Yunnan. 8 (3): 279 (1986).

陕西。

细距紫堇

•**Corydalis angusta** Z. Y. Su et Lidén, Fl. China 7: 406 (2008).

四川。

泉涌花紫堇

•**Corydalis anthocrene** Lidén et J. Van de Veire, Ann. Bot. Fenn. 45: 129 (2008).

四川。

峨参叶紫堇

•**Corydalis anthriscifolia** Franch., Nouv. Arch. Mus. Hist. Nat., sér. 3 8: 196 (1885).

四川。

小距紫堇（雪山一枝蒿，小草乌）

•**Corydalis appendiculata** Hand.-Mazz., Symb. Sin. 7 (2): 349, taf. 7, pl. 1-2 (1931).

四川、云南。

假漏斗菜紫堇（假耧斗菜）

•**Corydalis aquilegioides** Z. Y. Su, Acta Bot. Yunnan. 15 (2): 136 (1993).

四川。

阿墩紫堇（粗毛黄堇，刺毛黄堇）

•**Corydalis atuntsuensis** W. W. Sm., Notes Roy. Bot. Gard. Edinburgh 9 (42): 97 (1916).

Corydalis spinulosa H. Chuang, Acta Bot. Yunnan. 13 (3): 272, pl. 1, f. 5-10 (1991).

青海、四川、云南、西藏。

高黎贡山黄堇

Corydalis auricilla Lidén et Z. Y. Su, Fl. China 7: 333 (2008).

云南；缅甸（东部）。

耳柄紫堇

•**Corydalis auriculata** Lidén et Z. Y. Su, Edinburgh J. Bot. 54 (1): 71 (1997).

西藏。

北越紫堇（台湾黄堇）

Corydalis balansae Prain, J. Asiat. Soc. Bengal, Pt. 2, Nat. Hist. 65: 25 (1879).

Corydalis cavaleriei H. Lév. et Van., Bull. Soc. Agr. Sci. Arts. Sarthe 59: 320 (1904); *Corydalis lofouensis* H. Lév., Repert. Spec. Nov. Regni Veg. 6 (119-124): 266 (1909); *Corydalis tashiroi* Makino, Bot. Mag. (Tokyo) 23: 56 (1909); *Corydalis taitoensis* Hayata, J. Coll. Sci. Imp. Univ. Tokyo 30 (1): 27 (1911); *Corydalis formosana* Hayata, *op. cit.* 30 (1): 26 (1911); *Corydalis orthocarpa* Hayata, Icon. Pl. Formosan. 3: 16 (1913); *Corydalis omphalocarpa* Hayata, *op. cit.* 3: 15 (1913); *Corydalis pseudotomentella* Fedde, Repert. Spec. Nov. Regni Veg. 20 (6-21): 288 (1924); *Corydalis racemosa* var. *ecalcarata* Z. Y. Su, Acta Bot. Yunnan. 9 (1): 37, pl. 1, 8-9 (1987); *Corydalis ecalcarata* (Z. Y. Su) Y. H. Zhang, Acta Bot. Yunnan. 12 (1): 40 (1990).

山东、安徽、江苏、浙江、江西、湖南、湖北、贵州、云南、福建、台湾、广东、广西；琉球群岛、越南、老挝。

珠芽紫堇

•**Corydalis balsamiflora** Prain, J. Asiat. Soc. Bengal, Pt. 2, Nat. Hist. 65: 41 (1896).

Corydalis flexuosa subsp. *balsamiflora* (Prain) C. Y. Wu, Fl. Reipubl. Popularis Sin. 32: 118 (1999).

四川。

髯萼紫堇（髯萼黄堇）

•**Corydalis barbisepala** Hand.-Mazz. et Fedde, Repert. Spec. Nov. Regni Veg. 17 (492-503): 409 (1921).

四川。

囊距紫堇

•**Corydalis benecincta** W. W. Sm., Notes Roy. Bot. Gard. Edinburgh 9 (42): 98 (1916).

？四川、云南、西藏。

梗苞黄堇（帕米尔黄堇）

•**Corydalis bibracteolata** Z. Y. Su, Fl. Reipubl. Popularis Sin. 32: 411, 545 (Addenda) (1999).

Corydalis paniculigera in F. R. P. S. (31: 414. 1999), *non* Regel et Schmalh (1882).

新疆。

碧江黄堇

•**Corydalis bijiangensis** C. Y. Wu et H. Chuang, Acta Bot. Yunnan. 6 (3): 238, pl. 1, f. 1-3 (1984).

云南。

双斑黄堇

•**Corydalis bimaculata** C. Y. Wu et Z. Y. Su, Fl. Xizang. 2: 305 (1985).

西藏。

那加黄堇

Corydalis borii C. E. C. Fisch., Bull. Misc. Inform. Kew 1940 (1): 31 (1940).
云南；缅甸、印度（阿萨姆邦）。

江达紫堇

•**Corydalis brachyceras** Lidén et J. Van de Veire, Ann. Bot. Fenn. 45: 130 (2008).
西藏。

短轴黄堇

•**Corydalis brevipedunculata** (Z. Y. Su) Z. Y. Su et Lidén, Fl. Reipubl. Popularis Sin. 32: 442 (1999).
Corydalis foetida var. *brevipedunculata* Z. Y. Su, Acta Bot. Yunnan. 9 (1): 41 (1987).
甘肃、四川。

蔓生黄堇

•**Corydalis brevirostrata** C. Y. Wu et Z. Y. Su, Acta Bot. Yunnan. 2 (2): 205 (1980).
Corydalis vermicularis Lidén et Z. Y. Su, Edinburgh J. Bot. 54 (1): 56 (1997).
青海、四川、西藏。

蔓生黄堇（原亚种）

•**Corydalis brevirostrata** subsp. **brevirostrata**
青海、四川、西藏。

西藏蔓生黄堇

•**Corydalis brevirostrata** subsp. **tibetica** (Maxim.) Lidén, Fl. China 7: 428 (2008).
Corydalis capnoides var. *tibetica* Maxim., Fl. Tangut. 50: t. 24, f. 13-17 (1889).
青海、西藏。

褐鞘紫堇

•**Corydalis brunneo-vaginata** Fedde, Repert. Spec. Nov. Regni Veg. 17 (481-485): 128 (1921).
四川。

鳞叶紫堇

•**Corydalis bulbifera** C. Y. Wu, Acta Bot. Yunnan. 4 (1): 10, pl. 2 (1982).
西藏。

巫溪紫堇

•**Corydalis bulbilligera** C. Y. Wu, Acta Bot. Yunnan. 13: 125 (1991).
重庆。

滇西紫堇

•**Corydalis bulleyana** Diels, Notes Roy. Bot. Gard. Edinburgh 5 (25): 256 (1912).
Corydalis taliensis var. *bulleyana* (Diels) C. Y. Wu et H. Chuang, Index Fl. Yunnan. 1: 176 (1984).
四川、云南。

滇西紫堇（原亚种）

•**Corydalis bulleyana** subsp. **bulleyana**
四川、云南。

木里滇西紫堇

•**Corydalis bulleyana** subsp. **muliensis** Lidén et Z. Y. Su, Fl. Reipubl. Popularis Sin. 32: 124, 543 (Addenda) (1999).
四川。

地丁草（紫花地丁，苦丁，布氏地丁）

Corydalis bungeana Turcz., Bull. Soc. Imp. Naturalistes Moscou 13: 62 (1840).
Corydalis bungeana var. *odontopetala* Hemsl., J. Linn. Soc., Bot. 23 (152): 36 (1886).
吉林、辽宁、内蒙古、河北、山西、山东、河南、陕西、宁夏、甘肃、江苏、湖南；蒙古国（东南部）、朝鲜半岛（北部）、俄罗斯（远东地区）。

东紫堇

Corydalis buschii Nakai, Bot. Mag. (Tokyo) 28: 328 (1914).
Corydalis chosenensis Ohwi, Repert. Spec. Nov. Regni Veg. 36: 49 (1934); *Pistolochia buschii* (Nakai) Soják, Čas. Nár. Mus., Odd. Přír. 140 (3-4): 128 (1972).
吉林；朝鲜半岛、俄罗斯［符拉迪沃斯托克（海参崴）］。

灰岩紫堇

•**Corydalis calcicola** W. W. Sm., Notes Roy. Bot. Gard. Edinburgh 8 (38): 184 (1914).
Corydalis hannae Kanitz, Növényt. Gyujtesek Eredm. Grof Szechenyi Bela Keletazsiai Utjabol 7 (1891); *Corydalis souliei* Franch., J. Bot. (Morot) 8 (16): 283 (1894).
四川、云南。

显萼紫堇

•**Corydalis calycosa** H. Chuang, Acta Bot. Yunnan. 13 (2): 132, f. 4 (1991).
Corydalis gemmipara H. Chuang, *op. cit.* 13 (2): 126, f. 2 (1991); *Corydalis flexuosa* var. *pinnatibracteata* C. Y. Wu et H. Chuang, *op. cit.* 13 (2): 131 (1991); *Corydalis flexuosa* subsp. *kuanhsienensis* C. Y. Wu, *op. cit.* 18 (4): 400 (1996); *Corydalis flexuosa* subsp. *pinnatibracteata* (C. Y. Wu et H. Chuang) C. Y. Wu, Fl. Reipubl. Popularis Sin. 32: 119 (1999); *Corydalis flexuosa* subsp. *gemmipara* (H. Chuang) C. Y. Wu, *op. cit.* 32: 117, pl. 21, f. 4-9 (1999).
四川。

弯果黄堇

•**Corydalis campulicarpa** Hayata, Icon. Pl. Formosan. 3: 15 (1913).
台湾。

头花紫堇

•**Corydalis capitata** X. F. Gao, Lidén, Y. W. Wang et Y. L. Peng, Novon 18 (3): 332 (2008).
四川。

方茎黄堇（山紫堇）

Corydalis capnoides (L.) Pers., Syn. Pl. 2: 270 (1807).
Fumaria capnoides L., Sp. Pl. 2: 700 (1753); *Corydalis gebleri* Ledeb., Ind. Hort. Dorpat. 3 (1823).
新疆；蒙古国、哈萨克斯坦、俄罗斯；欧洲（中部和东南部）。

泸定紫堇

•**Corydalis caput-medusae** Z. Y. Su et Lidén, Edinburgh J. Bot. 54 (1): 66, 57, f. 1 A, 2 A (1997).
云南。

龙骨籽紫堇

•**Corydalis carinata** Lidén et Z. Y. Su, Fl. China 7: 364 (2008).
云南。

克什米尔紫堇

Corydalis cashmeriana Royle, Ill. Bot. Himal. Mts. 1: 69 (1834).
西藏；不丹、尼泊尔、印度（北部）、克什米尔地区。

克什米尔紫堇（原亚种）

Corydalis cashmeriana subsp. **cashmeriana**
西藏；尼泊尔、印度（北部）、克什米尔地区。

少花克什米尔紫堇

Corydalis cashmeriana subsp. **longicalcarata** (D. G. Long) Lidén, Fl. China 7: 392 (2008).
Corydalis ecristata var. *longicalcarata* D. G. Long, Notes Roy. Bot. Gard. Edinburgh 42 (1): 93 (1984); *Corydalis cashmeriana* var. *longicalcarata* (D. G. Long) R. C. Srivast., Fl. Sikkim (Ranunculac.-Moringac.) 72 (1998).
西藏；不丹、尼泊尔（东部）、印度。

铺散黄堇

Corydalis casimiriana subsp. **brachycarpa** Lidén, Rheedea 5 (1): 27 (1995).
西藏；不丹、尼泊尔（中部和东部）、印度（大吉岭）。

飞流紫堇

•**Corydalis cataractarum** Lidén, Fl. China 7: 410 (2008).
四川。

小药八旦子（北京元胡，土元胡，元胡）

•**Corydalis caudata** (Lam.) Pers., Syn. Pl. 2: 269 (1806).
Fumaria caudata Lam., Encycl. 2: 569 (1788); *Corydalis longiflora* var. *caudata* (Lam.) DC., Syst. Nat. 2: 117 (1821); *Corydalis repens* var. *jiangsuensis* Y. H. Zhang, Chin. Tradit. Herbal Drugs 19 (5): 33 (1988); *Corydalis repens* var. *humosoides* Y. H. Zhang, Acta Bot. Yunnan. 12 (1): 37 (1990).
河北、山西、山东、河南、陕西、甘肃、安徽、江苏、湖北。

聂拉木黄堇

Corydalis cavei D. G. Long, Notes Roy. Bot. Gard. Edinburgh 42 (1): 103 (1984).
Corydalis papillipes C. Y. Wu, Fl. Xizang. 2: 317, pl. 108, f. 1-7 (1985).
西藏；尼泊尔（东部）、印度。

昌都紫堇

•**Corydalis chamdoensis** C. Y. Wu et H. Chuang, Acta Bot. Yunnan. 5 (3): 250, pl. 5, f. 1-4 (1983).
Corydalis tenuicalcarata C. Y. Wu et T. Y. Shu, Fl. Xizang. 2: 307 (1985).
四川、西藏。

长白山黄堇

Corydalis changbaishanensis M. L. Zhang et Y. W. Wang, Bull. Bot. Res., Harbin 23 (4): 386 (2003).
吉林；朝鲜半岛、俄罗斯。

显囊黄堇

Corydalis changuensis D. G. Long, Notes Roy. Bot. Gard. Edinburgh 42: 102 (1984).
西藏；印度。

地柏枝（地黄连，雀雀菜，地白子）

•**Corydalis cheilanthifolia** Hemsl., J. Linn. Soc., Bot. 29 (202): 302 (1892).
Corydalis daucifolia H. Lév. et Vaniot, Bull. Acad. Int. Géogr. Bot. 11: 172 (1902).
甘肃、湖北、四川、重庆、贵州、云南。

斑花紫堇

•**Corydalis cheilosticta** Z. Y. Su et Lidén, Novon 17 (4): 494 (2007).
甘肃、青海。

斑花紫堇（原亚种）

•**Corydalis cheilosticta** subsp. **cheilosticta**
青海。

北邻斑花紫堇

•**Corydalis cheilosticta** subsp. **borealis** Lidén et Z. Y. Su, Novon 17: 495 (2007).
甘肃、青海。

掌叶紫堇

•**Corydalis cheirifolia** Franch., J. Bot. (Morot). 8 (16): 285 (1894).
云南。

甘肃紫堇

•**Corydalis chingii** Fedde, Repert. Spec. Nov. Regni Veg. 22: 219, t. 34-B (1926).

Corydalis kansuana Fedde, *op. cit.* 22: 221, t. 35-B (1926); *Corydalis chingii* var. *shansiensis* W. T. Wang ex C. Y. Wu et Z. Y. Su, Fl. Reipubl. Popularis Sin. 32: 300 (1999).

山西、陕西、甘肃。

金球黄堇

•**Corydalis chrysosphaera** C. Marquand et Airy Shaw, J. Linn. Soc., Bot. 48 (321): 160 (1929).

西藏。

斑花黄堇（密花黄堇，丁冬欧薷）

Corydalis conspersa Maxim., Fl. Tangut. 42: t. 25, f. 1-6 (1889).

Corydalis zambuii C. E. C. Fisch. et Kaul, Bull. Misc. Inform. Kew 1940 (6): 267 (1940).

甘肃、青海、四川、西藏；尼泊尔。

角状黄堇

Corydalis cornuta Royle, Ill. Bot. Himal. Mts. 1: 69 (1834).

Corydalis debilis Edgew., Trans. Linn. Soc. London 20: 30 (1851); *Corydalis mildbraedii* Fedde, Repert. Spec. Nov. Regni Veg. 8: 512 (1910); *Corydalis longipes* var. *chumbica* Prain ex W. W. Sm., Rec. Bot. Surv. India 4: 439 (1913); *Corydalis cornuta* var. *meeboldii* Fedde, Repert. Spec. Nov. Regni Veg. 17: 202 (1921); *Corydalis casimiriana* var. *meeboldii* Fedde, *op. cit.* 17: 129 (1921).

西藏；尼泊尔、印度（库马盎）、巴基斯坦、克什米尔地区、肯尼亚、坦桑尼亚。

伞花黄堇

•**Corydalis corymbosa** C. Y. Wu et Z. Y. Su, Fl. Xizang. 2: 304 (1985).

云南、西藏。

皱波黄堇（隆结路恩，隆恩，抓桑）

Corydalis crispa Prain, J. Asiat. Soc. Bengal, Pt. 2, Nat. Hist. 65: 30 (1896).

西藏；不丹。

皱波黄堇（原亚种）

Corydalis crispa subsp. **crispa**

Corydalis stracheyoides Fedde, Repert. Spec. Nov. Regni Veg. 18 (504-507): 29 (1922); *Corydalis crispa* var. *waltoni* Fedde, *op. cit.* 19 (538-540): 120 (1923); *Corydalis bowes-lyonii* D. G. Long, Notes Roy. Bot. Gard. Edinburgh 42 (1): 99 (1984); *Corydalis crispa* var. *setulosa* C. Y. Wu et H. Chuang, Fl. Xizang. 2: 317 (1985).

西藏；不丹。

光棱皱波黄堇

•**Corydalis crispa** subsp. **laeviangula** (C. Y. Wu et H. Chuang) Lidén et Z. Y. Su, Fl. China 7: 342 (2008).

Corydalis crispa var. *laeviangula* C. Y. Wu et H. Chuang, Fl. Xizang. 2: 317 (1985); *Corydalis pseudothyrsiflora* C. Y. Wu et Z. Y. Su, Fl. Xizang. 2: 310 (1985).

西藏。

鸡冠黄堇

•**Corydalis crista-galli** Maxim., Fl. Tangut. 47: t. 25, f. 26-31 (1889).

青海。

具冠黄堇

•**Corydalis cristata** Maxim., Trudy Imp. S.-Peterburgsk. Bot. Sada 11: 47 (1890).

四川。

无距黄堇

•**Corydalis cryptogama** Z. Y. Su et Lidén, Novon 17: 480 (2007).

四川。

曲花紫堇

•**Corydalis curviflora** Maxim. ex Hemsl., J. Linn. Soc., Bot. 13: 37 (1886).

宁夏、甘肃、青海、四川。

曲花紫堇（原亚种）

•**Corydalis curviflora** subsp. **curviflora**

Corydalis curviflora var. *trifida* W. T. Wang ex C. Y. Wu et H. Chuang, Acta Bot. Yunnan. 6 (3): 248 (1984).

宁夏、甘肃、青海、四川。

具爪曲花紫堇

•**Corydalis curviflora** subsp. **rosthornii** (Fedde) C. Y. Wu, Fl. Reipubl. Popularis Sin. 32: 221 (1999).

Corydalis curviflora var. *rosthornii* Fedde, Repert. Spec. Nov. Regni Veg. 12 (333-335): 406 (1913).

四川。

金雀花黄堇

•**Corydalis cytisiflora** (Fedde) Lidén ex C. Y. Wu, H. Chuang et Z. Y. Su, Fl. Reipubl. Popularis Sin. 32: 219 (1999).

甘肃、四川。

金雀花黄堇（原亚种）

•**Corydalis cytisiflora** subsp. **cytisiflora**

Corydalis curviflora var. *cytisiflora* Fedde, Repert. Spec. Nov. Regni Veg. 20 (6-21): 290 (1924); *Corydalis curviflora* var. *smithii* Fedde, *op. cit.* 20 (6-21): 291 (1924).

甘肃、四川。

高冠金雀花紫堇

•**Corydalis cytisiflora** subsp. **altecristata** (C. Y. Wu et H. Chuang) Lidén, Fl. China 7: 388 (2008).

Corydalis curviflora var. *altecristata* C. Y. Wu et H. Chuang,

Acta Bot. Yunnan. 6 (3): 247 (1984); *Corydalis curviflora* subsp. *altecristata* (C. Y. Wu et H. Chuang) C. Y. Wu, Fl. Reipubl. Popularis Sin. 32: 223 (1999).
四川。

直距金雀花黄堇

●**Corydalis cytisiflora** subsp. **minuticristata** (Fedde) Lidén, Fl. China 7: 388 (2008).
Corydalis curviflora var. *minuticristata* Fedde, Repert. Spec. Nov. Regni Veg. 22 (606-608): 27 (1926); *Corydalis curviflora* subsp. *minuticristata* (Fedde) C. Y. Wu, Fl. Reipubl. Popularis Sin. 32: 223 (1999).
四川。

流苏金雀花黄堇

●**Corydalis cytisiflora** subsp. **pseudosmithii** (Fedde) Lidén, Fl. China 7: 388 (2008).
Corydalis curviflora var. *pseudosmithii* Fedde, Repert. Spec. Nov. Regni Veg. 22 (606-608): 27 (1926); *Corydalis curviflora* subsp. *pseudosmithii* (Fedde) C. Y. Wu, Fl. Reipubl. Popularis Sin. 32: 223 (1999).
甘肃、四川。

大金紫堇

●**Corydalis dajingensis** C. Y. Wu et Z. Y. Su, Acta Bot. Yunnan. 4 (1): 4 (1982).
Corydalis cristata var. *pseudoflaccida* Fedde, Repert. Spec. Nov. Regni Veg. 22 (606-608): 28 (1926); *Corydalis geocarpa* Harry Sm. ex Lidén, Willdenowia 26 (1-2): 34 (1996); *Corydalis tuber-pisiformis* Z. Y. Su, Acta Bot. Yunnan. 19 (3): 232 (1997).
四川、西藏。

迭裂黄堇（鸡爪黄连，黄连，东日色尔瓦）

●**Corydalis dasyptera** Maxim., Bull. Acad. Imp. Sci. Saint-Pétersbourg, sér. 3 24: 28 (1877).
甘肃、青海、四川、西藏。

南黄堇（水黄连，土黄芩，断肠草）

Corydalis davidii Franch., Nouv. Arch. Mus. Hist. Nat., sér. 3 8: 198 (1886).
Corydalis pseudoclematis Fedde, Repert. Spec. Nov. Regni Veg. 21: 50, f. 14-A (1925).
四川、重庆、云南；缅甸。

夏天无（伏生紫堇，落水珠）

Corydalis decumbens (Thunb.) Pers., Syn. Pl. 2: 269 (1806).
Fumaria decumbens Thunb., Nova Act. Petrop. 12: 102, t. A (1801); *Corydalis gracilipes* S. Moore, J. Bot. 13 (152): 226 (1875); *Corydalis kelungensis* Hayata, J. Coll. Sci. Imp. Univ. Tokyo 30 (1): 27 (1911); *Corydalis edulioides* Fedde, Repert. Spec. Nov. Regni Veg. 20 (1-5): 53 (1924); *Corydalis edulioides* var. *haimensis* Fedde, *op. cit.* 20 (556-560): 54 (1924); *Corydalis amabilis* Migo, J. Shanghai Sci. Inst. 3 (3): 221, t. 9 (1937); *Pistolochia decumbens* (Thunb.) Holub, Folia Geobot. Phytotax. 8 (21): 172 (1973).
陕西、安徽、江苏、浙江、江西、湖南、湖北、福建、台湾；琉球群岛。

德格紫堇

●**Corydalis degensis** C. Y. Wu et H. Chuang, Acta Bot. Yunnan. 6 (3): 255, pl. 7, f. 1-4 (1984).
四川。

丽江紫堇

●**Corydalis delavayi** Franch., Nouv. Arch. Mus. Hist. Nat., sér. 2 8: 198 (1885).
四川、云南。

娇嫩黄堇

Corydalis delicatula D. G. Long, Notes Roy. Bot. Gard. Edinburgh 42 (1): 97 (1984).
西藏；不丹。

飞燕黄堇

●**Corydalis delphinioides** Fedde, Repert. Spec. Nov. Regni Veg. 23: 181 (1926).
四川、云南。

密穗黄堇

●**Corydalis densispica** C. Y. Wu, Acta Bot. Yunnan. 5 (3): 247, pl. 3, f. 5-6 (1983).
四川、云南、西藏。

展枝黄堇

Corydalis diffusa Lidén, Rheedea 5 (1): 6 (1995).
西藏；不丹（东北部）。

雅曲距紫堇

●**Corydalis dolichocentra** Z. Y. Su et Lidén, Novon 17: 489 (2007).
四川。

东川紫堇

●**Corydalis dongchuanensis** Z. Y. Su et Lidén, Fl. China 7: 411 (2008).
云南。

不丹紫堇

Corydalis dorjii D. G. Long, Notes Roy. Bot. Gard. Edinburgh 42 (1): 93 (1984).
西藏；不丹、印度（东北部）。

短爪黄堇（悬爪黄堇）

●**Corydalis drakeana** Prain, J. Asiat. Soc. Bengal, Pt. 2, Nat. Hist. 65: 31, t. 6 A (1897).
Corydalis eccremocarpa W. W. Sm., Notes Roy. Bot. Gard. Edinburgh 9 (42): 99 (1916).

四川、云南。

稀花黄堇

Corydalis dubia Prain, J. Asiat. Soc. Bengal, Pt. 2, Nat. Hist. 65 (2): 36 (1896).

Corydalis meifolia var. *cornutior* C. Marquand et Airy Shaw, J. Linn. Soc., Bot. 48 (321): 161 (1929); *Corydalis tsariensis* Ludlow, Bull. Brit. Mus. (Nat. Hist.), Bot. 5 (2): 67, pl. 15, f. 14 (1975); *Corydalis cornutior* (C. Marquand et Airy Shaw) C. Y. Wu et Z. Y. Su, Acta Bot. Yunnan. 2 (2): 208 (1980).

西藏；不丹。

师宗紫堇（金钩如意草，如意草，水黄连）

•**Corydalis duclouxii** H. Lév. et Vaniot, Bull. Acad. Int. Géogr. Bot. 11: 174 (1902).

Corydalis asterostigma H. Lév., Repert. Spec. Nov. Regni Veg. 11 (286-290): 295 (1912); *Corydalis schochii* Fedde, *op. cit.* 17 (481-485): 128 (1921); *Corydalis pseudasterostigma* Fedde, *op. cit.* 20 (577-580): 352, f. 7 B (1924); *Corydalis taliensis* var. *ecristata* Hand.-Mazz., Symb. Sin. 7 (2): 344 (1931).

重庆、贵州、云南。

独龙江紫堇

Corydalis dulongjiangensis H. Chuang, Acta Bot. Yunnan. 13 (2): 128, pl. 3, f. 10-18 (1991).

云南；缅甸（哈卡）。

无冠紫堇

Corydalis ecristata (Prain) D. G. Long, Notes Roy. Bot. Gard. Edinburgh 42 (1): 91 (1984).

Corydalis cashmeriana var. *ecristata* Prain, J. Asiat. Soc. Bengal, Pt. 2, Nat. Hist. 65: 22 (1896); *Corydalis cashmeriana* var. *brevicornu* Prain, J. Asiat. Soc. Bengal, Pt. 2, Nat. Hist. 65: 22 (1984).

西藏；不丹、尼泊尔（东部）、印度。

紫堇（闷头花，蝎子花，麦黄草）

Corydalis edulis Maxim., Bull. Acad. Imp. Sci. Saint-Pétersbourg, sér. 3 24: 30 (1878).

Corydalis micropoda Franch., Pl. David. 1: 29 (1884); *Corydalis chinensis* Franch., *op. cit.* 1: 28 (1884).

辽宁、河北、山西、河南、陕西、甘肃、安徽、江苏、浙江、江西、湖南、湖北、四川、贵州、云南、福建；？日本。

高茎紫堇

•**Corydalis elata** Bureau et Franch., J. Bot. (Morot) 5 (2): 20 (1891).

四川。

幽雅黄堇

Corydalis elegans Wall. ex Hook. et Thomson, Fl. Ind. 1: 265 (1855).

西藏；尼泊尔（西北部）、印度（库蒙）。

椭果紫堇

•**Corydalis ellipticarpa** C. Y. Wu et Z. Y. Su, Acta Bot. Yunnan. 11 (3): 311 (1989).

Corydalis squamigera Z. Y. Su, Fl. Reipubl. Popularis Sin. 32: 145, 543 (Addenda) (1999).

甘肃、四川。

对叶紫堇

Corydalis enantiophylla Lidén, Edinburgh J. Bot. 55: 343 (1998).

云南；缅甸。

籽纹紫堇

•**Corydalis esquirolii** H. Lév., Repert. Spec. Nov. Regni Veg. 10 (254-256): 349 (1912).

贵州、广西。

粗距紫堇

•**Corydalis eugeniae** Fedde, Repert. Spec. Nov. Regni Veg. 12 (336-340): 501 (1913).

Corydalis pseudoschlechteriana Fedde, *op. cit.* 16 (456-461): 199 (1919); *Corydalis linarioides* var. *fissibracteata* Fedde, *op. cit.* 19 (544-545): 226 (1923); *Corydalis crassicalcarata* C. Y. Wu et H. Chuang, Acta Bot. Yunnan. 6 (3): 256, pl. 7, f. 5-6 (1984); *Corydalis eugeniae* subsp. *fissibracteata* (Fedde) Lidén, Fl. Reipubl. Popularis Sin. 32: 251 (1999).

四川、云南。

房山紫堇（土黄连，石黄连）

•**Corydalis fangshanensis** W. T. Wang ex S. Y. He, Fl. Beijing, ed. 2 1: 282, 670, f. 356 (1984).

河北、山西、河南。

北岭黄堇（倒卵果紫堇，南黄紫堇）

•**Corydalis fargesii** Franch., J. Bot. (Morot) 8 (17): 290 (1894).

陕西、宁夏、甘肃、湖北、重庆。

大海黄堇（断肠草）

•**Corydalis feddeana** H. Lév., Repert. Spec. Nov. Regni Veg. 12 (325-330): 282 (1913).

Corydalis feddei H. Lév. ex Fedde, *op. cit.* 19 (546-551): 282 (1924); *Corydalis caespitosa* C. Y. Wu, Acta Bot. Yunnan. 6 (3): 253, pl. 6, f. 1-2 (1984).

四川、云南。

天山囊果紫堇

Corydalis fedtschenkoana Regel, Izv. Obsh. Ijub. Estv. Antr. Etnogr. 34 (2): 3 (1882).

Cysticorydalis fedtschenkoana (Regel) Fedde. in Engler et Prantl, Nat. Pflanzenfam., ed. 2: 137 (1936).

新疆；亚洲（西南部）。

丝叶紫堇

•**Corydalis filisecta** C. Y. Wu, Acta Bot. Yunnan. 6 (3): 248, pl.

3, f. 3-4 (1984).
西藏。

扇叶黄堇

Corydalis flabellata Edgew., Trans. Linn. Soc. London 20: 30 (1851).
西藏；尼泊尔、印度（北部）、巴基斯坦（北部）。

裂冠紫堇（裂冠黄堇）

Corydalis flaccida Hook. f. et Thomson, Fl. Ind. 1: 260 (1855).
四川、云南、西藏；缅甸、不丹、尼泊尔、印度。

穆坪紫堇

●**Corydalis flexuosa** Franch., Nouv. Arch. Mus. Hist. Nat., sér. 2 8: 197 (1886).
Corydalis gemmipara var. *ecristata* H. Chuang, Acta Bot. Yunnan. 13 (2): 127, f. 3 (1991); *Corydalis flexuosa* f. *bulbillifera* C. Y. Wu, *op. cit.* 18 (4): 400 (1996).
四川。

穆坪紫堇（原亚种）

●**Corydalis flexuosa** subsp. **flexuosa**
四川。

低冠穆坪紫堇（断肠草）

●**Corydalis flexuosa** subsp. **pseudoheterocentra** (Fedde) Lidén ex C. Y. Wu, H. Chuang et Z. Y. Su, Fl. Reipubl. Popularis Sin. 32: 119 (1999).
Corydalis pseudoheterocentra Fedde, Repert. Spec. Nov. Regni Veg. 19 (544-545): 225 (1923); *Corydalis flavifibrillosa* C. Y. Wu, Compend. New China (Xinhua) Herb. 1: 227 (1988), nom. nud.
四川。

臭黄堇（断肠草）

●**Corydalis foetida** C. Y. Wu et Z. Y. Su, Acta Bot. Yunnan. 9 (1): 39 (1987).
四川、云南。

叶苞紫堇

●**Corydalis foliaceobracteata** C. Y. Wu et Z. Y. Su, Acta Bot. Yunnan. 19 (3): 232 (1997).
甘肃、四川。

春丕黄堇

Corydalis franchetiana Prain, J. Asiat. Soc. Bengal, Pt. 2, Nat. Hist. 65 (2): 34 (1896).
西藏；不丹。

堇叶延胡索

Corydalis fumariifolia Maxim., Prim. Fl. Amur. 37 (1859).
Corydalis ambigua var. *amurensis* Maxim., *op. cit.* 37 (1859); *Corydalis ambigua* var. *amurensis* f. *rotundiloba* Maxim., *op. cit.* 37 (1859); *Corydalis ambigua* var. *amurensis* f. *linearifolia* Maxim., *op. cit.* 37 (1859); *Corydalis remota* var. *fumariifolia* (Maxim.) Kom., Trudy Imp. S.-Peterburgsk. Bot. Sada 22: 351 (1903); *Corydalis remota* var. *pectinata* Kom., *op. cit.* 22: 351 (1903); *Corydalis ambigua* f. *fumariifolia* (Maxim.) Kitag., Rep. First Sci. Exped. Manchoukuo 3: 232 (1939); *Corydalis lineariloba* f. *pectinata* (Kom.) Kitag., Neolin. Fl. Manshur. 321 (1979); *Corydalis lineariloba* var. *fumariifolia* (Maxim.) Kitag., *op. cit.* 321 (1979); *Corydalis lineariloba* f. *pectinata* (Kom.) Kitag., *op. cit.* 321 (1979); *Corydalis turtschaninovii* f. *fumariifolia* (Maxim.) Y. H. Chou, Fl. Pl. Herb. Chin. Bor.-Or. 4: 19 (1980); *Corydalis ambigua* f. *multifida* Y. H. Chou, *op. cit.* 4: 229 (1980); *Corydalis ambigua* f. *dentata* Y. H. Chou, *op. cit.* 4: 229 (1980).
黑龙江、吉林、辽宁；朝鲜半岛、俄罗斯（远东地区）。

北京延胡索

●**Corydalis gamosepala** Maxim., Prim. Fl. Amur. 38 (1859).
Corydalis remota Fisch. ex Maxim., *op. cit.* 37 (1859); *Corydalis remota* var. *lineariloba* Maxim., *op. cit.* 38 (1859); *Corydalis remota* var. *rotundiloba* Maxim., *op. cit.* 38 (1859); *Corydalis solida* subsp. *remota* (Fisch. ex Maxim.) Korsh., Mém. Acad. Imp. Sci. St.-Pétersbourg, Divers Savans 1892: 306 (1892); *Corydalis bulbosa* var. *remota* (Maxim.) Nakai, Bot. Mag. (Tokyo) 26: 91 (1912); *Corydalis turtschaninovii* var. *papillosa* Kitag., Rep. First Sci. Exped. Manchoukuo 2: 294 (1938); *Corydalis remota* var. *heteroclita* K. T. Fu, Fl. Tsinling. 1 (2): 605 (1974); *Corydalis turtschaninovii* f. *yanhusuo* Y. H. Chou et C. C. Hsu, Acta Phytotax. Sin. 15 (2): 82 (1977); *Corydalis turtschaninovii* f. *haitaoensis* Y. H. Chou et C. Q. Xu, Fl. Pl. Herb. Chin. Bor.-Or. 4: 229 (1980); *Corydalis remota* f. *haitaoensis* (Y. H. Chou et C. Q. Xu) C. Y. Wu et Z. Y. Su, Acta Bot. Yunnan. 7 (3): 269 (1985); *Corydalis remota* f. *heteroclita* (K. T. Fu) C. Y. Wu et Z. Y. Su, Acta Bot. Yunnan. 7 (3): 269 (1985).
辽宁、内蒙古、河北、山西、山东、陕西、宁夏、甘肃、湖北。

柄苞黄堇

●**Corydalis gaoxinfeniae** Lidén, Fl. China 7: 376 (2008).
四川。

巨紫堇

Corydalis gigantea Trautv. et C. A. Mey. in Middendorff, Reise Sibir. 1 (3): 13 (1856).
Corydalis gigantea var. *macrantha* Regel, Bull. Soc. Imp. Naturalistes Moscou 34 (4): 149 (1861); *Corydalis gigantea* var. *genuina* Regel, *op. cit.* 34 (3): 149 (1861); *Corydalis gigantea* var. *amurensis* Regel, *op. cit.* 34 (3): 149 (1861); *Corydalis curvicalcarata* Miyabe et T. C. Ku, Trans. Sapporo Nat. Hist. Soc. 6: 168 (1917); *Corydalis macrantha* (Regel) Popov, Fl. U. R. S. S. 7: 682, pl. 44: 7 (1937); *Corydalis zeaensis* Michajlova, Novosti Sist. Vyssh. Rast. 19: 103 (1982); *Corydalis multiflora* Michajlova, *op. cit.* 19: 100, f. 3-4 (1982).

黑龙江、吉林；日本（北海道）、朝鲜半岛（北部）、俄罗斯（远东地区）。

小花宽瓣黄堇

●**Corydalis giraldii** Fedde, Repert. Spec. Nov. Regni Veg. 20 (1-5): 50 (1924).
河北、山西、山东、河南、陕西、甘肃、四川。

新疆元胡

Corydalis glaucescens Regel, Bull. Soc. Imp. Naturalistes Moscou 43 (1): 253 (1870).
Corydalis kolpakovskiana Regel, Trudy Imp. S.-Peterburgsk. Bot. Sada 5: 633 (1877); *Corydalis kolpakovskiana* var. *hennigii* Fedde, Repert. Spec. Nov. Regni Veg. 16 (444-447): 47 (1919); *Pistolochia glaucescens* (Regel) Soják, Čas. Nár. Mus., Odd. Přír. 140 (3-4): 128 (1972).
新疆；吉尔吉斯斯坦、哈萨克斯坦。

苍白紫堇

●**Corydalis glaucissima** Lidén et Z. Y. Su, Edinburgh J. Bot. 54: 78 (1997).
云南、西藏。

甘草叶紫堇（甜叶紫堇）

●**Corydalis glycyphyllos** Fedde, Repert. Spec. Nov. Regni Veg. 20 (577-580): 354, tab. 8 A (1924).
四川。

新疆黄堇（高山黄堇）

Corydalis gortschakovii Schrenk in Fisch. et C. A. Mey., Enum. Pl. Nov. 1: 100 (1841).
新疆；亚洲（中部）。

库莽黄堇

Corydalis govaniana Wall., Tent. Fl. Napal. 2: 55 (1826).
西藏；尼泊尔、克什米尔地区。

纤细黄堇（小黄断肠草）

Corydalis gracillima C. Y. Wu, Fl. Xizang. 2: 319 (1985).
Corydalis gracilis Franch., Bull. Soc. Bot. France 33: 395 (1886).
四川、云南、西藏；缅甸（北部）。

丹巴黄堇

●**Corydalis grandiflora** C. Y. Wu et Z. Y. Su, Acta Bot. Yunnan. 11 (3): 314 (1989).
四川。

寡叶裸茎紫堇

●**Corydalis gymnopoda** Z. Y. Su et Lidén, Novon 17: 482 (2007).
四川。

裸茎岩胡索

●**Corydalis gyrophylla** Lidén, Willdenowia 26 (1-2): 33 (1996).
四川、西藏。

钩距黄堇（都拉色布，都力色布）

●**Corydalis hamata** Franch., J. Bot. (Morot) 8 (17): 292 (1894).
Corydalis fluminicola W. W. Sm., Notes Roy. Bot. Gard. Edinburgh 9 (42): 99 (1916); *Corydalis pseudohamata* Fedde, Repert. Spec. Nov. Regni Veg. 22 (618-626): 218, t. 34 (1926); *Corydalis binderae* subsp. *pseudohamata* (Fedde) Z. Y. Su, Acta Bot. Yunnan. 8 (4): 410 (1986); *Corydalis hamata* var. *ramosa* Z. Y. Su, Acta Bot. Yunnan. 8 (4): 409 (1986).
四川、云南、西藏。

康定紫堇

●**Corydalis harrysmithii** Lidén et Z. Y. Su, Novon 17: 482 (2007).
Corydalis elata subsp. *ecristata* C. Y. Wu, Fl. Reipubl. Popularis Sin. 32: 147, 544 (Addenda) (1999).
四川。

毛被黄堇

●**Corydalis hebephylla** C. Y. Wu et Z. Y. Su, Acta Bot. Yunnan. 11 (3): 312 (1989).
四川。

近泽黄堇

●**Corydalis helodes** Lidén et J. Van de Veire, Ann. Bot. Fenn. 45: 132 (2008).
云南。

半荷包紫堇（三叶紫堇）

●**Corydalis hemidicentra** Hand.-Mazz., Anz. Akad. Wiss. Wien, Math.-Naturwiss. Kl. 57: 86 (1922).
云南、西藏。

巴东紫堇

●**Corydalis hemsleyana** Franch. ex Prain, J. Asiat. Soc. Bengal, Pt. 2, Nat. Hist. 65 (2): 29 (1896).
Corydalis lichuanensis Z. Zhang, Fl. Hupeh. 2: 16, f. 700 (1979).
陕西、湖北、四川、重庆、贵州。

尼泊尔黄堇（日根，日贵，来棍）

Corydalis hendersonii Hemsl., J. Linn. Soc., Bot. 30: 109 (1894).
Corydalis nepalensis Kitam., Acta Phytotax. Geobot. 16: 3 (1955).
青海、新疆、西藏；尼泊尔、克什米尔地区。

尼泊尔黄堇（原变种）

Corydalis hendersonii var. **hendersonii**
新疆、西藏；尼泊尔、克什米尔地区。

高冠尼泊尔黄堇

•**Corydalis hendersonii** var. **alto-cristata** C. Y. Wu et Z. Y. Su, Acta Bot. Yunnan. 2 (2): 205 (1980).
青海、西藏。

假獐耳紫堇

•**Corydalis hepaticifolia** C. Y. Wu et Z. Y. Su, Acta Bot. Yunnan. 4 (1): 2 (1982).
西藏。

独活叶紫堇

•**Corydalis heracleifolia** C. Y. Wu et Z. Y. Su, Acta Bot. Yunnan. 11 (3): 315 (1989).
四川。

异果黄堇

Corydalis heterocarpa Siebold et Zucc., Abh. Math.-Phys. Cl. Königl. Bayer. Akad. Wiss. 4: 173 (1843).
Corydalis wilfordii var. *japonica* Franch. et Sav., Enum. Pl. Jap. 2: 257 (1879); *Corydalis pallida* var. *platycarpa* Maxim. ex Palib., Trudy Imp. S.-Peterburgsk. Bot. Sada 17: 24 (1898); *Corydalis platycarpa* (Maxim. ex Palib.) Makino, Bot. Mag. (Tokyo) 23: 16 (1909); *Corydalis oldhamii* Koidz., Bot. Mag. (Tokyo) 44: 107 (1930); *Corydalis heterocarpa* var. *japonica* Ohwi, Acta Phytotax. Geobot. 13: 181 (1943).
浙江；日本。

异心紫堇

•**Corydalis heterocentra** Diels, Notes Roy. Bot. Gard. Edinburgh 5 (25): 255 (1912).
云南。

异齿紫堇

•**Corydalis heterodonta** H. Lév., Repert. Spec. Nov. Regni Veg. 6 (119-124): 266 (1909).
重庆、贵州。

异距紫堇

•**Corydalis heterothylax** C. Y. Wu ex Z. Y. Su et Lidén, Novon 17: 492 (2007).
四川、云南。

同瓣黄堇

•**Corydalis homopetala** Diels, Notes Roy. Bot. Gard. Edinburgh 5 (25): 254 (1912).
云南。

洪坝山紫堇

•**Corydalis hongbashanensis** Lidén et Y. W. Wang, Fl. China 7: 361 (2008).
四川。

拟锥花黄堇

Corydalis hookeri Prain, J. Asiat. Soc. Bengal, Pt. 2, Nat. Hist. 65 (2): 35 (1896).
Corydalis denticulato-bracteata Fedde, Repert. Spec. Nov. Regni Veg. 25 (694-702): 219 (1928); *Corydalis paniculata* C. Y. Wu et H. Chuang, Fl. Xizang. 2: 298, f. 106: 1-3 (1985).
西藏；不丹、尼泊尔、印度。

五台山延胡索

•**Corydalis hsiaowutaishanensis** T. P. Wang, Contr. Inst. Bot. Nat. Acad. Peiping 2: 301 (1934).
河北、山西。

湿生紫堇

•**Corydalis humicola** Hand.-Mazz., Symb. Sin. 7 (2): 341, taf. 7, pl. 15-16 (1931).
四川。

矮生延胡索

Corydalis humilis B. U. Oh et Y. S. Kim, Korean J. Pl. Taxon. 17: 24 (1987).
黑龙江、吉林、辽宁；朝鲜半岛。

土元胡

•**Corydalis humosa** Migo, J. Shanghai Sci. Inst. Sect. 3 (4): 146 (1939).
浙江。

银瑞（隆恩，爪商）

•**Corydalis imbricata** Z. Y. Su et Lidén, Edinburgh J. Bot. 54 (1): 59 (1997).
西藏。

赛北紫堇

Corydalis impatiens (Pall.) Fisch., Syst. Nat. (DC.) 2: 124 (1821).
Fumaria impatiens Pall., Reise 3: 286 (1776); *Corydalis sibirica* var. *impatiens* (Pall.) Regel, Bull. Soc. Imp. Naturalistes Moscou 34 (1): 143 (1861); *Corydalis impatiens* var. *minima* Michajlova, Novosti Sist. Vyssh. Rast. 26: 92 (1989); *Corydalis sibirica* subsp. *impatiens* (Pall.) Gubanov, Konsp. Fl. Vneshnei Mongolii 52 (1996).
吉林、内蒙古、山西、甘肃、青海；蒙古国、俄罗斯。

刻叶紫堇

Corydalis incisa (Thunb.) Pers., Syn. Pl. 2: 269 (1806).
Fumaria incisa Thunb., Nova Act. Petrop. 12: 104 (1801); *Corydalis incisa* f. *pallescens* Makino, Bot. Mag. (Tokyo) 23: 251 (1909); *Corydalis incisa* f. *liuchiuensis* Nakai, Bot. Mag. (Tokyo) 25: 64 (1911); *Corydalis incisa* var. *pseudomakinoana* Fedde, Repert. Spec. Nov. Regni Veg. 17 (486-491): 197 (1921); *Corydalis incisa* var. *tschekiangensis* Fedde, *op. cit.* 17 (486-491): 197 (1921); *Corydalis incisa* var. *koreana* Fedde, *op. cit.* 17 (486-491): 197 (1921); *Corydalis incisa* var. *alba* S. Y. Wang, Fl. Henan. 2: 12 (1988).
河北、山西、河南、陕西、甘肃、安徽、江苏、浙江、江

西、湖南、湖北、四川、贵州、福建、台湾、广西；日本、朝鲜半岛。

小株紫堇

Corydalis inconspicua Bunge ex Ledeb., Fl. Ross. 1: 104 (1842).
Corydalis tenella Kar. et Kir., Bull. Soc. Imp. Naturalistes Moscou 15 (1): 143 (1842); *Corydalis kareliniana* Pritz. ex Walp., Repert. Bot. Syst. 2: 750 (1843).
新疆；蒙古国（中西部）、吉尔吉斯斯坦、哈萨克斯坦、俄罗斯（阿尔泰）。

卡惹拉黄堇

Corydalis inopinata Prain ex Fedde, Repert. Spec. Nov. Regni Veg. 22 (606-608): 26 (1925).
Corydalis fimbripetala Ludlow et Stearn, Bull. Brit. Mus. (Nat. Hist.), Bot. 5 (2): 54, pl. 5, f. 4 (1975); *Corydalis inopinata* var. *glabra* C. Y. Wu et Z. Y. Su, Acta Bot. Yunnan. 2 (2): 204 (1980).
西藏；克什米尔地区（鲁布舒）。

药山紫堇

Corydalis iochanensis H. Lév. ex Fedde, Cat. Pl. Yun-Nan 202 (1916).
四川、贵州、云南、西藏；不丹。

瘦距紫堇

●**Corydalis ischnosiphon** Lidén et Z. Y. Su, Novon 17: 492 (2007).
云南。

藏南紫堇

Corydalis jigmei C. E. C. Fisch. et Kaul, Bull. Misc. Inform. Kew 1940 (6): 266 (1940).
Corydalis cashmeriana var. *brevicornu* Prain, J. Asiat. Soc. Bengal, Pt. 2, Nat. Hist. 65 (1): 22 (1896); *Corydalis cashmeriana* subsp. *brevicornu* (Prain) D. G. Long, Notes Roy. Bot. Gard. Edinburgh 42 (1): 90 (1984).
西藏；不丹、尼泊尔、印度。

泾源紫堇

●**Corydalis jingyuanensis** C. Y. Wu et H. Chuang, Acta Bot. Yunnan. 12 (4): 381, pl. 1 (1990).
Corydalis taipaishanica H. Chuang, Acta Bot. Yunnan. 13 (2): 123, pl. 1 (1991); *Corydalis ellipticarpa* var. *taipaica* C. Y. Wu, Fl. Reipubl. Popularis Sin. 32: 144 (1999).
陕西、宁夏、甘肃。

九龙黄堇

●**Corydalis jiulongensis** Z. Y. Su et Lidén, Novon 17: 489 (2007).
四川。

裸茎黄堇

Corydalis juncea Wall., Tent. Fl. Napal. 2: 54, t. 42 (1826).
西藏；不丹、尼泊尔、印度（东北部）。

凯里紫堇

●**Corydalis kailiensis** Z. Y. Su, Acta Bot. Yunnan. 15 (4): 357 (1993).
贵州、广西。

喀什黄堇

●**Corydalis kashgarica** Rupr., Mém. Acad. Imp. Sci. Saint Pétersbourg, sér. 7 14 (4): 38 (1869).
新疆。

胶州延胡索（老鼠屎）

Corydalis kiautschouensis Poelln., Repert. Spec. Nov. Regni Veg. 45 (1131-1137): 103 (1938).
Pistolochia kiautschouensis (Poelln.) Holub, Folia Geobot. Phytotax. 8 (2): 172 (1937).
吉林、？辽宁、山东、江苏；朝鲜半岛。

多雄黄堇

●**Corydalis kingdonis** Airy Shaw, Bull. Misc. Inform. Kew 1940 (6): 267 (1940).
Corydalis wardii C. Marquand et Airy Shaw, J. Linn. Soc., Bot. 48: 161 (1929), non W. W. Sm., Notes Roy. Bot. Gard. Edinburgh 9 (42): 100 (1916).
西藏。

帕里紫堇

●**Corydalis kingii** Prain, J. Asiat. Soc. Bengal, Pt. 2, Nat. Hist. 65 (2): 30 (1896).
西藏。

俅江紫堇

●**Corydalis kiukiangensis** C. Y. Wu, Z. Y. Su et Lidén, Edinburgh J. Bot. 54 (1): 67 (1997).
云南。

狭距紫堇

●**Corydalis kokiana** Hand.-Mazz., Anz. Akad. Wiss. Wien, Math.-Naturwiss. Kl. 57: 52 (1920).
Corydalis kokiana var. *robusta* C. Y. Wu et H. Chuang, Acta Bot. Yunnan. 5 (3): 243 (1983).
四川、云南、西藏。

南疆黄堇

Corydalis krasnovii Michajlova, Novosti Sist. Vyssh. Rast. 19: 95 (1982).
新疆；吉尔吉斯斯坦。

库如措紫堇

●**Corydalis kuruchuensis** Lidén, Fl. China 7: 370 (2008).
西藏。

高冠黄堇

Corydalis laelia Prain, J. Asiat. Soc. Bengal, Pt. 2, Nat. Hist.

65: 25 (1896).
Corydalis laelia subsp. *bhutanica* D. G. Long, Notes Roy. Bot. Gard. Edinburgh 42 (1): 96 (1984).
西藏；不丹、印度。

兔唇紫堇

●**Corydalis lagochila** Lidén et Z. Y. Su, Novon 17: 483 (2007).
四川。

毛果紫堇

●**Corydalis lasiocarpa** Lidén et Z. Y. Su, Edinburgh J. Bot. 54 (1): 82 (1997).
Corydalis kingii var. *megalantha* C. Y. Wu et Z. Y. Su, Acta Bot. Yunnan. 18 (4): 404 (1996).
西藏。

长冠紫堇

●**Corydalis lathyrophylla** C. Y. Wu, Acta Bot. Yunnan. 6 (3): 254, pl. 6, f. 3-4 (1984).
四川、云南。

长冠紫堇（原亚种）

●**Corydalis lathyrophylla** subsp. **lathyrophylla**
四川、云南。

道孚长冠紫堇

●**Corydalis lathyrophylla** subsp. **dawuensis** Lidén, Fl. China 7: 374 (2008).
四川。

宽花紫堇

Corydalis latiflora Hook. f. et Thomson, Fl. Ind. 1: 270 (1855).
Corydalis gerdae Fedde, Repert. Spec. Nov. Regni Veg. 18 (504-507): 30 (1922); *Corydalis mitae* Kitam., Acta Phytotax. Geobot. 16: 2 (1955); *Corydalis alburyi* Ludlow, Bull. Brit. Mus. (Nat. Hist.), Bot. 5 (2): 49, pl. 1 (1975); *Corydalis latiflora* subsp. *gerdae* (Fedde) Lidén, Fl. Reipubl. Popularis Sin. 32: 277 (1999).
西藏；不丹、尼泊尔、印度。

宽裂黄堇（岩黄连，岩连）

●**Corydalis latiloba** Hook. f. et Thomson in Hand.-Mazz., Symb. Sin. 7 (2): 342 (1931).
Corydalis albicaulis var. *latiloba* Franch., Pl. Delavay. 51 (1889).
四川、云南、西藏。

宽裂黄堇（原变种）

●**Corydalis latiloba** var. **latiloba**
四川、云南。

西藏宽裂黄堇

●**Corydalis latiloba** var. **tibetica** Z. Y. Su et Lidén, Acta Bot. Yunnan. 19 (3): 234, f. 9: 5-6 (1997).
西藏。

乌蒙宽裂黄堇（豆瓣鹿含，娃尼匹）

●**Corydalis latiloba** var. **wumungensis** C. Y. Wu et Z. Y. Su, Acta Bot. Yunnan. 19 (3): 234, f. 8: 1-7 (1997).
云南。

紫苞黄堇

●**Corydalis laucheana** Fedde, Repert. Spec. Nov. Regni Veg. 20 (577-580): 356, t. 6 B (1924).
Corydalis urbaniana Fedde, *op. cit.* 22 (606-608): 25, t. 19 A (1926).
宁夏、青海、四川、西藏。

疏花黄堇

Corydalis laxiflora Lidén, Nordic J. Bot. 25: 34 (2007).
新疆；缅甸。

薯根延胡索（对叶元胡）

Corydalis ledebouriana Kar. et Kir., Bull. Soc. Imp. Naturalistes Moscou 14: 377 (1841).
Corydalis cabulica Gili., Feddes Repert. Spec. Nov. Regni Veg. 52: 99 (1955); *Pistolochia ledebouriana* (Kar. et Kir.) Soják, Čas. Nár. Mus., Odd. Přír. 140 (3-4): 128 (1973).
新疆；阿富汗、塔吉克斯坦、吉尔吉斯斯坦、哈萨克斯坦。

细果紫堇（泰国紫堇）

Corydalis leptocarpa Hook. f. et Thomson, Fl. Ind. 1: 260 (1855).
Corydalis siamensis Craib, Bull. Misc. Inform. Kew 1924 (3): 84 (1924); *Corydalis taliensis* var. *siamensis* (Craib) H. Chuang, Acta Bot. Yunnan. 13 (2): 137 (1991).
云南；缅甸（北部）、泰国（北部）、不丹、尼泊尔（东部）、印度（阿萨姆邦）。

粉叶紫堇（白断肠草，假茯蓉）

●**Corydalis leucanthema** C. Y. Wu, Acta Bot. Yunnan. 12 (4): 385, pl. 1 (1990).
四川。

拉萨黄堇（无冠细叶黄堇）

●**Corydalis lhasaensis** C. Y. Wu et Z. Y. Su, Fl. Reipubl. Popularis Sin. 32: 280 (1999).
Corydalis meifolia var. *ecristata* C. Y. Wu et Z. Y. Su, Fl. Xizang. 2: 312 (1985).
西藏。

洛隆紫堇

●**Corydalis lhorongensis** C. Y. Wu et H. Chuang, Acta Bot. Yunnan. 5 (3): 245, pl. 2, f. 3-8 (1983).
西藏。

绕曲黄堇

●**Corydalis liana** Lidén et Z. Y. Su, Edinburgh J. Bot. 54 (1): 64 (1997).

云南。

积鳞紫堇

•**Corydalis lidenii** Z. Y. Su, Acta Bot. Yunnan. 30: 422 (2008).
四川。

条裂黄堇（铜锤紫堇，铜棒锤，甲打色尔娃）

•**Corydalis linarioides** Maxim., Bull. Acad. Imp. Sci. Saint-Pétersbourg, sér. 3 24: 27 (1878).
Corydalis schlechteriana Fedde, Repert. Spec. Nov. Regni Veg. 16 (456-461): 198 (1919).
山西、陕西、宁夏、甘肃、青海、四川、西藏。

线叶黄堇

•**Corydalis linearis** C. Y. Wu, Acta Bot. Yunnan. 6 (3): 251, pl. 5, f. 1-2 (1984).
Corydalis sigmoides C. Y. Wu, *op. cit.* 6 (3): 252, pl. 5, f. 3-4 (1984).
四川。

临江延胡索

•**Corydalis linjiangensis** Z. Y. Su ex Lidén, Willdenowia 26 (2): 28 (1996).
吉林、辽宁。

变根紫堇（水黄连，断肠草，康定紫堇）

•**Corydalis linstowiana** Fedde, Repert. Spec. Nov. Regni Veg. 21 (581-587): 50, t. 13 (1925).
四川。

红花紫堇

•**Corydalis livida** Maxim., Fl. Tangut. 49 (1889).
Corydalis rosea Maxim., Bull. Acad. Imp. Sci. Saint-Pétersbourg，sér. 3 24: 28 (1878) not Zeyher ex Steudel (1840); *Corydalis punicea* C. Y. Wu, Fl. Xizang. 2: 284 (1985).
甘肃、青海、四川。

红花紫堇（原变种）

•**Corydalis livida** var. **livida**
甘肃、青海、四川。

齿冠红花紫堇

•**Corydalis livida** var. **denticulato-cristata** Z. Y. Su, Fl. Reipubl. Popularis Sin. 32: 296, 544 (Addenda) (1999).
青海、四川。

长苞紫堇

•**Corydalis longibracteata** Ludlow et Stearn, Bull. Brit. Mus. (Nat. Hist.), Bot. 5: 56, pl. 6, f. 5 (1975).
Corydalis oreocoma Lidén et Z. Y. Su, Edinburgh J. Bot. 54 (1): 77 (1997).
西藏。

长距紫堇

•**Corydalis longicalcarata** H. Chuang et Z. Y. Su, Acta Bot. Yunnan. 15 (4): 356 (1993).
四川。

长距紫堇（原变种）

•**Corydalis longicalcarata** var. **longicalcarata**
四川。

多裂长距紫堇

•**Corydalis longicalcarata** var. **multipinnata** Z. Y. Su, Acta Bot. Yunnan. 15 (4): 357, f. 1: 6-8 (1993).
四川。

无囊长距紫堇

•**Corydalis longicalcarata** var. **non-saccata** Z. Y. Su, Acta Bot. Yunnan. 15 (4): 357, f. 2 (1993).
四川。

开阳黄堇

•**Corydalis longicornu** Franch., Bull. Soc. Bot. France 33: 394 (1886).
Corydalis clematis H. Lév., Repert. Spec. Nov. Regni Veg. 7 (143-145): 231 (1909).
贵州、云南。

毛长梗黄堇

Corydalis longipes DC., Prodr. 1: 128 (1824).
Corydalis pubescens C. Y. Wu et H. Chuang, Fl. Xizang. 2: 311, pl. 106, f. 4-9 (1985); *Corydalis longipes* var. *pubescens* (C. Y. Wu et H. Chuang) C. Y. Wu, Fl. Reipubl. Popularis Sin. 32: 341 (1999).
西藏；尼泊尔（中部）。

长柱黄堇

•**Corydalis longistyla** Z. Y. Su et Lidén, Novon 17 (4): 479 (2007).
四川。

龙溪紫堇

•**Corydalis longkiensis** C. Y. Wu, Lidén et Z. Y. Su, Acta Bot. Yunnan. 15 (4): 358 (1993).
四川、云南。

齿冠紫堇

•**Corydalis lophophora** Lidén et Z. Y. Su, Novon 17 (4): 495 (2007).
青海。

罗平山黄堇

Corydalis lopinensis Franch., J. Bot. (Morot) 8 (16): 283 (1894).
Corydalis weisiensis H. Chuang, Acta Bot. Yunnan. 13 (3): 271, pl. 1, f. 1-4 (1991).
云南；缅甸。

齿瓣黄堇

Corydalis lowndesii Lidén, Bull. Brit. Mus. (Nat. Hist.), Bot.

18: 491 (1989).
西藏；尼泊尔（中部）。

单叶紫堇

•**Corydalis ludlowii** Stearn, Bull. Brit. Mus. (Nat. Hist.), Bot. 5 (2): 57, pl. 7, f. 6 (1975).
西藏。

米林紫堇（介巴铜达）

•**Corydalis lupinoides** C. Marquand et Airy Shaw, J. Linn. Soc., Bot. 48 (321): 160 (1929).
Corydalis napuligera C. Y. Wu, Acta Bot. Yunnan. 6: 240 (1984).
西藏。

禄劝黄堇

•**Corydalis luquanensis** H. Chuang, Acta Bot. Yunnan. 12 (3): 281, pl. 1 (1990).
云南。

喜湿紫堇

•**Corydalis madida** Lidén et Z. Y. Su, Novon 17: 484 (2007).
四川。

会泽紫堇

•**Corydalis mairei** H. Lév., Cat. Pl. Yun-Nan 202 (1916).
四川、云南。

马牙黄堇

Corydalis mayae Hand.-Mazz., Symb. Sin. 7 (2): 351, taf. 7, pl. 3-4 (1931).
Corydalis delavayi var. *euryphylla* Fedde, Repert. Spec. Nov. Regni Veg. 26: 176 (1929); *Corydalis delavayi* var. *stenophylla* Fedde, *op. cit.* 26 (709-717): 175 (1929); *Corydalis mayae* var. *stenophylla* (Fedde) C. Y. Wu, Fl. Reipubl. Popularis Sin. 32: 241 (1999).
云南、西藏；缅甸。

中国紫堇

•**Corydalis mediterranea** Z. Y. Su et Lidén, Novon 17: 490 (2007).
云南。

少子黄堇

•**Corydalis megalosperma** Z. Y. Su, Acta Bot. Yunnan. 19 (3): 230 (1997).
云南。

细叶黄堇

Corydalis meifolia Wall., Tent. Fl. Napal. 2: 52, t. 41 (1826).
西藏；不丹、尼泊尔、印度（北部）、巴基斯坦。

暗绿紫堇（麦强日尔瓦，麦强热尔瓦，银周色尔瓦）

•**Corydalis melanochlora** Maxim., Bull. Phys.-Math. Acad. Imp. Sci. Saint-Pétersbourg 10: 43 (1877).
Corydalis pulchella Franch., Pl. Delavay. 45 (1889); *Corydalis adrienii* Prain, J. Asiat. Soc. Bengal, Pt. 2, Nat. Hist. 65: 37 (1896); *Corydalis adrienii* var. *forrestii* Fedde, Repert. Spec. Nov. Regni Veg. 17 (486-491): 200 (1921); *Corydalis binderae* Fedde, *op. cit.* 24 (669-676): 240 (1928); *Corydalis roseotincta* C. Y. Wu et H. Chuang, Acta Bot. Yunnan. 4 (1): 9, pl. 1 (1982).
甘肃、青海、四川、云南、西藏。

叶状苞紫堇

•**Corydalis microflora** (C. Y. Wu et H. Chuang) Z. Y. Su et Lidén, Novon 17: 484 (2007).
Corydalis flexuosa var. *microflora* C. Y. Wu et H. Chuang, Acta Bot. Yunnan. 13 (2): 132 (1991); *Corydalis flexuosa* subsp. *microflora* (C. Y. Wu et H. Chuang) C. Y. Wu, Fl. Reipubl. Popularis Sin. 32: 118 (1999).
四川。

小籽紫堇

•**Corydalis microsperma** Lidén, Fl. China 7: 363 (2008).
云南。

米拉紫堇

•**Corydalis milarepa** Lidén et Z. Y. Su, Novon 17: 481 (2007).
西藏。

小花紫堇（小花狭距紫堇）

•**Corydalis minutiflora** C. Y. Wu, Acta Bot. Yunnan. 6 (3): 243, pl. 2, f. 3-5 (1984).
Corydalis kokiana var. *micrantha* C. Y. Wu et H. Chuang, Acta Bot. Yunnan. 5 (3): 243 (1983).
四川、西藏。

疆堇

Corydalis mira (Batalin) C. Y. Wu et H. Chuang, Acta Bot. Yunnan. 14 (2): 141, f. 1 (1992).
Roborowskia mira Batalin, Trudy Imp. S.-Peterburgsk. Bot. Sada 13: 91 (1893); *Corydalis osmastonii* Fedde, Repert. Spec. Nov. Regni Veg. 25: 218 (1928).
新疆；克什米尔地区（巴尔蒂斯坦）。

革吉黄堇（藏西黄堇）

Corydalis moorcroftiana Wall. ex Hook. f. et Thomson, Fl. Ind. 1: 266 (1855).
Corydalis onobrychoides Fedde, Repert. Spec. Nov. Regni Veg. 18 (504-507): 31 (1922).
西藏；印度、克什米尔地区。

尿罐草（断肠草）

•**Corydalis moupinensis** Franch., Nouv. Arch. Mus. Hist. Nat., sér. 3 8: 198 (1885).
四川、云南。

突尖紫堇

•**Corydalis mucronata** Franch., Nouv. Arch. Mus. Hist. Nat.,

sér. 3 8: 197 (1885).
四川。

尖突黄堇（扁柄黄堇，冬丝儿，至马尕共）

●**Corydalis mucronifera** Maxim., Fl. Tangut. 51: pl. 24, f. 19-20 (1889).
Corydalis boweri Hemsl., J. Linn. Soc., Bot. 30: 108, 127 (1894).
甘肃、青海、新疆、西藏。

天全紫堇

●**Corydalis mucronipetala** (C. Y. Wu et H. Chuang) Lidén et Z. Y. Su, Novon 17: 485 (2007).
Corydalis flexuosa var. *mucronipetala* C. Y. Wu et H. Chuang, Acta Bot. Yunnan. 13 (2): 132 (1991); *Corydalis flexuosa* subsp. *mucronipetala* (C. Y. Wu et H. Chuang) C. Y. Wu, Fl. Reipubl. Popularis Sin. 32: 118 (1999).
四川。

木里黄堇

●**Corydalis muliensis** C. Y. Wu et Z. Y. Su, Acta Bot. Yunnan. 8 (4): 411 (1986).
四川。

富叶紫堇

Corydalis myriophylla Lidén, Fl. China 7: 397 (2008).
云南；？缅甸（东北部）。

矬紫堇

Corydalis nana Royle, Ill. Bot. Himal. Mts. 1: 68 (1834).
西藏；尼泊尔（西北部）、印度（库马盎）。

南五台山紫堇

●**Corydalis nanwutaishanensis** Z. Y. Su et Lidén, Fl. China 7: 412 (2008).
陕西。

线基紫堇

●**Corydalis nematopoda** Lidén et Z. Y. Su, Novon 17: 494 (2007).
青海。

林生紫堇

●**Corydalis nemoralis** C. Y. Wu et H. Chuang, Acta Bot. Yunnan. 5 (3): 254, pl. 6, f. 7-8 (1983).
西藏。

黑顶黄堇

●**Corydalis nigro-apiculata** C. Y. Wu, Acta Bot. Yunnan. 5 (3): 246, pl. 3, f. 1-2 (1983).
Corydalis variicolor C. Y. Wu, Acta Bot. Yunnan. 5 (3): 243, pl. 2, f. 1-2 (1983); *Corydalis nigro-apiculata* var. *erosipetala* C. Y. Wu et H. Chuang, Acta Bot. Yunnan. 5 (3): 247, pl. 1, f. 3-4 (1983); *Corydalis rockiana* C. Y. Wu, Lidén et Z. Y. Su, Edinburgh J. Bot. 54 (1): 80 (1997).
青海、四川、西藏。

阿山黄堇

Corydalis nobilis (L.) Pers., Syn. Pl. 2: 269 (1806).
Fumaria nobilis L., Syst. Nat., ed. 12 2: 469 (1767); *Calocapnos nobilis* Spach, Hist. Nat. Vég. 7: 72 (1839).
新疆；蒙古国、哈萨克斯坦、俄罗斯。

凌云紫堇

●**Corydalis nubicola** Z. Y. Su et Lidén, Novon 17: 490 (2007).
西藏。

黄紫堇（气草，黄龙脱壳）

Corydalis ochotensis Turcz., Bull. Soc. Imp. Naturalistes Moscou 13: 62 (1840).
黑龙江、吉林、辽宁、河北、台湾；日本、朝鲜半岛、俄罗斯（东西伯利亚）。

少花紫堇

Corydalis oligantha Ludlow et Stearn, Bull. Brit. Mus. (Nat. Hist.), Bot. 5 (4): 60, t. 9, f. 8 (1975).
西藏；缅甸、不丹（东部）、印度（阿萨姆邦）。

稀子黄堇

●**Corydalis oligosperma** C. Y. Wu et Z. Y. Su, Fl. Xizang. 2: 303 (1985).
西藏。

金顶紫堇

●**Corydalis omeiana** (C. Y. Wu et H. Chuang) Z. Y. Su et Lidén, Novon 17: 485 (2007).
Corydalis flexuosa var. *omeiana* C. Y. Wu et H. Chuang, Acta Bot. Yunnan. 13 (2): 131 (1991); *Corydalis flexuosa* subsp. *omeiana* (C. Y. Wu et H. Chuang) C. Y. Wu, Fl. Reipubl. Popularis Sin. 32: 118 (1999).
四川。

假驴豆

Corydalis onobrychis Fedde, Repert. Spec. Nov. Regni Veg. 10: 565 (1912).
Corydalis gortschakovii subsp. *onobrychis* (Fedde) Wendelbo in Parsa, Fl. Iran. (Parsa) 110: 6 (1974).
新疆、喀喇昆仑山脉；克什米尔地区（北部）。

蛇果黄堇（小前胡，弯果黄堇，断肠草）

Corydalis ophiocarpa Hook. f. et Thomson, Fl. Ind. 1: 259 (1855).
Corydalis japonica Sieber ex Miq., Ann. Mus. Bot. Lugduno-Batavi 3. 12 (1867); *Corydalis streptocarpa* Maxim., Bull. Acad. Imp. Sci. Saint-Pétersbourg 24: 29 (1877); *Corydalis makinoana* Matsum., Index Pl. Jap. 2: 144 (1912).
河北、山西、河南、陕西、宁夏、甘肃、青海、安徽、江西、湖南、湖北、四川、贵州、云南、西藏、台湾；日本、

不丹、印度。

线足紫堇

•**Corydalis oreocoma** Lidén et Z. Y. Su, Edinburgh J. Bot. 54: 77 (1997).

西藏。

密花黄堇

Corydalis orthopoda Hayata, Icon. Pl. Formosan. 3: 16 (1913).

Corydalis brachystyla Koidz., Bot. Mag. (Tokyo) 33: 117 (1919); *Corydalis koidzumiana* Ohwi, Repert. Spec. Nov. Regni Veg. 36 (1-6): 50 (1934).

台湾；日本（小笠原群岛）、琉球群岛。

假酢浆草

Corydalis oxalidifolia Ludlow et Stearn, Bull. Brit. Mus. (Nat. Hist.), Bot. 5: 61 (1975).

西藏；不丹。

尖瓣紫堇

•**Corydalis oxypetala** Franch., Bull. Soc. Bot. France 33: 392 (1886).

云南。

尖瓣紫堇（原亚种）

•**Corydalis oxypetala** subsp. **oxypetala**

云南。

小花尖瓣紫堇

•**Corydalis oxypetala** subsp. **balfouriana** (Diels) Lidén, Fl. China 7: 391 (2008).

Corydalis balfouriana Diels, Notes Roy. Bot. Gard. Edinburgh 5 (25): 254 (1912).

云南。

浪穹紫堇

•**Corydalis pachycentra** Franch., Pl. Delavay. 45 (1889).

四川、云南、西藏。

粗梗黄堇（马尾连，土黄连）

•**Corydalis pachypoda** (Franch.) Hand.-Mazz., Symb. Sin. 7 (2): 347 (1931).

Corydalis tibetica var. *pachypoda* Franch., Pl. Delavay. 51 (1889).

云南。

巴郎山紫堇（新拟）（熊猫之友）

•**Corydalis panda** Lidén et Y. W. Wang, Ann. Bot. Fenn. 43 (6): 478 (2006).

四川。

冕宁紫堇

•**Corydalis papillosa** Z. Y. Su et Lidén, Novon 17 (4): 485 (2007).

四川。

贵州黄堇

•**Corydalis parviflora** Z. Y. Su et Lidén, Edinburgh J. Bot. 54 (1): 55 (1997).

贵州、云南、广西。

盾萼紫堇

•**Corydalis peltata** Lidén et Z. Y. Su, Edinburgh J. Bot. 54 (1): 71 (1997).

云南。

喜石黄堇

•**Corydalis petrodoxa** Lidén et Z. Y. Su, Edinburgh J. Bot. 54 (1): 81 (1997).

西藏。

岩生紫堇

•**Corydalis petrophila** Franch., Pl. Delavay. 47 (1889).

Corydalis rockii Fedde, Repert. Spec. Nov. Regni Veg. 23 (12-17): 180, t. 37 A (1926); *Corydalis trigibbosa* H. Chuang, Acta Bot. Yunnan. 12 (4): 382 (1990).

云南、西藏。

平武紫堇（断肠草，蓝花紫堇，飞燕草）

•**Corydalis pingwuensis** C. Y. Wu, Acta Bot. Yunnan. 13 (2): 135, f. 5 (1991).

四川。

羽叶紫堇

•**Corydalis pinnata** Lidén et Z. Y. Su, Acta Bot. Yunnan. 15 (4): 359 (1993).

四川。

羽苞黄堇

•**Corydalis pinnatibracteata** Y. W. Wang, Lidén, Q. R. Liu et M. L. Zhang, Ann. Bot. Fenn. 40 (4): 291 (2003).

青海。

远志黄堇

Corydalis polygalina Hook. f. et Thomson, Fl. Ind. 1: 263 (1855).

Corydalis graminea Prain, J. Asiat. Soc. Bengal 65 (1): 23 (1896); *Corydalis lowndessii* Lidén, Bull. Brit. Mus. (Nat. Hist.), Bot. 18 (6): 491, map. 4, f. 5 E, 6 A-B (1984); *Corydalis polygalina* var. *micrantha* C. Y. Wu, Acta Bot. Yunnan. 6 (3): 258 (1984).

西藏；不丹、尼泊尔（东部）、印度。

多叶紫堇（瑞金巴）

Corydalis polyphylla Hand.-Mazz., Anz. Akad. Wiss. Wien, Math.-Naturwiss. Kl. 62: 222 (1925).

云南、西藏；？缅甸。

紫花紫堇

•**Corydalis porphyrantha** C. Y. Wu, Acta Bot. Yunnan. 5 (3): 248, pl. 4, f. 1-2 (1983).
云南、西藏。

半裸茎黄堇

•**Corydalis potaninii** Maxim., Fl. Tangut. 48 (1889).
甘肃、青海、四川。

峭壁紫堇

•**Corydalis praecipitorum** C. Y. Wu, Z. Y. Su et Lidén, Edinburgh J. Bot. 54 (1): 83 (1997).
甘肃。

草甸黄堇

•**Corydalis prattii** Franch., J. Bot. (Morot) 8 (16): 284 (1894).
四川。

白花紫堇

•**Corydalis procera** Lidén et Z. Y. Su, Novon 17: 486 (2007).
四川。

波密紫堇

•**Corydalis pseudoadoxa** (C. Y. Wu et H. Chuang) C. Y. Wu et H. Chuang, Fl. Xizang. 2: 276 (1985).
Corydalis balfouriana var. *pseudoadoxa* C. Y. Wu et H. Chuang, Acta Bot. Yunnan. 4 (1): 8 (1982); *Corydalis semiaquilegiifolia* C. Y. Wu et H. Chuang, Fl. Xizang. 2: 279, f. 93: 8-14 (1985).
云南、西藏。

假高山延胡索

Corydalis pseudoalpestris Popov, Fl. U. S. S. R. 7: 677 (1937).
新疆；哈萨克斯坦。

弯梗紫堇

•**Corydalis pseudobalfouriana** Lidén et Z. Y. Su, Edinburgh J. Bot. 54 (1): 77 (1997).
四川、云南。

假髯萼紫堇（假髯萼黄堇）

•**Corydalis pseudobarbisepala** Fedde, Repert. Spec. Nov. Regni Veg. 20 (577-580): 353, t. 7 A (1924).
四川。

美花黄堇

•**Corydalis pseudocristata** Fedde, Repert. Spec. Nov. Regni Veg. 17 (492-503): 410 (1921).
Corydalis megalantha C. Y. Wu, Acta Bot. Yunnan. 6 (3): 250, pl. 4, f. 1-6 (1984); *Corydalis megalantha* var. *laevis* C. Y. Wu et H. Chuang, *op. cit.* 6 (3): 251 (1984); *Corydalis concinna* C. Y. Wu et H. Chuang, *op. cit.* 6 (3): 249, pl. 4, f. 7-8 (1984).
四川。

假密穗黄堇

•**Corydalis pseudodensispica** Z. Y. Su et Lidén, Edinburgh J. Bot. 54 (1): 74 (1997).
四川。

甲格黄堇

•**Corydalis pseudodrakeana** Lidén, Rheedea 1 (1): 32 (1991).
Corydalis drakeana var. *tibetica* C. Y. Wu et H. Chuang, Fl. Xizang. 2: 302 (1985).
西藏。

假北岭黄堇

•**Corydalis pseudofargesii** H. Chuang, Acta Bot. Yunnan. 12 (3): 284, pl. 2 (1990).
甘肃、四川。

假丝叶紫堇

•**Corydalis pseudofilisecta** Lidén et Z. Y. Su, Edinburgh J. Bot. 54 (1): 79 (1997).
西藏。

假多叶黄堇（拟溪边黄堇）

•**Corydalis pseudofluminicola** Fedde, Repert. Spec. Nov. Regni Veg. 19 (546-551): 283 (1924).
四川。

假赛北紫堇（桑格丝哇）

•**Corydalis pseudoimpatiens** Fedde, Repert. Spec. Nov. Regni Veg. 21 (581-587): 46, t. 12 (1925).
Corydalis impatiens var. *maxima* Michajlova, Novosti Sist. Vyssh. Rast. 26: 92 (1989).
甘肃、青海、四川。

假刻叶紫堇

•**Corydalis pseudoincisa** C. Y. Wu, Z. Y. Su et Lidén, Edinburgh J. Bot. 54 (1): 73 (1997).
陕西、甘肃。

拟裸茎黄堇

Corydalis pseudojuncea Ludlow et Stearn, Bull. Brit. Mus. (Nat. Hist.), Bot. 5: 62, pl. 11, f. 10 (1975).
西藏；尼泊尔（西部）、印度（库蒙）。

短腺黄堇

Corydalis pseudolongipes Lidén, Bull. Brit. Mus. (Nat. Hist.), Bot. 18 (6): 532 (1989).
Corydalis longipes var. *phallutiana* Fedde, Repert. Spec. Nov. Regni Veg. 16 (463-467): 314 (1920); *Corydalis longipes* var. *smithii* Fedde, *op. cit.* 16 (463-467): 315 (1920); *Corydalis longipes* var. *burkillii* Fedde, *op. cit.* 16 (463-467): 314 (1920).
西藏；不丹、尼泊尔、印度。

大花会泽紫堇

•**Corydalis pseudomairei** C. Y. Wu ex Z. Y. Su et Lidén,

Novon 17: 486 (2007).
Corydalis mairei var. *megalantha* C. Y. Wu, Acta Bot. Yunnan. 13 (2): 138 (1991).
四川。

假小叶黄堇

•**Corydalis pseudomicrophylla** Z. Y. Su, Fl. Reipubl. Popularis Sin. 32: 41, 545 (Addenda) (1999).
新疆。

长突尖紫堇

•**Corydalis pseudomucronata** C. Y. Wu, Z. Y. Su et Liden, Acta Bot. Yunnan. 18 (4): 400 (1996).
四川。

短葶黄堇（岩黄连）

•**Corydalis pseudorupestris** Lidén et Z. Y. Su, Acta Bot. Yunnan. 19 (3): 234 (1997).
四川。

假北紫堇

•**Corydalis pseudosibirica** Lidén et Z. Y. Su, Fl. China 7: 340 (2008).
青海、四川、西藏。

假全冠黄堇

•**Corydalis pseudotongolensis** Lidén, Rheedea 5 (1): 10 (1995).
四川、云南。

假川西紫堇

•**Corydalis pseudoweigoldii** Z. Y. Su, Fl. Reipubl. Popularis Sin. 32: 387, 544 (Addenda) (1999).
四川。

翅瓣黄堇

Corydalis pterygopetala Hand.-Mazz., Anz. Akad. Wiss. Wien, Math.-Naturwiss. Kl. 62: 222 (1925).
云南、西藏；缅甸（北部和东北部）。

翅瓣黄堇（原变种）

Corydalis pterygopetala var. **pterygopetala**
云南、西藏；缅甸（北部）。

展枝翅瓣黄堇

Corydalis pterygopetala var. **divaricata** Z. Y. Su et Lidén, Fl. China 7: 333 (2008).
云南；缅甸（东北部）。

无冠翅瓣黄堇

•**Corydalis pterygopetala** var. **ecristata** H. Chuang, Acta Bot. Yunnan. 12 (3): 283 (1990).
云南。

大花翅瓣黄堇

•**Corydalis pterygopetala** var. **megalantha** (Diels) Lidén et Z. Y. Su, Fl. China 7: 333 (2008).
Corydalis yunnanensis var. *megalantha* Diels, Notes Roy. Bot. Gard. Edinburgh 5 (25): 255 (1912).
云南。

小花翅瓣黄堇

•**Corydalis pterygopetala** var. **parviflora** Lidén, Fl. China 7: 333 (2008).
云南。

毛茎紫堇

•**Corydalis pubicaulis** C. Y. Wu et H. Chuang, Acta Bot. Yunnan. 13 (4): 369, f. 1 (1991).
西藏。

巨萼紫堇

•**Corydalis pycnopus** Lidén, Fl. China 7: 418 (2008).
四川。

矮黄堇

•**Corydalis pygmaea** C. Y. Wu et Z. Y. Su, Acta Bot. Yunnan. 2 (2): 208 (1980).
西藏。

青海黄堇

•**Corydalis qinghaiensis** Z. Y. Su et Lidén, Edinburgh J. Bot. 54 (1): 62 (1997).
青海。

掌苞紫堇

•**Corydalis quantmeyeriana** Fedde, Repert. Spec. Nov. Regni Veg. 20 (6-21): 295, t. 2 A (1924).
四川。

朗县黄堇

•**Corydalis quinquefoliolata** Ludlow, Bull. Brit. Mus. (Nat. Hist.), Bot. 2: 63, pl. 12, f. 11 (1975).
西藏。

小花黄堇（黄花地锦苗，白断肠草，断肠草）

Corydalis racemosa (Thunb.) Pers., Syn. Pl. 2: 270 (1807).
Fumaria racemosa Thunb., Nova Act. Petrop. 12: 103, t. B (1801); *Corydalis fumaria* H. Lév. et Van., Bull. Acad. Géogr. Bot. 172 (1902); *Corydalis edulis* var. *cicutariaefolia* Fedde, Repert. Spec. Nov. Regni Veg. 17 (492-503): 410 (1921); *Corydalis handel-mazzettii* Fedde, *op. cit.* 20 (1-5): 60 (1924).
河南、陕西、甘肃、安徽、江苏、浙江、江西、湖南、湖北、四川、贵州、云南、西藏、福建、台湾、广东、广西；日本。

黄花地丁（黄花地丁，希日—萨巴乐干纳）

Corydalis raddeana Regel, Bull. Soc. Nat. Moscou 34 (2):

143 (1861).
Corydalis ochotensis var. *raddeana* (Regel) Nakai, Bot. Mag. (Tokyo) 25: 234 (1911).
黑龙江、吉林、辽宁、内蒙古、河北、山东、河南、陕西、甘肃、浙江、台湾；日本、朝鲜半岛、俄罗斯（远东地区）。

裂瓣紫堇

●**Corydalis radicans** Hand.-Mazz., Anz. Akad. Wiss. Wien, Math.-Naturwiss. Kl. 62: 221 (1925).
四川、云南。

高雅紫堇

●**Corydalis regia** Z. Y. Su et Lidén, Fl. China 7: 322 (2008).
西藏。

全叶延胡索

Corydalis repens Mandl et Muehld., Bot. Közlem. 19: 90 (1921).
Corydalis turtschaninovii var. *papillata* Ohwi, J. Jap. Bot. 12 (5): 333 (1936); *Corydalis neariloba* var. *papillata* (Ohwi) Ohwi, Acta Phytotax. Geobot. 11: 263 (1942); *Corydalis lineariloba* var. *micrantha* Ohwi, *op. cit.* 11: 263 (1942); *Pistolochia repens* (Mandl et Muehld.) Soják, Čas. Nár. Mus., Odd. Přír. 140 (3-4): 129 (1972).
黑龙江、吉林、辽宁；朝鲜半岛、俄罗斯（远东地区）。

囊果紫堇

●**Corydalis retingensis** Ludlow, Bot. Not. 121: 278, f-l (1968).
西藏。

扇苞黄堇（甲打色尔娃，甲打白歪）

●**Corydalis rheinbabeniana** Fedde, Repert. Spec. Nov. Regni Veg. 20 (6-21): 294, t. 2 B (1924).
甘肃、青海、四川。

扇苞黄堇（原变种）

●**Corydalis rheinbabeniana** var. **rheinbabeniana**
甘肃、青海、四川。

无毛扇苞黄堇

●**Corydalis rheinbabeniana** var. **leioneura** H. Chuang, Acta Bot. Yunnan. 13 (3): 272 (1991).
青海。

露点紫堇

●**Corydalis rorida** H. Chuang, Acta Bot. Yunnan. 18 (4): 402 (1996).
四川。

具喙黄堇

●**Corydalis rostellata** Lidén, Rheedea 5 (1): 20 (1995).
四川、云南、西藏。

西藏红萼黄堇

●**Corydalis rubrisepala** subsp. **zhuangiana** Lidén, Rheedea 5 (1): 30 (1995).
Corydalis longipes var. *megalantha* H. Chuang, Acta Bot. Yunnan. 13 (1): 17 (1991).
西藏。

石隙紫堇

●**Corydalis rupifraga** C. Y. Wu et Z. Y. Su, Acta Bot. Yunnan. 15 (2): 135 (1993).
云南。

囊瓣延胡索

●**Corydalis saccata** Z. Y. Su et Lidén, Acta Bot. Yunnan. 19 (3): 231 (1997).
吉林、辽宁。

中缅黄堇

Corydalis saltatoria W. W. Sm., Notes Roy. Bot. Gard. Edinburgh 10: 20 (1917).
云南；缅甸。

肉鳞紫堇

●**Corydalis sarcolepis** Lidén et Z. Y. Su, Novon 17: 486 (2007).
四川。

岩黄连（岩黄连，菊花黄连，土黄连）

●**Corydalis saxicola** Bunting, Baileya 13: 172 (1956).
Corydalis thalictrifolia Franch., J. Bot. (Morot) 8: 283 (1894), non Jameson ex Regel. (1861).
陕西、浙江、湖北、四川、重庆、贵州、云南、广西。

粗糙黄堇（粗毛黄堇，多什勒巴）

●**Corydalis scaberula** Maxim., Fl. Tangut. 40: t. 24: 1-11 (1889).
Corydalis melanochlora var. *pallescens* Maxim., Fl. Tangut. 39 (1889); *Corydalis scaberula* var. *ramifera* C. Y. Wu et H. Chuang, Acta Bot. Yunnan. 5 (3): 256 (1983); *Corydalis pseudoscaberula* Lidén et Z. Y. Su, Edinburgh J. Bot. 54 (1): 82 (1997).
青海、四川、西藏。

长距元胡

Corydalis schanginii (Pall.) B. Fedtsch., Trudy Imp. S.-Peterburgsk. Bot. Sada 23 (2): 372 (1904).
Fumaria schanginii Pall., Nov. Act. Petrop. 2: 267, t. 14, f. 1-3 (1779); *Fumaria longiflora* Willd., Sp. Pl. ed. 4 3 (2): 860 (1800); *Corydalis longiflora* (Willd.) Pers., Syn. Pl. 2: 269 (1806); *Pistolochia schanginii* (Pall.) Soják, Čas. Nár. Mus., Odd. Přír. 140 (3-4): 129 (1972).
新疆；蒙古国（西部）、吉尔吉斯斯坦（北部）、哈萨克斯坦、俄罗斯（南部）。

裂柱紫堇

●**Corydalis schistostigma** X. F. Gao, Lidén, Y. W. Wang et Y. L. Peng, Novon 18 (3): 334 (2008).

四川。

甘洛紫堇

●**Corydalis schusteriana** Fedde, Repert. Spec. Nov. Regni Veg. 21 (581-587): 47, t. 12 (1925).
Corydalis angustiflora C. Y. Wu, Acta Bot. Yunnan. 12 (4): 3845, pl. 2 (1990).
四川。

巧家紫堇（冕宁紫堇）

●**Corydalis schweriniana** Fedde, Repert. Spec. Nov. Regni Veg. 20 (561-576): 293, f. 1 A (1924).
Corydalis mienningensis C. Y. Wu, Acta Bot. Yunnan. 13 (2): 128, pl. 3, f. 1-9 (1991).
四川、云南。

中亚紫堇

Corydalis semenowii Regel et Herder, Bull. Soc. Imp. Naturalistes Moscou 37 (1): 407 (1864).
新疆；吉尔吉斯斯坦、哈萨克斯坦。

地锦苗（鹿耳草，高山羊不吃，蛇含七）

Corydalis sheareri S. Moore, J. Bot. 13 (152): 225 (1875).
Corydalis suaveolens Hance, J. Bot. 18 (213): 258 (1880); *Corydalis echinocarpa* Franch., Bull. Soc. Bot. France 33: 393 (1886); *Corydalis chelidoniifolia* H. Lév. et Vaniot, Bull. Acad. Int. Géogr. Bot. 11: 174 (1902); *Corydalis sheareri* var. *changyangensii* Fedde, Repert. Spec. Nov. Regni Veg. 17 (481-485): 129 (1921); *Corydalis sheareri* f. *bulbillifera* Hand.-Mazz., Symb. Sin. 7 (2): 345 (1931).
陕西、安徽、江苏、浙江、江西、湖南、湖北、四川、贵州、云南、福建、广东、广西；越南。

鄂西黄堇

●**Corydalis shennongensis** H. Chuang, Acta Bot. Yunnan. 12 (3): 285, pl. 3 (1990).
湖北。

陕西紫堇（秦岭弯花紫堇，长距曲花紫堇）

●**Corydalis shensiana** Lidén ex C. Y. Wu, H. Chuang et Z. Y. Su, Fl. Reipubl. Popularis Sin. 32: 219 (1999).
Corydalis curviflora var. *giraldii* Fedde, Repert. Spec. Nov. Regni Veg. 12 (333-335): 407 (1913).
山西、河南、陕西。

巴嘎紫堇（恰恰都）

●**Corydalis sherriffii** Ludlow, Bull. Brit. Mus. (Nat. Hist.), Bot. 5: 288, f. 9 (1976).
西藏。

石棉紫堇（断肠草）

●**Corydalis shimienensis** C. Y. Wu et Z. Y. Su, Fl. Reipubl. Popularis Sin. 32: 110, 543 (Addenda) (1999).
四川。

北紫堇（西伯日-萨巴乐干纳）

Corydalis sibirica (L. f.) Pers., Syn. Pl. 2: 270 (1807).
Fumaria sibirica L. f., Suppl. Pl. 314 (1782).
黑龙江、吉林、内蒙古；蒙古国、俄罗斯。

甘南紫堇（山仙）

●**Corydalis sigmantha** Z. Y. Su et C. Y. Wu, Acta Bot. Yunnan. 19 (3): 228 (1997).
Corydalis hebephylla var. *glabrescens* C. Y. Wu et Z. Y. Su, Acta Bot. Yunnan. 11 (3): 313, pl. 2, f. 1-6 (1989).
甘肃、四川。

箐边紫堇

●**Corydalis smithiana** Fedde, Repert. Spec. Nov. Regni Veg. 20 (556-560): 55 (1924).
Corydalis lutescens C. Y. Wu, Acta Bot. Yunnan. 13 (1): 19, f. 2 (1991).
四川、云南。

石渠黄堇

●**Corydalis sophronitis** Z. Y. Su et Lidén, Novon 17: 491 (2007).
青海、四川。

匙苞黄堇

●**Corydalis spathulata** Prain ex Craib, Bull. Misc. Inform. Kew 1910 (3): 73 (1910).
西藏。

珠果黄堇（狭裂珠果黄堇）

Corydalis speciosa Maxim., Gartenflora 7: 250, t. 343 (1858).
Corydalis aurea var. *speciosa* (Maxim.) Regel, Tent. Fl.-Ussur. 19 (1861); *Corydalis maackii* Rupr. ex Trautv., Trudy Imp. S.-Peterburgsk. Bot. Sada 8: 71 (1883); *Corydalis pallida* var. *speciosa* (Maxim.) Kom., Fl. Mansh. 2: 345 (1903); *Corydalis pallida* var. *ramosissima* Kom., Trudy Imp. S.-Peterburgsk. Bot. Sada 22: 347 (1903); *Corydalis speciosa* var. *ramosissima* (Kom.) Kitag., Neolin. Fl. Manshur. 322 (1979).
黑龙江、吉林、辽宁、河北、山东、浙江、湖北；蒙古国、日本、朝鲜半岛、俄罗斯（远东地区）。

洱源紫堇（白屈菜状紫堇）

●**Corydalis stenantha** Franch., Pl. Delavay. 49 (1889).
Corydalis chelidonium Fedde, Repert. Spec. Nov. Regni Veg. 26 (709-717): 174 (1929).
云南。

匍匐茎紫堇

●**Corydalis stolonifera** Lidén, Fl. China 7: 404 (2008).
四川。

折曲黄堇

Corydalis stracheyi Duthie ex Prain, J. Asiat. Soc. Bengal, Pt. 2, Nat. Hist. 65 (1): 37 (1896).

Corydalis ramosa Hook. f. et Thomson, Fl. Ind. 1: 265 (1855), *nom. illeg. superfl.*; *Corydalis meifolia* var. *sikkimensis* Prain, J. Asiat. Soc. Bengal, Pt. 2, Nat. Hist. 65 (1): 36 (1896); *Corydalis nana* var. *jacqemontii* Fedde, Repert. Spec. Nov. Regni Veg. 18 (504-507): 29 (1922); *Corydalis purpureocalcarata* C. Y. Wu et Z. Y. Su, Fl. Xizang. 2: 313 (1985).
云南、西藏；不丹、尼泊尔、印度（库马盎）。

折曲黄堇（原变种）

Corydalis stracheyi var. **stracheyi**
西藏；不丹、尼泊尔、印度（库马盎）。

无冠折曲黄堇

●**Corydalis stracheyi** var. **ecristata** Prain, J. Asiat. Soc. Bengal, Pt. 2, Nat. Hist. 65 (1): 37 (1896).
云南、西藏。

草黄堇（杂哇苟知）

●**Corydalis straminea** Maxim. ex Hemsl., J. Linn. Soc., Bot. 23: 38 (1886).
甘肃、青海、四川。

草黄堇（原变种）

●**Corydalis straminea** var. **straminea**
甘肃、青海、四川。

大萼草黄堇

●**Corydalis straminea** var. **megacalyx** Z. Y. Su, Fl. China 7: 322 (2008).
青海。

索县黄堇

●**Corydalis stramineoides** C. Y. Wu et Z. Y. Su, Acta Bot. Yunnan. 19: 229 (1997).
西藏。

纹果紫堇

●**Corydalis striatocarpa** H. Chuang, Acta Bot. Yunnan. 18 (4): 402 (1996).
四川。

直茎黄堇（劲直黄堇，直立紫堇，玉门透骨草）

Corydalis stricta Stephan ex Fisch., DC. Syst. 2: 123 (1821).
Corydalis astragalina Hook. f. et Thomson, Fl. Ind. 1: 270 (1855); *Corydalis schlagintweitii* Fedde, Repert. Spec. Nov. Regni Veg. 13 (363-367): 303 (1914); *Corydalis stricta* var. *potaninii* Fedde, *op. cit.* 17 (19-30): 448 (1921); *Corydalis stricta* subsp. *spathosepala* Michajlova, Novosti Sist. Vyssh. Rast. 18: 194 (1981); *Corydalis stricta* subsp. *holosepala* Michajlova, *op. cit.* 18: 193 (1981); *Corydalis grubovii* Michajlova, *op. cit.* 18: 197 (1981).
甘肃、青海、新疆、四川、西藏；蒙古国、尼泊尔、印度（西北部）、巴基斯坦、？阿富汗、克什米尔地区、俄罗斯。

幽溪紫堇

●**Corydalis susannae** Lidén, Fl. China 7: 404 (2008).
四川。

茎节生根紫堇

●**Corydalis suzhiyunii** Lidén, Fl. China 7: 413 (2008).
云南。

金钩如意草（大理紫堇，水黄连，如意草）

●**Corydalis taliensis** Franch., Pl. Delavay. 48 (1889).
Corydalis taliensis var. *potentillifolia* C. Y. Wu et H. Chuang, Acta Bot. Yunnan. 13 (2): 137 (1991).
云南。

唐古特延胡索

Corydalis tangutica Peshkova, Bot. Zhurn. (Moscow et Leningrad) 75: 87 (1990).
Corydalis pauciflora var. *latiloba* Maxim., Fl. Tangut. 38 (1889).
甘肃、青海、四川、云南、西藏；不丹、？克什米尔地区。

唐古特延胡索（原亚种）

●**Corydalis tangutica** subsp. **tangutica**
甘肃、青海、四川。

长轴唐古特延胡索

Corydalis tangutica subsp. **bullata** (Lidén) Z. Y. Su, Fl. Reipubl. Popularis Sin. 32: 450 (1999).
Corydalis tianzhuensis subsp. *bullata* Lidén, Willdenowia 26: 33 (1996).
云南、西藏；不丹、？克什米尔地区。

黄绿紫堇

●**Corydalis temolana** C. Y. Wu et H. Chuang, Acta Bot. Yunnan. 5 (3): 255, pl. 6, f. 9-10 (1983).
西藏。

大叶紫堇（城口紫堇，闷头花，山臭草）

Corydalis temulifolia Franch., J. Bot. (Morot) 8 (17): 291 (1894).
陕西、甘肃、湖北、四川、贵州、云南、广西；越南（北部）。

大叶紫堇（原亚种）

●**Corydalis temulifolia** subsp. **temulifolia**
陕西、甘肃、湖北、四川。

鸡血七（人血七，断肠草）

Corydalis temulifolia subsp. **aegopodioides** (H. Lév. et Vaniot) C. Y. Wu, Fl. Reipubl. Popularis Sin. 32: 107, pl. 19, f. 4 (1999).
Corydalis aegopodioides H. Lév. et Vaniot, Bull. Acad. Int. Géogr. Bot. 11: 173 (1901); *Corydalis martini* H. Lév. et Vaniot, *op. cit.* 11: 173 (1902).
四川、贵州、云南、广西；越南（北部）。

柔弱黄堇

●**Corydalis tenerrima** C. Y. Wu, Acta Bot. Yunnan. 18 (4): 401 (1996).
云南、西藏。

细柄黄堇

●**Corydalis tenuipes** Lidén et Z. Y. Su, Novon 17: 492 (2007).
四川、西藏。

三裂延胡索

Corydalis ternata (Nakai) Nakai, Bot. Mag. (Tokyo) 28: 29 (1914).
Corydalis bulbosa f. *ternata* Nakai, Bot. Mag. (Tokyo) 26: 94 (1912); *Corydalis remota* var. *ternata* (Nakai) Makino, Iinuma, Somoku Dzusetsu, ed. 3 13: 4, f. 4 (1913); *Corydalis nakaii* Ishid., J. Chosen Nat. Hist. Soc. 2: 91 (1928).
吉林、辽宁；朝鲜半岛。

神农架紫堇

●**Corydalis ternatifolia** C. Y. Wu, Z. Y. Su et Lidén, Edinburgh J. Bot. 54 (1): 70 (1997).
Corydalis aspleniifolia Lidén et Z. Y. Su, *op. cit.* 54 (1): 69 (1997).
山西、甘肃、湖北、四川。

天山黄堇

●**Corydalis tianshanica** Lidén, Nordic J. Bot. 25: 34 (2008).
新疆。

天祝黄堇

●**Corydalis tianzhuensis** M. S. Yang et C. J. Wang, Bull. Bot. Res., Harbin 9 (3): 21 (1989).
Corydalis bokuensis L. H. Zhou, Fl. Qinghai. 1: 507 (1997).
甘肃、青海。

西藏黄堇

Corydalis tibetica Hook. f. et Thomson, Fl. Ind. 1: 265 (1855).
Corydalis pseudocrithmifolia Jafri, Fl. W. Pakistan 73: 12 (1974).
新疆、西藏；巴基斯坦、克什米尔地区。

西藏高山紫堇

Corydalis tibetoalpina C. Y. Wu et T. Y. Shu, Fl. Xizang. 2: 294 (1985).
西藏；克什米尔地区（拉达克）。

西藏对叶黄堇

●**Corydalis tibeto-oppositifolia** C. Y. Wu et Z. Y. Su, Fl. Xizang. 2: 299, pl. 101: 1-6 (1985).
西藏。

毛黄堇（岩黄连，干岩千）

●**Corydalis tomentella** Franch., J. Bot. (Morot). 8 (17): 292 (1894).
Corydalis tomentosa N. E. Br., Gard. Chron., sér. 3 2: 123 (1903).
陕西、湖北、四川。

全冠黄堇

●**Corydalis tongolensis** Franch., J. Bot. (Morot). 8 (16): 285 (1894).
四川、云南、西藏。

糙果紫堇

●**Corydalis trachycarpa** Maxim., Bull. Acad. Imp. Sci. Saint-Pétersbourg 24: 27 (1878).
Corydalis calcicola var. *szechuanica* Fedde, Repert. Spec. Nov. Regni Veg. 20 (6-21): 286 (1924); *Corydalis trachycarpa* var. *nana* C. Y. Wu et H. Chuang, Acta Bot. Yunnan. 5 (3): 240 (1983); *Corydalis alpigena* C. Y. Wu et H. Chuang, *op. cit.* 5 (3): 240, pl. 1, f. 1-4 (1983); *Corydalis deflexi-calcarata* C. Y. Wu, *op. cit.* 5 (3): 250, pl. 4, f. 3-5 (1983); *Corydalis octocornuta* C. Y. Wu, *op. cit.* 5 (3): 252, pl. 5, f. 5-10 (1983); *Corydalis leucostachya* C. Y. Wu et H. Chuang, *op. cit.* 5 (3): 242, pl. 1, f. 5-6 (1983); *Corydalis trachycarpa* var. *leucostachya* (C. Y. Wu et H. Chuang) C. Y. Wu, Fl. Reipubl. Popularis Sin. 32: 197 (1999); *Corydalis trachycarpa* var. *octocornuta* (C. Y. Wu) C. Y. Wu, *op. cit.* 32: 197 (1999).
甘肃、青海、四川、西藏。

三裂紫堇

Corydalis trifoliata Franch., Bull. Soc. Bot. France 33: 392 (1886).
Corydalis quadriflora Hand.-Mazz., Symb. Sin. 7 (2): 350, taf. 7, pl. 5-7 (1931).
云南、西藏；缅甸（北部）、不丹、尼泊尔、印度。

三裂瓣紫堇（裂瓣紫堇）

●**Corydalis trilobipetala** Hand.-Mazz., Anz. Akad. Wiss. Wien, Math.-Naturwiss. Kl. 60: 114, pl. 7, f. 8-9 (1923).
Corydalis benecincta subsp. *trilobipetala* (Hand.-Mazz.) Lidén, Willdenowia 26: 34 (1996).
四川、云南。

秦岭黄堇

●**Corydalis trisecta** Franch., J. Bot. (Morot) 8 (16): 284 (1894).
Corydalis cristata var. *ramosa* C. Y. Wu et H. Chuang, Acta Bot. Yunnan. 6 (3): 239 (1984).
河南、陕西、湖北、四川。

重三出黄堇

Corydalis triternatifolia C. Y. Wu, Acta Bot. Yunnan. 12 (3): 280 (1990).
Corydalis triternata Franch., J. Bot. (Morot) 8: 290 (1894), non Zucc., Abh. Math.-Phys. Cl. Königl. Bayer. Akad. Wiss. 3: 251 (1843).
云南；缅甸（西北部）。

藏紫堇

●**Corydalis tsangensis** Lidén et Z. Y. Su, Edinburgh J. Bot. 54 (1): 63 (1997).
西藏。

察隅紫堇（抓桑，叭吓呷）

●**Corydalis tsayulensis** C. Y. Wu et H. Chuang, Acta Bot. Yunnan. 5 (3): 253, pl. 1-6 (1983).
西藏。

少花齿瓣延胡索

Corydalis turtschaninovii subsp. **vernyi** (Franch. et Sav.) Lidén, Willdenowia 26: 28 (1996).
Corydalis vernyi Franch. et Sav., Enum. Pl. Jap. 2: 273 (1878); *Corydalis turtschaninovii* var. *papillata* Ohwi, J. Jap. Bot. 12 (5): 333 (1936); *Corydalis turtschaninovii* var. *papillosa* Kitag., Rep. Inst. Sci. Res. Manchoukuo 2: 294 (1938); *Corydalis turtschaninovii* var. *ternata* Ohwi, Acta Phytotax. Geobot. 17: 262 (1942); *Corydalis remota* f. *papillosa* (Kitag.) C. Y. Wu et Z. Y. Su, Acta Bot. Yunnan. 7 (3): 268 (1985); *Corydalis remota* f. *heteroclita* (K. T. Fu) C. Y. Wu et Z. Y. Su, *op. cit.* 7 (3): 269 (1985); *Corydalis remota* f. *heteroclita* (K. T. Fu) C. Y. Wu et Z. Y. Su, *op. cit.* 7 (3): 269 (1985); *Corydalis wandoensis* Y. N. Lee, Korean J. Pl. Taxon. 28: 26 (1998).
黑龙江、辽宁；日本、朝鲜半岛。

立花黄堇

Corydalis uranoscopa Lidén, Edinburgh J. Bot. 55: 347 (1998).
西藏；印度（库马盎）。

吉林延胡索

Corydalis ussuriensis Aparina, Novosti Sist. Vyssh. Rast. 3: 108 (1966).
吉林；俄罗斯（东南部）。

圆根紫堇

●**Corydalis uvaria** Lidén et Z. Y. Su, Edinburgh J. Bot. 54 (1): 78 (1997).
四川。

春花紫堇

●**Corydalis verna** Z. Y. Su et Lidén, Edinburgh J. Bot. 54 (1): 80 (1997).
西藏。

腋含珠紫堇

●**Corydalis virginea** Lidén et Z. Y. Su, Novon 17 (4): 487 (2007).
陕西。

胎生紫堇

●**Corydalis vivipara** Fedde, Repert. Spec. Nov. Regni Veg. 21 (581-587): 48, f. 13-B (1925).
四川。

角瓣延胡索

Corydalis watanabei Kitag., Rep. Inst. Sci. Res. Manchoukuo 6: 122 (1942).
Corydalis ivaschkeviczii Aparina, Novosti Sist. Vyssh. Rast. 7: 165 (1971); *Corydalis repens* var. *watanabei* (Kitag.) Y. H. Chou, Fl. Pl. Herb. Chin. Bor.-Or. 4: 13, pl. 13 (1980).
黑龙江、吉林、辽宁；朝鲜半岛（北部）、俄罗斯。

川西紫堇

●**Corydalis weigoldii** Fedde, Repert. Spec. Nov. Regni Veg. 17 (492-503): 408 (1921).
Corydalis schusteriana var. *crassirhizomata* C. Y. Wu, Acta Bot. Yunnan. 12 (4): 383 (1990); *Corydalis crassirhizomata* (C. Y. Wu) C. Y. Wu, Fl. Reipubl. Popularis Sin. 32: 149, pl. 26, f. 4-10 (1999).
四川。

阜平黄堇

Corydalis wilfordii Regel, Bull. Soc. Imp. Naturalistes Moscou 34 (2): 148 (1861).
Corydalis chanetii H. Lév., Repert. Spec. Nov. Regni Veg. 10: 348 (1912); *Corydalis formosana* var. *microphylla* Sasaki, Trans. Nat. Hist. Soc. Taiwan 19: 462 (1929); *Corydalis taiwanensis* Ohwi, Acta Phytotax. Geobot. 6: 148 (1937); *Corydalis sparsimamma* Ohwi, *op. cit.* 2: 256 (1942); *Corydalis pallida* var. *zhejiangensis* Y. H. Zhang, Acta Bot. Yunnan. 12 (1): 39, pl. 9 (1990); *Corydalis pallida* var. *chanetii* (H. Lév.) Govaerts, World Checkl. Seed Pl. 3 (1): 20 (1999).
河北、山东、河南、安徽、江苏、浙江、江西、湖南、湖北、台湾、广东；日本（对马岛）、朝鲜半岛（南部）。

川鄂黄堇（岩黄连）

●**Corydalis wilsonii** N. E. Br., Gard. Chron., sér. 3 2: 123 (1903).
湖北。

齿苞黄堇

●**Corydalis wuzhengyiana** Z. Y. Su et Lidén, Edinburgh J. Bot. 54 (1): 59 (1997).
四川、西藏。

延胡索（元胡）

●**Corydalis yanhusuo** (Y. H. Chou et C. C. Hsu) W. T. Wang ex Z. Y. Su et C. Y. Wu, Acta Bot. Yunnan. 7 (3): 260 (1985).
Corydalis turtschaninovii f. *yanhusuo* Y. H. Chou et C. C. Hsu, Acta Phytotax. Sin. 15 (2): 82 (1977); *Corydalis ternata* (Nakai) Nakai f. *yanhusuo* (Y. H. Chou et C. C. Hsu) Y. C. Zhu., Pl Medic Chinae Bor.-Or.: 442 (1989).
河南、安徽、江苏、浙江、湖南、湖北，栽培于北京、陕西、甘肃、四川、云南。

覆鳞紫堇

•**Corydalis yaoi** Lidén et Z. Y. Su, Novon 17: 488 (2007).
四川。

雅江紫堇

•**Corydalis yargongensis** C. Y. Wu, Acta Bot. Yunnan. 6 (3): 243, pl. 2, f. 6 (1984).
四川。

瘤籽黄堇

•**Corydalis yui** Lidén, Rheedea 1 (1-2): 35 (1991).
四川。

滇黄堇

•**Corydalis yunnanensis** Franch., Bull. Soc. Bot. France 33: 394 (1886).
Corydalis yunnanensis var. *megalantha* Diels, Notes Roy. Bot. Gard. Edinburgh 5 (25): 255 (1912); *Corydalis delphinioides* Fedde, Repert. Spec. Nov. Regni Veg. 23 (12-17): 181, t. 37 B (1926).
四川、云南。

杂多紫堇

•**Corydalis zadoiensis** L. H. Zhou, Acta Phytotax. Sin. 20 (1): 111 (1982).
青海、西藏。

中甸黄堇

•**Corydalis zhongdianensis** Z. Y. Su et Lidén, Rheedea 5 (1): 106 (1995).
四川、云南。

紫金龙属 **Dactylicapnos** Wall.

缅甸紫金龙

Dactylicapnos burmanica (K. R. Stern) Lidén, Nordic J. Bot. 25: 35 (2008).
Dicentra burmanica K. R. Stern, Brittonia 19: 280 (1967).
云南；缅甸、尼泊尔（东部）。

滇西紫金龙

•**Dactylicapnos gaoligongshanensis** Lidén, Nordic J. Bot. 25: 34 (2007).
云南。

厚壳紫金龙

Dactylicapnos grandifoliolata Merr., Brittonia 4: 64 (1941).
Dicentra paucinervia K. R. Stern, Brittonia 13: 45 (1961); *Dicentra grandifoliolata* (Merr.) K. R. Stern, Brittonia 13: 44 (1961).
西藏；缅甸（北部）、不丹、印度（阿萨姆邦、大吉岭）。

平滑籽紫金龙

•**Dactylicapnos leiosperma** Lidén, Nordic J. Bot. 25: 35 (2007).
云南。

丽江紫金龙

Dactylicapnos lichiangensis (Fedde) Hand.-Mazz., Symb. Sin. 7 (2): 338 (1931).
Dicentra lichiangensis Fedde, Repert. Spec. Nov. Regni Veg. 17 (486-491): 199 (1921).
四川、云南、西藏；印度（阿萨姆邦）。

薄壳紫金龙

Dactylicapnos macrocapnos (Prain) Hutch., Bull. Misc. Inform. Kew 1921: 105 (1921).
Dicentra macrocapnos Prain, J. Asiat. Soc. Bengal, Pt. 2, Nat. Hist. 65: 12 (1896).
西藏；尼泊尔、印度（加瓦尔）。

宽果紫金龙（小藤铃儿草）

Dactylicapnos roylei (Hook. f. et Thomson) Hutch., Bull. Misc. Inform. Kew 1921 (3): 104 (1921).
Dicentra roylei Hook. f. et Thomson, Fl. Ind. 1: 273 (1855); *Corydalis scandens* Franch., Bull. Soc. Bot. France 33: 391 (1886).
四川、云南、西藏；不丹、尼泊尔、印度（西北部）。

紫金龙（串枝莲，川山七，豌豆七）

Dactylicapnos scandens (D. Don) Hutch., Bull. Misc. Inform. Kew 1921 (3): 105 (1921).
Dielytra scandens D. Don, Prodr. Fl. Nepal. 198 (1825); *Dactylicapnos thalectrifolia* Wall., Tent. Fl. Napal. 2: 51, pl. 39 (1826); *Dicentra scandens* (D. Don) Walp., Repert. Bot. Syst. 1: 118 (1842); *Dicentra thalectrifolia* (Wall.) Hook. f. et Thomson, Fl. Ind. 1: 373 (1855); *Dactylicapnos multiflora* Hu, Bull. Fan Mem. Inst. Biol. Bot. 1: 214 (1930).
云南、西藏、广西；越南（北部）、缅甸、泰国（北部）、不丹、尼泊尔、印度（阿萨姆邦）、斯里兰卡。

粗茎紫金龙

•**Dactylicapnos schneideri** (Fedde) Lidén, Nordic J. Bot. 25: 35 (2008).
Dicentra schneideri Fedde, Repert. Spec. Nov. Regni Veg. 29: 109 (1931).
云南。

扭果紫金龙（大藤铃儿草，野落松）

Dactylicapnos torulosa (Hook. f. et Thomson) Hutch., Bull. Misc. Inform. Kew 1921 (3): 104 (1921).
Dicentra torulosa Hook. f. et Thomson, Fl. Ind. 1: 272 (1855); *Corydalis erythrocarpa* H. Lév., Cat. Pl. Yun-Nan 202 (1916); *Dicentra torulosa* var. *yunnanensis* Fedde, Repert. Spec. Nov. Regni Veg. 17 (486-491): 198 (1921); *Dactylicapnos wolfdietheri* Fedde, *op. cit.* 19: 227 (1923).
四川、贵州、云南、西藏；缅甸、不丹、印度（阿萨姆邦）、孟加拉国。

秃疮花属 **Dicranostigma** Hook. f. et Thomson

河南秃疮花

●**Dicranostigma henanensis** S. Y. Wang et L. H. Wu, Bull. Bot. Res., Harbin 17 (1): 43 (1997).
河南。

苣叶秃疮花

Dicranostigma lactucoides Hook. f. et Thomson, Fl. Ind. 1: 225 (1855).
Stylophorum lactucoides (Hook. f. et Thoms.) Prain, Hist. Pl. (Baillon) 3: 114 (1872); *Chelidonium dicranostigma* Prain, Bull. Herb. Boissier 3: 585 (1895); *Chelidonium lactucoides* (Hook. f. et Thomas) Prain, Ann. Bot. Gard. (Calcuta) 9: 7 (1901).
四川、西藏；尼泊尔、印度（北部）。

秃疮花（秃子花，勒马回）

●**Dicranostigma leptopodum** (Maxim.) Fedde, Bot. Jahrb. Syst. 36 (Heft 5, Beibl. 82): 45 (1905).
Glaucium leptopodum Maxim., Mélanges Biol. Bull. Phys.-Math. Acad. Imp. Sci. Saint-Pétersbourg 9: 714 (1876); *Chelidonium leptopodum* Prain, Bull. Herb. Boissier 3: 587 (1895); *Chelidonium franchetianum* Prain, *op. cit.* 3: 586 (1895); *Dicranostigma franchetianum* (Prain) Fedde in Engler, Pflanzenr. 40 (IV. 104): 210, fig. 25: r-t (1909).
河北、山西、河南、陕西、甘肃、青海、四川、云南、西藏。

宽果秃疮花

●**Dicranostigma platycarpum** C. Y. Wu et H. Chuang, Acta Bot. Yunnan. 7 (1): 87, pl. 1, f. 1-4 (1985).
云南、西藏。

血水草属 **Eomecon** Hance

血水草（水黄莲，鸡爪莲，黄水草）

●**Eomecon chionantha** Hance, J. Bot. 22 (11): 346 (1884).
安徽、浙江、江西、湖南、湖北、四川、贵州、云南、福建、广东、广西。

花菱草属 **Eschscholzia** Cham.

花菱草（金英花）

☆**Eschscholzia californica** Cham., Horae Phys. Berol. (Nees) 73: pl. 15 (1820).
中国广泛引种；原产于美国（加利福尼亚州）。

烟堇属 **Fumaria** L.

烟堇

△**Fumaria officinalis** L., Sp. Pl. 2: 700 (1753).
台湾归化；可能原产于东欧，现世界性归化。

短梗烟堇（短梗蓝堇）

Fumaria vaillentii Loisel., J. Bot. (Desvaux) 2: 358 (1809).
新疆；亚洲（中部和西南部）、欧洲、非洲（西北部山脉）。

海罂粟属 **Glaucium** Mill.

天山海罂粟

Glaucium elegans Fisch. et C. A. Mey., Ind. Sem. Hort. Petrop. 1: 29 (1835).
新疆；阿富汗、伊朗、塔吉克斯坦、吉尔吉斯斯坦、哈萨克斯坦、乌兹别克斯坦、土库曼斯坦、高加索地区。

海罂粟

Glaucium fimbrilligerum Boiss., Fl. Orient. 1: 120 (1867).
Glaucium vitellinum Boiss. et Buhse, Nouv. Mém. Soc. Imp. Naturalistes Moscou 12: 11, t. 4 (1860); *Dicranostigma iliense* C. Y. Wu et H. Chuang, Acta Bot. Yunnan. 7 (1): 88, pl. 1, f. 5-7 (1985).
新疆；阿富汗、伊朗、吉尔吉斯斯坦、哈萨克斯坦、乌兹别克斯坦；亚洲（西南部）。

新疆海罂粟

Glaucium squamigerum Kar. et Kir., Bull. Soc. Imp. Naturalistes Moscou 15: 141 (1842).
新疆；塔吉克斯坦、吉尔吉斯斯坦、哈萨克斯坦、乌兹别克斯坦。

荷青花属 **Hylomecon** Maxim.

荷青花

Hylomecon japonica (Thunb.) Prantl et Kündig in Engler et Prantl, Nat. Pflanzenfam. 3 (2): 139 (1889).
黑龙江、吉林、辽宁、河北、山西、山东、河南、陕西、甘肃、安徽、江苏、浙江、湖北、四川；日本、朝鲜半岛、俄罗斯（东西伯利亚）。

荷青花（原变种）（鸡蛋黄花，刀豆三七，拐枣七）

Hylomecon japonica var. **japonica**
Chelidonium japonicum Thunb., Fl. Jap. 221 (1784).
黑龙江、吉林、辽宁、河北、山西、山东、河南、陕西、安徽、江苏、浙江、湖北、四川；日本、朝鲜半岛、俄罗斯（东西伯利亚）。

多裂荷青花（一枝花，菜子七）

Hylomecon japonica var. **dissecta** (Franch. et Sav.) Fedde in Engler, Pflanzenr. 40 (IV. 104): 210 (1909).
Stylophorum japonicum var. *dissectum* Franch. et Sav., Enum. Pl. Jap. 1 (1): 27 (1873).
陕西、湖北、四川；日本。

锐裂荷青花

●**Hylomecon japonica** var. **subincisa** Fedde in Engler, Pflanzenr. 40 (IV. 104): 210 (1909).

山西、河南、陕西、甘肃、湖北、四川。

角茴香属 Hypecoum L.

角茴香

Hypecoum erectum L., Sp. Pl. 1: 124 (1753).
Chiazospermum erectum (L.) Bernh., Linnaea 12: 662 (1838); *Hypecoum millefolium* H. Lév. et Vaniot, Bull. Acad. Int. Géogr. Bot. 17: 210, p. 3 (1907).
黑龙江、辽宁、内蒙古、山西、山东、陕西、宁夏、甘肃、新疆、湖北；蒙古国、俄罗斯。

细果角茴香

Hypecoum leptocarpum Hook. f. et Thomson, Fl. Ind. 1: 276 (1855).
Hypecoum chinense Franch., Pl. David. 1: 27 (1884).
内蒙古、河北、山西、陕西、甘肃、青海、新疆、四川、云南、西藏；蒙古国、不丹、尼泊尔、印度、阿富汗、塔吉克斯坦。

小花角茴香

Hypecoum parviflorum Kar. et Kir., Byull. Moskovsk. Obshch. Isp. Prir. Otd. Biol. 15: 141 (1824).
Hypecoum pendulum var. *parviflorum* (Kar. et Kir.) Cullen, Fl. Iranica [Rechinger] 34: 25, t. 7, fig. 1-2 (1966).
新疆；巴基斯坦、阿富汗、伊朗、塔吉克斯坦、吉尔吉斯斯坦、哈萨克斯坦、乌兹别克斯坦、土库曼斯坦、克什米尔地区、俄罗斯（戈尔诺-阿尔泰斯克）。

芒康角茴香

●**Hypecoum zhukanum** Lidén, Nordic J. Bot. 25: 33 (2007).
西藏。

黄药属 Ichtyoselmis Lidén et T. Fukuhara

黄药

Ichtyoselmis macrantha (Oliv.) Lidén, Pl. Syst. Evol. 206: 415 (1997).
Dicentra macrantha Oliv., Hooker's Icon. Pl. 20: t. 1937 (1890).
湖北、四川、贵州、云南；缅甸（北部）。

荷包牡丹属 Lamprocapnos Endl.

荷包牡丹

Lamprocapnos spectabilis (L.) Fukuhara, Pl. Syst. Evol. 206: 415 (1997).
Fumaria spectabilis L., Sp. Pl. 2: 699 (1753); *Capnorchis spectabilis* (L.) Borkh., Arch. Bot. (Leipzig) 1 (2): 46 (1797); *Dielytra spectabilis* (L.) DC., Syst. Nat. 2: 110 (1821); *Eucapnos spectabilis* (L.) Siebold et Zucc., Abh. Math.-Phys. Cl. Königl. Bayer. Akad. Wiss. 3 (3): 721 (1843); *Dicentra spectabilis* (L.) Lem., Fl. des Serres, sèr. 1 13: pl. 258 (1847); *Hedycapnos spectabilis* Planch., Fl. des Serres 8: 193 (1852).
黑龙江、吉林、辽宁；朝鲜半岛（北部）、俄罗斯（东南部）。

博落回属 Macleaya R. Br.

博落回（落回，山火筒，喇叭竹）

Macleaya cordata (Willd.) R. Br., Obs. Pl. Denham Clapperton. 218 (1826).
Bocconia cordata Willd., Sp. Pl. 2 (2): 841 (1797); *Macleaya yedoensis* André, Rev. Hort. (Paris) 38: 369 (1866).
山西、河南、陕西、甘肃、安徽、浙江、江西、湖南、湖北、四川、贵州、台湾、广东；日本。

小果博落回

●**Macleaya microcarpa** (Maxim.) Fedde, Bot. Jahrb. Syst. 36 (5, Beibl. 82): 45 (1905).
Bocconia microcarpa Maxim., Trudy Imp. S.-Peterburgsk. Bot. Sada 11: 45 (1889).
山西、河南、陕西、甘肃、江苏、江西、湖北、四川。

绿绒蒿属 Meconopsis Vig.

皮刺绿绒蒿

Meconopsis aculeata Royle, Ill. Bot. Himal. Mts. 1: 67, tab. 15 (1834).
Meconopsis aculeata var. *typica* Prain, Bull. Misc. Inform. Kew 1916: App.: 63 (1916).
西藏；印度（西北部）、巴基斯坦。

白花绿绒蒿

●**Meconopsis argemonantha** Prain, Bull. Misc. Inform. Kew 1915: 161 (1915).
西藏。

巴郎山绿绒蒿

●**Meconopsis balangensis** T. Yoshida, H. Sun et Boufford, Pl. Div. Resour. 33: 409 (2011).
四川。

巴郎山绿绒蒿（原变种）

●**Meconopsis balangensis** var. **balangensis.**
四川。

夹金山绿绒蒿

●**Meconopsis balangensis** var. **atrata** T. Yoshida, H. Sun et Boufford, Pl. Div. Resour. 33: 413 (2011).
四川。

久治绿绒蒿

●**Meconopsis barbiseta** C. Y. Wu et H. Chuang ex L. H. Zhou, Acta Phytotax. Sin. 17 (4): 113 (1979).
青海。

藿香叶绿绒蒿

Meconopsis betonicifolia Franch., Pl. Delavay. 1: 42 (1889).

Cathcartia betonicifolia (Franch.) Prain., Ann. Bot. (Oxford) 20: 369 (1906).
云南、西藏；缅甸（北部）。

二裂绿绒蒿（新拟）

•**Meconopsis biloba** L. Z. An, Shu Y. Chen et Y. S. Lian, Novon 19: 286 (2009).
甘肃。

椭果绿绒蒿（裂叶蒿，黄花绿绒蒿，断肠草）

•**Meconopsis chelidonifolia** Bureau et Franch., J. Bot. (Morot). 5 (2): 19 (1891).
四川、云南。

优雅绿绒蒿

•**Meconopsis concinna** Prain, Bull. Miss. Inform. Kew 1915: 163 (1915).
Meconopsis lancifolia var. *concinna* (Prain) Tayl., Monogr. 90 (1934).
四川、云南、西藏。

长果绿绒蒿

•**Meconopsis delavayi** (Franch.) Franch. ex Prain, J. Asiat. Soc. Bengal, Pt. 2, Nat. Hist. 64 (2): 311 (1896).
Cathcartia delavayi Franch., Bull. Soc. Bot. France 33: 390 (1886).
云南。

毛盘绿绒蒿

Meconopsis discigera Prain, Ann. Bot. (Oxford) 20: 356, t. 24, f. 12 (1906).
西藏；不丹、尼泊尔（中部和东部）、印度。

西藏绿绒蒿

•**Meconopsis florindae** Kingdon-Ward, Gard. Chron., sér 3 79: 232 (1926).
西藏。

丽江绿绒蒿

•**Meconopsis forrestii** Prain, Bull. Misc. Inform. Kew 1907 (8): 316 (1907).
四川、云南。

黄花绿绒蒿

•**Meconopsis georgei** Tayl., Gen. Meconopsis. 38 (1934).
云南。

细梗绿绒蒿

Meconopsis gracilipes Tayl., Gen. Monogr. 38 (1934).
西藏；尼泊尔。

大花绿绒蒿

Meconopsis grandis Prain, J. Asiat. Soc. Bengal, Pt. 2, Nat. Hist. 64 (2): 320 (1895).
西藏；不丹、尼泊尔（东部和西部）、印度（东北部）。

川西绿绒蒿

•**Meconopsis henrici** Bureau et Franch., J. Bot. (Morot) 5 (2): 19 (1891).
甘肃、四川。

川西绿绒蒿（原变种）

•**Meconopsis henrici** var. **henrici**
四川。

无葶川西绿绒蒿

•**Meconopsis henrici** var. **psilonomma** (Farrer) G. Taylor, Gen. Meconopsis. 81 (1934).
Meconopsis psilonomma Farrer, Gard. Chron., sér. 3 57: 110 (1915).
甘肃、四川。

异蕊绿绒蒿（新拟）

•**Meconopsis heterandra** Tosh. Yoshida, H. Sun et Boufford, Acta Bot. Yunnan. 32: 505 (2010).
四川。

多刺绿绒蒿

Meconopsis horridula Hook. f. et Thomson, Fl. Ind. 1: 252 (1855).
Meconopsis horridula var. *typica* Prain, J. Asiat. Soc. Bengal, Pt. 2, Nat. Hist. 2: 313 (1896).
甘肃、青海、四川、西藏；缅甸（北部）、不丹、尼泊尔、印度（东北部）。

滇西绿绒蒿

Meconopsis impedita Prain, Bull. Misc. Inform. Kew 1915: 162 (1915).
四川、云南、西藏；缅甸（东北部）。

全缘叶绿绒蒿（鹿耳菜，黄芙蓉，鸦片花）

Meconopsis integrifolia (Maxim.) Franch., Bull. Soc. Bot. France 33: 389 (1886).
Cathcartia integrifolia Maxim., Bull. Acad. Imp. Sci. Saint-Pétersbourg 23: 310 (1877); *Meconopsis integrifolia* var. *souliei* Fedde in Engler, Pflanzenr. 40 (IV. 104): 262 (1909); *Meconopsis brevistyla* Kingdon-Ward, Gard. Chron., sér. 3 78: 191 (1925).
甘肃、青海、四川、云南、西藏；缅甸（东北部）。

全缘叶绿绒蒿（原亚种）

Meconopsis integrifolia subsp. **integrifolia**
甘肃、青海、四川、云南、西藏；缅甸（东北部）。

垂花全缘叶绿绒蒿

•**Meconopsis integrifolia** subsp. **lijiangensis** Grey-Wilson, New Plantsman 3 (1): 33 (1996).
四川、云南。

轮叶绿绒蒿

•**Meconopsis integrifolia** var. **uniflora** C. Y. Wu et H. Chuang,

Fl. Yunnan. 2: 28, f. 8: 4 (1979).
云南。

长叶绿绒蒿

Meconopsis lancifolia (Franch.) Franch. ex Prain, J. Asiat. Soc. Bengal, Pt. 2, Nat. Hist. 64 (2): 311 (1896).
Cathcartia lancifolia Franch., Bull. Soc. Bot. France 33: 391 (1886); *Meconopsis lepida* Prain, Bull. Misc. Inform. Kew 1915: 158 (1915); *Meconopsis eximia* Prain, *op. cit.* 1915: 159 (1915); *Meconopsis lancifolia* var. *solitariifolia* Fedde, Repert. Spec. Nov. Regni Veg. 17 (486-491): 197 (1921).
甘肃、四川、云南、西藏；缅甸（东北部）。

琴叶绿绒蒿

Meconopsis lyrata (Cummins et Prain ex Prain) Fedde ex Prain, Bull. Misc. Inform. Kew 1915: 142 (1915).
Cathcartia lyrata Cummins et Prain ex Prain, J. Asiat. Soc. Bengal, Pt. 2, Nat. Hist. 64 (2): 325 (1896); *Cathcartia polygonoides* Prain, *op. cit.* 64 (2): 326 (1896); *Meconopsis polygonoides* (Prain) Prain, Bull. Misc. Inform. Kew 1915: 143 (1915); *Meconopsis compta* Prain, *op. cit.* 1918 (6): 212 (1918).
云南、西藏；不丹、尼泊尔、印度。

藓生绿绒蒿（新拟）

●**Meconopsis muscicola** T. Yoshida, H. Sun et Boufford, Pl. Diversity and Resources 34: 145 (2012).
四川、云南。

柱果绿绒蒿

●**Meconopsis olivana** Franch. et Prain ex Prain, J. Asiat. Soc. Bengal, Pt. 2, Nat. Hist. 64: 312 (1896).
河南、陕西、湖北、四川。

锥花绿绒蒿

Meconopsis paniculata (D. Don) Prain, J. Asiat. Soc. Bengal, Pt. 2, Nat. Hist. 64: 316 (1896).
Papaver paniculatum D. Don, Prodr. Fl. Nepal. 197 (1825); *Meconopsis napaulensis* DC., Prodr. 1: 121 (1824); *Stylophorum nepalense* (DC.) Spreng., Syst. Veg., ed. 16 (Sprengel) 4 (2): 203 (1827); *Meconopsis wallichii* Hook., Bot. Mag. 78: t. 4668 (1852); *Meconopsis paniculata* var. *elata* Prain, J. Asiat. Soc. Bengal, Pt. 2, Nat. Hist. 64: 316 (1896).
西藏；不丹、尼泊尔、印度（东北部）。

吉隆绿绒蒿

Meconopsis pinnatifolia C. Y. Wu et H. Chuang ex L. H. Zhou, Acta Phytotax. Sin. 17 (4): 114 (1979).
西藏；尼泊尔（中北部）。

草甸绿绒蒿

Meconopsis prattii (Prain) Prain, Bot. Mag. 140: t. 8568 (1914).
Meconopsis sinuata var. *prattii* Prain, J. Asiat. Soc. Bengal, Pt. 2, Nat. Hist. 64 (2): 314 (1896).
四川、云南、西藏；缅甸（北部）。

报春绿绒蒿

Meconopsis primulina Prain, J. Asiat. Soc. Bengal, Pt. 2, Nat. Hist. 64 (2): 319 (1896).
西藏；不丹（西部）。

拟多刺绿绒蒿

●**Meconopsis pseudohorridula** C. Y. Wu et H. Chuang, Fl. Xizang. 2: 234 (1985).
西藏。

横断山绿绒蒿

●**Meconopsis pseudointegrifolia** Prain, Ann. Bot. (Oxford) 20: 353 (1906).
云南、西藏。

横断山绿绒蒿（原亚种）

●**Meconopsis pseudointegrifolia** subsp. **pseudointegrifolia**
云南、西藏。

多花横断山绿绒蒿

●**Meconopsis pseudointegrifolia** subsp. **daliensis** Grey-Wilson, New Plantsman 3 (1): 36 (1996).
云南。

单花横断山绿绒蒿

Meconopsis pseudointegrifolia subsp. **robusta** Grey-Wilson, New Plantsman 3 (1): 35 (1996).
四川、云南、西藏；缅甸。

拟秀丽绿绒蒿

●**Meconopsis pseudovenusta** G. Taylor, Gen. Meconopsis. 85: pl. 21 (1934).
四川、云南、西藏。

美丽绿绒蒿（新拟）

●**Meconopsis pulchella** Tosh. Yoshida, H. Sun et Boufford, Acta Bot. Yunnan. 32: 503 (2010).
四川。

红花绿绒蒿（阿柏几麻鲁）

●**Meconopsis punicea** Maxim., Fl. Tangut. 34 (1889).
Meconopsis punicea var. *elliptica* Z. J. Cui et Y. S. Lian, Guihaia 25 (2): 106 (2005); *Meconopsis punicea* var. *glabra* M. Z. Lu et Y. S. Lian, Bull. Bot. Res., Harbin 26 (1): 8 (2006).
甘肃、青海、四川、西藏。

五脉绿绒蒿（毛果七，毛叶兔耳风，野毛金莲）

●**Meconopsis quintuplinervia** Regel, Gartenflora 25: 291, f. 800, b, c, d (1876).
陕西、甘肃、青海、湖北、四川、西藏。

五脉绿绒蒿（原变种）

●**Meconopsis quintuplinervia** var. **quintuplinervia**

陕西、甘肃、青海、湖北、四川、西藏。

光果五脉绿绒蒿

•**Meconopsis quintuplinervia** var. **glabra** P. H. Yang et M. Wang, Bull. Bot. Res., Harbin 10 (4): 43, f. 1 (1990).
陕西。

总状绿绒蒿（刺参，条参，鸡角参）

•**Meconopsis racemosa** Maxim., Bull. Acad. Imp. Sci. Saint-Pétersbourg 23: 310 (1877).
甘肃、青海、四川、云南、西藏。

总状绿绒蒿（原变种）

•**Meconopsis racemosa** var. **racemosa**
甘肃、青海、四川、云南、西藏。

刺瓣绿绒蒿

•**Meconopsis racemosa** var. **spinulifera** (L. H. Zhou) C. Y. Wu et H. Chuang, Acta Bot. Yunnan. 2 (4): 375 (1980).
Meconopsis horridula var. *spinulifera* L. H. Zhou, Acta Phytotax. Sin. 17 (4): 113 (1979).
青海。

宽叶绿绒蒿

•**Meconopsis rudis** (Prain) Prain, Ann. Bot. (Oxford) 20: 347 (1906).
Meconopsis horridula var. *rudis* Prain, J. Asiat. Soc. Bengal, Pt. 2, Nat. Hist. 64: 314 (1896).
四川、云南。

单叶绿绒蒿

Meconopsis simplicifolia (D. Don) Walp., Repert. Bot. Syst. 1: 110 (1842).
Papaver simplicifolium D. Don, Prodr. Fl. Nepal. 197 (1825); *Meconopsis nyingchinensis* L. H. Zhou, Bull. Bot. Res., Harbin 8 (8): 98, f. 2 (1980).
西藏；不丹、尼泊尔（中部）、印度。

杯状花绿绒蒿

•**Meconopsis sinomaculata** Grey-Wilson, Plantsman, n. s. 1 (4): 227 (2002).
青海、四川。

贡山绿绒蒿

Meconopsis smithiana (Hand.-Mazz.) G. Taylor ex Hand.-Mazz., Symb. Sin. 7 (2): 337 (1931).
Cathcartia smithiana Hand.-Mazz., Anz. Akad. Wiss. Wien, Math.-Naturwiss. Kl. 60: 182 (1923).
云南；缅甸（东北部）。

美丽绿绒蒿

•**Meconopsis speciosa** Prain, Trans. et Proc. Bot. Soc. Edinburgh 23: 258, tab. 2 (1907).
Meconopsis ouvrardiana Hand.-Mazz., Anz. Akad. Wiss. Wien, Math.-Naturwiss. Kl. 59: 247 (1922); *Meconopsis cawdoriana* Kingdon-Ward, Gard. Chron., sér. 3 79: 308, fig. 232 (1926).
四川、云南、西藏。

高茎绿绒蒿

Meconopsis superba King ex Prain, J. Asiat. Soc. Bengal, Pt. 2, Nat. Hist. 64: 317 (1896).
西藏；不丹。

康顺绿绒蒿

•**Meconopsis tibetica** Grey-Wilson, Alpine Gard. 74: 222 (2006).
西藏。

秀丽绿绒蒿

•**Meconopsis venusta** Prain, Bull. Misc. Inform. Kew 1915: 164 (1915).
Meconopsis leonticifolia Hand.-Mazz., Anz. Akad. Wiss. Wien, Math.-Naturwiss. Kl. 57: 340 (1926).
云南。

紫花绿绒蒿

Meconopsis violacea Kingdon-Ward, Gard. Chron., sér. 3 82: 150 (1927).
西藏；缅甸（北部）。

尼泊尔绿绒蒿

Meconopsis wilsonii Grey-Wilson, Bot. Mag. (Tokyo) 23: 195 (2006).
四川、云南；缅甸（北部）。

尼泊尔绿绒蒿（原亚种）

•**Meconopsis wilsonii** subsp. **wilsonii**
四川。

少裂尼泊尔绿绒蒿

Meconopsis wilsonii subsp. **australis** Grey-Wilson, Bot. Mag. (Tokyo) 23: 197 (2006).
云南；缅甸（北部）。

乌蒙绿绒蒿

•**Meconopsis wumungensis** K. M. Feng et H. Chuang, Fl. Yunnan. 2: 33, pl. 11: 1-2 (1979).
云南。

药山绿绒蒿

•**Meconopsis yaoshanensis** Tosh. Yoshida, H. Sun et Boufford, Pl. Div. Resour. 34: 148 (2012).
云南。

藏南绿绒蒿

•**Meconopsis zangnanensis** L. H. Zhou, Acta Phytotax. Sin. 17 (4): 112 (1979).
西藏。

罂粟属 Papaver L.

灰毛罂粟（阿尔泰黄罂粟，天山罂粟）

Papaver canescens Tolm., J. Soc. Bot. Russ. 16: 77 (1931).
Papaver tianschanicum Popov, Fl. U. R. S. S. 7: 748 (1937); *Papaver pseudocanescens* Popov, Fl. U. R. S. S. 7: 749 (1937).
新疆；蒙古国、俄罗斯。

野罂粟（山大烟，山米壳，野大烟）

Papaver nudicaule L., Sp. Pl. 1: 507 (1753).
黑龙江、吉林、内蒙古、河北、甘肃、湖北；蒙古国、朝鲜半岛、阿富汗、塔吉克斯坦、吉尔吉斯斯坦、哈萨克斯坦、乌兹别克斯坦、俄罗斯（西伯利亚）。

野罂粟（原变种）

Papaver nudicaule var. **nudicaule**
Papaver croceum Ledeb., Fl. Altaic. 2: 271 (1830); *Papaver rubroaurantiacum* Fischer ex Candolle, Nomencl. Bot., ed. 2 2: 266 (1841); *Papaver alpinum* var. *croceum* Regel, Bull. Soc. Imp. Naturalistes Moscou 34 (2): 132 (1861); *Papaver nudicaule* var. *subcorydalifolium* Fedde in Engler, Pflanzenr. 40 (IV. 104): 382 (1909); *Papaver nudicaule* var. *isopyroides* Fedde, *op. cit.* 40 (IV. 104): 383 (1909); *Papaver nudicaule* var. *chinense* Fedde, *op. cit.* 40 (IV. 104): 384 (1909); *Papaver nudicaule* subsp. *rubro-aurantiacum* (Fisch. ex DC.) Fedde in Engler et Prantl, Nat. Pflanzenfam. 4: 381 (1909); *Papaver nudicaute* var. *corydalifolium* Fedde, *op. cit.* 40 (IV. 104): 382 (1909); *Papaver nudicaule* var. *corydalifolium* Fedde, *op. cit.* 40 (IV. 104): 381 (1909); *Papaver tenellum* Tolm., Svensk Bot. Tidskr. 24: 40 (1930)
黑龙江、吉林、内蒙古、河北、甘肃、湖北；蒙古国、朝鲜半岛、阿富汗、塔吉克斯坦、吉尔吉斯斯坦、哈萨克斯坦、乌兹别克斯坦、俄罗斯（西伯利亚）。

重瓣野罂粟

●**Papaver nudicaule** var. **pleiopetalum** J. C. Shao, Acta Bot. Boreal.-Occid. Sin. 29 (9): 1915 (2009).
新疆。

鬼罂粟

☆**Papaver orientale** L., Sp. Pl. 1: 508 (1753).
台湾栽培；原产于伊朗（北部）、土耳其（东北部）、高加索地区。

黑环罂粟

Papaver pavoninum C. A. Meyer in Fischer et Avé-Lallemant, Index Sem. Hort. Petrop. 9: 82 (1843).
新疆；巴基斯坦、阿富汗、伊朗、吉尔吉斯斯坦、哈萨克斯坦、乌兹别克斯坦、土库曼斯坦、俄罗斯。

长白山罂粟（白山罂粟，山罂粟）

Papaver radicatum var. **pseudo-radicatum** (Kitag.) Kitag., Neolin. Fl. Manshur. 325 (1979).
Papaver pseudo-radicatum Kitag., Rep. First Sci. Exped. Manchoukuo 6: 122, pl. 3, fig. 1 (1942).
吉林；朝鲜半岛。

虞美人（赛牡丹，百般娇，丽春花）

☆**Papaver rhoeas** L., Sp. Pl. 1: 507 (1753).
中国栽培，时有逸生；原产于亚洲（西南部）、欧洲、非洲（北部）。

罂粟（鸦片，大烟，米壳花）

☆**Papaver somniferum** L., Sp. Pl. 1: 508 (1753).
中国多有栽培；老挝、缅甸、泰国（北部）、印度、阿富汗有栽培，原产于欧洲。

疆罂粟属 Roemeria Medik.

紫花疆罂粟（紫勒米花）

Roemeria hybrida (L.) DC., Syst. Nat. 2: 92 (1821).
Chelidonium hybridum L., Sp. Pl. 1: 506 (1753); *Glaucium violaceum* Juss., Gen. Pl. (Jussieu) 236 (1789); *Roemeria violacea* Medik., Ann. Bot. (Usteri) 3: 15 (1792), nom. superfl.
新疆；亚洲（中部和西南部）、欧洲（南部）、非洲。

红花疆罂粟（红勒米花，裂叶罂粟）

Roemeria refracta DC., Syst. Nat. 2: 93 (1821).
Roemeria rhoeadiflora Boiss., Diagn. Pl. Orient., sér. 1 6: 7 (1845); *Roemeria bicolor* Regel, Bull. Soc. Imp. Naturalistes Moscou xliii. I: 249 (1870).
新疆；巴基斯坦、阿富汗、塔吉克斯坦、吉尔吉斯斯坦、哈萨克斯坦、乌兹别克斯坦、土库曼斯坦；亚洲（高加索地区至伊朗）。

金罂粟属 Stylophorum Nutt.

金罂粟（大金盆，人血七，人血草）

●**Stylophorum lasiocarpum** (Oliv.) Fedde in Engler, Pflanzenr. 40 (IV. 104): 209 (1909).
Chelidonium lasiocarpum Oliv., Hooker's Icon. Pl. 18: t. 1739 (1888); *Hylomecon lasiocarpum* (Oliv.) Diels, Bot. Jahrb. Syst. 29: 353 (1901).
陕西、湖北、四川。

四川金罂粟（天青地白）

●**Stylophorum sutchuenense** (Franch.) Fedde in Engler, Pflanzenr. 40 (IV. 104): 208 (1909).
Chelidonium sutchuenense Franch., J. Bot. (Morot) 8 (17): 293 (1894); *Hylomecon sutchuense* (Franch.) Diels, Engl. Haheb. 29: 353 (1900).
陕西、甘肃、四川、重庆。

71. 星叶草科 CIRCAEASTERACEAE [1 属：1 种]

星叶草属 **Circaeaster** Maxim.

星叶草

Circaeaster agrestis Maxim., Bull. Acad. Imp. Sci. Saint-Pétersbourg 27 (4): 556 (1881).
陕西、甘肃、青海、新疆、四川、云南、西藏；不丹、尼泊尔、印度（东北部）。

72. 木通科 LARDIZABALACEAE [8 属：32 种]

木通属 **Akebia** Decne.

清水山木通

●**Akebia chingshuiensis** T. Shimizu, Quart. J. Taiwan Mus. 14: 201 (1961).
台湾。

长序木通

●**Akebia longeracemosa** Matsum., Bot. Mag. (Tokyo) 13: 18 (1899).
Akebia quinata var. *longeracemosa* Rehder et E. H. Wilson in C. S. Sargent, Pl. Wilson. 1 (3): 348 (1913).
湖南、福建、台湾、广东。

木通（五叶木通，八月瓜，野木瓜）

Akebia quinata (Houtt.) Decne., Arch. Mus. Hist. Nat. 1: 195, t. 13 a (1839).
Rajania quinata Houtt., Nat. Hist. 2 (11): 366, pl. 75, f. 1 (1779); *Akebia quinata* f. *viridiflora* Makino, Bot. Mag. (Tokyo) 16: 182 (1902); *Akebia quinata* var. *yiehii* W. C. Cheng, Contr. Biol. Lab. Sci. Soc. China, Bot. 8 (3): 289 (1933); *Akebia quinata* var. *polyphylla* Nakai, Fl. Sylv. Kor. 21: 44 (1936); *Akebia micrantha* Nakai, Fl. Sylv. Kor. 21: 44 (1936).
山东、河南、安徽、江苏、浙江、江西、湖南、湖北、四川、福建；日本、朝鲜半岛。

三叶木通（八月柞，八月瓜）

Akebia trifoliata (Thunb.) Koidz., Bot. Mag. (Tokyo) 39: 310 (1925).
山西、山东、河南、陕西、甘肃、湖北、四川；日本。

三叶木通（原亚种）

Akebia trifoliata subsp. **trifoliate**
Clematis trifoliata Thunb., Trans. Linn. Soc. London 2: 337 (1794); *Akebia quercifolia* Siebold et Zucc., Fl. Jap. 1: 146 (1835); *Akebia clematifolia* Siebold et Zucc., Fl. Jap. 1: 146 (1835); *Akebia lobata* Decne., Ann. Sci. Nat., Bot., sér. 2 12: 107 (1839); *Akebia lobata* var. *clematifolia* (Siebold et Zucc.) Ito, J. Linn. Soc., Bot. 22: 425 (1887); *Akebia trifoliata* var. *clematifolia* (Siebold et Zucc.) Nakai, Bull. Nat. Sci. Mus. Tokyo 27: 30 (1949); *Akebia sempervirens* Nakai, Bull. Nat. Sci. Mus. Tokyo 27: 30 (1949).
山西、河南、陕西、甘肃、湖北、四川；日本。

白木通

●**Akebia trifoliata** subsp. **australis** (Diels) T. Shimizu, Quart. J. Taiwan Mus. 14: 201 (1961).
Akebia lobata var. *australis* Diels, Bot. Jahrb. Syst. 29 (3-4): 344 (1900); *Akebia chaffanjonii* H. Lév., Bull. Soc. Agric. Sarthe 39: 316 (1904); *Akebia trifoliata* var. *australis* (Diels) Rehder, J. Arnold Arbor. 10 (3): 189 (1929); *Akebia trifoliata* subsp. *australis* var. *honanensis* (Diels) T. Shimizu, Quart. J. Taiwan Mus. 14: 200 (1961); *Akebia trifoliata* var. *integrifolia* T. Shimizu, Quart. J. Taiwan Mus. 14: 201 (1961); *Akebia trifoliata* var. *honanensis* T. Shimizu, Quart. J. Taiwan Mus. 14: 201 (1961); *Akebia chingshuiensis* T. Shimizu, Quart. J. Taiwan Mus. 14: 201 (1961).
河南、陕西、安徽、江苏、浙江、江西、湖南、湖北、四川、贵州、云南、福建、台湾、广东、广西。

长萼三叶木通

●**Akebia trifoliata** subsp. **longisepala** H. N. Qin, Cathaya 8-9: 71 (1997).
甘肃。

长萼木通属 **Archakebia** C. Y. Wu, T. C. Chen et H. N. Qin

长萼木通（缺瓣牛姆瓜）

●**Archakebia apetala** (Q. Xia, J. Z. Sun et Z. X. Peng) C. Y. Wu, T. C. Chen et H. N. Qin, Acta Phytotax. Sin. 33 (3): 241 (1995).
Holboellia apetala Q. Xia, J. Z. Suen et Z. X. Peng, Acta Phytotax. Sin. 28 (5): 409 (1990).
陕西、甘肃、四川。

猫儿屎属 **Decaisnea** Hook. f. et Thomson

猫儿屎（猫儿子，猫屎瓜）

Decaisnea insignis (Griff.) Hook. f. et Thomson, Proc. Linn. Soc. London 2: 349 (1855).
Slackia insignis Griff., Itin. Pl. Khasyah Mts. 2: 187, no. 977 (1848); *Decaisnea fargesii* Franch., J. Bot. (Morot) 6: 234 (1892).
陕西、甘肃、安徽、浙江、江西、湖南、湖北、四川、贵州、云南、西藏、广西；缅甸、不丹、尼泊尔、印度。

八月瓜属 **Holboellia** Wall.

五月瓜藤

Holboellia angustifolia Wall., Tent. Fl. Napal. 1: 25, pl. 17

(1824).
陕西、甘肃、安徽、江西、湖南、湖北、四川、贵州、云南、西藏、福建、广东、广西；缅甸、不丹、尼泊尔、印度。

五月瓜藤（原亚种）

Holboellia angustifolia subsp. **angustifolia**
Holboellia acuminata Lindl., J. Hort. Soc. London 2: 313 (1847); *Holboellia latifolia* var. *angustifolia* (Wall.) Hook. f. et Thomson, Fl. Brit. India 1: 108 (1872); *Holboellia angustifolia* var. *angustissima* Diels, Bot. Jahrb. Syst. 29: 343 (1901); *Holboellia angustifolia* var. *minima* Réaub., Lardizabalees. Thesis. 57 (1906); *Holboellia fargesii* Réaub., Lardizabalees. Thesis. 59 (1906); *Stauntonia longipes* Hemsl., Hooker's Icon. Pl. 29: t. 2848 (1907); *Holboellia latifolia* var. *bracteata* Gagnep., Bull. Mus. Hist. Nat. (Paris) 14: 68 (1908); *Holboellia marmorata* Hand.-Mazz., Anz. Akad. Wiss. Wien., Math.-Naturwiss. Kl. 89 (1921).
陕西、安徽、湖北、四川、贵州、云南、广东、广西；缅甸、不丹、尼泊尔、印度。

线叶八月瓜

●**Holboellia angustifolia** subsp. **linearifolia** T. Chen et H. N. Qin, Cathaya 8-9: 112 (1997).
Holboellia bambusifolia T. Chen, Iconogr. Cormophyt. Sin. Suppl. 1: 485 (1982), nom. nud.; *Holboellia linearifolia* (T. Chen et H. N. Qin) T. Chen, Fl. Reipubl. Popularis Sin. 29: 21 (2001).
湖北、四川、贵州、云南。

钝叶五风藤

●**Holboellia angustifolia** subsp. **obtusa** (Gagnep.) H. N. Qin, Cathaya 8-9: 116 (1997).
Holboellia latifolia var. *obtusa* Gagnep., Bull. Mus. Natl. Hist. Nat. 14: 68 (1908).
四川、云南、西藏。

三叶五风藤

●**Holboellia angustifolia** subsp. **trifoliata** H. N. Qin, Cathaya 8-9: 114 (1997).
湖北、四川。

短蕊八月瓜

●**Holboellia brachyandra** H. N. Qin, Cathaya 8-9: 126 (1997).
云南。

沙坝八月瓜（羊腰子）

Holboellia chapaensis Gagnep., Bull. Soc. Bot. France 85: 165 (1938).
Holboellia reticulata C. Y. Wu ex S. H. Huang, Fl. Yunnan. 2: 7 (1979).
云南、广西；越南。

鹰爪枫（三月藤，八月栌）

●**Holboellia coriacea** Diels, Bot. Jahrb. Syst. 29 (3-4): 342 (1900).
Stauntonia brevipes Hemsl., Hooker's Icon. Pl. 29: t. 2849 (1907); *Holboellia coriacea* var. *angustifolia* Pamp., Nuovo Giorn. Bot. Ital., n. s. 17: 273 (1910); *Artabotrys esquirolii* H. Lév., Fl. Kouy-Tchéou 29 (1919); *Holboellia brevipes* (Hemsl.) P. C. Kuo, Fl. Tsinling. 1 (2): 304 (1974).
陕西、安徽、江苏、浙江、江西、湖南、湖北、四川、贵州。

牛姆瓜（大花牛姆瓜）

●**Holboellia grandiflora** Réaub., Bull. Soc. Bot. France 53: 453 (1906).
陕西、四川、云南。

八月瓜（三叶莲，兰木香，刺藤里，五风藤）

Holboellia latifolia Wall., Tent. Fl. Napal. 1: 24, t. 16 (1824).
四川、贵州、云南、西藏；不丹、尼泊尔、印度。

八月瓜（原亚种）

Holboellia latifolia subsp. **latifolia**
Stauntonia latifolia Wall., Numer. List 4950 (1830); *Holboellia latifolia* var. *acuminata* Gagnep., Bull. Mus. Hist. Nat. (Paris) 14: 67 (1908); *Holboellia ovatifoliolata* C. Y. Wu et T. Chen ex S. H. Huang, Fl. Yunnan. 2: 5, pl. 2 (1979).
四川、贵州、云南、西藏；不丹、尼泊尔、印度。

纸叶八月瓜

Holboellia latifolia subsp. **chartacea** C. Y. Wu et S. H. Huang ex H. N. Qin, Cathaya 8-9: 124 (1997).
云南、西藏；不丹、印度。

墨脱八月瓜

●**Holboellia medogensis** H. N. Qin, Cathaya 8-9: 93 (1997).
西藏。

小花鹰爪枫

●**Holboellia parviflora** (Hemsl.) Gagnep., Bull. Mus. Natl. Hist. Nat. 14: 68 (1908).
Stauntonia parviflora Hemsl., Hooker's Icon. Pl. 29: t. 2849 (1907); *Holboellia latistaminea* T. Chen, Fl. Reipubl. Popularis Sin. 29: 307 (2001), nom. inval.
湖南、贵州、云南、广西。

棱茎八月瓜

●**Holboellia pterocaulis** T. Chen et Q. H. Chen, Fl. Guizhou. 2: 675 (1986).
四川、贵州。

牛藤果属 Parvatia Decne.

三叶野木瓜（印度野木瓜）

Parvatia brunoniana (Wall. ex Hemsl.) Decne., Arch. Mus. Hist. Nat. 1: 190, t. 12 A (1839).
四川、云南；越南、缅甸、泰国、尼泊尔、印度。

三叶野木瓜（原亚种）

Parvatia brunoniana subsp. **brunoniana**
Stauntonia brunoniana Wall. ex Hemsl., Hooker's Icon. Pl. 29: t. 2843 (1907); *Stauntonia trifoliata* Griff., Not. Pl. Asiat. 4: 330 (1854).
四川、云南；越南、缅甸、泰国、尼泊尔、印度。

牛藤果

Parvatia brunoniana subsp. **elliptica** (Hemsl.) H. N. Qin, Cathaya 8-9: 81 (1997).
Stauntonia elliptica Hemsl., Hooker's Icon. Pl. 29: t. 2844 (1907); *Parvatia elliptica* (Hemsl.) Gagnep., Bull. Mus. Hist. Nat. (Paris) 14: 66 (1908).
江西、湖南、湖北、四川、贵州、云南、广东、广西；印度。

翅野木瓜（大酸藤）

•**Parvatia decora** Dunn, Hooker's Icon. Pl. 28: t. 2712 (1901).
Stauntonia decora (Dunn) C. Y. Wu ex S. H. Huang, Fl. Yunnan. 2: 8 (1901); *Stauntonia alata* Merr., Lingnan Sci. J. 13 (1): 23, pl. 4 (1934); *Stauntonia sinii* C. Y. Wu, Notizbl. Bot. Gart. Berlin-Dahlem 13: 368 (1936).
云南、广东、广西。

大血藤属 Sargentodoxa Rehder et E. H. Wilson

大血藤（红藤，血藤）

Sargentodoxa cuneata (Oliv.) Rehder et E. H. Wilson in C. S. Sargent, Pl. Wilson. 1 (3): 351 (1913).
Holboellia cuneata Oliv., Hooker's Icon. Pl. 19 (1): t. 1817 (1889); *Sargentodoxa simplicifolia* S. Z. Qu et C. L. Min, Bull. Bot. Res., Harbin 6 (2): 87 (1986).
河南、陕西、安徽、江苏、浙江、江西、湖南、湖北、四川、贵州、云南、福建、广东、广西、海南；越南（北部）、老挝。

串果藤属 Sinofranchetia (Diels) Hemsl.

串果藤

•**Sinofranchetia chinensis** (Franch.) Hemsl., Hooker's Icon. Pl. 29: t. 2842 (1907).
Parvatia chinensis Franch., J. Bot. (Morot) 8 (16): 281 (1894); *Holboellia chinensis* Diels, Bot. Jahrb. Syst. 29: 343 (1901).
陕西、甘肃、湖南、湖北、四川、云南、广东。

野木瓜属 Stauntonia DC.

西南野木瓜（黄蜡果）

•**Stauntonia cavalerieana** Gagnep., Bull. Soc. Bot. France 55: 47 (1908).
Stauntonia brachyanthera Hand.-Mazz., Anz. Akad. Wiss. Wien, Math.-Naturwiss. Kl. 58: 90 (1921).
湖北、四川、贵州、广西。

野木瓜（七叶莲，假荔枝）

Stauntonia chinensis DC., Sys. Nat. (Candole) 1: 514 (1817).
Stauntonia dielsiana Y. C. Wu, Notizbl. Bot. Gart. Berlin-Dahlem 13: 376 (1936); *Stauntonia pseudomaculata* C. Y. Wu et S. H. Huang, Fl. Yunnan. 2: 11, pl. 3, f. 7-9 (1979); *Stauntonia hainanensis* T. Chen, Fl. Reipubl. Popularis Sin. 29: 34, 307 (Addenda) (2001).
云南、福建、广东、广西、海南、香港；越南、老挝。

腺脉野木瓜

•**Stauntonia conspicua** R. H. Chang, Acta Phytotax. Sin. 25 (3): 235 (1987).
浙江、江西、湖南、福建、广东。

羊瓜藤

•**Stauntonia duclouxii** Gagnep., Bull. Soc. Bot. France 55: 48 (1908).
陕西、甘肃、湖南、湖北、四川、贵州、云南。

离丝野木瓜

Stauntonia libera H. N. Qin, Cathaya 8-9: 136 (1997).
云南、西藏；缅甸。

斑叶野木瓜

•**Stauntonia maculata** Merr., Lingnan Sci. J. 13 (1): 24, pl. 5 (1934).
福建、广东。

倒心叶野木瓜

•**Stauntonia obcordatilimba** C. Y. Wu et S. H. Huang, Fl. Yunnan. 2: 11, pl. 3, f. 4-6 (1979).
云南。

钝药野木瓜（倒卵叶野木瓜）

Stauntonia obovata Hemsl., Hooker's Icon. Pl. 29: t. 2847 (1907).
Akebia cavaleriei H. Lév., Fl. Kouy-Tchéou 47 (1914); *Stauntonia keitaoensis* Hayata, Icon. Pl. Formosan. 8: 2, f. 1 (1919); *Stauntonia formosana* Hayata, *op. cit.* 8: 1, pl. 1 (1919); *Stauntonia hebandra* Hayata, *op. cit.* 8: 3, f. 2 (1919); *Holboellia obovata* (Hemsl.) Chun, Sunyatsenia 1: 233 (1934); *Stauntonia hebandra* var. *angustata* Y. C. Wu, Notizbl. Bot. Gart. Berlin-Dahlem 13: 376 (1936); *Stauntonia leucantha* Y. C. Wu, Notizbl. Bot. Gart. Berlin-Dahlem 13: 373 (1936).
安徽、浙江、江西、湖南、四川、贵州、云南、福建、台湾、广东、广西、海南、香港；越南。

石月

•**Stauntonia obovatifoliola** Hayata, Icon. Pl. Formosan. 8: 4, f. 3 (1919).
台湾。

石月（原亚种）

•**Stauntonia obovatifoliola** subsp. **obovatifoliola**

Stauntonia obovatifolia var. *pinninervis* Hayata, Icon. Pl. Formosan. 8: 5, pl. 3, f. 7-13 (1919); *Stauntonia hexaphylla* f. *intermedia* Y. C. Wu, Notizbl. Bot. Gart. Berlin-Dahlem 13: 370 (1936); *Stauntonia hexaphylla* f. *cordata* Li, J. Wash. Acad. Sci. 42: 39 (1952).
台湾。

尾叶那藤

●**Stauntonia obovatifoliola** subsp. **urophylla** (Hand.-Mazz.) H. N. Qin, Cathaya 8-9: 164 (1997).
Stauntonia hexaphylla var. *urophylla* Hand.-Mazz., Anz. Akad. Wiss. Wien, Math.-Naturwiss. Kl. 59: 102 (1922); *Stauntonia hexaphylla* f. *intermedia* Y. C. Wu, Notizbl. Bot. Gart. Berlin-Dahlem 13: 370 (1936); *Stauntonia brachyanthera* var. *minor* Diels ex Y. C. Wu, Notizbl. Bot. Gart. Berlin-Dahlem 13: 370 (1936); *Stauntonia brachybotrya* T. Chen, Fl. Reipubl. Popularis Sin. 29: 38, 308 (Addenda) (2001).
安徽、浙江、江西、湖南、湖北、贵州、福建、广东、广西。

少叶野木瓜

●**Stauntonia oligophylla** Merr. et Chun, Sunyatsenia 5: 54 (1940).
海南。

紫花野木瓜

●**Stauntonia purpurea** Y. C. Liu et F. Y. Lu, Quart. J. Chin. Forest. 11 (3): 110 (1978).
台湾。

三脉野木瓜（炮仗花藤，三脉野木瓜）

●**Stauntonia trinervia** Merr., Lingnan Sci. J. 13 (1): 24, pl. 6 (1934).
Stauntonia glauca Metcalf, Lingnan Sci. J. 16 (1): 80, f. 2 (1937); *Stauntonia crassipes* T. Chen, Fl. Reipubl. Popularis Sin. 29: 29, 307 (Addenda) (2001).
广东。

瑶山野木瓜（瑶山七姐妹）

●**Stauntonia yaoshanensis** F. N. Wei et S. L. Mo, Guihaia 3 (4): 308 (1983).
广西。

73. 防己科 MENISPERMACEAE [19 属：79 种]

崖藤属 Albertisia Becc.

崖藤

Albertisia laurifolia Yamam., Enum. Menispermac. Pl. Hainan 70 (1942).
Albertisia perryana H. L. Li, J. Arnold Arbor. 25 (2): 206 (1944).
云南、广西、海南；越南（北部）。

古山龙属 Arcangelisia Becc.

古山龙

●**Arcangelisia gusanlung** H. S. Lo, Acta Phytotax. Sin. 18 (1): 100, f. 1 (1980).
Arcangelisia loureiroi auct. non (Pierre) Diels: Merr. in Lingnan Sci. J. 5: 76 (1927).
海南。

球果藤属 Aspidocarya Hook. f. et Thomson

球果藤

Aspidocarya uvifera Hook. f. et Thomson, Fl. Ind. 1: 180 (1855).
云南；缅甸、泰国（北部）、印度（东部和东北部）。

锡生藤属 Cissampelos L.

锡生藤（亚呼鲁）

Cissampelos pareira var. **hirsuta** (Buch. ex DC.) Forman, Kew Bull. 22: 356 (1968).
Cissampelos hirsuta Buch. ex DC., Syst. Veg. 1: 535 (1817).
贵州、云南、广西；世界泛热带。

木防己属 Cocculus DC.

樟叶木防己（衡州乌药）

Cocculus laurifolius DC., Syst. Nat. 1: 520 (1817).
Cinnamomum esquirolii H. Lév., Fl. Kouy-Tchéou 218 (1914).
湖南、贵州、西藏、台湾；日本、老挝、缅甸、泰国、马来西亚、印度尼西亚、尼泊尔、印度。

木防己

Cocculus orbiculatus (L.) DC., Sys. Nat. 1: 523 (1817).
山东、河南、陕西、安徽、江苏、浙江、江西、湖南、湖北、四川、贵州、云南、福建、台湾、广东、广西、海南；日本、菲律宾、老挝、马来西亚、印度尼西亚、尼泊尔、印度（东部）、太平洋岛屿（夏威夷）、印度洋岛屿（毛里求斯、留尼汪）。

木防己（原变种）

Cocculus orbiculatus var. **orbiculatus**
Menispermum orbiculatus L., Sp. Pl. 1: 341 (1753); *Menispermum trilobum* Thunb., Syst. Veg., ed. 14: 892 (1784); *Nephroia sarmentosa* Lour., Fl. Cochinch. 2: 562 (1790); *Cocculus trilobus* (Thunb.) DC., Sys. Nat. 1: 522 (1817); *Cocculus thunbergii* DC., Syst. Nat. 1: 524 (1818); *Nephroia pubinervis* Miers, Hooker's J. Bot. Kew Gard. Misc. 3: 259 (1851); *Cocculus cuneatus* Benth., J. Linn. Soc., Bot. 5: 50 (1861); *Nephroia dilatata* Miers, Contr. Bot. 3: 264 (1871); *Nephroia cuneifolia* Miers, Contr. Bot. 3: 266 (1871);

Nephroia pycnantha Miers, Contr. Bot. 3: 268 (1871); *Cocculus sarmentosus* (Lour.) Diels in Engler, Pflanzenr. 46 (IV. 94): 233 (1910); *Cocculus sarmentosus* var. *stenophyllus* Merr., Philipp. J. Sci. 13 (1): 10 (1918); *Cocculus sarmentosus* var. *pauciflorus* Y. C. Wu, Bot. Jahrb. Syst. 71 (2): 173 (1940); *Cocculus sarmentosus* var. *linearis* Yamam., Trans. Nat. Hist. Soc. Taiwan 34: 200 (1943).
山东、河南、陕西、安徽、江苏、浙江、江西、湖南、湖北、四川、贵州、云南、福建、台湾、广东、广西、海南；日本、菲律宾、老挝、马来西亚、印度尼西亚、尼泊尔、印度（东部）、太平洋岛屿（夏威夷）、印度洋岛屿（毛里求斯、留尼汪）。

毛木防己

Cocculus orbiculatus var. **mollis** (Wall. ex Hook. f. et Thomson) H. Hara, Fl. E. Himalaya 2: 35 (1971).
Cocculus mollis Wall. ex Hook. f. et Thomson, Fl. Ind. 1: 193 (1855); *Cocculus lenissimus* Gagnep., Bull. Soc. Bot. France 55: 36 (1908); *Cocculus mokiangensis* W. Y. Lien, Acta Phytotax. Sin. 13 (1): 41, pl. 2 (1975).
四川、贵州、云南、广西；尼泊尔、印度（东部）。

轮环藤属 **Cyclea** Arn. ex Wight

毛叶轮环藤

Cyclea barbata Miers, Contr. Bot. 3: 237 (1871).
Cyclea wallichii Diels in Engler, Pflanzenr. 315 (1910); *Cyclea ciliata* Craib, Bull. Misc. Inform. Kew 1922 (8): 230 (1922).
广东、海南；越南、老挝、缅甸、泰国、印度尼西亚、印度（东北部）。

纤花轮环藤

Cyclea debiliflora Miers, Contr. Bot. 3: 242 (1871).
云南；印度（东北部）。

纤细轮环藤

●**Cyclea gracillima** Diels in Engler, Pflanzenr. 46 (IV. 94): 319 (1910).
Paracyclea densiflora Yamam., Enum. Menispermac. Pl. Hainan 77: fig. 3 (1942); *Cyclea densiflora* (Yamam.) Y. C. Tang et H. S. Lo, Acta Phytotax. Sin. 8. 341 (1963).
台湾、海南。

粉叶轮环藤

Cyclea hypoglauca (Schauer) Diels in Engler, Pflanzenr. 46 (IV. 94): 319 (1910).
Cissampelos hypoglauca Schauer, Nov. Actorum Acad. Caes. Leop.-Carol. Nat. Cur. 19 (Suppl. 1): 479 (1843); *Cyclea deltoidea* Miers, Hooker's J. Bot. Kew Gard. Misc. 3: 258 (1851); *Cyclea migoana* Yamam., J. Soc. Trop. Agric. 13: 49 (1941).
江西、湖南、贵州、云南、福建、广东、广西、海南；越南（北部）。

海岛轮环藤

Cyclea insularis (Makino) Hatsus., Mém. Fac. Agric. Kagoshima Univ. 5 (3): 29 (1966).
Cissampelos insularis Makino, Bot. Mag. (Tokyo) 24: 227 (1910).
贵州、台湾、广西；日本。

海岛轮环藤（原亚种）

Cyclea insularis subsp. **insularis**
台湾；日本。

黔贵轮环藤

●**Cyclea insularis** subsp. **guangxiensis** H. S. Lo, Guihaia 6 (1-2): 57 (1986).
贵州、广西。

弄岗轮环藤

●**Cyclea longgangensis** J. Y. Luo, Guihaia 9 (3): 197 (1989).
广西。

云南轮环藤

Cyclea meeboldii Diels in Engler, Pflanzenr. 46 (IV. 94): 315 (1910).
云南；印度（东北部）。

台湾轮环藤

●**Cyclea ochiaiana** (Yamam.) S. F. Huang et T. C. Huang in C. F. Hsieh et al., Fl. Taiwan, ed. 2 2: 594 (1996).
Cissampelos ochiaiana Yamam., Icon. Pl. Formosan. Suppl. 4: 14 (1928); *Paracyclea ochiaiana* (Yamam.) Kudô et Yamam., Bot. Mag. (Tokyo) 46: 158 (1932).
台湾。

铁藤

Cyclea polypetala Dunn, J. Linn. Soc., Bot. 35 (247): 485 (1903).
Cyclea hainanensis Merr., Philipp. J. Sci. 23 (3): 240 (1923).
云南、广西、海南；泰国（东北部）。

轮环藤

●**Cyclea racemosa** Oliv., Hooker's Icon. Pl. 20 (2): t. 1938 (1890).
陕西、浙江、江西、湖南、湖北、四川、贵州、广东。

四川轮环藤

●**Cyclea sutchuenensis** Gagnep., Bull. Soc. Bot. France 55: 37 (1908).
Paracyclea sutchuenensis (Gagnep.) Yamam., J. Soc. Trop. Agric. 12 (3): 274 (1940); *Cyclea sutchuenensis* var. *sessilis* Y. C. Wu, Bot. Jahrb. Syst. 71 (2): 175 (1940); *Paracyclea sutchuenensis* var. *sessilis* (Y. C. Wu) Yamam., Taiwania 1: 58 (1948).
湖南、湖北、四川、贵州、云南、广东、广西。

南轮环藤（小花轮环藤）

Cyclea tonkinensis Gagnep., Bull. Soc. Bot. France 55: 38 (1908).
云南、广西；越南（北部）、老挝。

西南轮环藤

Cyclea wattii Diels in Engler, Pflanzenr. 46 (IV. 94): 320 (1910).
Paracyclea wattii (Diels) Yamam., J. Soc. Trop. Agric. 12: 247 (1940).
四川、贵州、云南；印度（东北部）。

秤钩风属 **Diploclisia** Miers

秤钩风

•**Diploclisia affinis** (Oliv.) Diels in Engler, Pflanzenr. Menispermac. 46 (IV. 94): 227 (1910).
Cocculus affinis Oliv., Hooker's Icon. Pl. 18: t. 1760 (1888); *Diploclisia chinensis* Merr., Philipp. J. Sci. 15 (3): 235 (1919).
安徽、浙江、江西、湖南、湖北、四川、贵州、云南、福建、广东、广西。

苍白秤钩风（电藤）

Diploclisia glaucescens (Blume) Diels in Engler, Pflanzenr. 46 (IV. 94): 225 (1910).
Cocculus glaucescens Blume, Bijdr. Fl. Ned. Ind. 25 (1825); *Cocculus macrocarpa* Wight, Illustr. 1: 22, t. 7 (1840); *Diploclisia macrocarpa* (Wight) Miers, Ann. Mag. Nat. Hist., sér. 2 7: 42 (1851); *Cocculus kunstleri* King, J. Asiat. Soc. Bengal 58 (2): 384 (1889); *Diploclisia kunstleri* (King) Diels in Engler, Pflanzenr. 46 (IV. 94): 227 (1910).
云南、广东、广西、海南；菲律宾、缅甸、泰国、印度尼西亚、印度、斯里兰卡、巴布亚新几内亚。

藤枣属 **Eleutharrhena** Forman

藤枣

Eleutharrhena macrocarpa (Diels) Forman, Kew Bull. 30: 99 (1975).
Pycnarrhena macrocarpa Diels in Engler, Pflanzenr. 46 (IV. 94): 52 (1910).
云南；印度（阿萨姆邦）。

天仙藤属 **Fibraurea** Lour.

天仙藤（黄连藤，大黄藤）

Fibraurea recisa Pierre, Fl. Forest. Cochinch.: pl. 3 (1885).
云南、广东、广西；越南、老挝、柬埔寨。

夜花藤属 **Hypserpa** Miers

夜花藤

Hypserpa nitida Miers, Hooker's J. Bot. Kew Gard. Misc. 3: 258 (1851).
Hypserpa laevifolia Diels in Engler, Pflanzenr. 46 (IV. 94): 210 (1910).
云南、福建、广东、广西、海南；菲律宾、老挝、缅甸、泰国、马来西亚、印度尼西亚、印度（阿萨姆邦）、孟加拉国、斯里兰卡。

蝙蝠葛属 **Menispermum** L.

蝙蝠葛

Menispermum dauricum DC., Syst. Nat. 1: 540 (1818).
Menispermum dauricum var. *pauciflorum* Franch., Pl. David. 1: 25 (1885); *Menispermum dauricum* var. *pilosum* C. K. Schneid., Ill. Handb. Laubholzk. 1: 326 (1905); *Menispermum miersii* Kundu et S. Guha, Adansonia, n. s. 20 (2): 212 (1980); *Menispermum chinense* Kundu et S. Guha, Adansonia, n. s. 20: 225 (1998).
黑龙江、吉林、辽宁、内蒙古、河北、山西、山东、陕西、宁夏、甘肃、安徽、江苏、浙江、江西、湖南、湖北、贵州；日本、朝鲜半岛、俄罗斯（西西伯利亚）。

粉绿藤属 **Pachygone** Miers

粉绿藤

•**Pachygone sinica** Diels, Notizbl. Bot. Gart. Berlin-Dahlem. 11 (103): 209 (1931).
广东、广西。

肾子藤

•**Pachygone valida** Diels in Engler, Pflanzenr. 46 (IV. 94): 243 (1910).
Limaciopsis valida (Diels) H. S. Lo, Fl. Yunnan. 3: 238, t. 67 (1983).
贵州、云南、广西。

滇粉绿藤

•**Pachygone yunnanensis** H. S. Lo, Guihaia 10 (3): 181 (1990).
云南。

连蕊藤属 **Parabaena** Miers

连蕊藤

Parabaena sagittata Miers, Ann. Mag. Nat. Hist., sér. 2 7: 39 (1851).
贵州、云南、西藏、广西；越南、老挝、缅甸、泰国、不丹、尼泊尔、印度（东北部）、孟加拉国。

细圆藤属 **Pericampylus** Miers

细圆藤（广藤）

Pericampylus glaucus (Lam.) Merr., Interpr. Herb. Amboin. 219 (1917).

Menispermum glaucum Lam., Encycl. 4: 100 (1797); *Cocculus incannus* Colebr., Trans. Linn. Soc. London 13 (1): 57 (1822); *Pericampylus incannus* (Colebr.) Hook. f. et Thomson, Fl. Ind. 1: 194 (1855); *Pericampylus formosanus* Diels in Engler, Pflanzenr. 46 (IV. 94): 221. fig. 75 (1910); *Pericampylus trinervatus* Yamam., Icon. Pl. Formosan. Suppl. 4: 9, f. 3 (1928); *Coscinium collaniae* Gagnep., Bull. Soc. Bot. France 85: 168 (1938); *Pericampylus omeiensis* W. Y. Lien, Acta Phytotax. Sin. 13 (1): 39 (1976).
浙江、江西、湖南、四川、贵州、福建、台湾、广东、广西、海南；菲律宾、越南、老挝、缅甸、泰国、马来西亚、印度尼西亚、印度。

密花藤属 **Pycnarrhena** Miers ex Hook. f. et Thomson

密花藤

Pycnarrhena lucida (Teijsm. et Binn.) Miq., Ann. Mus. Bot. Lugduno-Batavi 4: 87 (1868).
Cocculus lucidus Teijsm. et Binn., Natuurk. Tijdschr. Ned.-Indië 4: 397 (1853); *Antitaxis fasciculata* Miers, Contr. Bot. 3: 356 (1871); *Antitaxis calocarpa* Kurz, J. Bot. 13: 324 (1875); *Telotia nodiflora* Pierre, Bull. Mens. Soc. Linn. Paris 1: 754 (1888); *Antitaxis nodiflora* (Pierre) Gagnep., Bull. Soc. Bot. France 55: 35 (1908); *Pycnarrhena calocarpa* Diels in Engler, Pflanzenr. Menispermac. 51 (1910); *Pycnarrhena fasciculata* (Miers) Diels in Engler, Pflanzenr. 46 (IV. 94): 50 (1910).
海南；老挝、泰国（北部）、柬埔寨、马来西亚、印度尼西亚 [爪哇（西部）、苏门答腊（中西部）]、印度（尼古巴群岛、安达曼群岛）。

硬骨藤

Pycnarrhena poilanei (Gagnep.) Forman, Kew Bull. 26: 407 (1971).
Pridania poilanei Gagnep., Bull. Soc. Bot. France 85: 170 (1938); *Pridania petelotii* Gagnep., *op. cit.* 85: 170 (1938).
云南、海南；越南（北部）、泰国。

风龙属 **Sinomenium** Diels

风龙

Sinomenium acutum (Thunb.) Rehder et E. H. Wilson in C. S. Sargent, Pl. Wilson. 1 (3): 387 (1913).
Menispermum acutum Thunb., Syst. Veg., ed. 14: 193 (1784); *Cocculus diversifolius* Miq., Ann. Mus. Bot. Lugduno-Batavi 3: 10 (1867); *Cocculus diversifolius* var. *cinereus* Diels, Bot. Jahrb. Syst. 36 (5, Beibl. 82): 45 (1905); *Cocculus heterophyllus* Hemsl. et E. H. Wilson, Bull. Misc. Inform. Kew 1906 (5): 150 (1906); *Menispermum diversifolium* Gagnep., Bull. Soc. Bot. France 55: 38 (1908); *Sinomenium diversifolium* (Miq.) Diels in Engler, Pflanzenr. 46 (IV. 94): 245 (1910); *Sinomenium acutum* var. *cinereum* (Diels) Rehder et E. H. Wilson in C. S. Sargent, Pl. Wilson. 1 (3): 387 (1913).
山西、河南、安徽、浙江、江西、湖北、四川、贵州、云南、广东、广西；日本、泰国（北部）、尼泊尔、印度（北部）。

千斤藤属 **Stephania** Lour.

白线薯

Stephania brachyandra Diels in Engler, Pflanzenr. 46 (IV. 94): 275 (1910).
云南；缅甸。

短梗地不容（短梗千金藤）

●**Stephania brevipedunculata** C. Y. Wu et D. D. Tao, Fl. Xizang. 2: 159 (1985).
西藏。

金线吊乌龟（金线吊蛤蟆，独脚乌桕，铁秤砣）

●**Stephania cephalantha** Hayata, Icon. Pl. Formosan. 3: 12, f. 8 (1913).
Stephania tetrandra var. *glabra* Maxim., Bull. Phys.-Math. Acad. Imp. Sci. Saint-Pétersbourg 11: 647 (1883); *Stephania disciflora* Hand.-Mazz., Symb. Sin. 7 (2): 261 (1931).
陕西、安徽、江苏、浙江、江西、湖南、湖北、四川、贵州、福建、台湾、广东、广西。

景东千斤藤

●**Stephania chingtungensis** H. S. Lo, Acta Phytotax. Sin. 16 (1): 25, f. 1, 4-6 (1978).
云南。

一文钱（小寒药）

●**Stephania delavayi** Diels in Engler, Pflanzenr. 46 (IV. 94): 275 (1910).
Stephania graciliflora Yamam., J. Soc. Trop. Agric. 12: 243 (1940).
四川、贵州、云南。

齿叶地不容

●**Stephania dentifolia** H. S. Lo et M. Yang, Guihaia 8 (4): 313 (1988).
云南。

荷包地不容

●**Stephania dicentrinifera** H. S. Lo et M. Yang, Bull. Bot. Res., Harbin 2 (1): 48 (1982).
云南。

血散薯

●**Stephania dielsiana** Y. C. Wu, Bot. Jahrb. 71 (2): 174 (1940).
湖南、贵州、广东、广西。

大叶地不容

Stephania dolichopoda Diels in Engler, Pflanzenr. 46 (IV. 94):

282 (1910).
云南、广西；印度（东北部）。

川南地不容

●**Stephania ebracteata** S. Y. Zhao et H. S. Lo, Guihaia 10 (3): 181 (1990).
四川。

雅丽千斤藤

Stephania elegans Hook. f. et Thomson, Fl. Ind. 1: 195 (1855).
云南；尼泊尔、印度（东北部）。

地不容

●**Stephania epigaea** H. S. Lo, Acta Phytotax. Sin. 16 (1): 34, pl. 7, f. 1-3 (1978).
四川、贵州、云南。

江南地不容

●**Stephania excentrica** H. S. Lo, Acta Phytotax. Sin. 16 (1): 33, pl. 6, f. 4-6 (1978).
江西、湖南、湖北、四川、贵州、福建、广西。

西藏地不容（光叶地不容）

Stephania glabra (Roxb.) Miers, Ann. Mag. Nat. Hist., sér. 3 18: 14 (1866).
Cissampelos glabra Roxb., Fl. Ind. 3: 840 (1832).
西藏；缅甸、泰国、尼泊尔、印度（东部、西北部和南部）、孟加拉国。

纤细千斤藤

Stephania gracilenta Miers, Contr. Bot..3: 219 (1871).
西藏；尼泊尔。

海南地不容

●**Stephania hainanensis** H. S. Lo et Y. Tsoong, Acta Phytotax. Sin. 16 (1): 39, f. 2, 1-3 (1978).
海南。

草质千斤藤

●**Stephania herbacea** Gagnep., Bull. Soc. Bot. France 55: 40 (1908).
湖南、湖北、四川、贵州。

河谷地不容

●**Stephania intermedia** H. S. Lo, Fl. Yunnan. 3: 247 (1983).
云南。

千斤藤

Stephania japonica (Thunb.) Miers, Ann. Mag. Nat. Hist., sér. 3 18: 14 (1866).
河南、安徽、江苏、浙江、江西、湖南、湖北、四川、贵州、云南、福建、广西、海南；日本、朝鲜半岛、？越南、老挝、缅甸、泰国、马来西亚、印度尼西亚（爪哇）、尼泊尔、印度、孟加拉国、斯里兰卡、澳大利亚、太平洋岛屿。

千斤藤（原变种）

Stephania japonica var. **japonica**
Menispermum japonicum Thunb., Fl. Jap. 195 (1784).
河南、安徽、江苏、浙江、江西、湖南、湖北、四川、贵州、云南、福建、广西、海南；日本、朝鲜半岛、？越南、老挝、缅甸、泰国、马来西亚、印度尼西亚（爪哇）、尼泊尔、印度、孟加拉国、斯里兰卡、澳大利亚、太平洋岛屿。

光叶千斤藤

Stephania japonica var. **timoriensis** (DC.) Forman, Kew Bull. 11: 49 (1956).
Cocculus japonicus var. *timoriensis* DC., Prodr. 1: 96 (1824); *Cocculus forsteri* DC., Syst. Nat. 1: 517 (1818); *Stephania forsteri* (DC.) A. Gray, Bot. Wilkes Exped. 1: 36 (1854).
云南、广西；印度尼西亚（爪哇）、孟加拉国、澳大利亚、太平洋岛屿。

桂南地不容

●**Stephania kuinanensis** H. S. Lo et M. Yang, Bull. Bot. Res., Harbin 2 (1): 46, f. 3 (1982).
广西。

广西地不容

●**Stephania kwangsiensis** H. S. Lo, Acta Phytotax. Sin. 16 (1): 30, pl. 5, pl. 6, f. 1-3 (1978).
云南、广西。

临沧地不容

●**Stephania lincangensis** H. S. Lo et M. Yang, Guihaia 8 (4): 311 (1988).
云南。

粪箕笃

Stephania longa Lour., Fl. Cochinch. 2: 608 (1790).
Stephania japonica var. *hispidula* Yamam., Icon. Pl. Formosan. 3: 34, f (1927); *Stephania hispidula* (Yamam.) Yamam., Trans. Nat. Hist. Soc. Taiwan 26: 240 (1936).
云南、福建、台湾、广东、广西、海南；老挝。

长柄地不容

●**Stephania longipes** H. S. Lo, Bull. Bot. Res., Harbin 2 (1): 54 (1982).
云南。

大花地不容（老人头）

●**Stephania macrantha** H. S. Lo et M. Yang, Guihaia 8 (4): 309 (1988).
云南。

马山地不容

●**Stephania mashanica** H. S. Lo et B. N. Chang, Bull. Bot. Res., Harbin 2 (1): 50 (1982).

广西。

台湾千斤藤

●**Stephania merrillii** Diels in Engler, Pflanzenr. 46 (IV. 94): 268 (1910).
台湾。

小花地不容

●**Stephania micrantha** H. S. Lo et M. Yang, Bull. Bot. Res., Harbin 2 (1): 52, pl. 1, f. 8-13 (1982).
广西。

米易地不容

●**Stephania miyiensis** S. Y. Zhao et H. S. Lo, Guihaia 10 (3): 183 (1990).
四川。

九药千斤藤（新拟）

●**Stephania novenanthera** Heng C. Wang, Novon 33 (3): 379 (2013).
广西。

药用地不容

●**Stephania officinarum** H. S. Lo et M. Yang, Guihaia 8 (4): 310 (1988).
云南。

台湾千斤藤

●**Stephania sasakii** Hayata ex Yamam., Icon. Pl. Formosan. Suppl. 4: 13 (1928).
台湾。

汝兰

●**Stephania sinica** Diels in Engler, Pflanzenr. 46 (IV. 94): 272 (1910).
湖南、湖北、四川、贵州、云南。

西南千斤藤

●**Stephania subpeltata** H. S. Lo, Acta Phytotax. Sin. 16 (1): 22, f. 1, 10-12 (1978).
四川、云南、广西。

小叶地不容

●**Stephania succifera** H. S. Lo et Y. Tsoong, Acta Phytotax. Sin. 16 (1): 36, pl. 9, f. 4-6 (1978).
海南。

四川千斤藤

●**Stephania sutchuenensis** H. S. Lo, Acta Phytotax. Sin. 16 (1): 25, f. 1, 7-9 (1978).
四川。

粉防己

●**Stephania tetrandra** S. Moore, J. Bot. 13 (152): 225 (1875).
安徽、浙江、江西、湖南、湖北、福建、台湾、广东、广西、海南。

黄叶地不容

●**Stephania viridiflavens** H. S. Lo et M. Yang, Bull. Bot. Res., Harbin 2 (1): 42, f. 1, 1-7 (1982).
贵州、云南、广西。

云南地不容

●**Stephania yunnanensis** H. S. Lo, Bull. Bot. Res., Harbin 2 (1): 45, f. 2 (1982).
云南。

云南地不容（原变种）

●**Stephania yunnanensis** var. **yunnanensis**
云南。

毛萼地不容

●**Stephania yunnanensis** var. **trichocalyx** H. S. Lo et M. Yang, Guihaia 8 (4): 313 (1988).
云南。

大叶藤属 **Tinomiscium** Miers ex Hook. f. et Thomson

大叶藤

Tinomiscium petiolare Hook. f. et Thomson, Fl. Ind. 1: 205 (1855).
Tinomiscium tonkinense Gagnep., Bull. Soc. Bot. France 55: 43 (1908).
云南、广西；越南（中部和北部）、泰国、马来西亚、印度尼西亚、巴布亚新几内亚。

青牛胆属 **Tinospora** Miers

波叶青牛胆（发冷藤）

Tinospora crispa (L.) Hook. f. et Thomson, Fl. Ind. 1: 183 (1855).
Menispermum crispum L., Sp. Pl. ed. 2 2: 1468 (1763); *Tinospora rumphii* Boerl., Cat. Horto Bot. Bogor. 116 (1901); *Tinospora thorelii* Gagnep., Bull. Soc. Bot. France 55: 46 (1908); *Tinospora mastersii* Diels in Engler, Pflanzenr. Menispermac. 140 (1910); *Tinospora gibbericaulis* Hand.-Mazz., Anz. Akad. Wiss. Wien, Math.-Naturwiss. Kl. 60: 95 (1923).
云南；菲律宾、老挝、缅甸、泰国、柬埔寨、马来西亚、印度尼西亚、印度（东北部）。

台湾青牛胆

●**Tinospora dentata** Diels in Engler, Pflanzenr. 46 (IV. 94): 139 (1910).
台湾。

广西青牛胆

●**Tinospora guangxiensis** H. S. Lo, Guihaia 6 (1-2): 52 (1986).

广西。

海南青牛胆

•**Tinospora hainanensis** H. S. Lo et Z. X. Li, Guihaia 6 (1-2): 51 (1986).

Tinospora glabra auct. non (Burm. f.) Merr., Forman in Kew Bull. 36: 417 (1981) p. p., quoad specim.

海南。

青牛胆

Tinospora sagittata (Oliv.) Gagnep., Bull. Soc. Bot. France 55: 45 (1908).

山西、陕西、江西、湖南、湖北、四川、贵州、云南、西藏、福建、广东、广西、海南；越南（北部）。

青牛胆（原变种）

Tinospora sagittata var. **sagittata**

Limacia sagittata Oliv., Hooker's Icon. Pl. 18 (2): t. 1749 (1888); *Tinospora capillipes* Gagnep., Bull. Soc. Bot. France 55: 44 (1908); *Tinospora szechuanensis* S. Y. Hu, J. Arnold Arbor. 35 (2): 196, t. 1, f. 1 (1954); *Tinospora imbricata* S. Y. Hu, J. Arnold Arbor. 35 (2): 195, t. 1, f. 2 (1954); *Tinospora sagittata* var. *leucocarpa* Y. Wan et C. Z. Gao, Guihaia 10 (3): 178, f. 1 (1990).

山西、陕西、江西、湖南、湖北、四川、贵州、云南、西藏、福建、广东、广西、海南；越南（北部）。

峨眉青牛胆

•**Tinospora sagittata** var. **craveniana** (S. Y. Hu) H. S. Lo, Iconogr. Cormophyt. Sin. Suppl. 1: 490 (1982).

Tinospora craveniana S. Y. Hu, J. Arnold Arbor. 35 (2): 194, t. 1, f. 6 (1954); *Tinospora intermedia* S. Y. Hu, *op. cit.* 35 (2): 196, t. 1, f. 5 (1954).

四川。

云南青牛胆

•**Tinospora sagittata** var. **yunnanensis** (S. Y. Hu) H. S. Lo, Iconogr. Cormophyt. Sin. Suppl. 1: 490 (1982).

Tinospora yunnanensis S. Y. Hu, J. Arnold Arbor. 35 (2): 197, t. 1, f. 4 (1954).

云南、广西。

中华青牛胆

Tinospora sinensis (Lour.) Merr., Sunyatsenia 1: 193 (1934).

Campylus sinensis Lour., Fl. Cochinch. 1: 113 (1790); *Menispermum malabaricum* Lam., Encycl. 4: 96 (1797); *Cocculus tomentosus* Colebr., Trans. Linn. Soc. London 13 (1): 59 (1822); *Menispermum tomentosum* (Colebr.) Roxb., Fl. Ind. 3: 813 (1832); *Tinospora tomentosa* (Colebr.) Hook. f. et Thomson, Fl. Ind. 1: 183 (1855); *Tinospora malabarica* (Lam.) Hook. f. et Thomson, Fl. Ind. 1: 96 (1855).

云南、广东、广西；越南、泰国、柬埔寨、尼泊尔、印度、斯里兰卡。

74. 小檗科 BERBERIDACEAE [11 属：328 种]

小檗属 Berberis L.

峨眉小檗

•**Berberis aemulans** C. K. Schneid. in C. S. Sargent, Pl. Wilson. 3: 434 (1917).

四川。

堆花小檗

•**Berberis aggregata** C. K. Schneid., Bull. Herb. Boissier, sér. 2 8 (3): 203 (1908).

Berberis brevipaniculata C. K. Schneid., *op. cit.* 8: 263 (1908); *Berberis aggregata* var. *integrifolia* Ahrendt, J. Linn. Soc., Bot. 57: 203 (1961).

山西、甘肃、青海、湖北、四川。

暗红小檗

•**Berberis agricola** Ahrendt, J. Linn. Soc., Bot. 57: 192 (1961).

西藏。

高山小檗

•**Berberis alpicola** C. K. Schneid., Repert. Spec. Nov. Regni Veg. 46: 253 (1939).

台湾。

可爱小檗

Berberis amabilis C. K. Schneid., Repert. Spec. Nov. Regni Veg. 46: 457 (1939).

Berberis amabilis var. *holophylla* C. Y. Wu et S. Y. Bao, Bull. Bot. Res., Harbin 5 (3): 5 (1985).

云南；缅甸。

美丽小檗

•**Berberis amoena** Dunn, J. Linn. Soc., Bot. 39: 422 (1911).

Berberis sinensis var. *elegans* Franch., Pl. Delavay. 35 (1889); *Berberis leptoclada* Diels, Notes Roy. Bot. Gard. Edinburgh 5 (25): 167 (1912); *Berberis schneideri* Rehder, J. Arnold Arbor. 17: 323 (1936); *Berberis amoena* var. *umbelliflora* Ahrendt, J. Linn. Soc., Bot. 57: 154 (1961).

四川、云南。

黄芦木（小檗，大叶小檗）

Berberis amurensis Rupr., Bull. Acad. Imp. Sci. Saint-Pétersbourg 15: 260 (1857).

黑龙江、吉林、辽宁、内蒙古、河北、山西、山东、河南、陕西、甘肃；日本、朝鲜半岛、俄罗斯。

有棱小檗

Berberis angulosa Wall. ex Hook. f. et Thomson, Fl. Ind. 1: 227 (1855).

青海、西藏；尼泊尔、印度（东北部）。

安徽小檗

●**Berberis anhweiensis** Ahrendt, J. Linn. Soc., Bot. 57: 185 (1961).
安徽、浙江、湖北。

近似小檗

●**Berberis approximata** Sprague, Bull. Misc. Inform. Kew 1909: 256 (1909).
Berberis stiebritziana C. K. Schneid., Oesterr. Bot. Z. 66: 320 (1916).
青海、四川、云南、西藏。

锐齿小檗

●**Berberis arguta** (Franch.) C. K. Schneid., Bull. Herb. Boissier, sér. 2 8 (3): 197 (1908).
Berberis wallichiana f. *arguta* Franch., Bull. Soc. Bot. France 33: 388 (1886).
贵州、云南。

密齿小檗

●**Berberis aristatoserrulata** Hayata, Icon. Pl. Formosan. 3: 13 (1913).
台湾。

直梗小檗

●**Berberis asmyana** C. K. Schneid. in C. S. Sargent, Pl. Wilson. 1 (3): 357 (1913).
四川。

黑果小檗

●**Berberis atrocarpa** C. K. Schneid. in C. S. Sargent, Pl. Wilson. 3: 437 (1917).
Berberis atrocarpa var. *subintegra* Ahrendt, J. Linn. Soc., Bot. 57: 77 (1961); *Berberis silvicola* var. *angustata* Ahrendt, *op. cit.* 57: 62 (1961).
湖南、四川、云南。

那觉小檗

●**Berberis atroviridiana** T. S. Ying, Acta Phytotax. Sin. 37: 336 (1999).
西藏。

宝兴小檗（新拟）

●**Berberis baoxingensis** X. H. Li, Phytotaxa 227 (1): 31 (2015) [epublished].
四川。

巴塘小檗

●**Berberis batangensis** T. S. Ying, Acta Phytotax. Sin. 37 (4): 344 (1999).
四川。

康松小檗

●**Berberis beaniana** Scheid. in C. S. Sargent, Pl. Wilson. 3: 439 (1917).
四川。

北京小檗

●**Berberis beijingensis** T. S. Ying, Acta Phytotax. Sin. 37 (4): 324 (1999).
北京、山东。

汉源小檗

●**Berberis bergmanniae** C. K. Schneid. in C. S. Sargent, Pl. Wilson. 1: 362 (1913).
四川。

汉源小檗（原变种）

●**Berberis bergmanniae** var. **bergmanniae**
四川。

汶川小檗

●**Berberis bergmanniae** var. **acanthophylla** C. K. Schneid. in C. S. Sargent, Pl. Wilson. 1 (3): 362 (1913).
四川。

二色小檗

●**Berberis bicolor** H. Lév., Repert. Spec. Nov. Regni Veg. 9: 454 (1911).
贵州。

短柄小檗

●**Berberis brachypoda** Maxim., Bull. Acad. Imp. Sci. Saint-Pétersbourg 23: 308 (1877).
山西、河南、陕西、甘肃、青海、湖北、四川。

长苞小檗

●**Berberis bracteata** (Ahrendt) Ahrendt, J. Linn. Soc., Bot. 57: 163 (1961).
Berberis dictyoneura var. *bracteata* Ahrendt, J. Bot. 80 (Suppl.): 111 (1944).
云南。

钙原小檗

●**Berberis calcipratorum** Ahrendt, J. Linn. Soc., Bot. 57: 130 (1961).
云南。

弯果小檗

●**Berberis campylotropa** T. S. Ying, Fl. Xizang. 2: 152 (1985).
西藏。

单花小檗

●**Berberis candidula** C. K. Schneid., Bull. Herb. Boissier, sér. 2 5: 402 (1905).
湖北、四川。

贵州小檗

●**Berberis cavaleriei** H. Lév., Repert. Spec. Nov. Regni Veg. 9: 454 (1911).

Berberis emilii C. K. Schneid., *op. cit.* 46: 255 (1939); *Berberis praecipua* var. *major* Ahrendt, J. Linn. Soc., Bot. 57: 43 (1961); *Berberis liophylla* var. *conglobata* Ahrendt, *op. cit.* 57: 74 (1961); *Berberis dolichostemon* Ahrendt, *op. cit.* 57: 59 (1961).

贵州、云南。

多花大黄连刺

●**Berberis centiflora** Diels, Notes Roy. Bot. Gard. Edinburgh 5 (25): 167 (1912).

Berberis pruinosa var. *centiflora* (Diels) Hand.-Mazz., Symb. Sin. 7: 325 (1931).

云南。

华东小檗

●**Berberis chingii** Cheng, Contr. Biol. Lab. Sci. Soc. China, Bot., sér. 9: 191 (1934).

Berberis cavaleriei var. *pruinosa* Byhouwer, J. Arnold Arbor. 9 (2-3): 132 (1928); *Berberis chingii* subsp. *wulingensis* C. M. Hu, Bull. Bot. Res., Harbin 6 (2): 9, pl. 4, 1-6 (1986); *Berberis chingii* subsp. *subedentata* C. M. Hu, Bull. Bot. Res., Harbin 6 (2): 9 (1986).

江西、湖南、福建、广东。

黄球小檗

●**Berberis chrysophaera** Mulligan, Bull. Misc. Inform. Kew 1940 (2): 78-79 (1940).

西藏。

淳安小檗

●**Berberis chunanensis** T. S. Ying ex T. S. Ying, Novon 18 (4): 494 (2008).

浙江。

秦岭小檗

●**Berberis circumserrata** (C. K. Schneid.) C. K. Schneid. in C. S. Sargent, Pl. Wilson. 3 (3): 435 (1917).

Berberis diaphana var. *circumserrata* C. K. Schneid. in C. S. Sargent, Pl. Wilson. 1: 354 (1913).

河南、陕西、甘肃、青海、湖北。

秦岭小檗（原变种）

●**Berberis circumserrata** var. **circumserrata**

Berberis circumserrata var. *subarmarta* Ahrendt, J. Bot. 79 (Suppl.): 56 (1941).

河南、陕西、甘肃、青海、湖北。

多萼小檗

●**Berberis circumserrata** var. **occidentaliar** Ahrendt, J. Linn. Soc., Bot. 57: 122 (1961).

甘肃。

雅洁小檗

Berberis concinna Hook., Bot. Mag. 79: t. 4744 (1853).

西藏；尼泊尔、印度。

同色小檗

●**Berberis concolor** W. W. Sm., Notes Roy. Bot. Gard. Edinburgh 11: 199 (1919).

云南。

德钦小檗

●**Berberis contracta** T. S. Ying, Acta Phytotax. Sin. 37 (4): 322 (1999).

云南。

贡山小檗

●**Berberis coryi** Veitch, Gard. Chron., sér. 3 52: 321 (1912).

云南。

厚檐小檗

●**Berberis crassilimba** C. C. Wu, Bull. Bot. Res., Harbin 5 (3): 2 (1985).

四川、云南。

城口小檗

●**Berberis daiana** T. S. Ying, Acta Phytotax. Sin. 37 (4): 345 (1999).

四川。

稻城小檗

●**Berberis daochengensis** T. S. Ying, Acta Phytotax. Sin. 37 (4): 336 (1999).

四川。

直穗小檗

●**Berberis dasystachya** Maxim., Bull. Acad. Imp. Sci. Saint-Pétersbourg 23: 308 (1877).

Berberis dolichobotrys Fedde, Bot. Jahrb. Syst. 36 (5, Beibl. 82): 41 (1905); *Berberis kansuensis* var. *procera* Ahrendt, J. Linn. Soc., Bot. 57: 183 (1961).

河北、山西、河南、陕西、宁夏、甘肃、青海、湖北、四川。

密叶小檗

●**Berberis davidii** Ahrendt, J. Linn. Soc., Bot. 57: 56 (1961).

Berberis wallichiana f. *parvifolia* Franch., Pl. Delavay. 38 (1889); *Berberis densa* C. K. Schneid., Repert. Spec. Nov. Regni Veg. 46: 254 (1939), not Planchon et Linden (1862).

云南。

道孚小檗

●**Berberis dawoensis** K. Meyer, Repert. Spec. Nov. Regni Veg. Beih. 12: 379 (1922).

四川、云南。

壮刺小檗

●**Berberis deinacantha** C. K. Schneid., Repert. Spec. Nov.

Regni Veg. 46: 259 (1939).
四川、贵州、云南。

得荣小檗

•**Berberis derongensis** T. S. Ying, Acta Phytotax. Sin. 37 (4): 333 (1999).
四川。

显脉小檗

•**Berberis delavayi** C. K. Schneid. in C. S. Sargent, Pl. Wilson. 1: 364 (1913).
Berberis phanera C. K. Schneid., Oesterr. Bot. Z. 67 (1): 22 (1918); *Berberis delavayi* var. *wachinensis* Ahrendt, J. Bot. 79 (6): 33 (1941); *Berberis subcoriacea* Ahrendt, J. Linn. Soc., Bot. 57: 75 (1961).
四川、云南。

鲜黄小檗（黄檗，三颗针，黄花刺）

•**Berberis diaphana** Maxim., Bull. Acad. Imp. Sci. Saint-Pétersbourg 23: 309 (1877).
Berberis diaphana var. *uniflora* Ahrendt, J. Linn. Soc., Bot. 57: 124 (1961).
陕西、甘肃、青海。

松潘小檗

•**Berberis dictyoneura** C. K. Schneid. in C. S. Sargent, Pl. Wilson. 1: 374 (1913).
Berberis brachystachys T. S. Ying, Fl. Xizang. 2: 137 (1985).
山西、甘肃、青海、四川、西藏。

刺红珠

•**Berberis dictyophylla** Franch., Pl. Delavay. 39 (1889).
青海、四川、西藏、云南。

刺红珠（原变种）

•**Berberis dictyophylla** var. **dictyophylla**
四川、云南、西藏。

无粉刺红珠

•**Berberis dictyophylla** var. **epruinosa** C. K. Schneid. in C. S. Sargent, Pl. Wilson. 1 (3): 353 (1913).
Berberis ambrozyana C. K. Schneid. in C. S. Sargent, Pl. Wilson. 1 (3): 356 (1913).
青海、四川、云南、西藏。

首阳小檗

•**Berberis dielsiana** Fedde, Bot. Jahrb. Syst. 36 (5, Beibl. 82): 41 (1905).
河北、山西、山东、河南、陕西、甘肃、湖北。

东川小檗

•**Berberis dongchuanensis** T. S. Ying, Acta Phytotax. Sin. 37 (4): 312 (1999).
云南。

置疑小檗

•**Berberis dubia** C. K. Schneid., Bull. Herb. Boissier, sér 2 5: 663 (1905).
内蒙古、宁夏、甘肃、青海。

丛林小檗

•**Berberis dumicola** C. K. Schneid., Repert. Spec. Nov. Regni Veg. 46: 249 (1939).
云南。

红枝小檗

•**Berberis erythroclada** Ahrendt, J. Bot. 79 (Suppl.): 49 (1941).
Berberis erythroclada var. *trulungensis* Ahrendt, J. Linn. Soc., Bot. 57: 118 (1961).
西藏。

珠峰小檗

Berberis everestiana Ahrendt, J. Linn. Soc., Bot. 57: 116 (1961).
西藏；尼泊尔。

南川小檗

•**Berberis fallaciosa** C. K. Schneid., Repert. Spec. Nov. Regni Veg. 46: 258 (1939).
湖北、四川。

假小檗

•**Berberis fallax** C. K. Schneid., Repert. Spec. Nov. Regni Veg. 46: 263 (1939).
云南。

假小檗（原变种）

•**Berberis fallax** var. **fallax**
云南。

阔叶假小檗

•**Berberis fallax** var. **latifolia** C. C. Wu et S. Y. Bao, Bull. Bot. Res., Harbin 5 (3): 6 (1985).
云南。

陇西小檗

•**Berberis farreri** Ahrendt, J. Linn. Soc., Bot. 57: 192 (1961).
甘肃。

异长穗小檗

•**Berberis feddeana** C. K. Schneid., Bull. Herb. Boissier, sér. 2 5: 665 (1905).
陕西、青海、湖北、四川。

大果小檗

•**Berberis fengii** S. Y. Bao, Bull. Bot. Res., Harbin 5 (3): 3 (1985).
云南。

大叶小檗

●**Berberis ferdinandi-coburgii** C. K. Schneid. in C. S. Sargent, Pl. Wilson. 1: 364 (1913).
云南。

金江小檗

●**Berberis forrestii** Ahrendt, Gard. Chron., sér. 3 109: 101 (1941).
云南。

滇西北小檗

●**Berberis franchetiana** C. K. Schneid., Oesterr. Bot. Z. 67: 223 (1918).
Berberis franchetiana var. *glabripes* Ahrendt, J. Bot. 80 (Suppl.): 114 (1945).
四川、云南。

大黄檗

●**Berberis francisci-ferdinandi** C. K. Schneid. in C. S. Sargent, Pl. Wilson. 1: 367 (1913).
山西、甘肃、四川、西藏。

福建小檗

●**Berberis fujianensis** C. M. Hu, Bull. Bot. Res., Harbin 6 (2): 5 (1986).
福建。

湖北小檗

●**Berberis gagnepainii** C. K. Schneid., Bull. Herb. Boissier, sér. 2 8 (3): 196 (1908).
湖北、四川、贵州、云南。

湖北小檗（原变种）

●**Berberis gagnepainii** var. **gagnepainii**
Berberis gagnepainii var. *filipes* Ahrendt, J. Bot. 79 (6): 39 (1941); *Berberis gagnepainii* var. *lanceifolia* Ahrendt, J. Bot. 79 (6): 39 (1941); *Berberis gagnepanii* var. *lanceifolia* f. *pluriflora* Ahrendt, J. Linn. Soc., Bot. 57: 53 (1961); *Berberis caudatifolia* S. Y. Bao, Bull. Bot. Res., Harbin 5 (3): 5 (1985).
湖北、四川、贵州、云南。

眉山小檗

●**Berberis gagnepainii** var. **omeiensis** C. K. Schneid., Repert. Spec. Nov. Regni Veg. 46: 264 (1939).
四川。

涝峪小檗

●**Berberis gilgiana** Fedde, Bot. Jahrb. Syst. 36 (Beibl. 82): 43 (1905).
陕西、湖北。

吉隆小檗

●**Berberis gilungensis** T. S. Ying, Fl. Xizang. 2: 134 (1985).
西藏。

狭叶小檗

●**Berberis graminea** Ahrendt, J. Bot. 80 (Suppl.): 110 (1944).
四川。

错那小檗

Berberis griffithiana C. K. Schneid., Bull. Herb. Boissier, sér. 2 5: 403 (1905).
西藏；不丹。

错那小檗（原变种）（卷叶小檗）

Berberis griffithiana var. **griffithiana**
Berberis subpteroclada var. *impar* Ahrendt, J. Bot. 79, Supl.: 21 (1941); *Berberis subpteroclada* Ahrendt, J. Bot. 79, Suppl.: 21 (1941).
西藏；不丹。

灰叶小檗

Berberis griffithiana var. **pallida** (Hook. f. et Thomson) D. F. Chamb. et C. M. Hu, Notes Roy. Bot. Gard. Edinburgh 42 (3): 547 (1985).
Berberis wallichiana var. *pallida* Hook. f. et Thomson, Fl. Ind. 1: 226 (1855); *Berberis bhutanensis* Ahrendt, J. Bot. 79 (Suppl.): 17 (1941); *Berberis leptopoda* Ahrendt, J. Bot. 79 (Suppl.): 33 (1941); *Berberis replicata* var. *dispar* Ahrendt, J. Bot. 79 (Suppl.): 20 (1941); *Berberis taronensis* var. *trimensis* Ahrendt, J. Linn. Soc., Bot. 57: 79 (1961).
西藏；不丹。

安宁小檗

●**Berberis grodtmanniana** C. K. Schneid., Oesterr. Bot. Z. 67: 19 (1918).
四川、云南。

安宁小檗（原变种）

●**Berberis grodtmanniana** var. **grodtmanniana**
四川。

黄茎小檗

●**Berberis grodtmanniana** var. **flavoramea** C. K. Schneid., Repert. Spec. Nov. Regni Veg. 46: 256 (1939).
云南。

毕节小檗

●**Berberis guizhouensis** T. S. Ying, Acta Phytotax. Sin. 37 (4): 320 (1999).
贵州。

波密小檗

●**Berberis gyalaica** Ahrendt, Gard. Chron., sér. 3 109: 101 (1941).
Berberis taylorii Ahrendt, J. Bot. 79 (Suppl.): 71 (1942); *Berberis gyalaica* var. *maximiflora* Ahrendt, J. Linn. Soc., Bot. 57: 218 (1961).

西藏。

洮河小檗

•**Berberis haoi** T. S. Ying, Acta Phytotax. Sin. 37 (4): 339 (1999).
甘肃。

南湖小檗

•**Berberis hayatana** M. Mizush., Misc. Rep. Res. Inst. Nat. Resourc. (1954).
Berberis formosana Li, J. Wash. Acad. Sci. 42: 41 (1952).
台湾。

拉萨小檗

•**Berberis hemsleyana** Ahrendt, J. Linn. Soc., Bot. 57: 213 (1961).
西藏。

川鄂小檗

•**Berberis henryana** C. K. Schneid., Bull. Herb. Boissier, sér. 2 5: 664 (1905).
河南、陕西、甘肃、湖南、湖北、四川、贵州。

南阳小檗

•**Berberis hersii** Ahrendt, Gard. Ill. 64: 426 (1944).
Berberis amurensis var. *licentii* Ahrendt, J. Linn. Soc., Bot. 57: 194 (1961).
河北、山西、山东。

异果小檗

Berberis heteropoda Schrenk in Fisch. et C. A. Mey., Enum. Pl. Nov. 1: 102 (1841).
新疆；俄罗斯。

毛梗小檗

•**Berberis hobsonii** Ahrendt, J. Linn. Soc., Bot. 57: 137 (1961).
西藏。

风庆小檗

•**Berberis holocraspedon** Ahrendt, J. Bot. 79 (Suppl.): 22 (1941).
云南。

河南小檗

•**Berberis honanensis** Ahrendt, Gard. Ill. 64: 426 (1944).
河南。

叙永小檗

•**Berberis hsuyunensis** P. G. Xiao et W. C. Sung, Acta Phytotax. Sin. 12 (4): 388 (1974).
四川。

阴湿小檗

•**Berberis humido-umbrosa** Ahrendt, J. Bot. 80 (Suppl.): 115 (1945).
西藏。

异叶小檗

•**Berberis hypericifolia** T. S. Ying, Fl. Xizang. 2: 140 (1985).
西藏。

黄背小檗

•**Berberis hypoxantha** C. Y. Wu, Bull. Bot. Res., Harbin 5 (3): 6 (1985).
云南。

烦果小檗（黑果小檗）

Berberis ignorata C. K. Schneid., Bull. Herb. Boissier, sér. 2 5: 661 (1905).
Berberis virescens var. *ignorata* (C. K. Schneid.) Ahrendt, J. Bot. 79 (Suppl.): 60 (1941).
西藏；不丹、印度。

伊犁小檗

Berberis iliensis Popov, Ind. Sem. Hort. Bot. Almaat. Acad. Sci. U. R. S. S. 3: 3 (1936).
Berberis nummularia var. *schrenkian* C. K. Schneid., Bull. Herb. Boissier, sér. 2 5: 460 (1905).
新疆；哈萨克斯坦。

南岭小檗

•**Berberis impedita** C. K. Schneid., Repert. Spec. Nov. Regni Veg. 46: 263 (1939).
江西、湖南、四川、广东、广西。

球果小檗

•**Berberis insignis** subsp. **incrassata** (Ahrendt) D. F. Chamb. et C. M. Hu, Notes Roy. Bot. Gard. Edinburgh 42 (3): 537 (1985).
Berberis incrassata Ahrendt, Gard. Chron., sér. 3 105: 371 (1939); *Berberis incrassata* var. *bucahwangensis* Ahrendt, J. Bot. 79 (Suppl.): 11 (1941); *Berberis incrassata* var. *fugongensis* S. Y. Bao, Bull. Bot. Res., Harbin 5 (3): 7 (1985).
云南、西藏。

西昌小檗

•**Berberis insolita** C. K. Schneid., Repert. Spec. Nov. Regni Veg. 46: 257 (1939).
Berberis atrocarpa var. *suijiangensis* S. Y. Bao, Bull. Bot. Res., Harbin 5 (3): 5 (1985).
四川、贵州、云南。

甘南小檗

•**Berberis integripetala** T. S. Ying, Acta Phytotax. Sin. 37 (4): 334 (1999).
甘肃。

鼠叶小檗（柳叶小檗）

•**Berberis iteophylla** C. Y. Wu, Bull. Bot. Res., Harbin 5 (3): 7 (1985).

云南。

川滇小檗

●**Berberis jamesiana** Forrest et W. W. Sm., Notes Roy. Bot. Gard. Edinburgh 9: 81 (1916).

Berberis integerrima Franch., Bull. Soc. Bot. France 33: 386 (1886), non Bunge, Linnaea 18: 149 (1844), nec K. Koch, Dendrologie 1: 399 (1869); *Berberis nummularia* var. *sinica* C. K. Schneid., Bull. Herb. Boissier, sér. 2 8: 202 (1908); *Berberis leucocarpa* W. W. Sm., Notes Roy. Bot. Gard. Edinburgh 9: 82 (1916); *Berberis jamesiana* var. *sepium* Ahrendt, J. Linn. Soc., Bot. 57: 180 (1961); *Berberis jamesiana* var. *leucocarpa* (W. W. Sm.) Ahrendt, J. Linn. Soc., Bot. 57: 180 (1961).

四川、云南、西藏。

江西小檗

●**Berberis jiangxiensis** C. M. Hu, Bull. Bot. Res., Harbin 6 (2): 9 (1986).

江西。

江西小檗（原变种）

●**Berberis jiangxiensis** var. **jiangxiensis**

江西。

短叶江西小檗

●**Berberis jiangxiensis** var. **pulchella** C. M. Hu, Bull. Bot. Res., Harbin 6 (2): 10 (1986).

江西。

金佛山小檗

●**Berberis jinfoshanensis** T. S. Ying, Acta Phytotax. Sin. 37: 316 (1999).

四川。

藤小檗

●**Berberis jingguensis** G. S. Fan et X. W. Li, J. Trop. Subtrop. Bot. 5 (3): 1 (1997).

云南。

小瓣小檗

●**Berberis jinshajiangensis** X. H. Li, J. Trop. et Subtrop. Bot. 15 (6): 553 (2007).

云南。

九龙小檗

●**Berberis jiulongensis** T. S. Ying, Acta Phytotax. Sin. 37 (4): 320 (1999).

四川。

腰果小檗

●**Berberis johannis** Ahrendt, Gard. Chron., sér. 3 109: 101 (1941).

西藏。

豪猪刺

●**Berberis julianae** C. K. Schneid. in C. S. Sargent, Pl. Wilson. 1: 360 (1913).

Berberis julianae var. *patungensis* Ahrendt, J. Linn. Soc., Bot. 57: 69 (1961); *Berberis julianae* var. *oblongifolia* Ahrendt, *op. cit.* 57: 68 (1961).

湖南、湖北、四川、贵州、广西。

康定小檗

●**Berberis kangdingensis** T. S. Ying, Acta Phytotax. Sin. 37 (4): 349 (1999).

四川。

甘肃小檗

●**Berberis kansuensis** C. K. Schneid., Oesterr. Bot. Z. 67: 288 (1918).

陕西、宁夏、甘肃、青海、四川。

喀什小檗

Berberis kaschgarica Rupr., Mém. Acad. Imp. Sci. St.-Pétersbourg, sér. 7 14 (4): 38 (1869).

新疆；俄罗斯。

台湾小檗

●**Berberis kawakamii** Hayata, J. Coll. Sci. Imp. Univ. Tokyo 30 (1): 24 (1911).

Berberis brevisepala Hayata, Icon. Pl. Formosan. 3: 14 (1913); *Berberis natoensis* C. K. Schneid., Repert. Spec. Nov. Regni Veg. 46: 252 (1939); *Berberis formosana* Ahrendt, J. Bot. 79 (3): 24 (1941); *Berberis kawakamii* var. *formosana* (Ahrendt) Ahrendt, J. Linn. Soc., Bot. 57: 65 (1961); *Berberis chingshuiensis* Shimizu, J. Fac. Text. Sci. Techn. 12: 129 (1961).

台湾。

南方小檗

●**Berberis kerriana** Ahrendt, J. Linn. Soc., Bot. 57: 91 (1961).

中国（无详细地点）。

工布小檗

●**Berberis kongboensis** Ahrendt, J. Bot. 80 (Suppl.): 93 (1942).

Berberis amoena var. *moloensis* Ahrendt, J. Linn. Soc., Bot. 57: 154 (1961).

西藏。

昆明小檗

●**Berberis kunmingensis** C. Y. Wu, Bull. Bot. Res., Harbin 5 (3): 8 (1985).

云南。

老君山小檗

●**Berberis laojunshanensis** T. S. Ying, Acta Phytotax. Sin. 37 (4): 318 (1999).

湖北。

雷波小檗

•**Berberis leboensis** T. S. Ying, Acta Phytotax. Sin. 37 (4): 328 (1999).
四川。

光叶小檗

•**Berberis lecomtei** C. K. Schneid. in C. S. Sargent, Pl. Wilson. 1 (3): 373 (1913).
Berberis thunbergii var. *glabra* Franch., Pl. Delavay. 35 (1889); *Berberis humido-umbrosa* var. *inornata* Ahrendt, J. Bot. 80 (Suppl.): 116 (1945); *Berberis franchetiana* var. *macrobotrys* Ahrendt, J. Bot. 80 (Suppl.): 114 (1945).
四川、云南、西藏。

天台小檗（长柱小檗）

•**Berberis lempergiana** Ahrendt, Gard. Chron., sér. 3 109: 101 (1941).
浙江。

鳞叶小檗

•**Berberis lepidifolia** Ahrendt, Bull. Misc. Inform. Kew 269 (1939).
四川、云南。

平滑小檗

•**Berberis levis** Franch., Bull. Soc. Bot. France 33: 386 (1886).
Berberis willeana C. K. Schneid., Oesterr. Bot. Z. 67: 141 (1918); *Berberis willeana* var. *serrulat* C. K. Schneid., Repert. Spec. Nov. Regni Veg. 46: 245 (1939); *Berberis levis* var. *brachyphylla* Ahrendt, J. Linn. Soc., Bot. 57: 75 (1961).
四川、云南。

丽江小檗

•**Berberis lijiangensis** C. Y. Wu ex S. Y. Bao, Bull. Bot. Res., Harbin 5 (3): 9 (1985).
云南。

滑叶小檗

•**Berberis liophylla** C. K. Schneid., Repert. Spec. Nov. Regni Veg. 46: 247 (1939).
四川、云南。

长刺小檗

•**Berberis longispina** T. S. Ying, Fl. Xizang. 2: 148 (1985).
西藏。

亮叶小檗

•**Berberis lubrica** C. K. Schneid., Repert. Spec. Nov. Regni Veg. 46: 265 (1939).
四川。

炉霍小檗

•**Berberis luhuoensis** T. S. Ying, Acta Phytotax. Sin. 37 (4): 323 (1999).
四川。

麻栗坡小檗

•**Berberis malipoensis** C. Y. Wu et S. Y. Bao, Bull. Bot. Res., Harbin 5 (3): 10 (1985).
云南。

矮生小檗

•**Berberis medogensis** T. S. Ying, Acta Phytotax. Sin. 37 (4): 350 (1999).
西藏。

湄公小檗

•**Berberis mekongensis** W. W. Sm., Notes Roy. Bot. Gard. Edinburgh 9: 82 (1916).
四川、云南、西藏。

万源小檗

•**Berberis metapolyantha** Ahrendt, J. Bot. 79 (Suppl.): 75 (1942).
四川、云南。

冕宁小檗

•**Berberis mianningensis** T. S. Ying, Acta Phytotax. Sin. 37 (4): 347 (1999).
四川。

小毛小檗

•**Berberis microtrich** C. K. Schneid., Oesterr. Bot. Z. 67: 223 (1918).
四川、云南。

小花小檗

•**Berberis minutiflora** C. K. Schneid., Ill. Handb. Laubholzk. 2: 914 (1912).
Berberis angulosa var. *brevipes* Franch., Pl. Delavay. 39 (1889); *Berberis brevipes* (Franch.) C. K. Schneid., Bull. Herb. Boissier, sér. 2 8 (3): 194 (1908) not Greene. (1901); *Berberis minutiflora* var. *yulungshanensis* S. Y. Bao, Bull. Bot. Res., Harbin 5 (3): 3 (1985); *Berberis minutiflora* var. *glabramea* Ahrendt, Bull. Bot. Res., Harbin 5 (3): 3 (1985).
四川、云南、西藏。

玉山小檗

•**Berberis morrisonensis** Hayata, J. Coll. Sci. Imp. Univ. Tokyo 30: 25 (1911).
台湾。

变刺小檗

•**Berberis mouillacana** C. K. Schneid. in C. S. Sargent, Pl. Wilson. 1 (3): 371 (1913).
Berberis boschanii C. K. Schneid. in C. S. Sargent, Pl. Wilson. 1 (3): 369 (1913).
青海、四川。

木里小檗

●**Berberis muliensis** Ahrendt, Bull. Misc. Inform. Kew 268 (1939).
四川、云南、西藏。

木里小檗（原变种）

●**Berberis muliensis** var. **muliensis**
Berberis ludlowii Ahrendt, J. Bot. 79 (Suppl.): 43 (1941); *Berberis capillaris* Cox ex Ahrendt, J. Bot. 79 (Suppl.): 47 (1941); *Berberis ludlowii* var. *deleica* (Ahrendt) Ahrendt, J. Linn. Soc., Bot. 57: 115 (1961); *Berberis ludlowii* var. *capillaris* (Cox ex Ahrendt) Ahrendt, J. Linn. Soc., Bot. 57: 115 (1961); *Berberis tianbaoshanensis* S. Y. Bao, Acta Phytotax. Sin. 25 (2): 158 (1987).
四川、云南、西藏。

阿墩小檗

●**Berberis muliensis** var. **atuntzeana** Ahrendt, Bull. Misc. Inform. Kew 6: 269 (1939).
Berberis muliensis var. *beimanica* Ahrendt, Bull. Misc. Inform. Kew 6: 261 (1939); *Berberis ludlowii* var. *saxiclivicola* Ahrendt, J. Linn. Soc., Bot. 57: 115 (1961).
四川、云南、西藏。

多枝小檗

●**Berberis multicaulis** T. S. Ying, Fl. Xizang. 2: 147 (1985).
西藏。

多株小檗

●**Berberis multiovula** T. S. Ying, Acta Phytotax. Sin. 37 (4): 309 (1999).
四川。

粗齿小檗

●**Berberis multiserrata** T. S. Ying, Fl. Xizang. 2: 139 (1985).
西藏。

林地小檗

●**Berberis nemoros** C. K. Schneid., Repert. Spec. Nov. Regni Veg. 46: 246 (1939).
广西。

无脉小檗

●**Berberis nullinervis** T. S. Ying, Fl. Xizang. 2: 141 (1985).
西藏。

垂果小檗

●**Berberis nutanticarpa** C. Y. Wu, Bull. Bot. Res., Harbin 5 (3): 15 (1985).
四川、云南、西藏。

石门小檗

●**Berberis oblanceifolia** C. M. Hu, Bull. Bot. Res., Harbin 6 (2): 12 (1986).
湖南。

裂瓣小檗

●**Berberis obovatifolia** T. S. Ying, Fl. Xizang. 2: 146 (1985).
西藏。

淡色小檗

●**Berberis pallens** Franch., Pl. Delavay. 36 (1889).
云南。

乳突小檗

●**Berberis papillifera** (Franch.) Koehne, Gartenflora 48: 21 (1899).
Berberis thunbergii var. *papillifera* Franch., Pl. Delavay. 36 (1889); *Berberis finetii* C. K. Schneid., Bull. Herb. Boissier, sér. 2 8 (3): 203 (1908).
四川、云南、西藏。

拟粉叶小檗

●**Berberis parapruinosa** T. S. Ying, Fl. Xizang. 2: 145 (1985).
西藏。

鸡脚连

●**Berberis paraspecta** Ahrendt, J. Linn. Soc., Bot. 57: 47 (1961).
云南。

等萼小檗

Berberis parisepala Ahrendt, Gard. Chron., sér. 3 109: 100 (1941).
Berberis everestiana var. *nambuensis* Ahrendt, J. Linn. Soc., Bot. 57: 117 (1961).
西藏；缅甸、不丹、尼泊尔。

疏齿小檗（梳边小檗）

●**Berberis pectinocraspedon** C. Y. Wu, Bull. Bot. Res., Harbin 5 (3): 11 (1985).
云南。

石楠小檗

●**Berberis photiniifolia** C. M. Hu, Bull. Bot. Res., Harbin 6 (2): 4 (1986).
广东。

屏边小檗

●**Berberis pingbienensis** S. Y. Bao, Bull. Bot. Res., Harbin 5 (3): 12 (1985).
云南。

屏山小檗

●**Berberis pingshanensis** W. C. Sung et P. K. Hsiao, Acta Phytotax. Sin. 12: 387 (1974).
四川。

平武小檗

●**Berberis pingwuensis** T. S. Ying, Acta Phytotax. Sin. 37 (4): 339 (1999).
四川。

平坝小檗

•**Berberis pingbaensis** M. T. An, Bull. Bot. Res., Harbin 28 (6): 641, fig. 1 (2008).
贵州。

阔叶小檗

•**Berberis platyphylla** (Ahrendt) Ahrendt, J. Linn. Soc., Bot. 57: 145 (1961).
Berberis yunnanensis var. *platyphylla* Ahrendt, J. Bot. 79 (Suppl.): 61 (1941).
四川、云南、西藏。

细叶小檗

Berberis poiretii C. K. Schneid., Mitt. Deutsch. Dendrol. Ges. 15: 18 (1906).
Berberis poiretii var. *biseminalis* P. Y. Li, Acta Phytotax. Sin. 10 (3): 212 (1965).
吉林、辽宁、内蒙古、河北、山西、陕西、青海；蒙古国、朝鲜半岛、俄罗斯。

刺黄花

•**Berberis polyantha** Hemsl., J. Linn. Soc., Bot. 29 (202): 302 (1892).
四川、西藏。

少齿小檗

•**Berberis potaninii** Maxim., Acta Horti Petrop. 2: 41 (1891).
Berberis sphalera Fedde, Bot. Jahrb. 36 (5, Beibl. 82): 44 (1905); *Berberis liechtensteinii* C. K. Schneid. in C. S. Sargent, Pl. Wilson. 1: 377 (1913).
陕西、甘肃、四川。

短锥花小檗

•**Berberis prattii** C. K. Schneid. in C. S. Sargent, Pl. Wilson. 1 (3): 376 (1913).
Berberis prattii var. *recurvata* C. K. Schneid., *op. cit.* 1 (3): 377 (1913); *Berberis polyantha* var. *oblanceolat* C. K. Schneid., *op. cit.* 1 (3): 376 (1913); *Berberis aggregata* var. *pratti* C. K. Schneid., *op. cit.* 3: 443 (1917); *Berberis oblanceolata* (C. K. Schneid.) Ahrendt, Bull. Misc. Inform. Kew 275 (1939); *Berberis prattii* var. *laxipendula* Ahrendt, J. Roy. Hort. Soc. 79: 192 (1954).
四川、西藏。

粉果小檗

•**Berberis pruinocarpa** C. Y. Wu, Bull. Bot. Res., Harbin 5 (3): 16 (1985).
云南。

粉叶小檗

•**Berberis pruinosa** Franch., Bull. Soc. Bot. France 33: 387 (1886).
四川、贵州、云南、西藏。

粉叶小檗（原变种）

•**Berberis pruinosa** var. **pruinosa**
Berberis pruinosa var. *brevipes* Ahrendt, J. Bot. 79 (Suppl.): 15 (1941); *Berberis pruinosa* var. *punctata* Ahrendt, J. Linn. Soc., Bot. 57: 82 (1961); *Berberis hibbardiana* Ahrendt, J. Linn. Soc., Bot. 57: 59 (1961).
四川、贵州、云南、西藏。

易门小檗

•**Berberis pruinosa var. barresiana** Ahrendt, Kew Bull. 1939: 266 (1939).
Berberis pruinosa var. *tenuipes* Ahrendt, J. Linn. Soc., Bot. 57: 81 (1961).
云南。

假美丽小檗

•**Berberis pseudoamoena** T. S. Ying, Acta Phytotax. Sin. 37 (4): 331 (1999).
四川。

假藏小檗

•**Berberis pseudotibetica** C. Y. Wu, Acta Phytotax. Sin. 25 (2): 159, pl. 8 (1987).
云南。

柔毛小檗

•**Berberis pubescens** Pamp., Nuovo Giorn. Bot. Ital., n. s. 17 (2): 273 (1910).
Berberis gilgiana Schuid. in C. S. Sargent, Pl. Wilson. 3: 440 (1917).
陕西、湖北。

普兰小檗

•**Berberis pulangensis** T. S. Ying, Fl. Xizang. 2: 133 (1985).
西藏。

延安小檗

•**Berberis purdomii** C. K. Schneid. in C. S. Sargent, Pl. Wilson. 1 (3): 372 (1913).
山西、陕西、甘肃、青海。

巧家小檗

•**Berberis qiaojiaensis** S. Y. Bao, Bull. Bot. Res., Harbin 5 (3): 1 (1985).
云南。

短序小檗

•**Berberis racemulosa** T. S. Ying, Fl. Xizang. 2: 129 (1985).
西藏。

卷叶小檗

•**Berberis replicata** W. W. Sm., Notes Roy. Bot. Gard. Edinburgh 11 (55): 200 (1919).
云南。

网脉小檗

●**Berberis reticulata** Bijh., J. Arnold Arbor. 9 (2-3): 132 (1928).
陕西。

芒康小檗

●**Berberis reticulinervis** T. S. Ying, Acta Phytotax. Sin. 37 (4): 305 (1999).
甘肃、四川、西藏。

芒康小檗（原变种）

●**Berberis reticulinervis** var. **reticulinervis**.
四川、西藏。

无梗小檗

●**Berberis reticulinervis** var. **brevipedicellata** T. S. Ying, Acta Phytotax. Sin. 37 (4): 307 (1999).
甘肃。

心叶小檗

●**Berberis retusa** T. S. Ying, Acta Phytotax. Sin. 37 (4): 338 (1999).
四川、云南。

砂生小檗

●**Berberis sabulicola** T. S. Ying, Fl. Xizang. 2: 133 (1985).
西藏。

柳叶小檗

●**Berberis salicaria** Fedde, Bot. Jahrb. 36 (5, Beibl. 82): 42 (1905).
Berberis brachypoda var. *salicaria* (Fedde) C. K. Schneid., Bull. Herb. Baiss., sér. 2 8: 262 (1908); *Berberis giraldii* Hesse, Mitt. Deutsch. Dendrol. Ges. 1913: 272 (1913); *Berberis mitifolia* Stapf, Bot. Mag. 154: t. 9326 (1931).
陕西、甘肃、湖北。

血红小檗

●**Berberis sanguinea** Franch., Nouv. Arch. Mus. Hist. Nat., sér. 2 8: 194 (1885).
Berberis panlanensis Ahrendt, Bull. Misc. Inform. Kew 1939: 265 (1939).
湖北、四川。

刺黑珠

●**Berberis sargentiana** C. K. Schneid. in C. S. Sargent, Pl. Wilson. 1 (3): 359 (1913).
Berberis simulans C. K. Schneid., Repert. Spec. Nov. Regni Veg. 46: 258 (1939); *Berberis recurvata* Ahrendt, Gard. Chron., sér. 3 124: 175 (1949).
湖北、四川。

陕西小檗

●**Berberis shensiana** Ahrendt, Gard. Chron., sér. 3 112: 155 (1942).
陕西。

短苞小檗

●**Berberis sherriffii** Ahrendt, J. Bot. 79 (Suppl.): 77 (1942).
西藏。

西伯利亚小檗（刺叶小檗）

Berberis sibirica Pall., Reise 2: 737 (1773).
Berberis boreali-sinensis Nakai, J. Jap. Bot. 15: 528 (1939).
内蒙古、河北、山西、新疆，中国东北；蒙古国、俄罗斯。

四川小檗

●**Berberis sichuanica** T. S. Ying, Acta Phytotax. Sin. 37 (4): 329 (1999).
四川、云南。

锡金小檗

Berberis sikkimensis (C. K. Schneid.) Ahrendt, J. Bot. 80 (Suppl.): 85 (1942).
Berberis chitria var. *sikkimensis* C. K. Schneid., Bull. Herb. Boissier, sér. 2 5: 453 (1905); *Berberis sikkimensis* var. *baileyi* Ahrendt, J. Linn. Soc., Bot. 57: 99 (1961); *Berberis sikkimensis* var. *globramea* Ahrendt, J. Bot. Lond. 80: 14, J. Bot. 80 (Suppl.): 87 (1942).
云南、西藏；不丹、尼泊尔、印度。

华西小檗

●**Berberis silva-taroucana** C. K. Schneid. in C. S. Sargent, Pl. Wilson. 1 (3): 370 (1913).
甘肃、四川、云南、西藏、福建。

兴山小檗

●**Berberis silvicola** C. K. Schneid. in C. S. Sargent, Pl. Wilson. 3 (3): 438 (1917).
湖北。

假豪猪刺

●**Berberis souliean** C. K. Schneid., Bull. Herb. Boissier, sér. 2 5: 449 (1905).
Berberis stenophylla Hance, J. Bot. 20 (237): 257 (1882); *Berberis soulieana* var. *paucinervata* Ahrendt, J. Linn. Soc., Bot. 57: 78 (1961).
陕西、甘肃、湖北、四川。

短梗小檗

●**Berberis stenostachya** Ahrendt, J. Linn. Soc., Bot. 57: 197 (1961).
甘肃。

亚尖小檗

●**Berberis subacuminata** C. K. Schneid. in C. S. Sargent, Pl. Wilson. 1 (3): 363 (1913).
湖南、贵州、云南。

近缘小檗

●**Berberis subholophylla** C. Y. Wu, Bull. Bot. Res., Harbin 5 (3): 13 (1985).
云南。

近光滑小檗

Berberis sublevis W. W. Sm., Notes Roy. Bot. Gard. Edinburgh 9 (42): 83 (1916).
Berberis wallichiana var. *macrocarpa* Hook. f. et Thomson, Fl. Ind. 1: 226 (1855); *Berberis prainiana* C. K. Schneid., Bot. Mag. 157, sub. t. 9153 (1928); *Berberis sublevis* var. *grandifoli* C. K. Schneid., Repert. Spec. Nov. Regni Veg. 46: 253 (1939); *Berberis wallichiana* var. *gracilipes* Ahrendt, J. Bot. 79 (Suppl.): 17 (1941); *Berberis sublevis* var. *exquista* Ahrendt, J. Linn. Soc., Bot. 57: 58 (1961); *Berberis sublevis* var. *macrocarpa* (Hook. f. et Thoms) Ahrendt, J. Linn. Soc., Bot. 57: 58 (1961).
四川、云南；缅甸、印度。

大理小檗

●**Berberis taliensis** C. K. Schneid., Repert. Spec. Nov. Regni Veg. 46: 252 (1939).
云南。

独龙小檗

●**Berberis taronensis** Ahrendt, J. Bot. (Suppl.) 23: 25 (1941).
云南、西藏。

林芝小檗

●**Berberis temolaica** Ahrendt, Gard. Chron., sér. 3 109: 101 (1941).
Berberis temolaica var. *artisepala* Ahrendt, J. Bot. 79 (Suppl): 55 (1941).
西藏。

细梗小檗

●**Berberis tenuipedicellata** T. S. Ying, Acta Phytotax. Sin. 37 (4): 343 (1999).
四川。

西藏小檗

Berberis thibetica C. K. Schneid., Repert. Spec. Nov. Regni Veg. 6 (119-124): 268 (1909).
西藏；日本。

日本小檗

☆**Berberis thunbergii** DC., Reg. Veg. Syst. Nat. 2: 9 (1821).
中国大部分省（自治区、直辖市）栽培；原产于日本。

天水小檗

●**Berberis tianshuiensis** T. S. Ying, Acta Phytotax. Sin. 37 (4): 341 (1999).
甘肃。

川西小檗

●**Berberis tischleri** C. K. Schneid., Bull. Herb. Boissier, sér. 2 8 (3): 201 (1908).
Berberis tischleri var. *abbreviata* Ahrendt, J. Linn. Soc., Bot. 57: 125 (1961); *Berberis diaphana* var. *tachiensis* Ahrendt, *op. cit.* 57: 123 (1961); *Berberis elliotii* Ahrendt, *op. cit.* 57: 126 (1961).
四川、西藏。

微毛小檗

●**Berberis tomentulosa** Ahrendt, J. Bot. 80 (Suppl.): 112 (1944).
云南。

芒齿小檗

●**Berberis triacanthophora** Fedde, Bot. Jahrb. Syst. 36 (5, Beibl. 82): 43 (1905).
陕西、湖南、湖北、四川、贵州。

毛序小檗

●**Berberis trichiata** T. S. Ying, Fl. Xizang. 2: 125 (1985).
西藏。

隐脉小檗

Berberis tsarica Ahrendt, J. Bot. 79 (Suppl.): 48 (1941).
西藏；不丹。

察瓦龙小檗

●**Berberis tsarongensis** Stapf, Bot. Mag. t. 9332 (1933).
Berberis tsarongensis var. *megacarpa* Ahrendt, J. Linn. Soc., Bot. 57: 156 (1961).
云南、西藏。

永思小檗

●**Berberis tsienii** T. S. Ying, Acta Phytotax. Sin. 37 (4): 307 (1999).
贵州。

尤里小檗

Berberis ulicina Hook. f. et Thomson, Fl. Ind. 1: 227 (1885).
新疆、西藏；克什米尔地区。

阴生小檗

●**Berberis umbratica** T. S. Ying, Fl. Xizang. 2: 135 (1985).
西藏。

独花小檗（新拟）（单花小檗）

●**Berberis uniflora** F. N. Wei et Y. G. Wei, Guihaia 15 (3): 218 (1995).
广西。

宁远小檗

●**Berberis valida** (C. K. Schneid.) C. K. Schneid., Mitt. Deutsch. Dendrol. Ges. 55: 40 (1942).

Berberis deinacantha var. *valid* C. K. Schneid., Repert. Ap. Nov. 46: 260 (1939).
四川、云南。

巴东小檗

●**Berberis veitchii** C. K. Schneid. in C. S. Sargent, Pl. Wilson. 1: 363 (1913).
湖北、四川、贵州。

匙叶小檗（西北小檗）

●**Berberis vernae** C. K. Schneid. in C. S. Sargent, Pl. Wilson. 1 (3): 372 (1913).
Berberis casoli var. *hoanghensis* C. K. Schneid., Bull. Herb. Boissier 5: 459 (1905).
甘肃、青海、四川。

春小檗

●**Berberis vernalis** (C. K. Schneid.) Chamb., Notes Roy. Bot. Gard. Edinburgh 42 (3): 554 (1985).
Berberis ferdinandi-coburgii var. *vernalis* C. K. Schneid., Repert. Spec. Nov. Regni Veg. 46: 249 (1939).
湖南、云南。

疣枝小檗

●**Berberis verruculosa** Hemsl. et E. H. Wilson, Bull. Misc. Inform. Kew 1906 (5): 151 (1906).
甘肃、四川、云南。

可食小檗

●**Berberis vinifera** T. S. Ying, Fl. Xizang. 2: 142 (1985).
西藏。

变绿小檗

Berberis virescens Hook., Bot. Mag. 116: t. 7116 (1890).
Berberis spraguei var. *pedunculata* Ahrendt, J. Linn. Soc., Bot. 57: 162 (1961).
云南、西藏；不丹、尼泊尔、印度。

庐山小檗

●**Berberis virgetorum** C. K. Schneid. in C. S. Sargent, Pl. Wilson. 3 (3): 440 (1917).
Berberis chekiangensis Ahrendt, J. Linn. Soc., Bot. 57: 185 (1961); *Berberis pingjiangensis* Q. L. Chen et B. M. Yang, Acta Phytotax. Sin. 20 (4): 483 (1982).
陕西、安徽、浙江、江西、湖南、湖北、贵州、福建。

西山小檗

●**Berberis wangi** C. K. Schneid., Repert. Spec. Nov. Regni Veg. 46: 246 (1939).
Berberis pruinosa var. *viridifoli* C. K. Schneid., *op. cit.* 46: 250 (1939); *Berberis schneideriana* Ahrendt, J. Linn. Soc., Bot. 57: 76 (1961).
云南。

万花山小檗

●**Berberis wanhuashanensis** Yue J. Zhang, Acta Bot. Boreal.-Occid. Sin. 11 (3): 258 (1991).
陕西。

威宁小檗

●**Berberis weiningensis** T. S. Ying, Acta Phytotax. Sin. 37 (4): 326 (1999).
贵州。

维西小檗

●**Berberis weisiensis** C. Y. Wu ex S. Y. Bao, Bull. Bot. Res., Harbin 5 (3): 17, f. 17 (1985).
云南。

威信小檗

●**Berberis weixinensis** S. Y. Bao, Bull. Bot. Res., Harbin 5 (3): 13 (1985).
云南。

金花小檗（小叶小檗）

●**Berberis wilsonae** Hemsl., Kew Bull. 1906: 151 (1906).
陕西、甘肃、四川、贵州、云南、西藏。

金花小檗（原变种）

●**Berberis wilsonae** var. **wilsonae**
Berberis parvifolia Sprague, Bull. Misc. Inform. Kew 1908: 445 (1908); *Berberis subcaulialata* C. K. Schneid., Repert. Spec. Nov. Regni Veg. 6 (119-124): 267 (1909); *Berberis stapfiana* C. K. Schneid., Bull. Misc. Inform. Kew 1912 (1): 35 (1912); *Berberis wilsonae* var. *stapfiana* (C. K. Schneid.) C. K. Schneid., Oesterr. Bot. Z. 57: 298 (1918); *Berberis wilsonae* var. *subcaulialata* (C. K. Schneid.) C. K. Schneid., Oesterr. Bot. Z. 57: 298 (1918); *Berberis wilsonae* var. *parvifolia* (Sprague) Ahrendt, J. Linn. Soc., Bot. 57: 215 (1961).
甘肃、四川、云南、西藏。

古宗金花小檗

●**Berberis wilsoniae** var. **guhtzunica** (Ahrendt) Ahrendt, J. Linn. Soc., Bot. 57: 216 (1961).
Berberis subcaulialata var. *guhtzunica* Ahrendt, J. Bot. 79 (Suppl.): 76 (1942); *Berberis wilsonae* var. *latior* Ahrendt, J. Linn. Soc., Bot. 57: 216 (1961).
陕西、四川、贵州、云南、西藏。

乌蒙小檗

●**Berberis woomungensis** C. Y. Wu, Bull. Bot. Res., Harbin 5 (3): 4 (1985).
云南。

务川小檗

●**Berberis wuchuanensis** Harber et S. Z. He, Bot. Mag. 29 (2): 120 (2012).

贵州。

无量山小檗

●**Berberis wuliangshanensis** C. Y. Wu, Bull. Bot. Res., Harbin 5 (3): 14, f. 14 (1985).
云南。

武夷小檗

●**Berberis wuyiensis** C. M. Hu, Bull. Bot. Res., Harbin 6 (2): 7 (1986).
江西、福建。

梵净小檗

●**Berberis xanthoclada** C. K. Schneid., Repert. Spec. Nov. Regni Veg. 46: 261 (1939).
贵州。

黄皮小檗

●**Berberis xanthophlaea** Ahrendt, J. Bot. 79 (Suppl.): 73 (1942).
西藏。

荥经小檗

●**Berberis yingjingensis** D. F. Chamb. et J. Harber, Curtis Bot. Mag. 29: 115 (2012).
四川。

兴文小檗

●**Berberis xingwenensis** T. S. Ying, Acta Phytotax. Sin. 37 (4): 311 (1999).
四川。

德浚小檗

●**Berberis yui** T. S. Ying, Acta Phytotax. Sin. 37: 309 (1999).
四川。

云南小檗

●**Berberis yunnanensis** Franch., Bull. Soc. Bot. France 33: 388 (1886).
四川、云南、西藏。

鄂西小檗（西南小檗）

●**Berberis zanlanscianensis** Pamp., Nuovo Giorn. Bot. Ital., n. s. 22 (2): 293 (1915).
湖北、四川。

紫云小檗

●**Berberis ziyunensis** P. G. Xiao, Acta Bot. Yunnan. 21 (1): 30 (1999).
贵州。

红毛七属 Caulophyllum Michx.

红毛七（鸡骨升麻，海椒七，葳严仙）

Caulophyllum robustum Maxim., Prim. Fl. Amur. 33 (1859).
Leontice robusta (Maxim.) Diels, Fl. Centr. China 337 (1900).
黑龙江、吉林、辽宁、河北、山西、河南、陕西、甘肃、安徽、浙江、湖北、四川、贵州、云南、西藏；日本、朝鲜半岛、俄罗斯。

山荷叶属 Diphylleia Michx.

南方山荷叶

●**Diphylleia sinensis** H. L. Li, J. Arnold Arbor. 28 (4): 442 (1947).
Diphylleia cymosa subsp. *sinensis* (H. L. Li) T. Shimizu, Hikobia, Suppl. 1: 450 (1981).
陕西、甘肃、湖北、四川、云南。

鬼臼属 Dysosma Woodson

云南八角莲

Dysosma aurantiocaulis (Hand.-Mazz.) Hu, Bull. Fan Mem. Inst. Biol. Bot. 8: 37 (1937).
Podophyllum aurantiocaulis Hand.-Mazz., Akad. Wiss. Wien, Math.-Naturwiss. Kl., Denkschr (1924); *Podophyllum mairei* Gagnep., Bull. Soc. Bot. France 85: 167 (1938); *Podophyllum sikkimense* R. Chatterjee et Mukerjee, Rec. Bot. Surv. India xvi. II: 48 (1953); *Dysosma furfuracea* S. Y. Bao, Acta Phytotax. Sin. 25 (2): 155 (1987).
云南；？缅甸。

小八角莲

●**Dysosma difformis** (Hemsl. et E. H. Wilson) T. H. Wang, Acta Phytotax. Sin. 17 (1): 19 (1979).
Podophyllum difforme Hemsl. et E. H. Wilson, Bull. Misc. Inform. Kew 1906 (5): 152 (1906); *Podophyllum triangulare* Hand.-Mazz., Anz. Akad. Wiss. Wien., Math.-Naturwiss. Kl. 61: 163 (1924); *Podophyllum tonkinense* Gagnep., Bull. Soc. Bot. France 85: 167 (1938); et in Humbert, Suppl. Fl. Indo-Chine 1: 146 (1938).
湖南、湖北、四川、贵州、广西。

贵州八角莲

●**Dysosma majoensis** (Gagnep.) M. Hiroe, Pl. Basho's et Buson's Hokku Lit. 8: 328 (1973).
Podophyllum majoense Gagnep., Bull. Soc. Bot. France 85: 167 (1938); *Dysosma guangxiensis* Y. S. Wang, Guihaia 4 (1): 43 (1984); *Dysosma lichuanensis* Z. Zheng et Y. J. Su, Acta Sci. Nat. Univ. Sunyatseni. 36 (2): 125 (1997).
湖北、四川、贵州、云南、广西。

六角莲

●**Dysosma pleiantha** (Hance) Woodson, Ann. Missouri Bot. Gard. 15: 335, pl. 46 (1928).
Podophyllum pleianthum Hance, J. Bot. 21 (6): 175 (1883); *Podophyllum ontzoi* Hayata, Icon. Pl. Formosan. 5: 2 (1915); *Podophyllum hispidum* K. S. Hao, Repert. Spec. Nov. Regni Veg. 36: 233 (1934); *Podophyllum chengii* Chien, Contr. Biol.

Lab. Sci. Soc. China, Bot., sér. 10: 108 (1936).
河南、安徽、浙江、江西、湖南、湖北、四川、福建、台湾、广东、广西。

西藏八角莲

•**Dysosma tsayuensis** T. S. Ying, Acta Phytotax. Sin. 17 (1): 20 (1979).
西藏。

川八角莲

•**Dysosma delavayi** (Franchet) Hu, Bull. Fan Mem. Inst. Biol., Bot. 8: 37（1937）.
Podophyllum delavayi Franchet, Bull. Mus. Hist. Nat. (Paris) 1: 63 (1895); *Podophyllum veitchii* Hemsl. et E. H. Wilson, Bull. Misc. Inform. Kew 1906 (5): 125 (1906); *Dysosma veitchii* (Hemsl. et E. H. Wilson) L. K. Fu et T. S. Ying, Acta Phytotax. Sin. 17 (1): 20 (1979); *Podophyllum delavayi* var. *longipetalum* J. M. H. Shaw, New Plantsman 6 (3): 163 (1999); *Dysosma veitchii* var. *longipetala* J. L. Wu et P. Zhuang, Pl. Mt. Emei: 484 (2007).
四川、贵州、云南。

八角莲

•**Dysosma versipellis** (Hance) M. Cheng, Acta Phytotax. Sin. 17 (1): 18, pl. 2, f. 5 (1979).
Podophyllum versipelle Hance, J. Bot. 21 (12): 362 (1883); *Podophyllum esquirolii* H. Lév. Repert. Spec. Nov. Regni Veg. 11 (286-290): 298 (1912).
山西、河南、安徽、浙江、江西、湖南、湖北、贵州、云南、广东、广西。

淫羊藿属 Epimedium (Tourn.) L.

粗毛淫羊藿

•**Epimedium acuminatum** Franch., Bull. Soc. Bot. France 33: 100 (1886).
Epimedium komarovii H. Lév., Repert. Spec. Nov. Regni Veg. 7: 259 (1909).
湖北、四川、贵州、云南、广西。

黔北淫羊藿

•**Epimedium borealiguizhouense** S. Z. He et Y. K. Yang, J. Pl. Resourc. Environ. 2 (4): 51 (1993).
贵州。

短茎淫羊藿

•**Epimedium brachyrrhizum** Stearn, Kew Bull. 52 (3): 659 (1997).
贵州。

淫羊藿（短角淫羊藿）

•**Epimedium brevicornu** Maxim., Acta Horti Petrop. 11: 42 (1890).
Epimedium rotundatum K. S. Hao, Repert. Spec. Nov. Regni Veg. 36: 223 (1934).
山西、河南、陕西、甘肃、青海、湖北、四川。

钟花淫羊藿

•**Epimedium campanulatum** Ogisu, Kew Bull. 51 (2): 401 (1996).
四川。

绿药淫羊藿

•**Epimedium chlorandrum** Stearn, Kew Bull. 52 (3): 660, f. 2 (1997).
四川。

宝兴淫羊藿

•**Epimedium davidii** Franch., Nouv. Arch. Mus. Hist. Nat., sér. 2 8: 195, t. 6 (1885).
Epimedium membranaceum K. I. Mey., Repert. Spec. Nov. Regni Veg. 12: 380 (1922).
四川、云南。

德务淫羊藿

•**Epimedium dewuense** S. Z. He, Probst et W. F. Xu, Acta Bot. Yunnan. 25 (3): 281 (2003).
贵州。

长蕊淫羊藿

•**Epimedium dolichostemon** Stearn, Kew Bull. 45: 685, f. 1 (1990).
四川。

无距淫羊藿

•**Epimedium ecalcaratum** G. Y. Zhong, Acta Phytotax. Sin. 29 (1): 89 (1991).
四川。

川西淫羊藿

•**Epimedium elongatum** Kom., Acta Horti Petrop. 29: 140 (1908).
四川。

恩施淫羊藿

•**Epimedium enshiense** B. L. Guo et P. G. Xiao, Acta Phytotax. Sin. 31 (2): 194 (1993).
湖北。

紫距淫羊藿

•**Epimedium epsteinii** Stearn, Kew Bull. 52 (3): 662, f. 3 (1997).
湖南。

方氏淫羊藿

•**Epimedium fangii** Stearn, Bot. Mag. (Tokyo) 12 (1): 18 (1995).
四川。

川鄂淫羊藿

•**Epimedium fargesii** Franch., J. Bot. (Morot) 8 (16): 281 (1894).
湖北、四川。

天全淫羊藿

•**Epimedium flavum** Stearn, Bot. Mag. (Tokyo) 12 (1): 21 (1995).
四川。

木鱼坪淫羊藿

•**Epimedium franchetii** Stearn, Kew Bull. 51 (2): 396, f. 2 (1996).
湖北、贵州。

腺毛淫羊藿

•**Epimedium glandulosopilosum** H. R. Liang, Acta Phytotax. Sin. 28 (4): 323 (1990).
四川。

湖南淫羊藿

•**Epimedium hunanense** (Hand.-Mazz.) Hand.-Mazz., Symb. Sin. 7 (2): 324 (1931).
Epimedium davidii var. *hunanense* Hand.-Mazz., Anz. Akad. Wiss. Wien., Math.-Naturwiss. Kl. 62 (12): 131 (1926); *Epimedium kunawarense* S. Clay, Rock Gard. 209 (1937).
湖南、湖北、广西。

镇坪淫羊藿

•**Epimedium ilicifolium** Stearn, Kew Bull. 53 (1): 213 (1998).
陕西。

金城山淫羊霍（新拟）

•**Epimedium jinchengshanense** Yan J. Zhang et J. Q. Li, Phytotaxa 172 (1): 40 (2014) [epublished].
四川。

靖州淫羊霍（新拟）

•**Epimedium jingzhouense** G. H. Xia et G. Y. Li, Nordic J. Bot. 27 (6): 472, fig. 1-2 (2009).
湖南。

朝鲜淫羊藿（淫羊藿）

Epimedium koreanum Nakai, Fl. Sylv. Kor. 21: 64 (1936).
Epimedium grandiflorum C. Morren, Belgique Hort. 2: 141, t. 35, f. A (1934); *Epimedium cremeum* Nakai, Nom. Pl. Japan. 104 (1939); *Epimedium sulphurellum* Nakai, J. Jap. Bot. 20: 75 (1944); *Epimedium grandiflorum* subsp. *koreanum* (Nakai) Kitam., Acta Phytotax. Geobot. 20: 202 (1962).
吉林、辽宁、安徽、浙江；日本、朝鲜半岛。

宽萼淫羊藿

•**Epimedium latisepalum** Stearn, Bot. Mag. (Kew Mag.) 10 (4): 180 (1993).
四川。

黔岭淫羊藿（近裂淫羊藿）

•**Epimedium leptorrhizum** Stearn, J. Bot. 71: 343 (1933).
Epimedium macranthum H. Lév., Fl. Kouy-Tchéou 48 (1915), not Morren et Decaisne (1834).
湖南、湖北、四川、贵州、广西。

时珍淫羊藿

•**Epimedium lishihchenii** Stearn, Kew Bull. 52 (3): 664 (1997).
Epimedium membranaceum K. I. Mey., Repert. Spec. Nov. Regni Veg. Beih. 12: 380 (1922); *Epimedium membranaceum* subsp. *orientale* Stearn, J. Linn. Soc., Bot. 51: 497 (1938).
江西。

裂叶淫羊藿

•**Epimedium lobophyllum** L. H. Liu et B. G. Li, Acta Phytotax. Sin. 37 (3): 288 (1999).
湖南。

直距淫羊藿

•**Epimedium mikinorii** Stearn, Kew Bull. 53 (1): 214 (1998).
湖北。

多花淫羊藿

•**Epimedium multiflorum** T. S. Ying, Fl. Reipubl. Popularis Sin. 29: 278, 310 (Addenda) (2001).
贵州。

天平山淫羊藿

•**Epimedium myrianthum** Stearn, Kew Bull. 53 (1): 218 (1998).
Epimedium sinense var. *pyramidale* Franch., Pl. Delavay. 40 (1889); *Epimedium sagittatum* var. *pyramidale* (Franch.) Stearn, J. Bot. 71: 346 (1933).
湖南、湖北、广西。

芦山淫羊藿

•**Epimedium ogisui** Stearn, Bot. Mag. (Kew Mag.) 10 (4): 182 (1993).
四川。

小叶淫羊藿

•**Epimedium parvifolium** S. Z. He et T. L. Zhang, Guihaia 14 (1): 25 (1994).
贵州。

少花淫羊藿

•**Epimedium pauciflorum** K. C. Yen, Guihaia 14 (2): 124 (1994).
四川。

茂汶淫羊藿

•**Epimedium platypetalum** K. I. Mey., Repert. Spec. Nov.

Regni Veg. Beih. 12: 380 (1922).
陕西、四川。

茂汶淫羊藿（原变种）

•**Epimedium platypetalum** var. **platypetalum**
陕西、四川。

纤细淫羊藿

•**Epimedium platypetalum** var. **tenuis** B. L. Guo et P. G. Xiao, Acta Phytotax. Sin. 31 (2): 196 (1993).
四川。

拟巫山淫羊藿

•**Epimedium pseudowushanense** B. L. Guo, Acta Phytotax. Sin. 45 (6): 813 (2007).
贵州、广西。

柔毛淫羊藿

•**Epimedium pubescens** Maxim., Bull. Acad. Imp. Sci. Saint-Pétersbourg 23: 309 (1877).
Epimedium pubescens var. *cavaleriei* Stearn, J. Bot. 71: 345 (1933); *Epimedium coactum* H. R. Liang, Acta Phytotax. Sin. 28 (4): 321 (1990).
河南、陕西、甘肃、安徽、湖北、四川、贵州。

普定淫羊藿（新拟）

•**Epimedium pudingense** S. Z. He, Y. Y. Wang et B. L. Guo, Ann. Bot. Fenn. 47 (3): 226, fig. 1 (2010).
贵州。

青城山淫羊藿

•**Epimedium qingchengshanense** G. Y. Zhong et B. L. Guo, Acta Phytotax. Sin. 45 (6): 813 (2007).
四川。

革叶淫羊藿

•**Epimedium reticulatum** C. Y. Wu, Acta Phytotax. Sin. 25 (2): 156 (1987).
四川。

强茎淫羊藿

•**Epimedium rhizomatosum** Stearn, Kew Bull. 53 (1): 220 (1998).
四川。

三枝九叶草

•**Epimedium sagittatum** (Siebold et Zucc.) Maxim., Bull. Acad. Imp. Sci. Saint-Pétersbourg 23: 310 (1877).
陕西、甘肃、安徽、浙江、江西、湖南、湖北、四川、福建、广东、广西。

三枝九叶草（原变种）

•**Epimedium sagittatum** var. **sagittatum**
Aceranthus sagittatus Siebold et Zucc., Abh. Math.-Phys. Cl. Königl. Bayer. Akad. Wiss. 4 (2): 175, pl. 2 (1845); *Aceranthus macrophyllus* Blume et C. Koch, Ann. Mus. Bot. Lugduno-Batavi 1: 253 (1864); *Aceranthus triphyllus* C. Koch, *op. cit.* 1: 253 (1864); *Epimedium sinense* Sieber, *op. cit.* 2: 71 (1865); *Epimedium coactum* var. *longtouhum* H. R. Liang, Acta Phytotax. Sin. 28 (4): 322 (1990).
陕西、甘肃、安徽、浙江、江西、湖南、湖北、四川、福建、广东、广西。

光叶淫羊藿

•**Epimedium sagittatum** var. **glabratum** T. S. Ying, Acta Phytotax. Sin. 13 (2): 53, pl. 8, f. 3 (1975).
湖北、贵州。

神农架淫羊藿（新拟）

•**Epimedium shennongjiaensis** Yan J. Zhang et J. Q. Li, Novon 19 (4): 567, fig. 1 (2009).
湖北。

水城淫羊藿

•**Epimedium shuichengense** S. Z. He, Acta Bot. Yunnan. 18 (2): 209 (1996).
贵州。

单叶淫羊藿

•**Epimedium simplicifolium** T. S. Ying, Acta Phytotax. Sin. 13 (2): 51 (1975).
贵州。

斯氏淫羊藿（新拟）

•**Epimedium stearnii** Ogisu et Rix, Bot. Mag. 28 (3): 195, t. 713, fig. (2011).
湖北。

星花淫羊藿

•**Epimedium stellulatum** Stearn, Kew Bull. 48 (4): 810 (1993).
湖北、四川。

四川淫羊藿

•**Epimedium sutchuenense** Franch., J. Bot. (Morot) 8 (16): 282 (1894).
湖北、四川、贵州。

天门山淫羊藿（新拟）

•**Epimedium tianmenshanense** T. Deng, D. G. Zhang et H. Sun, Phytotaxa 222 (1): 35 (2015) [epublished].
湖南。

偏斜淫羊藿

•**Epimedium truncatum** H. R. Liang, Acta Phytotax. Sin. 28 (4): 322 (1990).
湖南。

巫山淫羊藿

•**Epimedium wushanense** T. S. Ying, Acta Phytotax. Sin. 13

(2): 55 (1975).
湖北、重庆、贵州、广西。

印江淫羊霍（新拟）

•**Epimedium yinjiangense** M. Y. Sheng et X. J. Tian, Novon 21 (2): 262, fig. 1-2 (2011).
贵州。

竹山淫羊藿

•**Epimedium zhushanense** K. F. Wu et S. X. Qian, Acta Phytotax. Sin. 23 (1): 71 (1985).
湖北。

牡丹草属 Gymnospermium Spach

阿尔泰牡丹草

Gymnospermium altaicum (Pall.) Spach, Hist. Nat. Vég. 8: 67 (1839).
Leontice altaicum Pall., Acta Acad. Sci. Imp. Petrop. 2: 255 (1779).
新疆；俄罗斯（西伯利亚）。

江南牡丹草

•**Gymnospermium kiangnanense** (P. L. Chiu) H. Loconte, Canad. J. Bot. 67: 2315 (1989).
Leontice kiangnanense P. L. Chiu, Acta Phytotax. Sin. 18 (1): 96 (1980).
安徽、浙江。

牡丹草

Gymnospermium microrrhynchum (S. Moore) Takht., Bot. Journ., U. R. S. S. 55: 1192 (1970).
Leontice microrrhincha S. Moore, J. Linn. Soc., Bot. 17: 377 (1879).
吉林、辽宁；朝鲜半岛。

囊果草属 Leontice L.

囊果草

Leontice incerta Pall., Reise 3: 726 (1776).
Leontice vesicaria Pall., Acta Acad. Sci. Imp. Petrop. 2: 257 (1779).
新疆；哈萨克斯坦。

十大功劳属 Mahonia Nutt.

阔叶十大功劳

•**Mahonia bealei** (Fortune) Carr., Fl. Serres. 10: 166 (1854).
Berberis bealei Fortune, Gard. Chron. 1850: 212 (1850); *Berberis bealei* var. *planifolia* Hook. f., Bot. Mag. 81: t. 4846 (1855); *Mahonia japonica* var. *planifloria* (Hook. f.) H. Lév., Enum. Arbres.: 15 (1877); *Mahonia japonica* var. *bealei* (Fortune) Fedde, Bot. Jahrb. Syst. 31: 119 (1902); *Mahonia bealei* var. *planifloria* (Hook. f.) Ahrendt J. Linn. Soc., Bot. 57: 320 (1961).
河南、陕西、安徽、江苏、浙江、江西、湖南、湖北、四川、福建、广东、广西。

小果十大功劳

•**Mahonia bodinieri** Gagnep., Bull. Soc. Bot. France 55: 85 (1908).
Berberis trifurca Lindl. et Paxton, Paxton's Fl. Gard. 3: 57 (1852-53); *Berberis elegans* H. Léveillé, Bull. Soc. Bot. France 51: 289 (1904), not K. Koch (1869); *Berberis japonica* var. *trifurca* (Lindl. et Paxton) Rehder; *Mahonia leveillana* C. K. Schneid., Pl. Wilson. 1 (3): 385 (1913); *Berberis leveillana* (C. K. Schneid.) Laferr.; *Mahonia elegans* Rehder, J. Arnold Arbor. 17 (4): 322 (1936); *Mahonia japonica* var. *trifurca* (Lindl. et Paxton) Ahrendt, J. Linn. Soc., Bot. 57: 321 (1961); *Berberis bodinieri* (Gagnep.) Laferr. Acta Bot. Indica 25 (2): 243 (1997), not H. Léveillé (1911).
浙江、湖南、四川、贵州、广东、广西。

鹤庆十大功劳

•**Mahonia bracteolata** Takeda, Notes Roy. Bot. Gard. Edinburgh 6: 228 (1917).
Mahonia caesia C. K. Schneid., Bot. Gaz. 63 (6): 519 (1917); *Mahonia bracteolata* var. *zhongdianensis* S. Y. Bao, Acta Phytotax. Sin. 25 (2): 154 (1987).
四川、云南。

短序十大功劳

•**Mahonia breviracema** Y. S. Wang et P. G. Hsiao, Acta Phytotax. Sin. 23 (4): 309 (1985).
贵州、广西。

察隅十大功劳

•**Mahonia calamicaulis** subsp. **kingdon-wardiana** (Ahrendt) T. S. Ying et Boufford., Fl. Reipubl. Popularis Sin. 29: 222 (2001).
Mahonia veithiorum var. *kingdon-wardiana* Ahrendt, J. Linn. Soc., Bot. 57: 302 (1961).
西藏。

宜章十大功劳

•**Mahonia cardiophylla** T. S. Ying et Boufford, Fl. Reipubl. Popularis Sin. 29: 239, 308 (Addenda) (2001).
湖南、四川、云南、广西。

密叶十大功劳

•**Mahonia conferta** Takeda, Notes Roy. Bot. Gard. Edinburgh 6: 230 (1915).
云南。

鄂西十大功劳

•**Mahonia decipiens** C. K. Schneid. in C. S. Sargent, Pl. Wilson. 1 (3): 379 (1913).
湖北。

长柱十大功劳

Mahonia duclouxiana Gagnep., Bull. Soc. Bot. France 40: 87 (1908).

Mahonia flavida C. K. Schneid. in C. S. Sargent, Pl. Wilson. 1: 382 (1913); *Mahonia siamensis* Takeda, Bull. Misc. Inform. Kew 1915: 422 (1915); *Mahonia dolichostylis* Takeda, Notes Roy. Bot. Gard. Edinburgh 6: 229 (1917); *Mahonia mairei* Takeda, *op. cit.* 6: 228 (1917); *Mahonia borealis* var. *parryi* Ahrendt, J. Linn. Soc., Bot. 57: 308 (1961); *Mahonia duclouxiana* var. *hilaica* Ahrendt, *op. cit.* 57: 308 (1961).

四川、云南、广西；缅甸、泰国、印度。

独龙江十大功劳（新拟）

●**Mahonia dulongensis** H. Li, Ann. Bot. Fenn. 46 (5): 469 (2009).

云南。

宽苞十大功劳

●**Mahonia eurybracteata** Fedde, Bot. Jahrb. Syst. 31: 127 (1902).

湖南、湖北、四川、贵州、广西。

宽苞十大功劳（原亚种）

●**Mahonia eurybracteata** subsp. **eurybracteata**

Mahonia confusa Sprague, Bull. Misc. Inform. Kew 1912 (7): 339 (1912); *Mahonia zemanii* C. K. Schneid. in C. S. Sargent, Pl. Wilson. 1: 378 (1913).

湖南、湖北、四川、贵州、广西。

安坪十大功劳

●**Mahonia eurybracteata** subsp. **ganpinensis** (H. Lév.) T. S. Ying et Boufford, Fl. Reipubl. Popularis Sin. 29: 232 (2001).

Berberis ganpinensis H. Lév., Bull. Soc. Agric. Sci. Arts Sarthe 59: 317 (1904); *Mahonia ganpinensis* (H. Lév.) Fedde, Repert. Spec. Nov. Regni Veg. 6: 372 (1909); *Mahonia confusa* var. *bournei* Ahrendt, J. Linn. Soc., Bot. 57: 316 (1961).

湖北、四川、贵州。

北江十大功劳

●**Mahonia fordii** C. K. Schneid. in C. S. Sargent, Pl. Wilson. 1 (3): 383 (1913).

四川、广东。

十大功劳

●**Mahonia fortunei** (Lindl.) Fedde, Bot. Jahrb. Syst. 31: 130 (1901).

Berberis fortunei Lindl., J. Roy. Hort. Soc. 1: 231 (1846); *Mahonia fortunei* var. *szechuanica* Ahrendt, J. Linn. Soc., Bot. 57: 328 (1961); *Berberis fortunei* var. *szechuanica* (Ahrendt) Laferr., Bot. Zhurn. (Moscow et Leningrad) 82 (9): 97 (1997).

浙江、江西、湖南、湖北、四川、重庆、贵州、台湾、广西。

细柄十大功劳（刺黄柏）

●**Mahonia gracilipes** (Oliv.) Fedde, Bot. Jahrb. Syst. 31: 128 (1902).

Berberis gracilipes Oliv., Hooker's Icon. Pl. 18: pl. 1754 (1887); *Berberis subtriplinervis* Franch, Bull. Mus. Hist. Nat. (Paris) 1: 63 (1895); *Mahonia subtriplinervis* (Franch.) Fedde, Bot. Jahrb. Syst. 31: 129 (1902); *Mahonia gracilipes* var. *rhombicus* Z. F. Pan et Z. P. Song, Guihaia 12 (1): 7, f. s. n. (1992).

四川、云南。

滇南十大功劳

●**Mahonia hancockiana** Takeda, Notes Roy. Bot. Gard. Edinburgh 6: 231 (1917).

云南。

遵义十大功劳

●**Mahonia imbricata** T. S. Ying, Fl. Reipubl. Popularis Sin. 29: 242, 309 (Addenda) (2001).

贵州、云南。

台湾十大功劳（华南十大功劳，十大功劳）

Mahonia japonica (Thunb.) DC., Syst. Nat. 2: 22 (1821).

Ilex japonica Thunb., Fl. Jap. 77 (1784); *Berberis japonica* (Thunb.) R. Br., Tuchey. Cong. Exped. App. 22 (1816); *Mahonia japonica* var. *gracillima* Fedde, Bot. Jahrb. Syst. 31: 120 (1901); *Berberis napaulensis* Hayata, J. Coll. Sci. Imp. Univ. Tokyo 25: 47 (1908); *Berberis japonica* var. *gracillima* (Fedde) Rehder, Mitt. Deutsch. Dendrol. Ges. 184 (1912).

台湾；日本、欧洲、北美洲栽培。

靖西全缘叶十大功劳

●**Mahonia jingxiensis** J. Y. Wu, M. Ogisu, H. N. Qin et S. N. Lu, Bot. Stud. 50 (4): 487 (2009).

广西。

细齿十大功劳

●**Mahonia leptodonta** Gagnep., Bull. Soc. Bot. France 85: 166 (1938).

四川、云南。

长苞十大功劳

●**Mahonia longibracteata** Takeda, Notes Roy. Bot. Gard. Edinburgh 6: 236 (1917).

四川、云南。

泸水十大功劳（新拟）

●**Mahonia lushuiensis** T. S. Ying et H. Li, Ann. Bot. Fenn. 46 (5): 472 (2009).

云南。

小叶十大功劳

●**Mahonia microphylla** T. S. Ying et G. R. Long, Acta Phytotax.

Sin. 37 (3): 282 (1999).
广西。

单刺十大功劳

•**Mahonia monodens** J. Y. Wu, H. N. Qin et S. Z. He, Bot. J. Linn. Soc. 159 (2): 357 (2009).
广西。

门隅十大功劳

•**Mahonia monyulensis** Ahrendt, J. Linn. Soc., Bot. 57: 303 (1961).
西藏。

尼泊尔十大功劳

Mahonia napaulensis DC., Syst. Nat. 2: 21 (1821).
Mahonia miccia Buch.-Ham., Prodr. Fl. Nepal. 205 (1825); *Mahonia acanthifolia* G. Don, Gen. Syst. Nat. 1: 118 (1831); *Berberis leschenaultii* Wall. ex Wight et Arn., Prodr. Fl. Ind. Orient. 1: 16 (1834); *Berberis napaulens* var. *leschenaultii* (Wall. ex Wight et Arn.) Hook. et Thomson, Fl. Brit. India 1: 109 (1875); *Mahonia nepalensis* DC., Ill. Handb. Laubholzk. 3: 112 (1893); *Mahonia napaulens* var. *leschenaultii* (Wall. ex Wight et Arn.) Fedde, Bot. Jahrb. Syst. 31: 123 (1901); *Mahonia leschenaultii* (Wall. ex Wight et Arn.) Takeda, Notes Roy. Bot. Gard. Edinburgh 6: 223 (1917); *Mahonia sikkimensis* Takeda, *op. cit.* 6: 220 (1917); *Mahonia manipurensis* Takeda, *op. cit.* 6: 222 (1917); *Mahonia longlinensis* Y. S. Wang et P. G. Xiao, Acta Phytotax. Sin. 23 (4): 309 (1985).
四川、云南、西藏、广西；缅甸、不丹、尼泊尔、印度。

亮叶十大功劳

•**Mahonia nitens** C. K. Schneid. in C. S. Sargent, Pl. Wilson. 1: 379 (1913).
Mahonia schochii C. K. Schneid. in Hand.-Mazz., Symb. Sin. Pt. VII: 329 (1931).
贵州、四川。

阿里山十大功劳

•**Mahonia oiwakensis** Hayata, Icon. Formosan. 6: 1 (1916).
Mahonia alexandri C. K. Schneid., Bot. Gaz. 63: 519 (1917); *Mahonia lomariifolia* Takeda, Notes Roy. Bot. Gard. Edinburgh 6: 231 (1917); *Mahonia morrisonensis* Takeda, Notes Roy. Bot. Gard. Edinburgh 6: 239 (1917); *Mahonia discolorifolia* Ahrendt, J. Linn. Soc., Bot. 57: 323 (1961); *Mahonia caelicolor* S. Y. Bao, Acta Phytotax. Sin. 25 (2): 150 (1987); *Mahonia hainanensis* C. M. Hu, Ze X. Li et F. W. Xing, Guihaia 14 (1): 18 (1994).
四川、贵州、云南、西藏、台湾。

景东十大功劳

•**Mahonia paucijuga** C. Y. Wu ex S. Y. Bao, Acta Phytotax. Sin. 25: 151 (1987).
云南。

峨眉十大功劳

Mahonia polyodonta Fedde, Bot. Jahrb. Syst. 31: 126 (1901).
Berberis veitchiorum Hemsl. et E. H. Wils., Bull. Misc. Inform. Kew 1906 (5): 152 (1906); *Mahonia pachakshirensis* Ahrendt. J. Linn. Soc., Bot. 57: 317 (1961).
湖北、四川、贵州、云南、西藏；印度、缅甸。

网脉十大功劳

•**Mahonia retinervis** P. G. Xiao et Y. S. Wang, Acta Phytotax. Sin. 23 (4): 310, pl. 1, f. 4 (1985).
云南、广西。

刺齿十大功劳

•**Mahonia setosa** Gagnep., Bull. Soc. Bot. France 55: 86 (1908).
四川、云南。

沈氏十大功劳

•**Mahonia shenii** Chun, J. Arnold Arbor. 9: 127 (1928).
湖南、贵州、广东、广西。

长阳十大功劳

•**Mahonia sheridaniana** C. K. Schneid. in C. S. Sargent, Pl. Wilson. 1 (3): 384 (1913).
Mahonia fargesii Takeda, Notes Roy. Bot. Gard. Edinburgh 6: 235 (1917); *Mahonia huiliensis* Hand.-Mazz., Symb. Sin. 7: 329 (1931).
湖北、四川。

靖西十大功劳

•**Mahonia subimbricata** Chun et F. Chun, J. Arnold Arbor. 29 (4): 420 (1948).
云南、广西。

独龙十大功劳

•**Mahonia taronensis** Hand.-Mazz., Anz. Akad. Wiss. Wien, Math.-Naturwiss. Kl. 60: 181 (1923).
Berberis tibetensis Laferr., Bot. Zhurn. (Moscow et al Leningrad) 82 (9): 99 (1997).
云南、西藏。

存疑种

越南十大功劳（新拟）

Mahonia annamica Gagnep., Bull. Soc. Bot. France 55: 84 (1908).
广西；越南。未见标本（据 FOC）。

大花十大功劳（新拟）

•**Mahonia bijuga** Hand.-Mazz., Symb. Sin. Pt. VII: 331 (1931).
四川。未见标本（据 FOC）。

白背十大功劳（新拟）

•**Mahonia hypoleuca** Takeda, Notes Roy. Bot. Gard. Edinburgh

6: 238 (1917).
云南。模式标本无花无果，难以鉴定（据 FOC）。

南天竹属 **Nandina** Thunb.

南天竹（蓝田竹）

Nandina domestica Thunb., Nova Gen. Pl. 1: 14 (1781).
山西、山东、河南、陕西、安徽、江苏、浙江、江西、湖南、湖北、四川、贵州、云南、福建、广东、广西；日本、印度。分布于北美洲、西印度群岛和南美洲（秘鲁）的可能为引进而非原产。

鲜黄连属 **Plagiorhegma** Maxim.

鲜黄连

Plagiorhegma dubium Maxim., Prim. Fl. Amur. 34 (1859).
吉林、辽宁；朝鲜半岛、俄罗斯。

桃儿七属 **Sinopodophyllum** T. S. Ying

桃儿七（鬼臼）

Sinopodophyllum hexandrum (Royle) T. S. Ying, Fl. Xizang. 2: 119 (1985).
Podophyllum hexandrum Royle, Ill. Bot. Himal. Mts. 2 (1): 64 (1834); *Podophyllum emodi* Wall. ex Hook. f. et Thomson, Fl. Ind. 1: 232 (1855); *Podophyllum emodi* var. *chinense* Sprague, Bot. Mag. 146: pl. 8850 (1920); *Podophyllum sikkimensis* R. Chatterjee et Mukerjee, Rec. Bot. Surv. India 16 (2): 48 (1953); *Sinopodophyllum emodi* (Wall. ex Royle) T. S. Ying, Acta Phytotax. Sin. 17 (1): 16 (1979).
陕西、甘肃、青海、四川、云南、西藏；不丹、尼泊尔、印度（北部）、巴基斯坦、阿富汗（东部）、克什米尔地区。

75. 毛茛科 RANUNCULACEAE [38 属：926 种]

乌头属 **Aconitum** L.

冷杉林乌头

●**Aconitum abietetorum** W. T. Wang et L. Q. Li, Acta Phytotax. Sin. 25 (1): 32, pl. 3, f. 3 (1987).
四川。

两色乌头

Aconitum alboviolaceum Kom., Trudy Imp. S.-Peterburgsk. Bot. Sada 18 (3): 439 (1901).
黑龙江、吉林、辽宁、河北；朝鲜半岛、俄罗斯（远东地区）。

两色乌头（原变种）

Aconitum alboviolaceum var. **alboviolaceum**
Aconitum alboviolaceum var. *purpurascens* Nakai, J. Jap. Bot. 13 (6): 399 (1937); *Aconitum alboviolaceum* f. *albiflorum* S. H. Li et Y. H. Huang, Fl. Pl. Herb. Chin. Bor.-Or. 3: 228 (1975); *Aconitum alboviolaceum* var. *albiflorum* (S. H. Li et Y. H. Huang) S. H. Li, Fl. Liaoning. 1: 476 (1988).
黑龙江、吉林、辽宁、河北；朝鲜半岛、俄罗斯（远东地区）。

直立两色乌头

●**Aconitum alboviolaceum** var. **erectum** W. T. Wang, Acta Phytotax. Sin., Addit. 1: 62 (1965).
北京。

高峰乌头

●**Aconitum alpinonepalense** Tamura, Acta Phytotax. Geobot. 23 (3-4): 100 (1968).
西藏。

拟黄花乌头（新疆乌头）

Aconitum anthoroideum DC., Syst. Nat. 1: 366 (1818).
新疆；蒙古国、俄罗斯。

空茎乌头

Aconitum apetalum (Huth) B. Fedtsch., Fl. U. R. S. S. 7: 200, pl. 13, f. 5 (1937).
Delphinium apetalum Huth, Bot. Jahrb. Syst. 20 (3): 398 (1895).
新疆；哈萨克斯坦。

白狼乌头

●**Aconitum bailangense** Y. Z. Zhao, Acta Phytotax. Sin. 23 (1): 58, pl. 2 (1985).
内蒙古。

细叶黄乌头

Aconitum barbatum Pers., Syn. Pl. 2 (1): 83 (1806).
黑龙江、吉林、内蒙古、河北、山西、河南、陕西、宁夏、甘肃、新疆；俄罗斯。

细叶黄乌头（原变种）

●**Aconitum barbatum** var. **barbatum**
Aconitum squarrosum L. ex DC., Syst. Nat. 1: 368 (1817); *Aconitum gmelinii* Rchb., Uebers. Aconitum 63: 1819 (1819); *Aconitum leptanthum* Rchb., Ann. Sci. Nat., Bot., sér. 2 (1934); *Lycoctonum barbatum* (Pers.) Nakai, J. Jap. Bot. 13: 405 (1937).
黑龙江。

西伯利亚乌头（马尾大艽，黑秦艽）

Aconitum barbatum var. **hispidum** (DC.) Ser. in Prodr (DC.) 1: 58 (1824).
Aconitum hispidum DC., Syst. Nat. 1: 367 (1818); *Aconitum sibiricum* Poir. in Lamarck, Encycl. Suppl. 1: 113 (1810); *Lycoctonum sibiricum* (Poir.) Nakai, J. Jap. Bot. 13: 406 (1937).

黑龙江、吉林、内蒙古、河北、山西、河南、陕西、宁夏、甘肃、新疆；俄罗斯。

牛扁（扁桃叶根）

Aconitum barbatum var. **puberulum** Ledeb., Fl. Ross. 1: 67 (1842).
Aconitum ochranthum C. A. Mey. in Ledebour, Fl. Altaic. 2: 285 (1830); *Aconitum luteum* H. Lév. et Vaniot, Bull. Acad. Int. Géogr. Bot. 11 (148): 46 (1902); *Lycoctonum ochranthum* (C. A. Mey.) Nakai, J. Jap. Bot. 13: 406 (1937); *Aconitum pekinense* Vorosch., Seed List State Bot. Gard. Acad. Sci. U. R. S. S. 5: 9 (1950); *Aconitum barbatum* subsp. *pekinense* (Vorosch.) Gubanov, Fl. Vostoch. Khangaya (MNR): 127 (1983).
辽宁、内蒙古、河北、山西、新疆；蒙古国、俄罗斯。

截基乌头

•**Aconitum basitruncatum** W. T. Wang, Pl. Div. Resour. 36 (3): 299 (2014).
西藏。

带领乌头

Aconitum birobidshanicum Vorosch., Ind. Sem. Inst. Exp. Pl. Offic. U. R. S. S. 31 (1943).
Aconitum kusnezoffii subsp. *birobidshanicum* (Vorosch.) Luferov, Byull. Moskovsk. Obshch. Isp. Prir. Biol. 96 (5): 75 (1991); *Aconitum kusnezoffii* var. *birobidshanicum* (Vorosch.) S. X. Li, Clav. Pl. Chin. Bor.-Orient., ed. 2 (ed. P. Y. Fu): 183 (1995).
黑龙江；蒙古国、俄罗斯。

短柄乌头

•**Aconitum brachypodum** Diels, Notes Roy. Bot. Gard. Edinburgh 5 (25): 268 (1912).
四川、云南。

短柄乌头（原变种）

•**Aconitum brachypodum** var. **brachypodum**
Aconitum huizenense T. L. Ming, Acta Bot. Yunnan. 7 (3): 301, pl. 1 (1985).
四川、云南。

展毛短柄乌头（雪上一支蒿）

•**Aconitum brachypodum** var. **laxiflorum** H. R. Fletcher et Lauener, Notes Roy. Bot. Gard. Edinburgh 20 (100): 199 (1950).
四川、云南。

宽苞乌头

•**Aconitum bracteolatum** Lauener, Notes Roy. Bot. Gard. Edinburgh 25 (1): 6, f. 1 C, 2 D (1963).
西藏。

短距乌头

•**Aconitum brevicalcaratum** (Finet et Gagnep.) Diels, Notes Roy. Bot. Gard. Edinburgh 5 (25): 267 (1912).
四川、云南。

短距乌头（原变种）

•**Aconitum brevicalcaratum** var. **brevicalcaratum**
Aconitum lycoctonum var. *brevicalcaratum* Finet et Gagnep., Bull. Soc. Bot. France 51: 502 (1904); *Aconitum lycoctonum* var. *barbatum* Finet et Gagnep., Bull. Soc. Bot. France 51: 502 (1904); *Aconitum lycoctonum* var. *vulparium* Regel, Silvestri 596 (1906); *Aconitum lauenerianum* H. R. Fletcher, Notes Roy. Bot. Gard. Edinburgh 20 (100): 187, pl. 266, f. 15-16, pl. 2 (1949); *Aconitum brevicalcaratum* var. *lauenerianum* (H. R. Fletcher) W. T. Wang, Acta Phytotax. Sin., Addit. 1: 59 (1965).
四川、云南。

无距乌头

•**Aconitum brevicalcaratum** var. **parviflorum** Chen et Liu, Bull. Fan Mem. Inst. Biol. Bot. 11: 43 (1941).
Aconitum lycoctonum f. *bracteatum* Finet et Gagnep., Bull. Soc. Bot. France 51: 502 (1904); *Aconitum brevicalcaratum* f. *bracteatum* (Finet et Gagnep.) Hand.-Mazz., Acta Horti Gothob. 13 (4): 81 (1939).
四川、云南。

短唇乌头

•**Aconitum brevilimbum** Lauener, Notes Roy. Bot. Gard. Edinburgh 25 (1): 22, f. 3 D, 4 G (1963).
西藏。

褐紫乌头

•**Aconitum brunneum** Hand.-Mazz., Acta Horti Gothob. 13 (4): 103 (1939).
甘肃、青海、四川。

珠芽乌头

•**Aconitum bulbilliferum** Hand.-Mazz., Akad. Wiss. Wien Sitzungsber., Math.-Naturwiss. Kl. 62: 220, pl. 8, f. 1 (1925).
四川。

滇西乌头

•**Aconitum bulleyanum** Diels, Notes Roy. Bot. Gard. Edinburgh 5 (25): 267 (1912).
云南。

弯喙乌头

•**Aconitum campylorrhynchum** Hand.-Mazz., Acta Horti Gothob. 13 (4): 126 (1939).
甘肃、四川。

弯喙乌头（原变种）

•**Aconitum campylorrhynchum** var. **campylorrhynchum**
Aconitum campylorrhynchum var. *patentipilum* W. T. Wang, Acta Phytotax. Sin., Addit. 1: 83 (1965); *Aconitum hemsleyanum* var. *pilopetalum* W. T. Wang et L. Q. Li, Acta Phytotax. Sin. 25 (1): 29 (1987).

甘肃、四川。

细梗弯喙乌头

●**Aconitum campylorrhynchum** var. **tenuipes** W. T. Wang, Acta Phytotax. Sin., Addit. 1: 83 (1965).
甘肃。

大麻叶乌头

●**Aconitum cannabifolium** Franch. ex Finet et Gagnep., Bull. Soc. Bot. France 51: 503, pl. 6, f. 27 (1904).
Aconitum henryi var. *villosum* W. T. Wang, Fl. Reipubl. Popularis Sin. 27: 256, 608 (Addenda) (1979); *Aconitum sungpanense* var. *villosulum* W. T. Wang, Bull. Bot. Res., Harbin 9 (2): 5 (1989).
山西、河南、陕西、安徽、浙江、湖北、四川、重庆。

乌头

Aconitum carmichaelii Debeaux, Actes Soc. Linn. Bordeaux. 33: 87 (1879).
辽宁、山东、河南、陕西、甘肃、安徽、江苏、浙江、江西、湖南、湖北、四川、贵州、云南、广东、广西；越南。

乌头（原变种）（草乌，乌药，盐乌头）

Aconitum carmichaelii var. **carmichaelii**
Aconitum bodinieri H. Lév. et Vaniot, Bull. Acad. Géogr. Bot. 11: 45 (1902); *Aconitum wilsonii* Stapf ex Veith, J. Roy. Hort. Soc. 28: 58 (1903); *Aconitum kusnezoffii* var. *bodinieri* (H. Lév. et Vaniot) Finet et Gagnep., Bull. Soc. France 51: 508 (1904); *Aconitum lushanense* Migo, J. Shanghai Sci. Inst. 14 (2): 13 (1934); *Aconitum jiulongense* W. T. Wang, Acta Bot. Yunnan. 6: 371, pl. 2, f. 3-5 (1984).
辽宁、山东、河南、陕西、甘肃、安徽、江苏、浙江、江西、湖南、湖北、四川、贵州、云南、广东、广西；越南。

狭菱裂乌头

Aconitum carmichaelii var. **angustius** W. T. Wang et P. G. Xiao, Acta Bot. Yunnan. 15 (4): 349 (1993).
辽宁、内蒙古、河北、山西、山东、河南、陕西、甘肃、安徽、江苏、浙江、江西、湖南、湖北、四川、贵州、云南、福建、广东、广西；越南。

黄山乌头（吓虎打）

●**Aconitum carmichaelii** var. **hwangshanicum** (W. T. Wang et P. G. Xiao) W. T. Wang et P. G. Xiao, Acta Pharmacol. Sin. 12: 685 (1965).
Aconitum chinense var. *hwangshanicum* W. T. Wang et P. G. Xiao, Observ. Fl. Hwangshan. 113 (1965).
安徽、浙江、江西。

毛叶乌头（大乌药，乌药，草乌）

●**Aconitum carmichaelii** var. **pubescens** W. T. Wang et P. G. Xiao, Acta Pharmacol. Sin. 12: 685 (1965).
陕西、甘肃。

深裂乌头

●**Aconitum carmichaelii** var. **tripartitum** W. T. Wang, Fl. Reipubl. Popularis Sin. 27: 269, 608 (Addenda) (1979).
江苏。

展毛乌头（草乌）

●**Aconitum carmichaelii** var. **truppelianum** (Ulbr.) W. T. Wang et P. G. Xiao, Fl. Reipubl. Popularis Sin. 27: 268 (1979).
Aconitum fortunei Hemsl., J. Linn. Soc., Bot. 23 (152): 20 (1886), *nom. illeg. superfl.*; *Aconitum japonicum* var. *truppelianum* Ulbr., Beih. Bot. Centralbl. 37 (2): 122, pl. 5, f. 2 (1919); *Aconitum truppelianum* (Ulbr.) Nakai, Bot. Mag. 35: 124 (1921); *Aconitum liaotungense* Nakai, Rep. First Sci. Exped. Manchoukuo 4 (2): 158, f. 23 (1935); *Aconitum kitagawae* Nakai, Rep. First Sci. Exped. Manchoukuo 4 (2): 156, f. 22 (1935); *Aconitum carmichaelii* var. *fortunei* W. T. Wang et P. K. Hsiao, Acta Pharmacol. Sin. 12: 685 (1965); *Aconitum takahashii* Kitag., J. Jap. Bot. 44 (9): 270, pl. 2 (1969).
辽宁、山东、江苏、浙江。

察瓦龙乌头

●**Aconitum changianum** W. T. Wang, Acta Phytotax. Sin., Addit. 1: 94, f. 6, f. 3 (1965).
西藏。

展花乌头

Aconitum chasmanthum Stapf, Ann. Roy. Bot. Gard. (Calcutta) 10: 142, pl. 96 (1905).
西藏；印度。

察隅乌头

●**Aconitum chayuense** W. T. Wang, Acta Bot. Yunnan. 6 (4): 363, pl. 1, f. 7-8 (1984).
西藏。

加查乌头

●**Aconitum chiachaense** W. T. Wang, Fl. Reipubl. Popularis Sin. 27: 221, 606 (Addenda) (1979).
西藏。

加查乌头（原变种）

●**Aconitum chiachaense** var. **chiachaense**
西藏。

腺毛加查乌头

●**Aconitum chiachaense** var. **glandulosum** W. T. Wang, Fl. Reipubl. Popularis Sin. 27: 222, 606 (Addenda) (1979).
西藏。

毛果乾宁乌头

●**Aconitum chienningense** var. **lasiocarpum** W. T. Wang, Fl. Reipubl. Popularis Sin. 27: 285, 609 (Addenda) (1979).
西藏。

祁连山乌头

•**Aconitum chilienshanicum** W. T. Wang, Acta Phytotax. Sin. 12 (2): 157 (1974).
甘肃、青海。

黄毛乌头

•**Aconitum chrysotrichum** W. T. Wang, Fl. Reipubl. Popularis Sin. 27: 156, 604 (Addenda) (1979).
四川。

拟哈巴乌头

•**Aconitum chuanum** W. T. Wang, Acta Phytotax. Sin., Addit. 1: 80 (1965).
云南。

苍山乌头

•**Aconitum contortum** Finet et Gagnep., Bull. Soc. Bot. France 51: 506, pl. 8 B (1904).
云南。

黄花乌头（关白附，白附子，竹节白附）

Aconitum coreanum (H. Lév.) Rapaics, Nov. Kozl. 6: 154 (1907).
Aconitum delavayi var. *coreanum* H. Lév., Bull. Acad. Int. Géogr. Bot. 11 (157): 300 (1902).
黑龙江、吉林、辽宁、河北；蒙古国、朝鲜半岛、俄罗斯。

粗花乌头

•**Aconitum crassiflorum** Hand.-Mazz., Symb. Sin. 7 (2): 283, pl. 6, f. 7 (1931).
Aconitum wardii f. *flavidum* H. R. Fletcher et Lauener, Notes Roy. Bot. Gard. Edinburgh 20 (100): 188 (1950); *Aconitum wardii* var. *trisectum* W. T. Wang et L. Q. Li, Acta Phytotax. Sin. 25: 24, pl. 1, f. 1 (1987); *Aconitum kialaense* W. T. Wang, Acta Bot. Yunnan. 15: 347, f. 1 (3-5) (1993).
四川、云南。

叉苞乌头

•**Aconitum creagromorphum** Lauener, Notes Roy. Bot. Gard. Edinburgh 25 (1): 12, f. 1 H, 2 H (1963).
西藏。

大兴安岭乌头

•**Aconitum daxinganlinense** Y. Z. Zhao, Acta Sci. Nat. Univ. Intramongol. 14 (2): 233, pl. 3 (1983).
Aconitum villosum var. *daxinganlinense* S. X. Li, Clav. Pl. Chin. Bor.-Orient., ed. 2 (ed. P. Y. Fu): 182 (1995).
内蒙古。

马耳山乌头

•**Aconitum delavayi** Franch., Bull. Soc. Bot. France 33: 381 (1888).
Aconitum delavayi var. *leiocarpum* Finet et Gagnep., Bull. Soc. Bot. France 51: 507 (1904); *Aconitum tripartitum* Fletcher et Lanener, Notes Roy. Bot. Gard. Edinburgh 20: 195 (1950); *Aconitum henryi* var. *pilocarpum* W. T. Wang et L. Q. Li, Acta Phytotax. Sin. 25: 29, f. 2: 3 (1987); *Aconitum episcopale* var. *villosulipes* W. T. Wang, Acta Phytotax. Sin. 31 (3): 204 (1993).
云南。

迪庆乌头

•**Aconitum diqingense** Q. E. Yang et Z. D. Fang, Acta Bot. Yunnan. 12 (4): 389, pl. 3 (1990).
云南。

长序乌头

•**Aconitum dolichostachyum** W. T. Wang, Fl. Reipubl. Popularis Sin. 27: 287, 609 (Addenda) (1979).
西藏。

无距宾川乌头

•**Aconitum duclouxii** var. **ecalcaratum** H. R. Fletcher et Lauener, Notes Roy. Bot. Gard. Edinburgh 20 (100): 190 (1950).
云南。

敦化乌头

•**Aconitum dunhuaense** S. H. Li, Fl. Pl. Herb. Chin. Bor.-Or. 3: 144, 228, pl. 60, f. 1-6 (1975).
吉林。

墨脱乌头

•**Aconitum elliotii** Lauener, Notes Roy. Bot. Gard. Edinburgh 25 (1): 20, f. 3 E, 4 D (1963).
西藏。

墨脱乌头（原变种）

•**Aconitum elliotii** var. **elliotii**
西藏。

短梗墨脱乌头

•**Aconitum elliotii** var. **doshongense** (Lauener) W. T. Wang, Fl. Reipubl. Popularis Sin. 27: 219, pl. 44, f. 1-3 (1979).
Aconitum stylosum var. *doshongense* Lauener, Notes Roy. Bot. Gard. Edinburgh 25 (1): 20 (1963).
西藏。

光梗墨脱乌头

•**Aconitum elliotii** var. **glabrescens** W. T. Wang et L. Q. Li, Acta Bot. Yunnan. 8 (3): 259 (1986).
西藏。

毛瓣墨脱乌头

•**Aconitum elliotii** var. **pilopetalum** W. T. Wang et L. Q. Li, Acta Bot. Yunnan. 8 (3): 260 (1986).
西藏。

藏南藤乌

Aconitum elwesii Stapf, Ann. Roy. Bot. Gard. (Calcutta) 10

(2): 174, pl. 112 A (1905).
西藏；尼泊尔、印度。

西南乌头（堵喇，紫草乌）

●**Aconitum episcopale** H. Lév., Repert. Spec. Nov. Regni Veg. 13 (368-369): 341 (1914).
Aconitum vilmorinianum var. *altifidum* W. T. Wang, Acta Phytotax. Sin. 12, Addut 1: 82 (1965).
四川、贵州、云南。

镰形乌头

●**Aconitum falciforme** Hand.-Mazz., Acta Horti Gothob. 13 (4): 94 (1939).
Aconitum napellus var. *sessiliflorum* Finet et Gagnep., Bull. Soc. Bot. France 51: 513 (1904); *Aconitum rotundifolium* var. *sessiliflorum* (Finet et Gagnep.) Rapaics, Nov. Kozl. 6: 163 (1907); *Aconitum sessiliflorum* (Finet et Gagnep.) Hand.-Mazz., Acta Horti Gothob. 13: 88 (1939).
四川、云南。

梵净山乌头

●**Aconitum fanjingshanicum** W. T. Wang, Bull. Bot. Res., Harbin 9 (2): 3, f. 2 (1989).
贵州。

冯氏乌头

●**Aconitum fengii** W. T. Wang, Acta Phytotax. Sin. 12, Addit 1: 71 (1965).
Aconitum stramineiflorum Chang ex W. T. Wang, Acta Phytotax. Sin., Addit. 1: 70 (1965); *Aconitum rockii* var. *fengii* (W. T. Wang) W. T. Wang, Fl. Reipubl. Popularis Sin. 27: 226 (1979); *Aconitum dolichorhynchum* W. T. Wang, Fl. Reipubl. Popularis Sin. 27: 227, 606 (Addenda) (1979); *Aconitum laevicaule* W. T. Wang, Acta Bot. Yunnan. 5 (2): 155, f. 1: 4-6 (1983).
云南。

赣皖乌头

●**Aconitum finetianum** Hand.-Mazz., Acta Horti Gothob. 13 (4): 80 (1939).
Aconitum sioseanum Migo, J. Shanghai Sci. Inst. 14: 133 (1944).
安徽、浙江、江西、湖南、福建。

弯枝乌头

Aconitum fischeri var. **arcuatum** (Maxim.) Regel, Index Sem. (St. Petersburg) 44 (1861).
Aconitum arcuatum Maxim., Prim. Fl. Amur. 27 (1859); *Aconitum fischeri* f. *pilocarpum* S. H. Li et Y. H. Huang, Fl. Pl. Herb. Chin. Bor.-Or. 142 (1975).
黑龙江、吉林；朝鲜半岛、俄罗斯。

伏毛铁棒锤

●**Aconitum flavum** Hand.-Mazz., Acta Horti Gothob. 13 (4): 86 (1939).
内蒙古、陕西、宁夏、甘肃、青海、四川、西藏。

伏毛铁棒锤（原变种）（铁棒锤，小草乌，两头尖）

●**Aconitum flavum** var. **flavum**
Aconitum anthora var. *gilvum* Maxim., Fl. Tangut. 25 (1889); *Aconitum gilvum* (Maxim.) Hand.-Mazz., Acta Horti Gothob. 13 (4): 86 (1939).
内蒙古、陕西、甘肃、青海、四川、西藏。

长柄铁棒锤

●**Aconitum flavum** var. **longipetiolatum** W. J. Zhang et G. H. Chen, West China J. Pharm. Sci. 23 (5): 520 (2008).
四川。

独花乌头

Aconitum fletcheranum G. Taylor, J. Roy. Hort. Soc. 77: 242 (1952).
西藏；不丹、印度。

丽江乌头

●**Aconitum forrestii** Stapf, Bull. Misc. Inform. Kew 1910 (1): 19 (1910).
Aconitum likiangense Chen et Liu, Bull. Fan Mem. Inst. Biol. Bot. 11: 46 (1941).
四川、云南。

大渡乌头

●**Aconitum franchetii** Finet et Gagnep., Bull. Soc. Bot. France 51: 510, pl. 9 (1904).
四川。

大渡乌头（原变种）

●**Aconitum franchetii** var. **franchetii**
Aconitum phyllostegium var. *pilosum* Fletcher et Lauener, Notes Roy. Bot. Gard. Edinburgh 20: 183 (1950); *Aconitum franchetii* var. *subnaviculare* W. T. Wang, Acta Phytotax. Sin., Addit. 1: 67, pl. 5, fig. 17 (1965); *Aconitum franchetii* var. *geniculatum* W. T. Wang, Bull. Bot. Lab. N. E. Forest. Inst., Harbin 8 (8): 21 (1980); *Aconitum franchetii* var. *lasiocalyx* W. T. Wang et Hsiao, Acta Bot. Yunnan. 4: 129 (1982); *Aconitum sinonapelloides* var. *subulatum* W. T. Wang, *op. cit.* 4: 133, pl. 1, f. 3 (1982); *Aconitum magnibracteolatum* W. T. Wang, *op. cit.* 6: 364, f. 1: 1-3 (1984); *Aconitum pseudogeniculatum* var. *pubipes* W. T. Wang, *op. cit.* 6: 372 (1984); *Aconitum lobulatum* W. T. Wang, *op. cit.* 6: 369, f. 3: 4-6 (1984); *Aconitum yanyuanense* W. T. Wang, Acta Phytotax. Sin. 25: 28, pl. 2, f. 2 (1987).
四川。

展毛大渡乌头

●**Aconitum franchetii** var. **villosulum** W. T. Wang, Fl. Reipubl. Popularis Sin. 27: 211, 606 (Addenda) (1979).
四川。

台湾乌头

●**Aconitum fukutomei** Hayata, Icon. Pl. Formosan. 4: 1 (1914).

台湾。

台湾乌头（原变种）

•**Aconitum fukutomei** var. **fukutomei**

Aconitum bartletii Yamam., Trans. Nat. Hist. Soc. Taiwan 20: 98 (1930); *Aconitum bartletii* var. *fukutomei* (Hayata) T. S. Liu et C. F. Hsieh in Fl. Taiwan 2: 478, pl. 380 (1976).

台湾。

蔓乌头

•**Aconitum fukutomei** var. **formosanum** (Tamura) T. Y. A. Yang et T. C. Huang, Taiwania 41 (2): 119 (1996).

Aconitum formosanum Tamura, Acta Phytotax. Geobot. 18 (2-3): 64 (1959); *Aconitum bartlettii* var. *formosanum* (Hauata) T. S. Liu et C. F. Hsieh, Fl. Taiwan 2: 477 (1976); *Aconitum fukutomei* var. *formosanum* (Tamura) T. Y. A. Yang et T. C. Huang, Taiwania 41 (2): 119 (1996).

台湾。

抚松乌头

•**Aconitum fusungense** S. H. Li et Y. H. Huang, Fl. Pl. Herb. Chin. Bor.-Or. 3: 142, 228, pl. 59, f. 4-6 (1975).

吉林。

错那乌头

Aconitum gammiei Stapf, Bull. Misc. Inform. Kew 1907: 56 (1907).

Aconitum nakaoi Tamura, Acta Phytotax. Geobot. 19: 73 (1962); *Aconitum parabrachypodum* Lauener, Notes Roy. Bot. Gard. Edinburgh 25 (1): 7, f. 1 E, 2 E (1963).

西藏；不丹、印度。

膝瓣乌头

•**Aconitum geniculatum** H. R. Fletcher et Lauener, Notes Roy. Bot. Gard. Edinburgh 20 (100): 201 (1950).

四川、云南。

膝瓣乌头（原变种）

•**Aconitum geniculatum** var. **geniculatum**

Aconitum geniculatum var. *unguiculatum* W. T. Wang, Acta Phytotax. Sin., Addit. 1: 73 (1965); *Aconitum geniculatum* var. *humilius* W. T. Wang, *op. cit.* 1: 73 (1965); *Aconitum pukeense* W. T. Wang, *op. cit.* 1: 66, pl. 1, f. 4 (1965); *Aconitum pseudogeniculatum* W. T. Wang, Fl. Reipubl. Popularis Sin. 27: 292, 610 (Addenda) (1979); *Aconitum franchetii* var. *glabrescens* W. T. Wang, Bull. Bot. Lab. N. E. Forest. Inst., Harbin 8 (8): 21 (1980); *Aconitum pukeense* var. *brevipes* W. T. Wang, Bull. Bot. Res., Harbin 3 (1): 26 (1983); *Aconitum shimianense* W. T. Wang, Acta Bot. Yunnan. 6: 366, f. 2: 1, 2 (1984); *Aconitum coriaceifolium* W. T. Wang, Acta Bot. Yunnan. 6: 367, f. 3: 1-3 (1984); *Aconitum luningense* W. T. Wang, Acta Phytotax. Sin. 25: 24, pl. 1, f. 2 (1987).

云南。

长距膝瓣乌头

•**Aconitum geniculatum** var. **longicalcaratum** M. Li, Acta Phytotax. Sin. 32 (2): 192 (1994).

四川。

长喙乌头

•**Aconitum georgei** H. F. Comber, Notes Roy. Bot. Gard. Edinburgh 18 (89): 223 (1934).

Aconitum longtouense T. L. Ming, Acta Bot. Yunnan. 7 (3): 302, pl. 2 (1985).

云南。

无毛乌头

•**Aconitum glabrisepalum** W. T. Wang, Fl. Reipubl. Popularis Sin. 27: 317, 611 (Addenda) (1979).

Aconitum maowenense W. T. Wang, Bull. Bot. Lab. N. E. Forest. Inst., Harbin 8 (8): 21 (1980).

四川。

哈巴乌头

•**Aconitum habaense** W. T. Wang, Acta Phytotax. Sin., Addit. 1: 80 (1965).

Aconitum chuianum W. T. Wang, Acta Phytotax. Sin., Addit. 1: 80 (1965).

云南。

钩瓣乌头

•**Aconitum hamatipetalum** W. T. Wang, Acta Phytotax. Sin., Addit. 1: 95 (1965).

云南。

疏毛剑川乌头

•**Aconitum handelianum** var. **laxipilosum** Hand.-Mazz., Acta Horti Gothob. 13 (4): 93 (1939).

四川。

瓜叶乌头

Aconitum hemsleyanum E. Pritz., Bot. Jahrb. Syst. 29 (3-4): 329 (1900).

河南、陕西、安徽、浙江、江西、湖南、湖北、四川、贵州、云南、西藏；缅甸。

瓜叶乌头（原变种）（藤乌，草乌，羊角七）

•**Aconitum hemsleyanum** var. **hemsleyanum**

Aconitum sczukinii var. *hemsleyanum* Rapaics, Nov. Kozl. 6: 161 (1907); *Aconitum lonchodontum* Hand.-Mazz., Acta Horti Gothob. 13 (4): 122 (1939); *Aconitum hsiae* W. T. Wang, Acta Phytotax. Sin., Addit. 1: 78, f. 3 (1965); *Aconitum hemsleyanum* var. *circinatum* W. T. Wang, Acta Phytotax. Sin., Addit. 1: 76 (1965); *Aconitum hemsleyanum* var. *elongatum* W. T. Wang, *op. cit.* 1: 77, pl. 48, f. 6 (1965); *Aconitum austroyunnanense* W. T. Wang, *op. cit.* 1: 81, f. 4, f. 15 (1965); *Aconitum chingtungense* W. T. Wang, *op. cit.* 1: 77 (1965); *Aconitum crassicaule* W. T. Wang, Fl. Reipubl. Popularis Sin.

27: 240, 607 (Addenda) (1979); *Aconitum hemsleyanum* var. *unguiculatum* W. T. Wang, Fl. Reipubl. Popularis Sin. 27: 238, 607 (Addenda) (1979); *Aconitum weixiense* W. T. Wang, Acta Bot. Yunnan. 4 (2): 132, pl. 1, f. 2 (1982); *Aconitum validinerve* W. T. Wang, *op. cit.* 6 (4): 369, pl. 4, f. 4-6 (1984); *Aconitum hemsleyanum* var. *puberulum* W. T. Wang et L. Q. Li, *op. cit.* 8 (3): 260 (1986); *Aconitum hemsleyanum* var. *lasianthum* W. T. Wang et L. Q. Li, Acta Phytotax. Sin. 25 (1): 29 (1987); *Aconitum hemsleyanum* var. *leucanthum* P. Guo et M. R. Jia, Acta Bot. Yunnan. 12 (2): 172 (1990).
河南、甘肃、陕西、安徽、浙江、江西、湖南、湖北。

展毛瓜叶乌头

•**Aconitum hemsleyanum** var. **atropurpureum** (Hand.-Mazz.) W. T. Wang, Fl. Reipubl. Popularis Sin. 27: 236 (1979).
Aconitum atropurpureum Hand.-Mazz., Acta Horti Gothob. 13 (4): 124 (1939).
四川、重庆。

西藏瓜叶乌头

•**Aconitum hemsleyanum** var. **xizangense** W. T. Wang et L. Q. Li, Acta Phytotax. Sin. 32 (5): 470 (1994).
西藏。

川鄂乌头

•**Aconitum henryi** E. Pritz., Bot. Jahrb. Syst. 29 (3-4): 329 (1900).
Aconitum sungpanense Hand.-Mazz., Acta Horti Gothob. 13: 130 (1939); *Aconitum henryi* var. *compositum* Hand.-Mazz., *op. cit.* 13: 130 (1939); *Aconitum shensiense* W. T. Wang, Acta Phytotax. Sin., Addit. 1: 84, pl. 4, f: 14 (1965); *Aconitum sungpanense* var. *leucanthum* W. T. Wang, *op. cit.* 1: 84 (1965); *Aconitum liouii* W. T. Wang, *op. cit.* 1: 83, pl. 4, f. 16 (1965).
陕西、甘肃、青海、湖北、四川、重庆。

合作乌头

•**Aconitum hezuoense** W. T. Wang, Bull. Bot. Res., Harbin 35 (4): 481 (2015).
甘肃。

同戛乌头

Aconitum hicksii Lauener, Notes Roy. Bot. Gard. Edinburgh 25 (1): 5, f. 1 D, 2 C (1963).
西藏；不丹。

会理乌头

•**Aconitum huiliense** Hand.-Mazz., Symb. Sin. 7 (2): 289, pl. 5, f. 2, taf. 6, 3 (1931).
四川。

巴东乌头

•**Aconitum ichangense** (Finet et Gagnep.) Hand.-Mazz., Acta Horti Gothob. 13 (4): 111 (1939).
Aconitum semigaleatum var. *ichangense* Finet et Gagnep., Bull. Soc. Bot. France 51: 511 (1904).
湖北。

缺刻乌头

•**Aconitum incisofidum** W. T. Wang, Acta Phytotax. Sin., Addit. 1: 87 (1965).
Aconitum napelloides Hand.-Mazz., Symb. Sin. 7 (2): 287, pl. 5, f. 10 (1931); *Aconitum sinonapelloides* W. T. Wang, Acta Phytotax. Sin., Addit. 1: 87 (1965); *Aconitum fengii* var. *crispulum* Q. E. Yang, Acta Phytotax. Sin. 37: 572 (1999).
四川、云南。

滇北乌头

•**Aconitum iochanicum** Ulbr., Bot. Jahrb. Syst. 47: 616, f. 2 (1913).
云南。

鸭绿乌头

Aconitum jaluense Kom., Trudy Imp. S.-Peterburgsk. Bot. Sada 18 (3): 439 (1901).
黑龙江、吉林、辽宁；朝鲜半岛、俄罗斯。

鸭绿乌头（原变种）

Aconitum jaluense var. **jaluense**
Aconitum triphyllum var. *manshuricum* Nakai, Rep. First Sci. Res. Manchoukuo 4 (2): 158 (1935).
黑龙江、吉林；朝鲜半岛、俄罗斯。

光梗鸭绿乌头（东北乌头）

•**Aconitum jaluense** var. **glabrescens** Nakai, Bot. Mag. (Tokyo) 43 (513): 440 (1929).
Aconitum manshuricum Nakai, Bot. Mag. (Tokyo) 43: 440 (1929).
辽宁。

截基鸭绿乌头

•**Aconitum jaluense** var. **truncatum** S. H. Li et Y. H. Huang, Fl. Pl. Herb. Chin. Bor.-Or. 3: 147, f. 61, f. 8 (1975).
吉林。

萝卜乌头

Aconitum japonicum subsp. **napiforme** (H. Lév. et Vaniot) Kadota, Revis.
Aconitum napiforme H. Lév. et Vaniot, Repert. Spec. Nov. Regni Veg. 5: 9 (1908).
辽宁；日本、朝鲜半岛。

热河乌头

Aconitum jeholense Nakai et Kitag., Rep. First Sci. Exped. Manchoukuo 4 (1): 24, pl. 8 (1934).
内蒙古、河北、山西、山东；俄罗斯。

热河乌头（原变种）

•**Aconitum jeholense** var. **jeholense**
Aconitum soongaricum var. *jeholense* (Nakai et Kitag.) W. T.

Wang, Acta Phytotax. Sin., Addit. 1: 91 (1965).
内蒙古、河北、山西。

华北乌头

Aconitum jeholense var. **angustius** (W. T. Wang) Y. Z. Zhao, Acta Sci. Nat. Univ. Intramongol. 14 (2): 222 (1983).
Aconitum soongaricum var. *angustius* W. T. Wang, Acta Phytotax. Sin., Addit. 1: 90 (1965).
内蒙古、河北、山西、山东；俄罗斯。

吉隆乌头

•**Aconitum jilongense** W. T. Wang et L. Q. Li, Acta Phytotax. Sin. 32 (5): 469, pl. 1, f. 4-6 (1994).
西藏。

多根乌头

Aconitum karakolicum Rapaics, Nov. Kozl. 6: 149 (1907).
新疆；哈萨克斯坦。

多根乌头（原变种）（草乌）

Aconitum karakolicum var. **karakolicum**
Aconitum napellus var. *turkestanicum* B. Fedtsch., Acta Horti Petrop. 22: 349 (1904).
新疆；哈萨克斯坦。

展毛多根乌头

•**Aconitum karakolicum** var. **patentipilum** W. T. Wang, Fl. Reipubl. Popularis Sin. 27: 312, 610 (Addenda) (1979).
新疆。

吉林乌头

Aconitum kirinense Nakai, Rep. First Sci. Exped. Manchoukuo 4 (2): 147 (1935).
黑龙江、吉林、辽宁、山西、河南、陕西、湖北；俄罗斯。

吉林乌头（原变种）

Aconitum kirinense var. **kirinense**
Lycoctonum kirinense var. *villipes* Nakai, Monatsber. Königl. Preuss. Akad. Wiss. Berlin (1856-1881) (1856); *Lycoctonum kirinense* (Nakai) Nakai, J. Jap. Bot. 13: 406 (1937).
黑龙江、吉林、辽宁、山西、河南、陕西、湖北；俄罗斯。

毛果吉林乌头

•**Aconitum kirinense** var. **australe** W. T. Wang, Acta Phytotax. Sin., Addit. 1: 63 (1965).
山西、河南、陕西、湖北。

异裂吉林乌头

•**Aconitum kirinense** var. **heterophyllum** W. T. Wang, Acta Bot. Yunnan. 15 (4): 349 (1993).
河南。

锐裂乌头

•**Aconitum kojimae** Tamura, Acta Phytotax. Geobot. 18 (2-3): 64 (1959).
台湾。

锐裂乌头（原变种）

•**Aconitum kojimae** var. **kojimae**
台湾。

分枝锐裂乌头

•**Aconitum kojimae** var. **ramosum** Tamura, Acta Phytotax. Geobot. 18 (2-3): 65 (1959).
台湾。

工布乌头

•**Aconitum kongboense** Lauener, Notes Roy. Bot. Gard. Edinburgh 25 (1): 17, f. 1 N, 4 B (1963).
四川、云南、西藏。

工布乌头（原变种）

•**Aconitum kongboense** var. **kongboense**
Aconitum viridiflorum Lauener, Notes Roy. Bot. Gard. Edinburgh 25: 23, f. 3 G, 4 H (1963); *Aconitum tsangpoense* Lauener, *op. cit.* 25: 16, f. 1 M, 4 A (1963); *Aconitum lhasaense* Lauener, *op. cit.* 25: 15, f. 1 K, 2 K (1963); *Aconitum chienningense* W. T. Wang, Fl. Reipubl. Popularis Sin. 27: 285, 609 (Addenda, pl. 64, f. 1-5 (1979); *Aconitum chuosjiaense* W. T. Wang, *op. cit.* 27: 230, 607 (Addenda) (1979).
四川、西藏。

展毛工布乌头

•**Aconitum kongboense** var. **villosum** W. T. Wang, Fl. Reipubl. Popularis Sin. 27: 288, 609 (Addenda) (1979).
Aconitum rongchuense Lauener, Notes Roy. Bot. Gard. Edinburgh 25 (1): 15, f. 1 L, 2 L (1963).
四川、西藏。

北乌头

Aconitum kusnezoffii Rehder, Monogr. Acon. t. 21 (1820).
黑龙江、吉林、辽宁、内蒙古、河北、山西；朝鲜半岛、俄罗斯。

北乌头（原变种）（草乌，蓝靰鞡花，鸡头草）

Aconitum kusnezoffii var. **kusnezoffii**
Aconitum kusnezoffii var. *tenuisectum* Regel, Bull. Soc. Imp. Naturalistes Moscou 34 (3): 94 (1861); *Aconitum triphylloides* Nakai, Bull. Mens. Soc. Linn. Paris (1874); *Aconitum pulcherrimum* var. *tenuisectum* (Regel) Nakai, Rep. First Sci. Res. Manchoukuo 4 (2): 162 (1935); *Aconitum yamatsutae* Nakai, Rep. First Sci. Res. Manchoukuo 4 (2): 153, f. 21 (1935); *Aconitum pulcherrimum* Nakai, *op. cit.* 4 (2): 161, pl. 18 (1935).
黑龙江、吉林、辽宁、内蒙古、河北、山西；朝鲜半岛、俄罗斯。

伏毛北乌头

•**Aconitum kusnezoffii** var. **crispulum** W. T. Wang, Acta

Phytotax. Sin., Addit. 1: 92 (1965).
河北，中国东北。

宽裂北乌头

•**Aconitum kusnezoffii** var. **gibbiferum** (Rchb.) Regel, Index Sem. (St. Petersburg): 44 (1860).
Aconitum gibbiferum Rchb., Ill. Sp. Acon. Gen. t. 19 (1823).
辽宁。

冕宁乌头

•**Aconitum legendrei** Hand.-Mazz., Acta Horti Gothob. 13 (4): 112 (1939).
四川。

冕宁乌头（原变种）

•**Aconitum legendrei** var. **legendrei**
Aconitum zhaojiueense W. T. Wang et Hsiao, Bull. Bot. Lab. N. E. Forrest. Inst. 8 (9): 16, f. 2, f. 3-4 (1980).
四川。

低盔冕宁乌头

•**Aconitum legendrei** var. **albovillosum** (Chen et Liu) Y. Luo et Q. E. Yang, Acta Phytotax. Sin. 43: 358, pl. 19: A, D, pl. 20 (2005).
Aconitum carmichaelii var. *albovillosum* Chen et Liu, Bull. Fan Mem. Inst. Biol. Bot. 11: 47 (1941); *Aconitum forrestii* var. *albovillosum* (Chen et Liu) W. T. Wang, Acta Phytotax. Sin., Addit. 1: 68 (1965); *Aconitum pycnanthum* W. T. Wang, Acta Bot. Yunnan. 6: 372, f. 4: 1-3 (1984).
四川。

类乌齐乌头

•**Aconitum leiwuqiense** W. T. Wang, Bull. Bot. Lab. N. E. Forest. Inst., Harbin 8: 19 (1980).
西藏。

白喉乌头

Aconitum leucostomum Vorosch., Bull. Princ. Bot. Gard. Acad. Sci. U. R. S. S. 11: 62, f. 1 (1952).
河北、甘肃、新疆；蒙古国、吉尔吉斯斯坦、哈萨克斯坦、俄罗斯。

白喉乌头（原变种）

Aconitum leucostomum var. **leucostomum**
甘肃、新疆；哈萨克斯坦。

河北白喉乌头

•**Aconitum leucostomum** var. **hopeiense** W. T. Wang, Acta Phytotax. Sin., Addit. 1: 62 (1965).
Aconitum wardii var. *hopeiense* (W. T. Wang) Tamura et Lauener, Notes Roy. Bot. Gard. Edinburgh 37 (3): 454 (1979); *Aconitum hopeiense* (W. T. Wang) Vorosch., Bull. Glavn. Bot. Sada (Moscow) 151: 43 (1988).
河北、北京。

凉山乌头（草乌，雪乌）

•**Aconitum liangshanicum** W. T. Wang, Acta Phytotax. Sin., Addit. 1: 86, pl. 6, f. 21 (1965).
Aconitum psendohuiliense Chang ex W. T. Wang, Acta Phytotax. Sin., Addit. 1: 93 (1965); *Aconitum jinyangense* W. T. Wang, Bull. Bot. Lab. N. E. Forest. Inst., Harbin 8 (8): 18, f. 2 (1980).
四川。

莲花山乌头

•**Aconitum lianhuashanicum** W. T. Wang, Bull. Bot. Res., Harbin 35 (4): 483 (2015).
甘肃。

贡嘎乌头

•**Aconitum liljestrandii** Hand.-Mazz., Acta Horti Gothob. 13 (4): 108 (1939).
四川、西藏。

贡嘎乌头（原变种）

•**Aconitum liljestrandii** var. **liljestrandii**
Aconitum liljestrandii var. *falcatum* W. T. Wang, Fl. Reipubl. Popularis Sin. 27: 610 (1979).
四川、西藏。

刷经寺乌头

•**Aconitum liljestrandii** var. **fangianum** (W. T. Wang) Y. Luo et Q. E. Yang, Acta Phytotax. Sin. 43: 367 (2005).
Aconitum fangianum W. T. Wang, Acta Phytotax. Sin., Addit. 1: 88, pl. 5, f. 18 (1965); *Aconitum lihsienense* W. T. Wang, Fl. Reipubl. Popularis Sin. 27: 607 (1979); *Aconitum longiramosum* W. T. Wang, *op. cit.* 27: 607 (1979); *Aconitum leiostachyum* W. T. Wang, *op. cit.* 27: 609 (1979).
四川。

秦岭乌头

•**Aconitum lioui** W. T. Wang, Acta Phytotax. Sin., Addit. 1: 83 (1965).
陕西。

高帽乌头

Aconitum longecassidatum Nakai, J. Coll. Sci. Imp. Univ. Tokyo 26: 27, pl. 1 (1909).
辽宁、山东；朝鲜半岛。

长裂乌头（杜志陆马）

•**Aconitum longilobum** W. T. Wang, Acta Phytotax. Sin., Addit. 1: 81, pl. 3. f. 12 (1965).
西藏。

长梗乌头

•**Aconitum longipedicellatum** Lauener, Notes Roy. Bot. Gard. Edinburgh 25 (1): 21, f. 3 H, 4 F (1963).
西藏。

长柄乌头

●**Aconitum longipetiolatum** Lauener, Notes Roy. Bot. Gard. Edinburgh 25 (1): 11, f. 1 G, 2 G (1963).
西藏。

龙帚山乌头

●**Aconitum longzhoushanense** W. J. Zhang et G. H. Chen, West China J. Pharm. Sci. 23 (5): 519 (2008).
四川。

栾川乌头

●**Aconitum luanchuanense** W. T. Wang, Pl. Sci. J. 33 (2): 141 (2015).
河南。

江孜乌头

●**Aconitum ludlowii** Exell, J. Bot. 64: 218 (1926).
西藏。

牛扁叶乌头

●**Aconitum lycoctonifolium** W. T. Wang et L. Q. Li, Acta Phytotax. Sin. 25 (1): 27, pl. 2, f. 1 (1987).
西藏。

细叶乌头

Aconitum macrorhynchum Turcz. ex Ledeb., Bull. Soc. Imp. Naturalistes Moscou 15: 83 (1842).
Aconitum tenuissimum Nakai et Kitag., Rep. First Sci. Res. Manchoukuo 1: 295 (1937); *Aconitum macrorhynchum* var. *viviparum* P. K. Chang et B. Y. Wang, Bull. Bot. Lab. N. E. Forest. Inst., Harbin 2: 12 (1960); *Aconitum macrorhynchum* var. *octocarpum* P. K. Chang et B. Y. Wang, Bull. Bot. Lab. N. E. Forest. Inst., Harbin 2: 12 (1960).
黑龙江、吉林；俄罗斯。

米林乌头

●**Aconitum milinense** W. T. Wang, Acta Phytotax. Sin., Addit. 1: 74, f. 3, f. 9 (1965).
西藏。

高山乌头

Aconitum monanthum Nakai, Bot. Mag. (Tokyo) 28 (327): 58 (1914).
吉林；朝鲜半岛。

山地乌头

Aconitum monticola Steinb., Fl. U. R. S. S. 7: 730 (1937).
新疆；哈萨克斯坦。

保山乌头（草乌，保山附片，小黑牛）

Aconitum nagarum Stapf, Ann. Roy. Bot. Gard. (Calcutta) 10 (2): 176, pl. 113 (1905).
云南；缅甸（北部）、印度（东北部）。

保山乌头（原变种）

Aconitum nagarum var. **nagarum**
Aconitum ventorium Diels, Notes Roy. Bot. Gard. Edinburgh 269 (1912); *Aconitum ventorium* var. *ecalcaratum* Airy Shaw, Kew Bull. 1932 (5): 245 (1932); *Aconitum nagarum* var. *ecalcaratum* (Airy Shaw) Airy Shaw, Kew Bull. 1935 (10): 579 (1935); *Aconitum nagarum* f. *ecalcaratum* (Airy Shaw) W. T. Wang, Fl. Reipubl. Popularis Sin. 27: 194 (1979).
云南；缅甸（北部）、印度（东北部）。

小白撑

Aconitum nagarum var. **acaule** (Finet et Gagnep.) Q. E. Yang, Acta Phytotax. Sin. 37 (6): 557 (1999).
Aconitum napellus var. *acaule* Finet et Gagnep., Bull. Soc. Bot. France 51: 512 (1904); *Aconitum duclouxii* H. Lév., Repert. Spec. Nov. Regni Veg. 7: 99 (1909); *Aconitum acaule* (Finet et Gagnep.) Diels, Notes Roy. Bot. Gard. Edinburgh 5: 269 (1912); *Aconitum bullatifolium* H. Lév., Cat. Pl. Yun-Nan 218 (1917); *Aconitum coriophyllum* Hand.-Mazz., Anz. Akad. Wiss. Wien, Math.-Naturwiss. Kl. 62: 220 (1925); *Aconitum dielsianum* Airy-Shaw, Bull. Misc. Inform. Kew 1932 (5): 244 (1932); *Aconitum bullatifolium* var. *dielsianum* (Airy-Shaw) H. R. Fletcher et Lauener, Notes Roy. Bot. Gard. Edinburgh 20: 191 (1950); *Aconitum bullatifolium* var. *leiocarpum* W. T. Wang, Acta Phytotax. Sin., Addit. 1: 93 (1965); *Aconitum nagarum* var. *heterotrichum* f. *leiocarpum* (W. T. Wang) W. T. Wang, Fl. Reipubl. Popularis Sin. 27: 196 (1979).
云南；缅甸。

宣威乌头（雪上一支蒿，草乌）

●**Aconitum nagarum** var. **lasiandrum** W. T. Wang, Fl. Reipubl. Popularis Sin. 27: 196, 605 (Addenda) (1979).
云南。

纳木拉乌头

●**Aconitum namlaense** W. T. Wang, Acta Bot. Yunnan. 15 (4): 348, f. 1 (1-2) (1993).
西藏。

船盔乌头（滂噶尔）

Aconitum naviculare (Brühl) Stapf, Ann. Roy. Bot. Gard. (Calcutta) 10 (2): 154, pl. 101 (1905).
Aconitum ferox var. *naviculare* Brühl, Ann. Roy. Bot. Gard. (Calcutta) 5 (2): 111, pl. 3, f. 2 (1896).
西藏；不丹、印度。

林地乌头

Aconitum nemorum Popov, Bull. Soc. Imp. Naturalistes Moscou 44 (3): 131 (1935).
新疆；亚洲（中部）。

聂拉木乌头

●**Aconitum nielamuense** W. T. Wang, Fl. Reipubl. Popularis Sin. 27: 209, 605 (Addenda) (1979).

西藏。

宁武乌头

●**Aconitum ningwuense** W. T. Wang, Fl. Reipubl. Popularis Sin. 27: 275, 608 (Addenda) (1979).
山西。

新腋花乌头

●**Aconitum novoaxillare** W. T. Wang, Pl. Div. Resour. 36 (3): 297 (2014).
西藏。

展喙乌头

Aconitum novoluridum Munz, Gentes Herb. 6: 472 (1945).
Aconitum luridum Hook. f. et Thomson, Fl. Ind. 55 (1855), not Salisbury (1796, nom. illeg., included *A. variegatum* L.).
西藏；不丹、尼泊尔、印度。

垂花乌头

●**Aconitum nutantiflorum** Chang ex W. T. Wang, Acta Phytotax. Sin., Addit. 1: 70, f. 2, f. 6 (1965).
西藏。

德钦乌头

●**Aconitum ouvrardianum** Hand.-Mazz., Symb. Sin. 7 (2): 285, pl. 5, f. 9 (1931).
云南。

德钦乌头（原变种）

●**Aconitum ouvrardianum** var. **ouvrardianum**
Aconitum brevipetalum W. T. Wang, Acta Phytotax. Sin., Addit. 1: 88, f. 5, f. 19 (1965); *Aconitum acutiusculum* var. *aureopilosum* W. T. Wang, *op. cit.* 1: 85 (1965); *Aconitum sinonapelloides* var. *weisiense* W. T. Wang, *op. cit.* 1: 87 (1965); *Aconitum tenuicaule* W. T. Wang, Fl. Reipubl. Popularis Sin. 27: 294, 610 (Addenda) (1979); *Aconitum benzilanense* T. L. Ming, Acta Bot. Yunnan. 7: 305 (1985); *Aconitum ouvrardianum* var. *pilopes* W. T. Wang et L. Q. Li, Acta Phytotax. Sin. 25 (1): 32, pl. 3, f. 2 (1987); *Aconitum tongolense* var. *patentipilum* Q. E. Yang et Z. D. Fang, Acta Bot. Yunnan. 12 (4): 391 (1990); *Aconitum kagerpuense* W. T. Wang, Acta Phytotax. Sin. 31 (3): 206 (1993).
云南。

尖萼德钦乌头

●**Aconitum ouvrardianum** var. **acutiusculum** (Fletcher et Lauener) Q. E. Yang et Y. Luo, Novon 14 (1): 148 (2004).
Aconitum acutiusculum Fletcher et Lanener, Notes Roy. Bot. Gard. Edinburgh 20: 198 (1950).
云南。

疏毛圆锥乌头（雾灵乌头）

●**Aconitum paniculigerum** var. **wulingense** (Nakai) W. T. Wang, Fl. Reipubl. Popularis Sin. 27: 273 (1979).
Aconitum wulingense Nakai, Rep. First Sci. Exped. Manchoukuo 4 (2): 157, pl. 16 (1935); *Aconitum tokii* Nakai, *op. cit.* 4 (2): 160, pl. 17 (1935); *Aconitum kusnezoffii* var. *wulingense* (Nakai) W. T. Wang, Acta Phytotax. Sin., Addit. 1: 92 (1965).
河北。

疏叶乌头

●**Aconitum parcifolium** Q. E. Yang et Z. D. Fang, Acta Bot. Yunnan. 12 (4): 388, pl. 2 (1990).
云南。

垂果乌头

●**Aconitum pendulicarpum** Chang ex W. T. Wang, Acta Phytotax. Sin., Addit. 1: 69 (1965).
Aconitum alboflavidum W. T. Wang, Acta Bot. Yunnan. 5 (2): 153, pl. 1, f. 1-3 (1983); *Aconitum pendulicarpum* var. *circinatum* W. T. Wang, Acta Bot. Yunnan. 5 (2): 155 (1983).
云南、西藏。

铁棒锤（铁牛七，雪上一支蒿，一枝箭）

●**Aconitum pendulum** Busch, Izv. Imp. S.-Peterburgsk. Bot. Sada 5: 135 (1905).
Aconitum szechenyianum J. Gay, Magyar Bot. Lapok. 5: 127 (1909).
河南、陕西、甘肃、青海、湖北、四川、云南、西藏。

木里乌头

●**Aconitum phyllostegium** Hand.-Mazz., Acta Horti Gothob. 13 (4): 110 (1939).
Aconitum souliei var. *glabrum* H. F. Comber, Notes Roy. Bot. Gard. Edinburgh 18 (89): 225 (1934).
四川、云南。

中甸乌头

●**Aconitum piepunense** Hand.-Mazz., Symb. Sin. 7 (2): 290, pl. 5, f. 3, pl. 6, f. 6 (1931).
云南。

中甸乌头（原变种）

●**Aconitum piepunense** var. **piepunense**
Aconitum ramulosum W. T. Wang, Fl. Reipubl. Popularis Sin. 27: 283, 608 (Addenda) (1978).
云南。

疏毛中甸乌头

●**Aconitum piepunense** var. **pilosum** Comber, Notes Roy. Bot. Gard. Edinburgh 18: 225 (1934).
Aconitum rockii var. *ramosum* W. T. Wang, Acta Phytotax. Sin., Addit. 1: 72 (1965).
云南。

毛瓣乌头

●**Aconitum pilopetalum** W. T. Wang et L. Q. Li, Acta Phytotax. Sin. 25 (1): 30, pl. 2, f. 4 (1987).
四川。

多果乌头

●**Aconitum polycarpum** Chang ex W. T. Wang, Acta Phytotax. Sin., Addit. 1: 64, f. 1, f. 2 (1965).
云南。

多裂乌头

●**Aconitum polyschistum** Hand.-Mazz., Acta Horti Gothob. 13 (4): 100, f. 3 (1939).
Aconitum brachypodum var. *crispulum* W. T. Wang, Acta Phytotax. Sin., Addit. 1: 97 (1965).
四川。

波密乌头（蓬阿那博）

●**Aconitum pomeense** W. T. Wang, Acta Phytotax. Sin., Addit. 1: 67, f. 2, f. 5 (1965).
西藏。

密花乌头

●**Aconitum potaninii** Kom., Repert. Spec. Nov. Regni Veg. 13 (359): 234 (1914).
四川。

露瓣乌头

●**Aconitum prominens** Lauener, Notes Roy. Bot. Gard. Edinburgh 25 (1): 14, f. 1 J, 2 J (1963).
西藏。

小花乌头

●**Aconitum pseudobrunneum** W. T. Wang, Acta Bot. Yunnan. 4 (2): 129, pl. 1, f. 5-8 (1982).
四川、云南。

全裂乌头

●**Aconitum pseudodivaricatum** W. T. Wang, Acta Phytotax. Sin., Addit. 1: 72, f. 2, f. 7 (1965).
西藏。

雷波乌头

●**Aconitum pseudohuiliense** Chang ex W. T. Wang, Acta Phytotax. Sin., Addit. 1: 93 (1965).
四川。

拟工布乌头

●**Aconitum pseudokongboense** W. T. Wang et L. Q. Li, Acta Bot. Yunnan. 8 (3): 260, f. 1 (4-7) (1986).
西藏。

美丽乌头

Aconitum pulchellum Hand.-Mazz., Anz. Akad. Wiss. Wien, Math.-Naturwiss. Kl. 62: 219, pl. 5, f. 7-8 (1925).
四川、云南、西藏；缅甸、不丹、印度。

美丽乌头（原变种）

Aconitum pulchellum var. **pulchellum**
Aconitum handelianum Comber, Notes Roy. Bot. Gard. Edinburgh 18: 224 (1934); *Aconitum pulchellum* var. *racemosum* W. T. Wang, Fl. Reipubl. Popularis Sin. 27: 605 (1979).
四川、云南、西藏；缅甸、不丹、印度。

毛瓣美丽乌头

●**Aconitum pulchellum** var. **hispidum** Lauener, Notes Roy. Bot. Gard. Edinburgh 23 (1): 10 (1963).
云南、西藏。

迁西乌头

●**Aconitum qianxiense** W. T. Wang, Bull. Bot. Res., Harbin 33 (6): 641 (2013).
河北。

岩乌头

●**Aconitum racemulosum** Franch., J. Bot. (Morot) 8 (16): 276 (1894).
湖北、四川、贵州、云南。

岩乌头（原变种）（岩乌头，岩乌，雪上一枝蒿）

●**Aconitum racemulosum** var. **racemulosum**
Aconitum coriaceum H. Lév., Repert. Spec. Nov. Regni Veg. 2: 257 (1904); *Aconitum sczukinii* var. *pauciflorum* Rapaics, Nov. Kozl. 6: 161 (1907); *Aconitum racemulosum* var. *pengzhouense* W. J. Zhang et G. H. Chen, Acta Phytotax. Sin. 39 (1): 87, f. 1 (2001).
湖北、四川、贵州、云南。

巨苞岩乌头

●**Aconitum racemulosum** var. **grandibracteolatum** W. T. Wang, Acta Phytotax. Sin., Addit. 1: 75 (1965).
四川。

大苞乌头

Aconitum raddeanum Regel, Index Sem. (St. Petersburg): 43 (1861).
黑龙江、吉林；俄罗斯（远东地区）。

毛茛叶乌头

Aconitum ranunculoides Turcz. ex Ledeb., Fl. Baical.-Dahur. 1: 67 (1841).
内蒙古；俄罗斯。

狭裂乌头

●**Aconitum refractum** (Finet et Gagnep.) Hand.-Mazz., Acta Horti Gothob. 13 (4): 108 (1939).
Aconitum napellus var. *refractum* Finet et Gagnep., Bull. Soc. Bot. France 51: 513 (1904); *Aconitum angustisegmentum* W. T. Wang, Acta Phytotax. Sin., Addit. 1: 85 (1965); *Aconitum polyanthum* var. *puberulum* W. T. Wang, *op. cit.* 1: 89 (1965); *Aconitum chenianum* W. T. Wang, *op. cit.* 1: 89, pl: 6, f. 22 (1965); *Aconitum bracteolosum* W. T. Wang, Fl. Reipubl.

Popularis Sin. 27: 305, 610 (Addenda) (1979); *Aconitum xiangchenense* W. T. Wang, Acta Bot. Yunnan. 4: 130, f. 1-4 (1982); *Aconitum kongboense* var. *polycarpum* W. T. Wang, Acta Phytotax. Sin. 25: 33, f. 3, f. 4 (1987); *Aconitum gezaense* W. T. Wang et L. Q. Li, Acta Phytotax. Sin. 25: 31, pl. 3, f. 1 1 (1987).
四川、云南、西藏。

菱叶乌头

●**Aconitum rhombifolium** F. H. Chen, Bull. Fan Mem. Inst. Biol. Peiping, n. s. 1: 91 (1943).
Aconitum rhombifolium var. *leiocarpum* W. T. Wang, Acta Phytotax. Sin., Addit. 1: 76 (1965).
四川。

直序乌头

●**Aconitum richardsonianum** Lauener, Notes Roy. Bot. Gard. Edinburgh 25 (1): 3, f. 1 A, 2 A (1963).
西藏。

直序乌头（原变种）

●**Aconitum richardsonianum** var. **richardsonianum**
西藏。

伏毛直序乌头

●**Aconitum richardsonianum** var. **pseudosessiliflorum** (Lauener) W. T. Wang, Fl. Reipubl. Popularis Sin. 27: 293 (1979).
Aconitum pseudosessiliflorum Lauener, Notes Roy. Bot. Gard. Edinburgh 25 (1): 4, f. 1 B, 2 B (1963); *Aconitum richardsonianum* var. *crispulum* W. T. Wang, Comm. Chin. Med. Plants Tibet: 189, 575, f. 187 (1971).
西藏。

邛崃山乌头

●**Aconitum rilongense** Kadota, J. Jap. Bot. 74 (5): 283, f. 1 a, 2, 3 a (1999).
四川。

拟康定乌头

●**Aconitum rockii** H. R. Fletcher et Lauener, Notes Roy. Bot. Gard. Edinburgh 20 (100): 185 (1950).
云南。

圆叶乌头

Aconitum rotundifolium Kar. et Kir., Bull. Soc. Imp. Naturalistes Moscou 15: 138 (1842).
新疆；？尼泊尔、？阿富汗、克什米尔地区、俄罗斯（中亚部分）。

圆盔乌头

●**Aconitum rotundocassideum** W. T. Wang, Pl. Sci. J. 31 (6): 533 (2013).
陕西。

花葶乌头（一口血）

Aconitum scaposum Franch., J. Bot. (Morot) 8 (16): 277 (1894).
Aconitum scaposum var. *pyramidale* Franch., J. Bot. (Morot) 8 (16): 278 (1894); *Aconitum vaginatum* Pritz., Bot. Jahrb. Syst. 29: 328 (1900); *Aconitum lycoctonum* var. *ranunculoides* Finet et Gagnep., Bull. Soc. Bot. France 51: 502 (1904); *Aconitum cavaleriei* H. Lév. et Vaniot, Bull. Soc. Agr. Sarthe 60: 78 (1905); *Aconitum scaposum* var. *pseudovaginatum* Rapaics, Nov. Kozl. 6: 168 (1907); *Aconitum scaposum* var. *hupehanum* Rapaics, Nov. Kozl. 6: 168 (1907); *Aconitum lycoctonum* var. *circinatum* H. Lév., Repert. Spec. Nov. Regni Veg. 7 (146-148): 258 (1909); *Aconitum jucundum* Diels, Notes Roy. Bot. Gard. Edinburgh 5: 266 (1912); *Aconitum chloranthum* Hand.-Mazz., Anz. Akad. Wiss. Wien, Math.-Naturwiss. Kl. 60: 134 (1923); *Aconitum vaginatum* var. *xanthanthum* Hand.-Mazz., Acta Horti Gothob. 13: 77 (1939); *Aconitum aggregatifolium* Chang ex W. T. Wang, Acta Phytotax. Sin., Addit. 1: 60 (1965); *Aconitum scaposum* var. *patentipilum* W. T. Wang, Acta Phytotax. Sin., Addit. 1: 60 (1965); *Aconitum cavaleriei* var. *aggregatifolium* (Chang ex W. T. Wang) W. T. Wang, Fl. Reipubl. Popularis Sin. 27: 165 (1979).
河南、陕西、甘肃、江西、湖南、湖北、四川、贵州、云南；缅甸（北部）、不丹、尼泊尔。

宽叶蔓乌头

Aconitum sczukinii Turcz., Bull. Soc. Imp. Naturalistes Moscou 13: 61 (1840).
Aconitum volubile var. *latisectum* Regel, Index Sem. (St. Petersburg). 43 (1861).
黑龙江、吉林、辽宁；朝鲜半岛、俄罗斯。

侧花乌头

●**Aconitum secundiflorum** W. T. Wang, Bull. Bot. Res., Harbin 3 (1): 24, pl. 1, f. 1, 9-10 (1983).
四川。

紫花高乌头

Aconitum septentrionale Koelle, Spic. Observ. Aconit. 22 (1788).
Aconitum excelsum Rchb., Monogr. Acon. t. 53 (1820).
黑龙江、辽宁；蒙古国、俄罗斯；欧洲。

神农架乌头

●**Aconitum shennongjiaense** Q. Gao et Q. E. Yang, Bot. Stud. (Taipei) 50 (2) (2009).
湖北。

新疆乌头

●**Aconitum sinchiangense** W. T. Wang, Fl. Reipubl. Popularis Sin. 27: 192, 605 (Addenda) (1979).
新疆。

腋花乌头

●**Aconitum sinoaxillare** W. T. Wang, Acta Phytotax. Sin., Addit. 1: 73, f. 2, f. 8 (1965).
西藏。

高乌头

●**Aconitum sinomontanum** Nakai, Rep. First Sci. Exped. Manchoukuo 4 (2): 146, f. 9 (1935).
河北、山西、陕西、甘肃、青海、江西、湖南、湖北、四川、贵州、云南、广西。

高乌头（原变种）（穿心莲，麻布袋，破骨七）

●**Aconitum sinomontanum** var. **sinomontanum**
Lycoctonum sinomontanum (Nakai) Nakai, J. Jap. Bot. 13: 406 (1937); *Lycoctonum shansiense* Nakai, Bull. Nat. Sci. Mus. Tokyo 32: 6 (1953); *Aconitum moldavicum* var. *sinomontanum* (Nakai) Tamura et Lauener, Notes Roy. Bot. Gard. Edinburgh 37 (3): 453 (1979); *Aconitum jinchengense* L. C. Wang et Silba, Phytologia 71 (4): 307 (1991).
河北、山西、陕西、甘肃、青海、湖北、四川、贵州。

狭盔高乌头

●**Aconitum sinomontanum** var. **angustius** W. T. Wang, Observ. Fl. Hwangshan.: 114 (1965).
Aconitum angustius W. T. Wang, Acta Phytotax. Sin., Addit. 1: 62 (1965).
安徽、江西、湖南、广西。

毛果高乌头

●**Aconitum sinomontanum** var. **pilocarpum** W. T. Wang, Acta Phytotax. Sin., Addit. 1: 62 (1965).
Aconitum moldavicum f. *pilocarpum* Tamura et Lauener, Notes Roy. Bot. Gard. Edinburgh 37 (3): 454 (1979).
四川。

阿尔泰乌头

Aconitum smirnovii Steinb., Fl. U. R. S. S. 7: 731, pl. 14, f. 1 (1937).
新疆；蒙古国、俄罗斯。

山西乌头

●**Aconitum smithii** Ulbr. ex Hand.-Mazz., Acta Horti Gothob. 13 (4): 98 (1939).
Aconitum smithii var. *tenuilobum* W. T. Wang, Acta Phytotax. Sin., Addit. 1: 90 (1965).
河北、山西。

准噶尔乌头

Aconitum soongaricum (Regel) Stapf, Ann. Roy. Bot. Gard. (Calcutta) 10 (2): 141, pl. 95 (1905).
Aconitum napellus var. *alpinum* Regel lusus *soongoricum* Regel, Bull. Soc. Imp. Naturalistes Moscou 34 (3): 106 (1861).
新疆；克什米尔地区；亚洲（西南部）。

茨开乌头

●**Aconitum souliei** Finet et Gagnep., Bull. Soc. Bot. France 51: 515, pl. 9 B (1904).
Aconitum souliei var. *pumilum* Finet et Gagnep., *op. cit.* 51: 515, pl. 9 B (1904).
云南、西藏。

匙苞乌头

●**Aconitum spathulatum** W. T. Wang, Acta Phytotax. Sin., addit. 1: 65, f. 1, f. 3 (1965).
云南。

亚东乌头

Aconitum spicatum Stapf, Ann. Roy. Bot. Gard. (Calcutta) 10 (2): 165, pl. 106, 107 (1905).
西藏；不丹、尼泊尔、印度。

螺瓣乌头

●**Aconitum spiripetalum** Hand.-Mazz., Acta Horti Gothob. 13 (4): 91 (1939).
四川。

玉龙乌头

●**Aconitum stapfianum** Hand.-Mazz., Symb. Sin. 7 (2): 294, pl. 5, f. 11-12 (1931).
云南。

玉龙乌头（原变种）（黑心解）

●**Aconitum stapfianum** var. **stapfianum**
Aconitum pseudostapfianum W. T. Wang, Acta Phytotax. Sin. 12: 156, pl. 45, f. 1 (1974); *Aconitum tuguangcunense* Q. E. Yang, Acta Phytotax. Sin. 33 (6): 572, pl. 1 (1995).
云南。

毛梗玉龙乌头

●**Aconitum stapfianum** var. **pubipes** W. T. Wang, Acta Phytotax. Sin. 31 (3): 206 (1993).
云南。

拟显柱乌头

●**Aconitum stylosoides** W. T. Wang, Fl. Reipubl. Popularis Sin. 27: 214, 606 (Addenda) (1979).
四川。

太白乌头（金牛七）

●**Aconitum taipeicum** Hand.-Mazz., Acta Horti Gothob. 13 (4): 120 (1939).
河南、陕西。

伊犁乌头

●**Aconitum talassicum** var. **villosulum** W. T. Wang, Fl. Reipubl. Popularis Sin. 27: 312, 611 (Addenda) (1979).
新疆。

堆拉乌头

●**Aconitum tangense** C. Marquand et Airy Shaw, J. Linn. Soc., Bot. 48 (321): 158 (1929).
西藏。

甘青乌头（辣辣草，雪乌，翁阿鲁）

●**Aconitum tanguticum** (Maxim.) Stapf, Ann. Roy. Bot. Gard. (Calcutta) 10 (2): 151 (1905).
Aconitum rotundifolium var. *tanguticum* Maxim., Fl. Tangut. 26 (1889); *Aconitum tanguticum* var. *trichocarpum* Hand.-Mazz., Acta Horti Gothob. 13: 91 (1939); *Aconitum iochanicum* var. *robustum* Chen et Liu, Bull. Fan Mem. Inst. Biol. Bot. 11: 46 (1941); *Aconitum tanguticum* f. *viridulum* W. T. Wang, Acta Phytotax. Sin., Addit. 1: 96 (1965); *Aconitum tanguticum* f. *robustum* (Chen et Liu) W. T. Wang, Acta Phytotax. Sin., Addit. 1: 96 (1965); *Aconitum wolongense* W. T. Wang, Bull. Bot. Res., Harbin 9 (2): 1 (1989); *Aconitum qinghaiense* Kadota, J. Jap. Bot. 76 (4): 185 (2001).
陕西、甘肃、青海、四川、云南、西藏。

独龙乌头

●**Aconitum taronense** (Hand.-Mazz.) H. R. Fletcher et Lauener, Notes Roy. Bot. Gard. Edinburgh 20 (100): 197 (1950).
Aconitum bisma var. *taronense* Hand.-Mazz., Symb. Sin. 7 (2): 284 (1931); *Aconitum kungshanense* W. T. Wang, Acta Phytolax. Sin., Addit. 1: 68 (1965).
云南。

康定乌头

●**Aconitum tatsienense** Finet et Gagnep., Bull. Soc. Bot. France 51: 510, pl. 9 A (1904).
Aconitum divaricatum Finet et Gagnep., *op. cit.* 51: 511, pl. 8 A (1904); *Aconitum sikangense* Hand.-Mazz., Acta Horti Gothob. 13: 105 (1939); *Aconitum tatsiense* var. *divaricatum* (Finet et Gagnep) W. T. Wang, Fl. Reipubl. Popularis Sin. 27: 216 (1979); *Aconitum yachiangense* W. T. Wang, *op. cit.* 27: 209, 605 (Addenda) (1979).
四川。

新都桥乌头（东俄洛乌头）

●**Aconitum tongolense** Ulbr., Repert. Spec. Nov. Regni Veg. 14 (400-404): 299 (1915).
Aconitum napellus var. *polyanthum* Finet et Gagnep., Bull. Soc. Bot. France 51: 513 (1904); *Aconitum polyanthum* (Finet et Gagnep.) Hand.-Mazz., Acta Horti Gothob. 13 (4): 99 (1939).
四川、云南、西藏。

直缘乌头

●**Aconitum transsectum** Diels, Notes Roy. Bot. Gard. Edinburgh 5 (25): 268 (1912).
四川、云南。

长白乌头

●**Aconitum tschangbaischanense** S. H. Li et Y. H. Huang, Fl. Pl. Herb. Chin. Bor.-Or. 3: 121, 229, pl. 53, f. 7-11 (1975).
Aconitum villosum subsp. *tschangbaischanense* (S. H. Li et Y. H. Huang) S. X. Li, Clav. Pl. Chin. Bor.-Orient., ed. 2 (ed. P. Y. Fu): 182 (1995).
吉林。

草地乌头

Aconitum umbrosum (Korsh.) Kom., Trudy Imp. S.-Peterburgsk. Bot. Sada 22 (1): 250 (1903).
Aconitum lycoctonum f. *umbrosum* Korsh., Trudy Imp. S.-Peterburgsk. Bot. Sada 12 (2): 299 (1892); *Aconitum lycoctonum* f. *bracteatum* Finet et Gagnep., Bull. Soc. Bot. France 51: 502 (1904); *Aconitum paishanense* Kitag., Rep. First Sci. Exped. Manchoukuo 5: 152 (1941).
黑龙江、吉林、河北；朝鲜半岛、俄罗斯。

白毛乌头

Aconitum villosum Rchb., Uebers. Aconitum 39 (1819).
吉林；蒙古国、朝鲜半岛、俄罗斯。

白毛乌头（原变种）

Aconitum villosum var. **villosum**
吉林；蒙古国、朝鲜半岛、俄罗斯。

缠绕白毛乌头

Aconitum villosum var. **amurense** (Nakai) S. H. Li et Y. H. Huang, Fl. Pl. Herb. Chin. Bor.-Or. 3: 131, pl. 52, f. 7-11 (1975).
Aconitum amurense Nakai, J. Jap. Bot. 18 (11): 603 (1942).
吉林；朝鲜半岛。

黄草乌

●**Aconitum vilmorinianum** Kom., Repert. Spec. Nov. Regni Veg. 7 (140-142): 145 (1909).
四川、贵州、云南。

黄草乌（原变种）

●**Aconitum vilmorinianum** var. **vilmorinianum**
Aconitum mairei H. Lév., Repert. Spec. Nov. Regni Veg. 13: 341 (1914).
四川、贵州、云南。

展毛黄草乌

●**Aconitum vilmorinianum** var. **patentipilum** W. T. Wang, Acta Phytotax. Sin., Addit. 1: 82 (1965).
四川、云南。

蔓乌头

Aconitum volubile Pall. ex Koelle, Spicil. Acon. 21 (1788).
黑龙江、吉林、辽宁；蒙古国、俄罗斯。

蔓乌头（原变种）

Aconitum volubile var. **volubile**
黑龙江、吉林、辽宁；俄罗斯。

卷毛蔓乌头

Aconitum volubile var. **pubescens** Regel, Bull. Soc. Imp.

Naturalistes Moscou 34: 91 (1861).
Aconitum ciliare DC., Syst. Nat. 1: 378 (1818).
黑龙江、辽宁；朝鲜半岛、俄罗斯。

五叉沟乌头

●**Aconitum wuchagouense** Y. Z. Zhao, Acta Phytotax. Sin. 23 (1): 57, pl. 1 (1985).
内蒙古。

乡城乌头

●**Aconitum xiangchengense** W. T. Wang, Acta Bot. Yunnan. 4: 130 (1982).
四川。

竞生乌头

●**Aconitum yangii** W. T. Wang et L. Q. Li, Acta Phytotax. Sin. 25 (1): 25, pl. 1, f. 3 (1987).
云南。

竞生乌头（原变种）

●**Aconitum yangii** var. **yangii**
云南。

展毛竞生乌头

●**Aconitum yangii** var. **villosulum** W. T. Wang et L. Q. Li, Acta Phytotax. Sin. 25 (1): 26, pl. 1, f. 4 (1987).
云南。

阴山乌头

●**Aconitum yinschanicum** Y. Z. Zhao, Fl. Intramong., ed. 2 2: 568 (1990).
Aconitum flavum var. *galeatum* W. T. Wang, Acta Phytotax. Sin. 12 (2): 157 (1974).
内蒙古。

云岭乌头

●**Aconitum yunlingense** Q. E. Yang et Z. D. Fang, Acta Bot. Yunnan. 12 (4): 387, pl. 1 (1990).
云南。

类叶升麻属 Actaea L.

类叶升麻

Actaea asiatica H. Hara, J. Jap. Bot. 15 (5): 313 (1939).
Actaea spicata var. *asiatica* (H. Hara) S. H. Li et Y. H. Huang, Fl. Pl. Herb. Chin. Bor.-Or. 3: 105 (1975); *Actaea acuminata* subsp. *asiatica* (H. Hara) Luferov, Komarovia 1: 61 (1999).
黑龙江、吉林、辽宁、内蒙古、河北、山西、陕西、甘肃、青海、湖北、四川、云南、西藏；日本、朝鲜半岛、俄罗斯（远东地区）。

红果类叶升麻

Actaea erythrocarpa Fisch., Index Sem. (St. Petersburg) 1: 20 (1835).
黑龙江、吉林、辽宁、内蒙古、河北、山西、云南；蒙古国、日本、俄罗斯（远东地区、西伯利亚）；欧洲。

侧金盏花属 Adonis L.

夏侧金盏花

Adonis aestivalis L., Sp. Pl., ed. 2 1: 771 (1763).
新疆、西藏；巴基斯坦、克什米尔地区、俄罗斯；亚洲（西南部）、欧洲。

夏侧金盏花（原变种）

Adonis aestivalis var. **aestivalis**
新疆；巴基斯坦、克什米尔地区、俄罗斯；亚洲（西南部）、欧洲。

小侧金盏花

Adonis aestivalis var. **parviflora** Bieb., Fl. Taur.-Caucas. 3: 378 (1819).
Adonis parviflora (Bieb.) Fisch. ex DC., Prodr. 1: 24 (1824).
新疆、西藏；亚洲（西南部）、欧洲。

侧金盏花（冰凉花，顶冰花，福寿草）

Adonis amurensis Regel et Radde, Bull. Soc. Imp. Naturalistes Moscou 34 (2): 35, pl. 2, f. 1, 2 a-b (1861).
Adonis vernalis var. *amurensis* (Regel et Radde) Finet et Gagnep., Bull. Soc. Bot. France 51: 132 (1904).
黑龙江、吉林、辽宁；日本、朝鲜半岛、俄罗斯。

甘青侧金盏花

●**Adonis bobroviana** Simonov., Novosti Sist. Vyssh. Rast. 1968: 127 (1968).
内蒙古、宁夏、甘肃、青海。

白花蓝侧金盏花

●**Adonis coerulea** f. **albiflora** S. H. Yang, Acta Bot. Boreal.-Occid. Sin. 29 (5): 1053 (2009).
青海。

金黄侧金盏花

Adonis chrysocyathus Hook. f. et Thomson, Fl. Brit. India 1 (1): 15 (1872).
新疆、西藏；巴基斯坦、克什米尔地区、俄罗斯。

短柱侧金盏花

Adonis davidii Franch., Nouv. Arch. Mus. Hist. Nat., sér. 2 8: 188, pl. 3 (1885).
Adonis brevistyla Franch., Bull. Soc. Bot. France 33: 372 (1886); *Adonis delavayi* Franch., Bull. Soc. Philom. Paris 6: 91 (1894).
山西、陕西、甘肃、湖北、四川、贵州、云南、西藏；不丹。

辽吉侧金盏花

Adonis ramosa Franch., Bull. Soc. Philom., sér. 8 6: 91 (1894).

Adonis pseudoamurensis W. T. Wang, Fl. Reipubl. Popularis Sin. 28: 252, 352 (Addenda) (1980); *Adonis ramosa* subsp. *fupingensis* W. T. Wang, Acta Phytotax. Sin. 32 (5): 472 (1994).
吉林、辽宁；日本、朝鲜半岛、俄罗斯。

北侧金盏花

Adonis sibirica Patrin ex Ledeb., Ind. Hort. Dorp. Suppl. 2: 1 (1824).
内蒙古、新疆；蒙古国、俄罗斯；欧洲。

蜀侧金盏花（毛黄连，毛名）

●**Adonis sutchuenensis** Franch., Bull. Soc. Philom. Paris 6: 89 (1894).
陕西、四川。

天山侧金盏花

Adonis tianschanica Lipsch. ex Bobrov, Fl. U. R. S. S. 7: 531 (1937).
Adonis turkestanica var. *tianschanica* Adolf, Trudy Prikl. Bot. Selekts. 23: 328 (1930).
新疆；俄罗斯。

罂粟莲花属 Anemoclema (Franch.) W. T. Wang

罂粟莲花

●**Anemoclema glaucifolium** (Franch.) W. T. Wang, Acta Phytotax. Sin. 9 (2): 106, pl. 7 (1964).
Anemone glaucifolia Franch., Bull. Soc. Bot. France 33: 363 (1886); *Pulsatilla glaucifolia* (Franch.) Huth, Bot. Jahrb. Syst. 22 (4-5): 588 (1898).
四川、云南。

银莲花属 Anemone L.

阿尔泰银莲花

Anemone altaica Fisch. ex C. A. Mey. in Ledebour, Fl. Altaic. 2: 362 (1830).
Anemone nemorosa subsp. *altaica* (Fisch. ex C. A. Mey.) Korsh., Korsh Fl. Vostoch. Evropy Ross. 1: 62 (1892); *Anemonoides altaica* (Fisch. ex C. A. Mey.) Holub, Folia Geobot. Phytotax. 8 (2): 165 (1973).
山西、河南、新疆、湖北；俄罗斯、罗马尼亚；欧洲（东南部）。

黑水银莲花

Anemone amurensis (Korsh.) Kom., Trudy Imp. S.-Peterburgsk. Bot. Sada 22 (1): 262 (1904).
Anemone nemorosa subsp. *amurensis* Korsh., Trudy Imp. S.-Peterburgsk. Bot. Sada 12 (2): 292 (1892); *Anemone nemorosa* var. *fissa* Ulbr., Amer. Midl. Naturalist (1909); *Anemonoides amurensis* (Korsh.) Holub, Folia Geobot. Phytotax. 8 (2): 165 (1973).
黑龙江、吉林、辽宁；朝鲜半岛、俄罗斯。

毛果银莲花

Anemone baicalensis Turcz., Bull. Soc. Imp. Naturalistes Moscou 15: 40, 42 (1842).
黑龙江、吉林、辽宁、山西、甘肃、四川、云南；蒙古国、朝鲜半岛、俄罗斯。

毛果银莲花（原变种）

Anemone baicalensis var. **baicalensis**
Anemone baicalensis var. *glabrata* Maxim., Prim. Fl. Amur. 18 (1859); *Anemone ulbrichiana* Diels ex Ulbr., Bot. Jahrb. Syst. 36 (3, Beibl. 80): 4 (1904); *Anemone wilsonii* Hemsl., Bull. Misc. Inform. Kew 1906 (5): 149 (1906); *Arsenjevia baicalensis* (Turcz.) Starod., Chin. Assoc. Advancem. (1953); *Anemonoides ulbrichiana* (Diels ex Ulbr.) Holub, Folia Geobot. Phytotax. 8 (2): 166 (1973); *Anemonoides baicalensis* (Turcz.) Holub, Folia Geobot. Phytotax. 8 (2): 166 (1973); *Anemonoides glabrata* (Maxim.) Holub, Folia Geobot. Phytotax. 11 (1): 81 (1976); *Arsenjevia glabrata* (Maxim.) Starod., Bot. Zhurn. (Moscow et Leningrad) 74 (9): 1345 (1989).
黑龙江、吉林、辽宁、山西、甘肃、四川、云南；蒙古国、朝鲜半岛、俄罗斯。

甘肃银莲花

●**Anemone baicalensis** var. **kansuensis** (W. T. Wang) W. T. Wang, Fl. Reipubl. Popularis Sin. 28: 20 (1980).
Anemone kansuensis W. T. Wang, Acta Phytotax. Sin. 12 (2): 163, pl. 46, f. 2 (1974).
甘肃。

细茎银莲花

Anemone baicalensis var. **rossii** (S. Moore) Kitag., Rep. Inst. Sci. Res. Manchoukuo 4 (7): 81 (1940).
Anemone rossii S. Moore, J. Linn. Soc., Bot. 17 (102): 376, pl. 16, f. 1-2 (1879); *Anemonoides rossii* (S. Moore) Holub, Folia Geobot. Phytotax. 8 (2): 166 (1973); *Arsenjevia rossii* (S. Moore) Starod., Bot. Zhurn. (Moscow et Leningrad) 74 (9): 1345 (1989).
吉林、辽宁；朝鲜半岛。

芹叶银莲花

●**Anemone baicalensis** var. **saniculiformis** (C. Y. Wu et W. T. Wang) Ziman et B. E. Dutton, Fl. China 6: 312 (2001).
Anemone saniculiformis C. Y. Wu et W. T. Wang, Acta Phytotax. Sin. 12 (2): 164, pl. 46, f. 3 (1974).
四川。

卵叶银莲花

●**Anemone begoniifolia** H. Lév. et Vaniot, Bull. Acad. Int. Géogr. Bot. 11 (148): 46 (1902).
Anemone esquirolii H. Lév. et Vaniot, Repert. Spec. Nov. Regni Veg. 8 (160-162): 58 (1910); *Anemone bodinieri* H. Lév.,

Fl. Kouy-Tchéou 329 (1915).
四川、贵州、云南、广西。

短蕊银莲花

●**Anemone brachystema** W. T. Wang, Pl. Div. Resour. 36 (4): 450 (2014).
西藏。

短柱银莲花

●**Anemone brevistyla** C. C. Chang ex W. T. Wang, Acta Phytotax. Sin. 12 (2): 163 (1974).
四川。

银莲花

Anemone cathayensis Kitag. ex Ziman et Kadota, J. Jap. Bot. 81 (1): 7, fig. 2 (2006).
河北、山西、河南；朝鲜半岛。

银莲花（原变种）

Anemone cathayensis var. **cathayensis**
Anemone demissa var. *glabrescens* Ulbr., Bot. Jahrb. Syst. 37 (3): 267 (1906); *Anemone narcissiflora* var. *pekinensis* Schipcz., Trudy Bot. Sada Imp. Yur'evsk. Univ. 13: 85 (1912); *Anemone narcissiflora* var. *chinensis* Kitag., Rep. First Sci. Exped. Manchoukuo 4 (4): 17 (1935); *Anemone narcissiflora* subsp. *chinensis* (Kitag.) Kitag., Lin. Fl. Manshur. 213 (1939); *Anemonastrum chinense* (Kitag.) Holub, Folia Geobot. Phytotax. 8 (2): 165 (1973).
河北、山西；朝鲜半岛。

毛蕊银莲花

Anemone cathayensis var. **hispida** Tamura, Acta Phytotax. Geobot. 17 (4): 114 (1958).
Anemone cathayensis f. *hispida* (Tamura) Kitag., Neolin. Fl. Manshur. 290 (1979).
河南；朝鲜半岛。

蓝匙叶银莲花

Anemone coelestina Franch., Bull. Soc. Bot. France. 32: 4 (1885).
甘肃、青海、四川、云南、西藏；不丹、尼泊尔、印度。

蓝匙叶银莲花（原变种）

Anemone coelestina var. **coelestina**
Anemone coelestina Franch., Bull. Soc. Bot. France 32: 4 (1885); *Anemone obtusiloba* subsp. *coelestina* (Franch.) Brühl, Ann. Roy. Bot. Gard. (Calcutta) 5: 78 (1896); *Anemone trullifolia* var. *coelestina* (Franch.) Finet et Gagnep., Bull. Soc. Bot. France 51: 61 (1904); *Anemone bonatiana* H. Lév., Repert. Spec. Nov. Regni Veg. 7: 98 (1909); *Anemone coelestina* var. *polygyna* H. F. Comber, Notes Roy. Bot. Gard. Edinburgh 18: 226 (1934); *Anemone coelestina* f. *holophylla* (Diels) H. F. Comber, Notes Roy. Bot. Gard. Edinburgh 18 (89): 226 (1934).
甘肃、青海、四川、云南、西藏；不丹、尼泊尔、印度。

拟条叶银莲花

Anemone coelestina var. **holophylla** (Diels) Ziman et B. E. Dutton, Fl. China 6: 325 (2001).
Anemone trullifolia var. *holophylla* Diels, Notes Roy. Bot. Gard. Edinburgh 5 (25): 263 (1912); *Anemone coelestina* f. *holophylla* (Diels) H. F. Comber, Notes Roy. Bot. Gard. Edinburgh 18 (89): 226 (1934).
四川、云南；不丹、尼泊尔、印度。

条叶银莲花

Anemone coelestina var. **linearis** (Brühl) Ziman et B. E. Dutton, Fl. China 6: 325 (2001).
Anemone obtusiloba subsp. *trullifolia* var. *linearis* Brühl, Ann. Roy. Bot. Gard. (Calcutta) 5 (2): 77 (1896); *Anemone trullifolia* var. *souliei* Finet et Gagnep., Bull. Soc. Bot. France 51: 62 (1904); *Anemone trullifolia* var. *linearis* (Brühl) Hand.-Mazz., Acta Horti Gothob. 13 (4): 178 (1939).
甘肃、青海、四川、云南、西藏；不丹。

西南银莲花（铜骨七）

●**Anemone davidii** Franch., Nouv. Arch. Mus. Hist. Nat., sér. 2 8: 185 (1886).
Anemone stolonifera var. *davidii* (Franch.) Finet et Gagnep., Bull. Soc. Bot. France 51: 72 (1904); *Anemone petiolulata* C. Pei, Contr. Biol. Lab. Sci. Soc. China, Bot. 9: 5 (1933); *Anemonoides davidii* (Franch.) Starod., Vetren. Sist. Evol. 123 (1991).
湖南、湖北、四川、贵州、云南、西藏。

滇川银莲花

●**Anemone delavayi** Franch., Bull. Soc. Bot. France 33: 366 (1886).
四川、云南。

滇川银莲花（原变种）

●**Anemone delavayi** var. **delavayi**
Anemonoides delavayi (Franch.) Holub, Folia Geobot. Phytotax. 8 (2): 166 (1973).
云南。

少果银莲花

●**Anemone delavayi** var. **oligocarpa** (C. Pei) Ziman et B. E. Dutton, Fl. China 6: 311 (2001).
Anemone oligocarpa C. Pei, Contr. Biol. Lab. Sci. Soc. China, Bot. 9: 3 (1933).
四川。

展毛银莲花（垂枝莲）

Anemone demissa Hook. f. et Thomson, Fl. Ind. 1: 23 (1855).
甘肃、青海、四川、云南、西藏；不丹、尼泊尔、印度、巴基斯坦。

展毛银莲花（原变种）

Anemone demissa var. **demissa**
Anemone polyanthes D. Don, Prodr. Fl. Nepal. 194 (1825);

Anemone demissa var. *monantha* Brühl, Ann. Roy. Bot. Gard. (Calcutta) 5: 81 (1896); *Anemone demissa* var. *connectens* Brühl, *op. cit.* 5: 81 (1896); *Anemone demissa* var. *umbellata* Brühl, Bot. Jahrb. Syst. 37: 81 (1906); *Anemone bicolor* H. Lév., Bull. Acad. Int. Géogr. Bot. 24: 42 (1915); *Anemone demissa* var. *grandiflora* C. Marquand et Airy Shaw, J. Linn. Soc., Bot. 48 (321): 154 (1929); *Anemonastrum demissum* (Hook. f. et Thomson) Holub, Folia Geobot. Phytotax. 8 (2): 165 (1973); *Anemonastrum polyanthes* (D. Don) Holub, *op. cit.* 8 (2): 165 (1973).
甘肃、青海、四川、西藏；不丹、尼泊尔、印度、巴基斯坦。

宽叶展毛银莲花

Anemone demissa var. **major** W. T. Wang, Fl. Reipubl. Popularis Sin. 28: 51, 351 (Addenda) (1980).
Anemone demissa var. *macrantha* Brühl, Ann. Roy. Bot. Gard. (Calcutta) 5 (2): 81 (1896).
四川、云南、西藏；不丹。

密毛银莲花

Anemone demissa var. **villosissima** Brühl, Ann. Roy. Bot. Gard. (Calcutta) 5 (2): 81, pl. 107 B (1896).
Anemone demissa var. *villosa* Ulbr., Bot. Jahrb. Syst. 37 (3): 26 (1906); *Anemone demissa* subsp. *villosissima* (Brühl) R. P. Chaudhary, Bot. Zhurn. (Moscow et Leningrad) 73 (8): 1196 (1988).
甘肃、四川、云南、西藏；不丹、尼泊尔、印度。

云南银莲花

●**Anemone demissa** var. **yunnanensis** Franch., Bull. Soc. Bot. France 33: 367 (1886).
四川、云南。

二歧银莲花

Anemone dichotoma L., Sp. Pl. 1: 540 (1753).
Anemonidium dichotomum (L.) Holub, Folia Geobot. Phytotax. 9 (3): 272 (1974).
黑龙江、吉林；蒙古国、俄罗斯；欧洲。

加长银莲花

Anemone elongata D. Don, Prodr. Fl. Nepal. 194 (1825).
Anemonastrum elongatum (D. Don) Holub, Folia Geobot. Phytotax. 8 (2): 165 (1973).
西藏；缅甸、尼泊尔、印度。

红叶银莲花

●**Anemone erythrophylla** Finet et Gagnep., Bull. Soc. Bot. France 53: 125 (1906).
四川。

小银莲花

●**Anemone exigua** Maxim., Bull. Acad. Imp. Sci. Saint-Pétersbourg 23 (2): 306 (1877).
山西、甘肃、青海、四川、云南、台湾。

小银莲花（原变种）

●**Anemone exigua** var. **exigua**
Anemone takasagomontana Masam. in Lecomte, Notul. Syst. (Paris) 6 (1): 37 (1937); *Anemone vitifolia* var. *takasagomontana* (Masam.) S. S. Ying, Mém. Coll. Agric. Nation. Taiwan Univ. 29 (2): 54 (1989); *Anemonoides exigua* (Maxim.) Starod., Vetren. Sist. Evol. 123 (1991).
山西、甘肃、青海、四川、云南、台湾。

山西银莲花

●**Anemone exigua** var. **shanxiensis** B. L. Li et X. Y. Yu, Acta Phytotax. Sin. 27 (2): 152 (1989).
山西。

细萼银莲花

●**Anemone filisecta** C. Y. Wu et W. T. Wang, Acta Phytotax. Sin. 12 (2): 165 (1974).
Anemonidium filisectum (C. Y. Wu et W. T. Wang) Starod., Vetren. Sist. Evol. 119 (1991).
云南。

鹅掌草

Anemone flaccida F. Schmidt, Mém. Acad. Imp. Sci. St.-Pétersbourg 2: 103 (1868).
安徽、江苏、浙江、江西、湖南、湖北、四川、贵州、云南；日本、俄罗斯。

鹅掌草（原变种）（二轮七，蜈蚣三七，林荫银莲花）

Anemone flaccida var. **flaccida**
Anemone baicalensis var. *laevigata* A. Gray, Narr. Exped. Amer. Squadron China Seas Japan 2: 306 (1857); *Anemone baicalensis* subsp. *flaccida* (F. Schmidt) Ulbr., Bot. Jahrb. Syst. 37 (2): 232 (1905); *Anemone laevigata* (A. Gray) Koidz., Bot. Mag. (Tokyo) 43 (512): 395 (1929); *Anemonoides flaccida* (F. Schmidt) Holub, Folia Geobot. Phytotax. 8 (2): 166 (1973); *Arsenjevia flaccida* (F. Schmidt) Starod., Bot. Zhurn. (Moscow et Leningrad) 74 (9): 1345 (1989).
安徽、江苏、浙江、江西、湖南、湖北、四川、贵州、云南；日本、俄罗斯。

安徽银莲花

●**Anemone flaccida** var. **anhuiensis** (Y. K. Yang, N. Wang et W. C. Ye) Ziman et B. E. Dutton, Fl. China 6: 311 (2001).
Anemone anhuiensis Y. K. Yang, N. Wang et W. C. Ye, J. Wuhan Bot. Res. 7 (4): 327 (1989).
安徽。

展毛鹅掌草

●**Anemone flaccida** var. **hirtella** W. T. Wang, Fl. Reipubl. Popularis Sin. 28: 18, 349 (Addenda) (1980).
湖北。

鹤峰银莲花

●**Anemone flaccida** var. **hofengensis** (W. T. Wang) Ziman et B.

E. Dutton, Fl. China 6: 311 (2001).
Anemone hofengensis W. T. Wang, Acta Phytotax. Sin. 29: 463 (1991).
湖南、湖北、四川。

涪陵银莲花

●**Anemone fulingensis** W. T. Wang et Z. Y. Liu, Acta Phytotax. Sin. 45 (3): 290, fig. 1-2 (2007).
重庆。

路边青银莲花

Anemone geum H. Lév., Bull. Acad. Int. Géogr. Bot. 25: 25 (1915).
河北、山西、陕西、宁夏、甘肃、青海、新疆、四川、云南、西藏；尼泊尔、印度。

路边青银莲花（原亚种）

Anemone geum var. **geum**
Anemone obtusiloba var. *orthocaulon* Brühl, Ann. Roy. Bot. Gard. (Calcutta) 5 (2): 78, pl. 106 B, f. 23, 27-30 (1896); *Anemone rupestris* var. *lobata* Brühl, *op. cit.* 5 (2): 80, pl. 104 A (1896); *Anemone obtusiloba* var. *geochares* Brühl, *op. cit.* 5 (2): 78, pl. 106 B (1896); *Anemone bonatiana* var. *geum* (H. Lév.) H. Lév., Cat. Pl. Yun-Nan 219 (1917); *Anemone rupestris* var. *pilosa* C. Marquand et Airy Shaw, J. Linn. Soc., Bot. 48 (321): 154 (1929); *Anemone wardii* C. Marquand et Airy Shaw, *op. cit.* 48 (321): 155 (1929).
河北、山西、陕西、宁夏、甘肃、青海、新疆、四川、西藏；尼泊尔、印度。

疏齿银莲花

Anemone geum subsp. **ovalifolia** (Brühl) R. P. Chaudhary, Bot. Zhurn. (Moscow et Leningrad) 73: 1190 (1988).
Anemone obtusiloba subsp. *ovalifolia* Brühl, Ann. Roy. Bot. Gard. (Calcutta) 5 (2): 78, pl. 106 B, f. 23, 27-30 (1896); *Anemone ovalifolia* (Brühl) Hand.-Mazz., Symb. Sin. 7 (2): 315 (1931); *Anemone obtusiloba* var. *polysepala* W. T. Wang, Acta Phytotax. Sin. 12 (2): 169 (1974); *Anemone obtusiloba* var. *angustilimba* W. T. Wang, Fl. Reipubl. Popularis Sin. 28: 37, 350 (Addenda) (1980).
甘肃、四川、云南；尼泊尔、印度。

块茎银莲花

Anemone gortschakowii Kar. et Kir., Bull. Soc. Imp. Naturalistes Moscou 15: 131 (1842).
新疆；哈萨克斯坦。

三出银莲花

Anemone griffithii Hook. f. et Thomson, Fl. Ind. 1: 21 (1855).
Anemone caerulea var. *griffithii* (Hook. f. et Thomson) Ulbr., Bot. Jahrb. Syst. 36: 4 (1905); *Anemonoides griffithii* (Hook. f. et Thomson) Holub, Folia Geobot. Phytotax. 8 (2): 166 (1973); *Anemone nanchuanensis* W. T. Wang, Acta Phytotax. Sin. 12 (2): 161, pl. 46, f. 1 (1974).
四川、西藏；不丹、？尼泊尔、？印度。

河口银莲花

●**Anemone hokouensis** C. Y. Wu ex W. T. Wang, Acta Phytotax. Sin. 12 (2): 168, pl. 47, f. 1 (1974).
云南。

拟卵叶银莲花

Anemone howellii Jeffrey et W. W. Sm., Notes Roy. Bot. Gard. Edinburgh 9 (42): 78 (1916).
Anemone begoniifolioides W. T. Wang, Acta Phytotax. Sin. 12 (2): 167, pl. 46, f. 4 (1974).
云南、广西；缅甸（北部）、印度（东北部）。

打破碗花花

●**Anemone hupehensis** (Lemoine) Lemoine, Lemoine's Cat. 176: 40 (1910).
陕西、安徽、江苏、浙江、江西、湖北、四川、贵州、云南、福建、台湾、广东、广西。

打破碗花花（原变种）（野棉花，遍地爬，五雷火）

●**Anemone hupehensis** var. **hupehensis**
Anemone japonica var. *hupehensis* Lemoine, Lemoine's Cat. 170: 42 (1908); *Atragene japonica* Thunb., Fl. Jap. 239 (1784); *Anemone scabiosa* H. Lév. et Vaniot, Bull. Acad. Int. Géogr. Bot. 11 (148): 47 (1902); *Anemone hupehensis* f. *alba* W. T. Wang, Acta Phytotax. Sin. 12 (2): 166 (1974); *Anemone hupehensis* var. *simplicifolia* W. T. Wang, Acta Phytotax. Sin. 12 (2): 167 (1974).
陕西、浙江、江西、湖北、四川、贵州、云南、台湾、广东、广西。

秋牡丹（吹牡丹，土牡丹）

Anemone hupehensis var. **japonica** (Thunb.) Bowles et Stearn, J. Roy. Hort. Soc. 72: 265 (1947).
Atragene japonica Thunb., Syst. Veg., ed. 14: 511 (1784).
安徽、江苏、浙江、江西、云南、福建、广东；日本。

叠裂银莲花

●**Anemone imbricata** Maxim., Fl. Tangut. 8: pl. 22, f. 1-6 (1889).
Anemone obtusiloba subsp. *imbricata* (Maxim.) Brühl, Ann. Roy. Bot. Gard. (Calcutta) 5 (2): 79 (1896); *Anemonastrum imbricatum* (Maxim.) Holub, Folia Geobot. Phytotax. 8 (2): 165 (1973).
甘肃、青海、四川、西藏。

锐裂银莲花

●**Anemone laceratoincisa** W. T. Wang, Fl. Reipubl. Popularis Sin. 28: 33, 349 (Addenda) (1980).
Anemone rupicola subsp. *laceratoincisa* (W. T. Wang) R. P. Chaudhary, Bot. Zhurn. (Moscow et Leningrad) 72 (6): 824 (1987).

甘肃。

米林银莲花

●**Anemone milinensis** W. T. Wang, Guihaia 33 (5): 583 (2013).
西藏。

长毛银莲花

Anemone narcissiflora subsp. **crinita** (Juz.) Kitag., Lin. Fl. Manshur. 213 (1939).
Anemone crinita Juz., Fl. U. R. S. S. 7: 739 (1937); *Anemone sibirica* L., Sp. Pl. 1: 541 (1753); *Anemone narcissiflora* subsp. *sibirica* (L.) Hultén, Acta Univ. Lund., n. s. 40 (1): 734 (1944); *Anemone narcissiflora* var. *crinita* (Juz.) Tamura, Acta Phytotax. Geobot. 17 (4): 115 (1958); *Anemone narcissiflora* var. *sibirica* (L.) Tamura, *op. cit.* 17 (4): 115 (1958); *Anemonastrum crinitum* (Juz.) Holub, Folia Geobot. Phytotax. 8 (2): 165 (1973); *Anemonastrum narcissiflorum* subsp. *sibiricum* (L.) Á. Löve et D. Löve, Bot. Not. 128 (4): 511 (1975); *Anemone tengchongensis* W. T. Wang, Bull. Bot. Res., Harbin 16 (2): 160 (1996).
内蒙古、宁夏、新疆、云南；蒙古国、朝鲜半岛、俄罗斯。

伏毛银莲花

Anemone narcissiflora subsp. **protracta** (Ulbr.) Ziman et Fedor., Taxon. et Evol. *A. narcissiflora* Complex. 34 (1997).
Anemone narcissiflora var. *protracta* Ulbr., Bot. Jahrb. Syst. 37 (3): 26 (1906); *Anemone narcissiflora* var. *yuldussica* Schipcz., Hist. Nat. Iles Canaries (Phytogr.) (1836-1850) (1836); *Anemone narcissiflora* f. *contracta* Ulbr., Bull. Torrey Bot. Club (1870); *Anemone narcissiflora* var. *turkestanica* Schipcz., Trudy Bot. Sada Imp. Yur'evsk. Univ. 13: 101 (1912); *Anemone narcissiflora* var. *contracta* (Ulbr.) Schipcz., Flora (1924); *Anemone protracta* (Ulbr.) Juz., Fl. U. R. S. S. 7: 273 (1937); *Anemone schrenkiana* Juz., Fl. U. R. S. S. 7: 738 (1937); *Anemonastrum protractum* (Ulbr.) Holub, Folia Geobot. Phytotax. 8 (2): 165 (1973); *Anemonastrum schrenkianum* (Juz.) Holub, Folia Geobot. Phytotax. 11 (1): 80 (1976); *Anemone multilobulata* W. T. Wang et L. Q. Li, Acta Bot. Yunnan. 8 (3): 263, f. 2 (3-6) (1986).
新疆、云南；巴基斯坦、阿富汗、塔吉克斯坦、哈萨克斯坦。

钝裂银莲花

Anemone obtusiloba D. Don, Prodr. Fl. Nepal: 194 (1825).
四川、云南、西藏；蒙古国、缅甸、不丹、尼泊尔、印度、巴基斯坦、阿富汗、克什米尔地区。

钝裂银莲花（原亚种）

Anemone obtusiloba subsp. **obtusiloba**
Anemone discolor Royle, Ill. Bot. Himal. Mts: 52, pl. 11, f. 1 (1835); *Anemone micrantha* Klotzsch, Bot. Ergebn. Reise Waldemar (Klotzsch et Garcke): 133, pl. 38 (1862); *Anemone obtusiloba* subsp. *micrantha* (Klotzsch) Ulbr., Bot. Jahrb. Syst. 37 (2): 24 (1906); *Anemone obtusiloba* var. *chrysantha* Ulbr., Amer. Midl. Naturalist (1909).
四川、西藏；蒙古国、缅甸、不丹、尼泊尔、印度、巴基斯坦、阿富汗、克什米尔地区。

光叶银莲花

●**Anemone obtusiloba** subsp. **leiophylla** W. T. Wang, Fl. Reipubl. Popularis Sin. 28: 36, 350 (Addenda) (1980).
云南。

镇康银莲花

●**Anemone obtusiloba** subsp. **megaphylla** W. T. Wang, Fl. Reipubl. Popularis Sin. 28: 36, 350 (Addenda) (1980).
云南。

直果银莲花

●**Anemone orthocarpa** Hand.-Mazz., Acta Horti Gothob. 13 (4): 176 (1939).
贵州。

天全银莲花

●**Anemone patula** W. T. Wang, Acta Phytotax. Sin. 12 (2): 169 (1974).
四川。

鸡足叶银莲花

●**Anemone patula** var. **minor** W. T. Wang, Fl. Reipubl. Popularis Sin. 28: 41, 350 (Addenda) (1980).
四川。

多果银莲花

Anemone polycarpa W. E. Evans, Notes Roy. Bot. Gard. Edinburgh 13 (63-64): 154 (1921).
Anemone obtusiloba subsp. *saxicola* Brühl, Ann. Roy. Bot. Gard. (Calcutta) 5 (2): 78, pl. 105 c (1896); *Anemone saxicola* (Brühl) Tamura et Kitam., Fl. Nep. Him. 125 (1955); *Anemone obtusiloba* subsp. *omalocarpella* Brühl, Lingnan Sci. J. (1927); *Anemone rupestris* subsp. *polycarpa* (W. E. Evans) W. T. Wang, Fl. Reipubl. Popularis Sin. 28: 43, pl. 11, f. 3-6 (1980).
四川、云南、西藏；不丹、尼泊尔、印度。

川西银莲花

●**Anemone prattii** Huth ex Ulbr., Bot. Jahrb. Syst. 36 (3, Beibl. 80): 4, pl. s. n., f. 1, 2 (1905).
Anemonoides prattii (Huth ex Ulbr.) Holub, Folia Geobot. Phytotax. 8 (2): 166 (1973); *Arsenjevia prattii* (Huth ex Ulbr.) Starod., Bot. Zhurn. (Moscow et Leningrad) 74 (9): 1345 (1989).
四川、云南。

多被银莲花

Anemone raddeana Regel, Bull. Soc. Imp. Naturalistes Moscou 34: 16 (1861).
黑龙江、吉林、辽宁、山东、浙江；日本、朝鲜半岛、俄罗斯。

多被银莲花（原变种）（两头尖，老鼠屎）

Anemone raddeana var. **raddeana**

Anemone raddeana var. *integra* Huth, Gen. Hist. (1831-1838) (1831); *Anemone raddeana* subsp. *villosa* Ulbr., Leafl. Bot. Observ. Crit. 37: 221 (1903); *Anemone raddeana* subsp. *glabra* Ulbr., Bot. Jahrb. Syst. 37: 221 (1906); *Anemonoides raddeana* (Regel) Holub, Folia Geobot. Phytotax. 8 (2): 166 (1973).

黑龙江、吉林、辽宁、山东；日本、朝鲜半岛、俄罗斯。

龙王山银莲花

Anemone raddeana var. **lacerata** Y. L. Xu, Bull. Bot. Res., Harbin 13 (2): 121 (1993).

黑龙江、吉林、辽宁、山东；日本、朝鲜半岛、俄罗斯。

反萼银莲花

Anemone reflexa Stephan, Sp. Pl. ed. 2 (2): 1282 (1799).

Anemonoides reflexa (Stephan) Holub, Folia Geobot. Phytotax. 8 (2): 166 (1973).

吉林、河南、陕西；蒙古国、朝鲜半岛、俄罗斯。

草玉梅

Anemone rivularis Buch.-Ham. ex DC., Syst. Nat. 1: 211 (1817).

内蒙古、河北、河南、陕西、宁夏、甘肃、青海、新疆、湖北、四川、贵州、云南、西藏、广西；印度尼西亚、不丹、尼泊尔、印度、斯里兰卡。

草玉梅（原变种）（虎掌草，白花舌头草，汉虎掌）

Anemone rivularis var. **rivularis**

Anemone leveillei Ulbr., Bot. Jahrb. Syst. 36 (3, Beibl. 80): 5, f. s. n. 6-9 (1905); *Anemone saniculifolia* H. Lév., Repert. Spec. Nov. Regni Veg. 7 (152-156): 383 (1909); *Anemone longipes* Tamura, Acta Phytotax. Geobot. 15 (6): 192, f. 1 (1954); *Anemonidium rivulare* (Buch.-Ham. ex DC.) Starod., Vetren. Sist. Evol. 119 (1991).

内蒙古、河北、河南、陕西、宁夏、甘肃、青海、新疆、湖北、四川、贵州、云南、西藏、广西；印度尼西亚、不丹、尼泊尔、印度、斯里兰卡。

大理草玉梅

●**Anemone rivularis** var. **daliensis** X. D. Dong et Lin Yang, Bull. Bot. Res., Harbin 20 (3): 7 (2000).

云南。

小花草玉梅

●**Anemone rivularis** var. **flore-minore** Maxim., Fl. Tangut. 6 (1889).

Anemone barbulata Turcz., Bull. Soc. Imp. Naturalistes Moscou 7: 149 (1837); *Ranunculus moellendorffii* Hance, J. Bot. 17 (193): 7 (1879); *Anemone rivularis* subsp. *barbulata* (Turcz.) Ulbr., Bot. Jahrb. Syst. 37 (2): 23 (1906); *Anemone rivularis* var. *barbulata* (Turcz.) Turcz. ex B. Fedtsch., Chili Fl. 94 (1928).

内蒙古、河北、河南、陕西、宁夏、甘肃、青海、新疆、四川。

粗壮银莲花

●**Anemone robusta** W. T. Wang, Acta Phytotax. Sin. 12 (2): 174 (1974).

云南。

粗柱银莲花

●**Anemone robustostylosa** R. H. Miao, Acta Sci. Nat. Univ. Sunyatseni. 32 (4): 56 (1993).

广西。

岷山银莲花

Anemone rockii Ulbr., Notizbl. Bot. Gart. Berlin-Dahlem 10 (98): 876 (1929).

甘肃、四川、云南、西藏；不丹、尼泊尔、印度、克什米尔地区。

岷山银莲花（原变种）

Anemone rockii var. **rockii**

Anemone obtusiloba subsp. *rockii* (Ulbr.) Lauener, Notes Roy. Bot. Gard. Edinburgh 23 (2): 188 (1960).

甘肃、四川、云南、西藏；不丹、尼泊尔、印度、克什米尔地区。

多茎银莲花

●**Anemone rockii** var. **multicaulis** W. T. Wang, Fl. Reipubl. Popularis Sin. 28: 40, 350 (Addenda) (1980).

四川。

巫溪银莲花

●**Anemone rockii** var. **pilocarpa** W. T. Wang, Fl. Reipubl. Popularis Sin. 28: 40, 350 (Addenda) (1980).

四川。

湿地银莲花

Anemone rupestris Wall. ex Hook. f. et Thomson, Fl. Ind. 1: 21 (1855).

四川、云南、西藏；不丹、尼泊尔、？印度（阿萨姆邦）。

湿地银莲花（原亚种）

Anemone rupestris subsp. **rupestris**

Anemone obtusiloba var. *pusilla* Brühl, Syst. Nat. (1735); *Anemone obtusiloba* var. *wallichii* Brühl, Pittonia (1887-1905) (1887); *Anemone obtusiloba* var. *coerulea* Ulbr., Bot. Jahrb. Syst. 37 (2): 24 (1905); *Anemone bhutanica* Tamura, Acta Phytotax. Geobot. 19: 75 (1962).

云南、西藏；不丹、尼泊尔、印度。

冻地银莲花

Anemone rupestris subsp. **gelida** (Maxim.) Lauener, Notes Roy. Bot. Gard. Edinburgh 23 (2): 199 (1960).

Anemone gelida Maxim., Trudy Imp. S.-Peterburgsk. Bot. Sada 11 (1): 21 (1890).

四川、云南、西藏；不丹、尼泊尔、印度。

岩生银莲花

Anemone rupicola Cambess. in V. V. Jacquemont, Voy. Inde. 4 (Bot.): 5, f. 2 (1844).

Anemone batangensis Finet, J. Bot. (Morot) 21: 30 (1908).

四川、云南、西藏；不丹、尼泊尔、印度、巴基斯坦、？阿富汗、克什米尔地区。

糙叶银莲花

●**Anemone scabriuscula** W. T. Wang, Acta Phytotax. Sin. 12 (2): 160, pl. 45, f. 4 (1974).

云南。

山东银莲花

Anemone shikokiana (Makino) Makino, Bot. Mag. (Tokyo) 27: 116 (1913).

Anemone narcissiflora var. *shikokiana* Makino, Bot. Mag. (Tokyo) 16: 58 (1902); *Anemone chosenicola* Ohwi, Acta Phytotax. Geobot. 7: 47 (1938); *Anemone schantungensis* Hand.-Mazz., Acta Horti Gothob. 13 (4): 181 (1939); *Anemone chosenicola* var. *schantungensis* (Hand.-Mazz.) Tamura, Acta Phytotax. Geobot. 16 (4): 110 (1956); *Anemonastrum schantungense* (Hand.-Mazz.) Holub, Fl. Amer. Sept. (1971); *Anemonastrum chosenicola* (Ohwi) Holub, Folia Geobot. Phytotax. 8 (2): 165 (1973); *Anemonastrum sikokianum* (Makino) Holub, *op. cit.* 8 (2): 165 (1973).

山东；日本。

红萼银莲花

Anemone smithiana Lauener et Panigrahi, Notes Roy. Bot. Gard. Edinburgh 33 (3): 491 (1975).

Anemonastrum smithianum (Lauener et Panigrahi) Holub, Folia Geobot. Phytotax. 11 (1): 80 (1976).

西藏；不丹、尼泊尔、印度。

匍枝银莲花

Anemone stolonifera Maxim., Bull. Acad. Imp. Sci. Saint-Pétersbourg 22 (2): 225 (1876).

Anemone siuzevi Kom., Trudy Imp. S.-Peterburgsk. Bot. Sada 25 (2): 814 (1907); *Anemonoides stolonifera* (Maxim.) Holub, Folia Geobot. Phytotax. 8 (2): 166 (1973).

黑龙江、台湾；日本、朝鲜半岛。

微裂银莲花

●**Anemone subindivisa** W. T. Wang, Acta Phytotax. Sin. 12 (2): 173, pl. 44, f. 4-6 (1974).

四川、云南。

近羽裂银莲花

●**Anemone subpinnata** W. T. Wang, Acta Phytotax. Sin. 12 (2): 170, pl. 44, f. 7-9 (1974).

四川。

大花银莲花

Anemone sylvestris L., Sp. Pl. 1: 540 (1753).

黑龙江、吉林、辽宁、内蒙古、河北、西藏；蒙古国、俄罗斯；欧洲。

太白银莲花

●**Anemone taipaiensis** W. T. Wang, Acta Phytotax. Sin. 12 (2): 174, pl. 48, f. 4 (1974).

陕西。

复伞银莲花

Anemone tetrasepala Royle, Ill. Bot. Himal. Mts. 1: 53 (1834).

Anemonastrum tetrasepalum (Royle) Holub, Folia Geobot. Phytotax. 8 (2): 165 (1973).

西藏；印度（西北部）、巴基斯坦、阿富汗、克什米尔地区。

西藏银莲花

●**Anemone tibetica** W. T. Wang, Fl. Reipubl. Popularis Sin. 28: 31, 349 (Addenda) (1980).

西藏。

大火草（野棉花，大头翁）

●**Anemone tomentosa** (Maxim.) C. P'ei, Contr. Biol. Lab. Chin. Assoc. Advancem. Sci., Sect. Bot. 9: 2 (1933).

Anemone japonica var. *tomentosa* Maxim., Fl. Tangut. 7 (1889); *Anemone vitifolia* var. *tomentosa* (Maxim.) Finet et Gagnep., Bull. Soc. Bot. France 51: 69 (1904); *Anemone elegans* var. *tomentosa* (Maxim.) Hand.-Mazz., Acta Horti Gothob. 13 (4): 179 (1939); *Eriocapitella vitifolia* var. *tomentosa* (Maxim.) Nakai, J. Jap. Bot. 17 (5): 270 (1941).

河北、山西、河南、陕西、青海、湖北、四川。

匙叶银莲花

Anemone trullifolia Hook. f. et Thomson, Fl. Ind. 1: 22 (1855).

甘肃、青海、四川、云南、西藏；不丹、尼泊尔、印度。

匙叶银莲花（原变种）

Anemone trullifolia var. **trullifolia**

Anemone obtusiloba var. *spatulata* Brühl, Ann. Roy. Bot. Gard. (Calcutta) 5 (2): 77, pl. 106 A (1896); *Anemone obtusiloba* subsp. *trullifolia* (Hook. f. et Thomson) Brühl, Ann. Roy. Bot. Gard. (Calcutta) 5 (2): 77, pl. 106 A (1896); *Anemone chumulangmaensis* W. T. Wang, Acta Phytotax. Sin. 12 (2): 171, pl. 47, f. 4 (1974).

四川、云南、西藏；不丹、尼泊尔、印度。

凉山银莲花

●**Anemone trullifolia** var. **liangshanica** (W. T. Wang) Ziman et B. E. Dutton, Fl. China 6: 324 (2001).

Anemone liangshanica W. T. Wang, Acta Phytotax. Sin. 12 (2): 171, pl. 47, f. 3 (1974).

四川。

鲁甸银莲花

●**Anemone trullifolia** var. **lutienensis** (W. T. Wang) Ziman et B.

E. Dutton, Fl. China 6: 324 (2001).
Anemone lutienensis W. T. Wang, Acta Phytotax. Sin. 12 (2): 172, pl. 43, f. 12-14 (1974).
云南。

乌德银莲花

Anemone udensis Trautv. et C. A. Mey., Fl. Ochot. Phaenog. 6: pl. 26 (1856).
Anemonoides udensis (Trautv. et C. A. Mey.) Holub, Folia Geobot. Phytotax. 8 (2): 166 (1973).
吉林、辽宁；朝鲜半岛、俄罗斯（远东地区）。

阴地银莲花

●**Anemone umbrosa** C. A. Mey. in Ledebour, Fl. Altaic. 2: 361 (1830).
Anemonoides umbrosa (C. A. Mey.) Holub, Folia Geobot. Phytotax. 8 (2): 166 (1973); *Anemone extremiorientalis* (Starod.) Starod., Bot. Zhurn. (Moscow et Leningrad) 67: 353 (1982); *Anemone umbrosa* subsp. *extremiorientalis* Starod., Bot. Zhurn. (Moscow et Leningrad) 67 (3): 353 (1982); *Anemonoides extremiorientalis* (Starod.) Starod., Vetren. Sist. Evol. 123, 162 (1991).
黑龙江、吉林、辽宁。

野棉花

Anemone vitifolia Buch.-Ham. ex DC., Syst. Nat. 1: 211 (1817).
Anemone elegans Decne., Rev. Hort. (Paris) 41: pl. s. n. (1852); *Anemone vitifolia* var. *matsudae* Yamam., Icon. Pl. Formosan. 3: 27 (1927); *Eriocapitella elegans* (Decne.) Nakai, J. Jap. Bot. 17: 270 (1941); *Eriocapitella vitifolia* (Buch.-Ham. ex DC.) Nakai, J. Jap. Bot. 17 (5): 269 (1941); *Anemone matsudae* (Yamam.) Tamura, Acta Phytotax. Geobot. 16 (4): 110 (1956).
四川、云南、西藏；缅甸（北部）、不丹、尼泊尔、印度（北部）、克什米尔地区。

小五台银莲花

●**Anemone xiaowutaishanica** W. T. Wang et Bing Liu, J. Syst. Evol. 46 (5): 739, fig. 1-2 (2008).
河北。

兴义银莲花

●**Anemone xingyiensis** Q. Yuan et Q. E. Yang, Bot. Stud. (Taipei) 50 (4) (2009).
贵州。

玉龙银莲花

●**Anemone yulongshanica** W. T. Wang, Bull. Bot. Res., Harbin 16 (2): 159, pl. 1 (1996).
四川、云南。

玉龙银莲花（原变种）

●**Anemone yulongshanica** var. **yulongshanica**
云南。

福贡银莲花

●**Anemone yulongshanica** var. **glabrescens** W. T. Wang, Acta Bot. Yunnan. 30 (5): 519 (2008).
云南。

截基银莲花

●**Anemone yulongshanica** var. **truncata** (H. F. Comber) W. T. Wang, Bull. Bot. Res., Harbin 16 (2): 30, 160 (1996).
Anemone coelestina var. *truncata* H. F. Comber, Notes Roy. Bot. Gard. Edinburgh 18 (89): 226 (1934); *Anemone obtusiloba* var. *truncata* (H. F. Comber) W. T. Wang, Fl. Reipubl. Popularis Sin. 28: 37, pl. 10, f. 6-7 (1980).
四川、云南。

耧斗菜属 **Aquilegia** L.

暗紫耧斗菜

Aquilegia atrovinosa Popov ex Gamajun., Bot. Mater. Gerb. Inst. Bot. Akad. Nauk. Kazakhsk. S. S. R. 2: 12 (1964).
新疆；哈萨克斯坦。

大花耧斗菜

Aquilegia glandulosa Fisch. ex Link, Enum. Hort. Berol. Alt. 2 (2): 84 (1822).
新疆；蒙古国、俄罗斯。

秦岭耧斗菜（灯笼草，银扁担）

●**Aquilegia incurvata** P. G. Xiao, Fl. Tsinling. 1 (2): 236, 602, f. 202 (1974).
陕西、甘肃、四川。

白山耧斗菜

Aquilegia japonica Nakai et H. Hara, Bot. Mag. (Tokyo) 49: 7 (1935).
黑龙江、吉林；日本、朝鲜半岛。

白花耧斗菜

Aquilegia lactiflora Kar. et Kir., Bull. Soc. Imp. Naturalistes Moscou 14: 374 (1841).
新疆；哈萨克斯坦、俄罗斯。

腺毛耧斗菜

Aquilegia moorcroftiana Wall. ex Royle, Ill. Bot. Himal. Mts. 1: 55 (1834).
西藏；印度、巴基斯坦、俄罗斯。

尖萼耧斗菜

Aquilegia oxysepala Trautv. et C. A. Mey., Fl. Ochot. Phaenog. 10: f. 15 (1856).
黑龙江、吉林、辽宁、内蒙古、河北、陕西、宁夏、甘肃、青海、湖北、四川、贵州、云南；朝鲜半岛、俄罗斯（远东地区）。

尖萼耧斗菜（原变种）

Aquilegia oxysepala var. **oxysepala**

Aquilegia vulgaris var. *oxysepala* (Trautv. et C. A. Mey.) Regel, Tent. Fl.-Ussur. 9 (1862); *Aquilegia oxysepala* var. *pallidiflora* Nakai ex T. Mori, Enum. Pl. Corea 153 (1922); *Aquilegia oxysepala* f. *pallidiflora* (Nakai ex T. Mori) Kitag., Lin. Fl. Manshur. 214 (1939).
黑龙江、吉林、辽宁、内蒙古；朝鲜半岛、俄罗斯（远东地区）。

甘肃耧斗菜

•**Aquilegia oxysepala** var. **kansuensis** Brühl, J. Asiat. Soc. Bengal 61: 285 (1892).
陕西、宁夏、甘肃、青海、四川、贵州、云南。

小花耧斗菜（血见愁）

Aquilegia parviflora Ledeb., Mém. Acad. Imp. Sci. St.Pétersbourg 5: 544 (1815).
黑龙江；蒙古国、日本、俄罗斯（东西伯利亚）。

直距耧斗菜

•**Aquilegia rockii** Munz, Gentes Herb. 7 (1): 95, f. 24 (1946).
四川、云南、西藏。

西伯利亚耧斗菜

Aquilegia sibirica Lam., Encycl. 1 (1): 150 (1783).
新疆；蒙古国、哈萨克斯坦、俄罗斯。

耧斗菜

Aquilegia viridiflora Pall., Acta Petrop. 2: 260, pl. 11, f. 1 (1779).
黑龙江、吉林、辽宁、内蒙古、河北、山西、山东、陕西、宁夏、甘肃、青海、湖北；蒙古国、日本、俄罗斯（西伯利亚）。

耧斗菜（原变种）

Aquilegia viridiflora var. **viridiflora**
黑龙江、吉林、辽宁、内蒙古、河北、山西、山东、陕西、宁夏、甘肃、湖北；蒙古国、日本、俄罗斯（西伯利亚）。

紫花耧斗菜

Aquilegia viridiflora var. **atropurpurea** (Willd.) Finet et Gagnep., Bull. Soc. Bot. France 51: 412 (1904).
Aquilegia atropurpurea Willd., Enum. Pl. 577 (1809); *Aquilegia viridiflora* f. *atropurpurea* (Willd.) Kitag., J. Jap. Bot. 34 (1): 6 (1959).
辽宁、内蒙古、河北、山西、山东、青海；蒙古国、俄罗斯。

星果草属 Asteropyrum J. R. Drumm. et Hutch.

裂叶星果草

•**Asteropyrum peltataum** subsp. **cavaleriei** (H. Lév. et Vaniot) Q. Yuan et Q. E. Yang, Bot. J. Linn. Soc. 152: 25 (2006).
Isopyrum cavaleriei H. Lév. et Vaniot, Bull Soc. Bot. France 51: 289 (1904); *Asteropyrum cavaleriei* (H. Lév. et Vaniot) J. R. Drumm. et Hutch., Bull. MIsc. Inform. Kew 1920: 156 (1920); *Asteropyrum hederifolium* Schipcz., Not. Syst. Herb. Hort. Petrop. 5: 52 (1924).
湖南、四川、重庆、贵州、云南、广西。

星果草

Asteropyrum peltatum (Franch.) J. R. Drumm. et Hutch., Bull. Misc. Inform. Kew 155 (1920).
Isopyrum peltatum Franch., Nouv. Arch. Mus. Hist. Nat., sér. 2 8: 190, t. 4 (1885).
湖北、四川、云南；缅甸、不丹。

水毛茛属 Batrachium (DC.) Gray

水毛茛

Batrachium bungei (Steud.) L. Liou, Fl. Reipubl. Popularis Sin. 28: 341, pl. 106, f. 5-8 (1980).
辽宁、河北、山西、甘肃、青海、江苏、浙江、湖南、湖北、四川、云南、西藏、广西；克什米尔地区。

水毛茛（原变种）

Batrachium bungei var. **bungei**
Ranunculus bungei Steud., Nomencl. Bot. Hort. 2: 432 (1841); *Ranunculus hydrophilus* Bunge, Enum. Pl. Chin. Bor. 2 (1833); *Ranunculus hydrocharis* f. *bungei* (Steud.) Hiern, J. Bot. 9 (100): 100 (1871); *Ranunculus trichophyllus* var. *chanetii* H. Lév., Repert. Spec. Nov. Regni Veg. 11 (301-303): 496 (1913).
辽宁、河北、山西、甘肃、青海、江苏、浙江、湖北、四川、云南、西藏、广西；克什米尔地区。

黄花水毛茛

Batrachium bungei var. **flavidum** (Hand.-Mazz.) L. Liou, Fl. Reipubl. Popularis Sin. 28: 341, pl. 106, f. 9-10 (1980).
Batrachium flavidum Hand.-Mazz., Acta Horti Gothob. 13 (4): 168 (1939); *Ranunculus flavidus* (Hand.-Mazz.) C. D. K. Cook, Watsonia 5: 297, in adnot. (1963).
甘肃、四川、西藏；克什米尔地区。

小花水毛茛

•**Batrachium bungei** var. **micranthum** W. T. Wang, Guihaia 15 (2): 105 (1995).
江西、湖南、云南。

歧裂水毛茛

Batrachium divaricatum (Schrank) Schur, Enum. Pl. Transsilv. 12 (1866).
Ranunculus divaricatus Schrank, Baier. Fl. 2: 104 (1789).
新疆；哈萨克斯坦、俄罗斯；欧洲。

小水毛茛

Batrachium eradicatum (Laest.) Fr., Bot. Not. 1843 (8): 114 (1843).

Ranunculus aquatilis var. *eradicatus* Laest., Nova Acta Regiae Soc. Sci. Upsal. 11: 242 (1839); *Ranunculus paucistamineus* Tausch, Flora 17: 525 (1834); *Ranunculus trichophyllus* var. *terrestris* Gren. et Godr., Fl. Serbia 1: 397 (1992); *Batrachium trichophyllum* var. *paucistamineum* (Tausch) Hand.-Mazz., Acta Horti Gothob. 13 (4): 168 (1939).
黑龙江、内蒙古、新疆、四川、云南、西藏；哈萨克斯坦、俄罗斯；欧洲、北美洲。

硬叶水毛茛

Batrachium foeniculaceum (Gilib.) Krecz., Fl. U. R. S. S. 7: 338, pl. 21, f. 1 (1937).
Ranunculus foeniculaceus Gilib., Fl. Lit. Inch. 5: 261 (1782); *Ranunculus circinatus* Sibth., Fl. Orient. 175 (1794); *Batrachium circinatum* (Sibth.) Spach, Hist. Nat. Vég. 7: 201 (1839).
黑龙江、内蒙古、山西、甘肃、新疆、云南；蒙古国、哈萨克斯坦、俄罗斯；欧洲。

长叶水毛茛

Batrachium kauffmanii (Clerc) Krecz., Fl. U. R. S. S. 7: 343, pl. 21, f. 5 (1937).
Ranunculus kauffmanii Clerc, Zap. Ural'sk. Obshch. Lyubit. Estestv. 4: 107 (1878).
黑龙江、吉林、新疆；蒙古国、俄罗斯；欧洲。

北京水毛茛

•**Batrachium pekinense** L. Liou, Fl. Reipubl. Popularis Sin. 28: 340, 363 (Addenda) (1980).
Ranunculus pekinensis (L. Liou) Luferov, Pl. Syst. Evol. Supp. 9: 306 (1995).
北京。

钻托水毛茛

Batrachium rionii (Lagger) Nyman, Bot. Not. 1852: 98 (1852).
Ranunculus rionii Lagger, Fl. 31: 49 (1848); *Ranunculus flaccidus* var. *rionii* (Lagger) Hegi, Kongl. Svenska Vetensk. Acad. Handl. (1747); *Ranunculus trichophyllus* subsp. *rionii* Soó, Nur. Kerikonyre. 22 (1951); *Batrachium trichophyllum* subsp. *rionii* (Lagger) C. D. K. Cook, Mitt. Bot. Staatssamml. München 3: 601 (1960).
北京；巴基斯坦、阿富汗、哈萨克斯坦；亚洲（西南部）、欧洲、非洲。

毛柄水毛茛

Batrachium trichophyllum (Chaix ex Vill.) Bosch, Prodr. Fl. Bat. 7 (1850).
黑龙江、辽宁、内蒙古、陕西、甘肃、青海、新疆、四川、西藏；巴基斯坦、哈萨克斯坦、俄罗斯；欧洲、非洲、北美洲。

毛柄水毛茛（原变种）

Batrachium trichophyllum var. **trichophyllum**
Ranunculus trichophyllus Chaix ex Vill., Hist. Pl. Dauphine 1: 335 (1786).
黑龙江、辽宁、内蒙古、陕西、甘肃、青海、新疆、西藏；巴基斯坦、哈萨克斯坦、俄罗斯；欧洲、非洲、北美洲。

多毛水毛茛

•**Batrachium trichophyllum** var. **hirtellum** L. Liou, Fl. Reipubl. Popularis Sin. 28: 342, 363 (Addenda) (1980).
四川。

镜泊水毛茛

•**Batrachium trichophyllum** var. **jingpoense** (G. Y. Zhang, C. Wang et X. J. Liu) W. T. Wang, Phytologia 79: 387 (1996).
Batrachium jingpoense G. Y. Zhang, C. Wang et X. J. Liu, Bull. Bot. Res., Harbin 12 (3): 241 (1992).
黑龙江。

铁破锣属 **Beesia** Balf. f. et W. W. Sm.

铁破锣（滇豆根，土黄连）

Beesia calthifolia (Maxim. ex Oliv.) Ulbr., Notizbl. Bot. Gart. Berlin-Dahlem 10 (98): 872 (1929).
Cimicifuga calthifolia Maxim. ex Oliv., Hooker's Icon. Pl. 18 (2): t. 1746 (1888); *Beesia cordata* Balf. f. et W. W. Sm., Notes Roy. Bot. Gard. Edinburgh 9 (41): 63, pl. 148 (1915); *Beesia elongata* Hand.-Mazz., Akad. Wiss. Wien, Math.-Naturwiss. Kl., Denkschr. 59: 245 (1922).
山西、甘肃、湖南、湖北、四川、贵州、云南、广西；缅甸。

角叶铁破锣

•**Beesia deltophylla** C. Y. Wu, Fl. Reipubl. Popularis Sin. 27: 91, 604 (Addenda) (1979).
西藏。

鸡爪草属 **Calathodes** Hook. f. et Thomson

鸡爪草

•**Calathodes oxycarpa** Sprague, Bull. Misc. Inform. Kew 1919 (10): 403 (1919).
Calathodes palmata var. *appendiculata* Brühl, Ann. Roy. Bot. Gard. (Calcutta) 5 (2): 86, pl. 112, f. 2, 8-10 (1896).
湖北、四川、云南。

黄花鸡爪草

Calathodes palmata Hook. f. et Thomson, Fl. Ind. 41 (1855).
西藏；不丹、尼泊尔、印度。

台湾鸡爪草

•**Calathodes polycarpa** Ohwi, Acta Phytotax. Geobot. 2 (3): 153 (1933).
台湾。

多果鸡爪草

•**Calathodes unciformis** W. T. Wang, Bull. Bot. Res., Harbin 16 (2): 165 (1996).

湖北、贵州、云南。

美花草属 Callianthemum C. A. Mey.

厚叶美花草

Callianthemum alatavicum Freyn, Bull. Herb. Boissier 6: 882 (1898).
新疆；蒙古国、巴基斯坦、克什米尔地区、俄罗斯。

薄叶美花草

Callianthemum angustifolium Witasek, Verh. Zool.-Bot. Ges. Wien. 49: 336 (1899).
新疆；蒙古国、俄罗斯。

川甘美花草

●**Callianthemum farreri** W. W. Sm., Notes Roy. Bot. Gard. Edinburgh 9 (42): 90 (1916).
Callianthemum cuneilobum Hand.-Mazz., Acta Horti Gothob. 13 (4): 133 (1939).
山西、甘肃、四川。

美花草

Callianthemum pimpinelloides (D. Don) Hook. f. et Thomson, Fl. Ind. 1: 26 (1855).
Ranunculus pimpinelloides D. Don in J. F. Royle, Ill. Bot. Himal. Mts. 1: 45, 53, pl. 1, f. 4 (1839); *Callianthemum cashmirianum* Cambess., Jacquem. Voy. Bot. 5: pl. 1 (1844); *Callianthemum tibeticum* Witasek, Verh. Zool.-Bot. Ges. Wien. 49: 330 (1899); *Callianthemum imbricatum* Hand.-Mazz., Acta Horti Gothob. 13 (4): 132 (1939).
青海、四川、云南、西藏；不丹、尼泊尔、印度、巴基斯坦、阿富汗、克什米尔地区。

太白美花草（重叶莲）

●**Callianthemum taipaicum** W. T. Wang, Fl. Tsinling. 1 (2): 274, 604, f. 235 (1974).
陕西。

驴蹄草属 Caltha L.

白花驴蹄草

Caltha natans Pall., Reise 3: 284 (1776).
Thacla natans (Pall.) Deyl et Soják, Sborn. Nár. Muz. Praze, Řada B, Přír. Vědy 26: 31 (1970).
黑龙江、内蒙古；蒙古国、俄罗斯；北美洲。

驴蹄草

Caltha palustris L., Sp. Pl. 1: 558 (1753).
黑龙江、吉林、辽宁、内蒙古、河北、山西、河南、甘肃、新疆、浙江、四川、贵州、云南、西藏；北半球多数温带地区。

驴蹄草（原变种）（马蹄叶，马蹄草）

Caltha palustris var. **palustris**
Caltha palustris var. *orientalisinensis* X. H. Guo, Acta Phytotax. Sin. 25 (3): 241 (1987).
内蒙古、河北、山西、河南、甘肃、新疆、浙江、四川、贵州、云南、西藏；北半球多数温带地区。

长柱驴蹄草

Caltha palustris var. **himalaica** Tamura, Acta Phytotax. Geobot. 19 (2-3): 76 (1962).
西藏；不丹、尼泊尔。

膜叶驴蹄草

Caltha palustris var. **membranacea** Turcz., Bull. Soc. Imp. Naturalistes Moscou 15: 62 (1842).
Caltha membranacea (Turcz.) Schipcz., Bot. Mater. Gerb. Glavn. Bot. Sada S. S. S. R. 2: 168 (1921); *Caltha membranacea* var. *grandiflora* S. H. Li et Y. H. Huang, Fl. Pl. Herb. Chin. Bor.-Or. 3: 93 (1975).
黑龙江、吉林、辽宁；蒙古国、朝鲜半岛、俄罗斯。

三角叶驴蹄草

Caltha palustris var. **sibirica** Regel, Bull. Soc. Imp. Naturalistes Moscou 34: 53 (1861).
Caltha sibirica (Regel) Tolm., Bot. Mater. Gerb. Bot. Inst. Komarova Acad. Nauk S. S. S. R. 17: 153 (1955); *Caltha palustris* subsp. *sibirica* (Regel) Hultén, Kungl. Svenska Vetens.-akad. Handl. 13 (1): 337 (1971).
黑龙江、吉林、辽宁、内蒙古；蒙古国、朝鲜半岛、俄罗斯。

掌裂驴蹄草

●**Caltha palustris** var. **umbrosa** Diels, Notes Roy. Bot. Gard. Edinburgh 5 (25): 264 (1912).
Caltha palustris var. *sibirica* Regel subvar. *palmata* Takeda, Bull. Misc. Inform. Kew 1912 (5): 218 (1912).
四川、云南。

花葶驴蹄草

Caltha scaposa Hook. f. et Thomson, Fl. Ind. 1: 40 (1855).
Caltha palustris var. *scaposa* Maxim., Fl. Tangut. 16 (1889); *Caltha scaposa* var. *smithii* Ulbr., Notizbl. Bot. Gart. Berlin-Dahlem 10 (98): 864 (1929); *Caltha scaposa* var. *parnassioides* Ulbr., *op. cit.* 10 (98): 865 (1929).
甘肃、青海、四川、云南、西藏；不丹、尼泊尔、印度。

角果毛茛属 Ceratocephala Moench

弯喙角果毛茛

Ceratocephala falcata (L.) Pers., Syn. Pl. 1: 341 (1805).
Ranunculus falcatus L., Sp. Pl. 1: 556 (1753); *Ceratocephala orthoceras* DC., Syst. Nat. 1: 231 (1817); *Ceratocephala falcata* var. *orthoceras* (DC.) Aitch. et Hemsl., Fl. China 6: 438 (2001).
新疆；巴基斯坦、哈萨克斯坦；亚洲（西南部）、欧洲。

角果毛茛

Ceratocephala testiculata (Crantz) Roth, Enum. Pl. Phaen.

Germ. 1 (1): 1014 (1827).
Ranunculus testiculatus Crantz, Stirp. Austr. Fasc. 2: 97 (1763).
新疆；巴基斯坦、吉尔吉斯斯坦、哈萨克斯坦、俄罗斯；亚洲（西南部）、欧洲。

升麻属 **Cimicifuga** Wernisch.

短果升麻

•**Cimicifuga brachycarpa** P. G. Xiao, Acta Phytotax. Sin., Addit. 1: 57 (1965).
Cimicifuga lancifoliolata X. F. Pu et M. R. Jia, Acta Phytotax. Sin. 30 (5): 478 (1992); *Actaea brachycarpa* (P. G. Xiao) J. Compton, Taxon 47 (3): 622 (1998).
山西、河南、湖北、四川、云南。

兴安升麻

Cimicifuga dahurica (Turcz. ex Fisch. et C. A. Mey.) Maxim., Prim. Fl. Amur. 28 (1859).
Actaea dahurica Turcz. ex Fisch. et C. A. Mey., Index Sem. (St. Petersburg). 1: 21 (1835); *Actaea pterosperma* Turcz. ex Fisch. et C. A. Mey., *op. cit.* 1: 21 (1835); *Actinospora dahurica* Turcz. ex Fisch. et C. A. Mey., *op. cit.* 1: 21 (1835).
黑龙江、辽宁、内蒙古、河北、山西、河南、陕西；蒙古国、朝鲜半岛、俄罗斯。

升麻

Cimicifuga foetida L., Syst. Nat., ed. 12 2: 659 (1767).
山西、河南、陕西、甘肃、青海、湖北、四川、云南、西藏；蒙古国、缅甸、不丹、印度、哈萨克斯坦、俄罗斯。

升麻（原变种）

Cimicifuga foetida var. **foetida**
Actaea cimicifuga L., Sp. Pl. 1: 504 (1753); *Cimicifuga frigida* Royle, Ill. Bot. Himal. Mts. 57: t. 14 (1834); *Actinospora frigida* (Royle) Fisch. et C. A. Mey., Index Sem. (St. Petersburg) 1: 21 (1835); *Actaea frigida* (Royle) Prantl, Bot. Jahrb. Syst. 9: 246 (1888); *Cimicifuga mairei* H. Lév., Bull. Acad. Int. Géogr. Bot. 25: 43 (1915); *Actaea mairei* (H. Lév.) J. Compton, Taxon 47 (3): 622 (1998); *Cimicifuga foetida* var. *mairei* (H. Lév.) W. T. Wang et Zh. Wang, Acta Phytotax. Sin. 37 (3): 212 (1999).
山西、河南、陕西、甘肃、青海、湖北、四川、云南、西藏；蒙古国、缅甸、不丹、印度、哈萨克斯坦、俄罗斯。

两裂升麻

•**Cimicifuga foetida** var. **bifida** W. T. Wang et P. G. Xiao, Bull. Bot. Lab. N. E. Forest. Inst., Harbin 8: 16 (1980).
西藏。

多小叶升麻

•**Cimicifuga foetida** var. **foliolosa** P. G. Xiao, Acta Phytotax. Sin., Addit. 1: 58 (1965).
Cimicifuga mairei var. *foliolosa* (P. G. Xiao) J. Compton et Hedd., Bot. J. Linn. Soc. 123: 20 (1997); *Actaea mairei* var. *foliolosa* (P. G. Xiao) J. Compton, Taxon 47 (3): 622 (1998).
四川、西藏。

长苞升麻

•**Cimicifuga foetida** var. **longibracteata** P. G. Xiao, Acta Phytotax. Sin., Addit. 1: 58 (1965).
云南。

毛叶升麻

•**Cimicifuga foetida** var. **velutina** Franch. ex Finet et Gagnep., Bull. Soc. Bot. France 51: 521 (1904).
四川、云南。

大三叶升麻

Cimicifuga heracleifolia Kom., Trudy Imp. S.-Peterburgsk. Bot. Sada 18 (3): 438 (1901).
Actaea heracleifolia (Kom.) J. Compton, Taxon 47 (3): 624 (1998).
黑龙江、吉林、辽宁、内蒙古；朝鲜半岛、俄罗斯。

小升麻

Cimicifuga japonica (Thunb.) Spreng., Syst. Veg., ed. 16 (Sprengel) 2: 628 (1825).
Actaea japonica Thunb., Syst. Veg., ed. 14: 488 (1784); *Pityrosperma acerinum* Siebold et Zucc., Abh. Math.-Phys. Cl. Königl. Bayer. Akad. Wiss. 3: 735, pl. 3, f. g (1843), nom. illeg.; *Actaea acerina* (Siebold et Zucc.) Prantl, Bot. Jahrb. Syst. 9 (3): 246 (1888), nom. illeg.; *Cimicifuga japonica* var. *acerina* Huth, Bot. Jahrb. Syst. 16: 316 (1892); *Cimicifuga acerina* (Siebold et Zucc.) Tanaka, Bull. Sc. Fak. Terk. Kjusu Imp. Univ. 1-4: 203, 209 (1925), nom. illeg.; *Cimicifuga macrophylla* Koidz., Bot. Mag. (Tokyo) 44 (518): 101 (1930); *Cimicifuga acerina* f. *hispidula* P. G. Xiao, Acta Phytotax. Sin., Addit. 1: 54 (1965); *Cimicifuga acerina* f. *purpurea* P. G. Xiao, *op. cit.* 1: 54 (1965); *Cimicifuga acerina* f. *strigulosa* P. G. Xiao, *op. cit.* 1: 55 (1965); *Cimicifuga purpurea* (P. G. Xiao) C. W. Park et H. W. Lee, Novon 6 (1): 93 (1996); *Actaea purpurea* (P. G. Xiao) J. Compton, Taxon 47 (3): 619 (1998).
河北、山西、河南、陕西、甘肃、安徽、浙江、江西、湖南、湖北、四川、贵州、云南、广东、海南；日本、朝鲜半岛。

南川升麻（绿豆升麻）

•**Cimicifuga nanchuanensis** P. K. Hsiao, Acta Phytotax. Sin., Addit. 56 (1965).
四川。

单穗升麻

Cimicifuga simplex (DC.) Wormsk. ex Turcz., Bull. Soc. Imp. Naturalistes Moscou 15 (1): 87 (1842).
Actaea cimicifuga var. *simplex* DC., Prodr. 1: 64 (1824);

Actaea simplex (DC.) Wormsk. ex Fisch. et C. A. Mey., Index Sem. (St. Petersburg) 1: 21 (1835); *Cimicifuga foetida* var. *simplex* (DC.) Regel, Tent. Fl.-Ussur. 13 (1861); *Cimicifuga foetida* var. *intermedia* Regel, Reise Ostsib. 1 (1): 122 (1862); *Thalictrodes simplex* (DC.) Kuntze, Revis. Gen. Pl. 1: 4 (1891); *Cimicifuga ussuriensis* Oett., Trudy Bot. Sada Imp. Yur'evsk. Univ. 6: 138 (1906).
黑龙江、吉林、辽宁、内蒙古、河北、陕西、甘肃、浙江、四川、台湾、广东；蒙古国、日本、朝鲜半岛、俄罗斯。

云南升麻

●**Cimicifuga yunnanensis** P. G. Xiao, Acta Phytotax. Sin., Addit. 1: 55 (1965).
Actaea yunnanensis (P. G. Xiao) J. Compton, Taxon 47 (3): 621 (1998).
云南。

铁线莲属 Clematis L.

槭叶铁线莲（岩花）

●**Clematis acerifolia** Maxim., Bull. Soc. Imp. Naturalistes Moscou 54: 2 (1879).
北京、河南。

槭叶铁线莲（原变种）（岩花）

●**Clematis acerifolia** var. **acerifolia**
北京。

无裂槭叶铁线莲

●**Clematis acerifolia** var. **elobata** S. X. Yang, Acta Phytotax. Sin. 43: 76 (2005).
河南。

长尾尖铁线莲

●**Clematis acuminata** var. **longicaudata** W. T. Wang, Bull. Bot. Res., Harbin 9 (2): 7, pl. 3, 4 (1989).
云南。

芹叶铁线莲

Clematis aethusifolia Turcz., Bull. Soc. Imp. Naturalistes Moscou 5: 181 (1832).
内蒙古、河北、山西、陕西、宁夏、甘肃、青海；蒙古国、俄罗斯（西伯利亚）。

芹叶铁线莲（原变种）（透骨草）

Clematis aethusifolia var. **aethusifolia**
Clematis nutans var. *aethusifolia* (Maxim.) Kuntze, Verh. Bot. Vereins Prov. Brandenburg 26: 129 (1885).
内蒙古、河北、山西、陕西、宁夏、甘肃、青海；蒙古国、俄罗斯（西伯利亚）。

宽芹叶铁线莲

Clematis aethusifolia var. **latisecta** Maxim., Prim. Fl. Amur. 12 (1859).
内蒙古、河北、山西、陕西；蒙古国、俄罗斯（西伯利亚）。

甘川铁线莲

●**Clematis akebioides** (Maxim.) H. J. Veitch, Hardy Pl. W. China 9 (1912).
Clematis orientalis var. *akebioides* Maxim., Trudy Imp. S.-Peterburgsk. Bot. Sada 11 (2): 6 (1890); *Clematis glauca* var. *akebioides* (Maxim.) Rehder et E. H. Wilson in C. S. Sargent, Pl. Wilson. 1 (3): 342 (1913).
内蒙古、山西、陕西、甘肃、青海、四川、云南、西藏。

屏东铁线莲

●**Clematis akoensis** Hayata, J. Coll. Sci. Imp. Univ. Tokyo 30 (1): 13 (1911).
Clematis owatarii Hayata, *op. cit.* 30 (1): 17 (1911); *Clematis dolichosepala* Hayata, Icon. Pl. Formosan. 3: 1 (1913).
台湾。

互叶铁线莲

Clematis alternata Kitam. et Tamura, Acta Phytotax. Geobot. 15 (5): 129 (1954).
Archiclematis alternata (Kitam. et Tamura) Tamura, Sci. Rep. Osak. Univ. 16 (2): 31 (1967).
西藏；尼泊尔。

女萎（百根草，花木通，风藤）

Clematis apiifolia DC., Syst. Nat. 1: 149 (1817).
陕西、甘肃、安徽、江苏、浙江、江西、湖南、湖北、四川、贵州、云南、福建、广东、广西；日本、朝鲜半岛。

女萎（原变种）

Clematis apiifolia var. **apiifolia**
Clematis apiifolia subsp. *niponensis* Kuntze, Verh. Bot. Vereins Prov. Brandenburg 26: 151 (1885); *Clematis apiifolia* subsp. *franchetii* Kuntze, Verh. Bot. Vereins Prov. Brandenburg 26: 151 (1885).
安徽、江苏、浙江、江西、福建；日本、朝鲜半岛。

钝齿铁线莲

●**Clematis apiifolia** var. **argentilucida** (H. Lév. et Vaniot) W. T. Wang, Acta Phytotax. Sin. 31 (3): 216, pl. 2 (1993).
Clematis vitalba var. *argentilucida* H. Lév. et Vaniot, Bull. Acad. Int. Géogr. Bot. 11 (152): 167 (1902); *Clematis apiifolia* var. *obtusidentata* Rehder et E. H. Wilson in C. S. Sargent, Pl. Wilson. 1 (3): 336 (1913); *Clematis obtusidentata* (Rehder et E. H. Wilson) H. Eichler, Biblioth. Bot. 124: 24 (1958).
河南、陕西、甘肃、安徽、江苏、浙江、江西、湖南、湖北、四川、贵州、云南、广东、广西。

小木通（蓑衣藤，川木通）

Clematis armandii Franch., Nouv. Arch. Mus. Hist. Nat., sér. 2 8: 184, pl. 2 (1885).
陕西、浙江、江西、湖南、湖北、四川、贵州、云南、西藏、福建、广东、广西；缅甸。

小木通（原变种）（蓑衣藤，川木通）

Clematis armandii var. **armandii**

Clematis biondiana Pavol., Boll. Reale Soc. Tosc. Ortic. 32: 285 (1907); *Clematis ornithopus* Ulbr., Repert. Spec. Nov. Regni Veg. Beih. 12: 375 (1922); *Clematis armandii* var. *biondiana* (Pavol.) Rehder, J. Arnold Arbor. 20: 90 (1939).

陕西、浙江、江西、湖南、湖北、四川、贵州、云南、西藏、福建、广东、广西；缅甸。

大花小木通

•**Clematis armandii** var. **farquhariana** (Rehder et E. H. Wilson) W. T. Wang, Acta Phytotax. Sin. 36 (2): 158 (1998).

Clematis armandii f. *farquhariana* Rehder et E. H. Wilson in C. S. Sargent, Pl. Wilson. 1 (3): 327 (1913).

湖南、湖北、四川。

鹤峰铁线莲

•**Clematis armandii** var. **hefengensis** (G. F. Tao) W. T. Wang, Acta Phytotax. Sin. 29 (5): 464 (1991).

Clematis hefengensis G. F. Tao, Acta Phytotax. Sin. 22 (5): 424 (1984).

湖北。

甘南铁线莲

•**Clematis austrogansuensis** W. T. Wang, Guihaia 31: 285 (2011).

甘肃。

多毛铁线莲（长毛铁线莲）

•**Clematis baominiana** W. T. Wang, Acta Phytotax. Sin. 36 (2): 157 (1998).

Clematis villosa B. M. Yang, Acta Phytotax. Sin. 27 (3): 230 (1989), not DC: (1817).

湖南。

吉隆铁线莲

Clematis barbellata var. **obtusa** Kitam. et Tamura, Fauna Fl. Nepal 1: 127 (1955).

西藏；尼泊尔。

短尾铁线莲（林地铁线莲，石通，连架拐）

Clematis brevicaudata DC., Syst. Nat. 1: 138 (1817).

Clematis vitalba subsp. *brevicaudata* (DC.) Kuntze, Verh. Bot. Vereins Prov. Brandenburg 26 (2): 100 (1885); *Clematis brevicaudata* var. *malacotricha* W. T. Wang, Acta Phytotax. Sin. 39 (4): 313 (2001).

黑龙江、吉林、辽宁、内蒙古、河北、山西、河南、陕西、宁夏、甘肃、青海、江苏、湖南、湖北、四川、云南、西藏；蒙古国、朝鲜半岛、俄罗斯（远东地区）。

短梗铁线莲

•**Clematis brevipes** Rehder, J. Arnold Arbor. 9 (2-3): 39 (1928).

甘肃。

毛木通

Clematis buchananiana DC., Syst. Nat. 1: 140 (1817).

四川、云南、西藏；缅甸（北部）、不丹、尼泊尔、印度、克什米尔地区。

毛木通（原变种）

Clematis buchananiana var. **buchananiana**

四川、云南、西藏；缅甸（北部）、不丹、尼泊尔、印度、克什米尔地区。

膜叶毛木通

Clematis buchananiana var. **vitifolia** Hook. f. et Thomson, Fl. Ind. 1: 11 (1855).

云南；印度。

缅甸铁线莲

Clematis burmanica Lace, Bull. Misc. Inform. Kew 1915: 394 (1915).

云南；缅甸、泰国。

短柱铁线莲

Clematis cadmia Buch.-Ham. ex Hook. f. et Thomson, Fl. Ind. 1: 5 (1855).

Thalictrum bracteatum Roxb., Fl. Ind. 2: 671 (1832); *Clematis bracteata* (Roxb.) Kurz, J. Asiat. Soc. Bengal 43 (2): 43 (1874); *Clematis stronachii* Hance, J. Bot. 16 (184): 103 (1878); *Clematis bracteata* var. *stronachii* (Hance) Kuntze, Verh. Bot. Vereins Prov. Brandenburg 26: 140 (1885).

安徽、江苏、浙江、江西、湖北、广东；越南、印度。

尾尖铁线莲

•**Clematis caudigera** W. T. Wang, Acta Phytotax. Sin. 36 (2): 165, pl. 2, f. 5-6 (1998).

新疆。

巢湖铁线莲

•**Clematis chaohuensis** W. T. Wang et L. Q. Huang, Bull. Bot. Res., Harbin 34 (3): 289 (2014).

安徽。

浙江山木通（浙江铁线莲）

•**Clematis chekiangensis** C. P'ei, Contr. Biol. Lab. Sci. Soc. China, Bot. 10: 105 (1936).

浙江。

城固铁线莲

•**Clematis chengguensis** W. T. Wang, Acta Phytotax. Sin. 41 (2): 117 (2003).

陕西。

威灵仙

Clematis chinensis Osbeck, Dagb. Ostind. Resa. 205: 242 (1757).

河南、陕西、安徽、江苏、浙江、江西、湖南、湖北、四川、贵州、云南、福建、台湾、广东、广西、海南；琉球群岛、越南。

威灵仙（原变种）

Clematis chinensis var. **chinensis**

Clematis chinensis Retz., Observ. Bot. 2: 18, pl. 2 (1781), not Osbeck (1757); *Clematis minor* Lour., Fl. Cochinch. 1: 345 (1790); *Clematis sinensis* Lour., Fl. Cochinch. 1: 345 (1790); *Clematis funebris* H. Lév. et Vaniot, Bull. Acad. Int. Géogr. Bot. 11 (152): 168 (1902); *Clematis oligocarpa* H. Lév. et Vaniot, Bull. Acad. Int. Géogr. Bot. 17 (210-211): ii (1907); *Clematis cavaleriei* H. Lév. et Porter; Repert. Spec. Nov. Regni Veg. 9 (196-198): 20 (1910).

河南、陕西、安徽、江苏、浙江、江西、湖南、湖北、四川、贵州、云南、福建、台湾、广东、广西、海南；琉球群岛、越南。

安徽铁线莲

•**Clematis chinensis** var. **anhweiensis** (M. C. Chang) W. T. Wang, Acta Phytotax. Sin. 39 (4): 317 (2001).

Clematis anhweiensis M. C. Chang, Fl. Reipubl. Popularis Sin. 28: 162, 357 (Addenda) (1980).

安徽、浙江。

大肚山威灵仙

•**Clematis chinensis** var. **tatushanensis** T. Y. A. Yang, Bot. Stud. 50 (4): 502, fig: map (2009).

台湾。

毛叶威灵仙

•**Clematis chinensis** var. **vestita** (Rehder et E. H. Wilson) W. T. Wang, Acta Phytotax. Sin. 36 (2): 158 (1998).

Clematis chinensis f. *vestita* Rehder et E. H. Wilson in C. S. Sargent, Pl. Wilson. 1 (3): 330 (1913).

河南、陕西、安徽、江苏、浙江、湖北。

两广铁线莲

•**Clematis chingii** W. T. Wang, Acta Phytotax. Sin. 6 (4): 383, pl. 59 (1957).

湖南、贵州、云南、广东、广西。

丘北铁线莲（邱北铁线莲）

•**Clematis chiupehensis** M. Y. Fang, Fl. Reipubl. Popularis Sin. 28: 97, 353 (Addenda) (1980).

云南。

金毛铁线莲（金丝木通，山棉花）

•**Clematis chrysocoma** Franch., Bull. Soc. Bot. France 33: 362 (1886).

Clematis montana var. *sericea* Franch. ex Finet et Gagnep., Bull. Soc. Bot. France 50: 525 (1903); *Clematis spooneri* Rehder et E. H. Wilson in C. S. Sargent, Pl. Wilson. 1 (3): 334 (1913); *Clematis chrysocoma* var. *sericea* (Franch. ex Finet et Gagnep.) C. K. Schneid., Bot. Gaz. 63 (6): 516 (1917).

四川、贵州、云南。

平坝铁线莲

•**Clematis clarkeana** H. Lév. et Vaniot, Bull. Acad. Int. Géogr. Bot. 11 (152): 170 (1902).

Clematis anshunensis M. Y. Fang, Fl. Reipubl. Popularis Sin. 28: 102, 354 (Addenda) (1980).

贵州。

合柄铁线莲

Clematis connata DC., Prodr. 1: 4 (1824).

四川、贵州、云南、西藏；不丹、尼泊尔、印度、巴基斯坦、克什米尔地区。

合柄铁线莲（原变种）

Clematis connata var. **connata**

Clematis buchananiana subsp. *connata* Kuntze, Verh. Bot. Vereins Prov. Brandenburg 26: 130 (1885).

四川、云南、西藏；不丹、尼泊尔、印度、巴基斯坦、克什米尔地区。

川藏铁线莲

Clematis connata var. **pseudoconnata** (Kuntze) W. T. Wang, Acta Phytotax. Sin. 39 (1): 15 (2001).

Clematis nutans var. *pseudoconnata* Kuntze, Verh. Bot. Vereins Prov. Brandenburg 26: 130 (1885); *Clematis connata* var. *bipinnata* M. Y. Fang, Fl. Reipubl. Popularis Sin. 28: 110, 354 (Addenda) (1980).

四川、西藏；尼泊尔。

杯柄铁线莲

•**Clematis connata** var. **trullifera** (Franch.) W. T. Wang, Acta Phytotax. Sin. 36 (2): 170 (1998).

Clematis buchananiana var. *trullifera* Franch., Pl. Delavay. 3 (1889); *Clematis trullifera* (Franch.) Finet et Gapnep., Bull. Soc. Bot. France 50: 547 (1903); *Clematis coriigera* H. Lév., Repert. Spec. Nov. Regni Veg. 12 (325-330): 281 (1913); *Clematis connata* var. *sublanata* W. T. Wang, Acta Phytotax. Sin. 6 (4): 373 (1957).

四川、贵州、云南。

角萼铁线莲

•**Clematis corniculata** W. T. Wang, Acta Phytotax. Sin. 29 (5): 466, pl. 3, f. 1-2 (1991).

新疆。

大花威灵仙

•**Clematis courtoisii** Hand.-Mazz., Acta Horti Gothob. 13 (4): 200 (1939).

河南、安徽、江苏、浙江、湖南、湖北。

厚叶铁线莲

Clematis crassifolia Benth., Fl. Hongk. 7 (1861).

湖南、福建、台湾、广东、广西、海南；日本（南部）。

粗柄铁线莲

●**Clematis crassipes** Chun et F. C. How, Acta Phytotax. Sin. 7 (1): 3, pl. 1, f. 2 (1958).
Clematis crassipes var. *pubipes* W. T. Wang, Acta Bot. Yunnan. 4 (2): 135 (1982); *Clematis pubipes* (W. T. Wang) W. T. Wang, Acta Phytotax. Sin. 38 (5): 416 (2000).
广西、海南。

毛花铁线莲

●**Clematis dasyandra** Maxim., Trudy Imp. S.-Peterburgsk. Bot. Sada 11 (1): 7 (1890).
Clematis dasyandra var. *polyantha* Finet et Gagnep., Bull. Soc. Bot. France 50: 538 (1903).
陕西、甘肃、四川。

银叶铁线莲

●**Clematis delavayi** Franch., Bull. Soc. Bot. France 33: 360 (1888).
四川、云南、西藏。

银叶铁线莲（原变种）

●**Clematis delavayi** var. **delavayi**
四川、云南。

疏毛银叶铁线莲

●**Clematis delavayi** var. **calvescens** C. K. Schneid., Bot. Gaz. 63 (6): 517 (1917).
四川、云南。

裂银叶铁线莲

●**Clematis delavayi** var. **limprichtii** (Ulbr.) M. C. Chang, Fl. Reipubl. Popularis Sin. 28: 154 (1980).
Clematis limprichtii Ulbr., Repert. Spec. Nov. Regni Veg. Beih. 12: 373 (1922).
四川、云南。

刺铁线莲（刺枝银叶铁线莲）

●**Clematis delavayi** var. **spinescens** Balf. f. ex Diels, Notes Roy. Bot. Gard. Edinburgh 5 (25): 262 (1912).
四川、云南、西藏。

迭部铁线莲

●**Clematis diebuensis** W. T. Wang, Bull. Bot. Res., Harbin 35 (1): 1 (2015).
甘肃。

舟柄铁线莲

●**Clematis dilatata** Pei, Contr. Biol. Lab. Sci. Soc. China, Bot. 10: 105, f. 15 (1936).
浙江。

定军山铁线莲

●**Clematis dingjunshanica** W. T. Wang, Acta Phytotax. Sin. 41 (2): 99 (2003).
陕西。

东川铁线莲

●**Clematis dongchuanensis** W. T. Wang, Guihaia 34 (3): 287 (2014).
云南。

直萼铁线莲

●**Clematis erectisepala** L. Xie, J. H. Shi et L. Q. Li, Novon 15: 650 (2005).
四川、西藏。

滑叶藤（三叶五香血藤，小粘药）

Clematis fasciculiflora Franch., Pl. Delavay. 1: 5 (1889).
四川、贵州、云南、广西；越南、缅甸。

滑叶藤（原变种）

Clematis fasciculiflora var. **fasciculiflora**
Clematis montana var. *fasciculiflora* (Franch.) Brühl, Ann. Roy. Bot. Gard. (Calcutta) 5 (2): 73 (1896).
四川、贵州、云南、广西；越南、缅甸。

狭叶滑叶藤

●**Clematis fasciculiflora** var. **angustifolia** H. F. Comber, Notes Roy. Bot. Gard. Edinburgh 18 (89): 236 (1934).
云南。

国楣铁线莲

●**Clematis fengii** W. T. Wang, Acta Phytotax. Sin. 38 (5): 418 (2000).
云南。

山木通

●**Clematis finetiana** H. Lév. et Vaniot, Bull. Soc. Bot. France 51: 219 (1904).
河南、陕西、安徽、江苏、浙江、江西、湖南、湖北、四川、贵州、福建、广东、广西。

山木通（原变种）（大叶光板力刚，过山照，九里花）

●**Clematis finetiana** var. **finetiana**
Clematis pavoliniana Pamp., Nuovo Giorn. Bot. Ital. 17: 290 (1910); *Clematis meyeniana* var. *pavoliniana* (Pamp.) Sprague, Bull. Misc. Inform. Kew 1916: 47 (1916); *Clematis meyeniana* var. *insularis* Sprague, Bull. Misc. Inform. Kew 1916: 46 (1916).
河南、陕西、安徽、江苏、浙江、江西、湖南、湖北、四川、贵州、福建、广东、广西。

鸟足叶铁线莲

●**Clematis finetiana** var. **pedata** W. T. Wang, Acta Bot. Yunnan. 8 (3): 269 (1986).
湖南。

铁线莲

•**Clematis florida** Thunb., Syst. Veg., ed. 14: 512 (1784).
浙江、江西、湖南、湖北、云南、广东、广西。

铁线莲（原变种）

•**Clematis florida** var. **florida**
Atragene florida Pers., Syn. Pl. 2: 98 (1807); *Clematis leptomera* Hance, J. Bot. 18 (213): 257 (1880); *Clematis bracteata* var. *leptomera* (Hance) Kuntze, Verh. Bot. Vereins Prov. Brandenburg 26 (2): 140 (1885); *Clematis japonica* var. *simsii* Makino, Bot. Mag. (Tokyo) 26 (303): 81 (1912).
江西、湖南、湖北、广东、广西。

重瓣铁线莲

•**Clematis florida** var. **plena** D. Don in Sweet, Brit. Fl. Gard. 7: t. 396 (1838).
浙江、云南。

宝岛铁线莲

•**Clematis formosana** Kuntze, Hooker's Icon. Pl. 20: t. 1945 (1890).
Clematis sasakii Shimizu, Taiwania 18 (2): 173 (1973) [epublished].
台湾。

灌木铁线莲

Clematis fruticosa Turcz., Bull. Soc. Imp. Naturalistes Moscou 5: 180 (1832).
内蒙古、河北、山西、陕西、宁夏、甘肃；蒙古国。

灌木铁线莲（原变种）

Clematis fruticosa var. **fruticosa**
Clematis fruticosa var. *viridis* Turcz., Bull. Soc. Imp. Naturalistes Moscou 5: 180 (1832).
内蒙古、河北、山西、陕西、宁夏、甘肃；蒙古国。

毛灌木铁线莲（灰灌木铁线莲）

Clematis fruticosa var. **canescens** Turcz., Bull. Soc. Imp. Naturalistes Moscou 5: 180 (1832).
内蒙古；蒙古国。

浅裂铁线莲

•**Clematis fruticosa** var. **lobata** Maxim., Enum. Pl. Mongol. 3 (1889).
Clematis fruticosa f. *chenopodiifolia* Kozlova, Publ. Mus. Hoangho Paiho Tien Tsin. 22: 11, pl. 3 (1933); *Clematis fruticosa* f. *atriplexifolia* Kozlova, *op. cit.* 22: 11, pl. 2 (1933).
内蒙古、河北、山西、陕西、宁夏、甘肃。

滇南铁线莲

Clematis fulvicoma Rehder et E. H. Wilson in C. S. Sargent, Pl. Wilson. 1 (3): 327 (1913).
云南；越南、老挝、缅甸、泰国、印度。

褐毛铁线莲

Clematis fusca Turcz., Bull. Soc. Imp. Naturalistes Moscou 13 (1): 60 (1840).
黑龙江、吉林、辽宁、内蒙古、河北、山东；日本、朝鲜半岛、俄罗斯（远东地区）。

褐毛铁线莲（原变种）

Clematis fusca var. **fusca**
Clematis kamtschatica Bong., Verz. Saisang-Nor Pfl.: 10 (1841); *Clematis fusca* var. *mandshurica* Regel, Tent. Fl.-Ussur. 2, pl. 2, f. 102 (1861); *Clematis fusca* var. *amurensis* Kuntze, Verh. Bot. Vereins Prov. Brandenburg 26 (2): 132 (1885); *Clematis ianthina* var. *mandshurica* (Regel) Nakai, J. Jap. Bot. 12 (12): 846 (1936).
黑龙江、吉林、辽宁、山东；日本、朝鲜半岛、俄罗斯（远东地区）。

紫花铁线莲

Clematis fusca var. **violacea** Maxim., Prim. Fl. Amur. 11 (1859).
Clematis ianthina var. *violacea* (Maxim.) Nakai, J. Jap. Bot. 12 (12): 846 (1936); *Clematis fusca* subsp. *violacea* (Maxim.) Kitag., Lin. Fl. Manshur. 216 (1939).
黑龙江、吉林；朝鲜半岛、俄罗斯。

光叶铁线莲

•**Clematis glabrifolia** K. Sun et M. S. Yan, Bull. Bot. Lab. N. E. Forest. Inst., Harbin 12 (4): 327 (1992).
甘肃。

粉绿铁线莲

Clematis glauca Willd., Berlin. Baumz. 65, pl. 4, f. 1 (1796).
Clematis daurica Pers., Syn. Pl. 2 (1): 99 (1806); *Meclatis sibirica* Spach, Hist. Nat. Vég. 7: 723 (1839); *Clematis orientalis* var. *daurica* f. *persoonii* Kuntze, Verh. Bot. Vereins Prov. Brandenburg 26: 124 (1885); *Clematis orientalis* var. *glauca* Maxim., Fl. Tangut. 3 (1889).
山西、陕西、甘肃、青海、新疆；蒙古国、哈萨克斯坦、俄罗斯。

小蓑衣藤

Clematis gouriana Roxb. et DC., Syst. Nat. 1: 138 (1817).
Clematis vitalba subsp. *gouriana* (Roxb. ex DC.) Kuntze, Verh. Bot. Vereins Prov. Brandenburg 26 (2): 100 (1885); *Clematis vitalba* var. *micrantha* H. Lév. et Vaniot, Bull. Acad. Int. Géogr. Bot. 11 (152): 167 (1902); *Clematis vitalba* var. *gouriana* (Roxb. ex DC.) Finet et Gagnep., Bull. Soc. Bot. France 50: 532 (1903); *Clematis martini* H. Lév., Bull. Acad. Int. Géogr. Bot. 17 (210-211): p. II (1907).
湖南、湖北、四川、贵州、云南、广东、广西；菲律宾、缅甸、不丹、尼泊尔、印度、巴布亚新几内亚。

薄叶铁线莲

•**Clematis gracilifolia** Roxb. et E. H. Wilson in C. S. Sargent, Pl. Wilson. 1 (3): 331 (1913).
甘肃、四川、云南、西藏。

薄叶铁线莲（原变种）

•**Clematis gracilifolia** var. **gracilifolia**
Clematis montana var. *pentaphylla* Maxim., Acta Horti Petrop. 11: 10 (1890); *Clematis montana* var. *trifoliolata* M. Johnson, Släktet Klematis: 393, oum fig. (1997); *Clematis gracilifolia* var. *trifoliata* M. F. Johnson, Släktet Klematis: 393 (1997); *Clematis montana* var. *batangensis* Finet, J. Bot. (Morot) 21: 15 (1998).
甘肃、四川、云南、西藏。

狭裂薄叶铁线莲

•**Clematis gracilifolia** var. **dissectifolia** W. T. Wang et M. C. Chang, Fl. Reipubl. Popularis Sin. 28: 224, 359 (Addenda) (1980).
四川、西藏。

毛果薄叶铁线莲

•**Clematis gracilifolia** var. **lasiocarpa** W. T. Wang, Acta Phytotax. Sin. 38 (6): 501 (2000).
西藏。

大花薄叶铁线莲

•**Clematis gracilifolia** var. **macrantha** W. T. Wang et M. C. Chang, Fl. Reipubl. Popularis Sin. 28: 224, 359 (Addenda) (1980).
四川。

粗齿铁线莲

•**Clematis grandidentata** (Rehder et E. H. Wilson) W. T. Wang, Acta Phytotax. Sin. 31 (3): 218 (1993).
河北、山西、河南、陕西、宁夏、甘肃、青海、安徽、浙江、湖南、湖北、四川、贵州、云南。

粗齿铁线莲（原变种）

•**Clematis grandidentata** var. **grandidentata**
Clematis grata var. *grandidentata* Rehder et E. H. Wilson in C. S. Sargent, Pl. Wilson. 1: 338 (1913); *Clematis argentilucida* W. T. Wang, Acta Phytotax. Sin. 6 (4): 387 (1957).
河北、山西、河南、陕西、宁夏、甘肃、青海、安徽、湖南、湖北、四川、贵州、云南。

丽江铁线莲

•**Clematis grandidentata** var. **likiangensis** (Rehder) W. T. Wang, Acta Phytotax. Sin. 31 (3): 219 (1993).
Clematis grata var. *likiangensis* Rehder, J. Arnold Arbor. 14 (3): 201 (1933); *Clematis argentilucida* var. *likiangensis* (Rehder) W. T. Wang, Acta Phytotax. Sin. 6 (4): 388 (1957).
河北、浙江、湖北、四川、贵州、云南。

秀丽铁线莲

Clematis grata Wall., Pl. Asiat. Rar. 1: 93, pl. 98 (1830).
西藏；不丹、尼泊尔、印度、巴基斯坦、阿富汗。

金佛铁线莲（绿木通）

•**Clematis gratopsis** W. T. Wang, Acta Phytotax. Sin. 6 (4): 385, pl. 59, f. 8 (1957).
Clematis grata var. *lobulata* Rehder et E. H. Wilson in C. S. Sargent, Pl. Wilson. 1 (3): 337 (1913).
陕西、甘肃、湖南、湖北、四川。

黄毛铁线莲

Clematis grewiiflora DC., Syst. Nat. 1: 140 (1817).
西藏；不丹、尼泊尔、印度（北部）。

古蔺铁线莲

•**Clematis gulinensis** W. T. Wang et L. Q. Li, Guihaia 32 (1): 3, fig. 1 C-F (2012).
四川。

海南铁线莲

•**Clematis hainanensis** W. T. Wang, Acta Bot. Yunnan. 4 (2): 134, pl. 2, f. 5 (1982).
海南。

毛萼铁线莲

•**Clematis hancockiana** Maxim., Bull. Soc. Imp. Naturalistes Moscou 54 (1): 1 (1879).
Clematis florida var. *hancockiana* (Maxim.) Courtois, Bull. Soc. Bot. France 72: 434 (1925); *Clematis tsengiana* F. P. Metcalf, Lingnan Sci. J. 20 (1): 129, pl. 4 (1941).
河南、安徽、江苏、浙江、江西、湖北。

戟状铁线莲

•**Clematis hastata** Franch. ex Finet et Gagnep., Bull. Soc. Bot. France 50: 527 (1903).
四川。

单叶铁线莲（雪里开，地雷根）

•**Clematis henryi** Oliv., Hooker's Icon. Pl. 19 (1): t. 1819 (1889).
陕西、安徽、江苏、浙江、江西、湖南、湖北、四川、贵州、云南、福建、台湾、广东、广西。

单叶铁线莲（原变种）

•**Clematis henryi** var. **henryi**
Clematis henryi var. *leptophylla* Hayata, Icon. Pl. Formosan. 3: 2 (1913); *Clematis hayatai* Kudô et Masam., Ann. Rep. Taihoku Bot. Gard. 2: 77 (1932).
陕西、安徽、江苏、浙江、江西、湖南、湖北、四川、贵州、云南、福建、台湾、广东、广西。

毛单叶铁线莲

•**Clematis henryi** var. **mollis** W. T. Wang, Bull. Bot. Lab. N. E.

Forest. Inst., Harbin 7 (2): 99 (1987).
湖南、湖北、贵州。

陕南单叶铁线莲

•**Clematis henryi** var. **ternata** M. Y. Fang, Fl. Reipubl. Popularis Sin. 28: 97, 353 (Addenda) (1980).
陕西。

大叶铁线莲（木通花，草牡丹，草本女萎）

Clematis heracleifolia DC., Syst. Nat. 1: 138 (1817).
Clematis davidiana Decne. ex Verl., Rev. Hort. (Paris) 90 (1867); *Clematis tubulosa* var. *davidiana* (Decne. ex Verl.) Franch., Nouv. Arch. Mus. Hist. Nat., sér. 2 5: 165 (1882); *Clematis heracleifolia* var. *davidiana* (Decne. ex Verl.) Kuntze, Verh. Bot. Vereins Prov. Brandenburg 23: 4 (1885); *Clematis heracleifolia* var. *ichangensis* Rehder et E. H. Wilson in C. S. Sargent, Pl. Wilson. 1 (3): 321 (1913).
吉林、辽宁、内蒙古、河北、山西、山东、河南、陕西、安徽、江苏、浙江、湖南、湖北、贵州；朝鲜半岛。

棉团铁线莲

Clematis hexapetala Pall., Reise 3: 735, pl. 1, f. 2 (1776).
黑龙江、吉林、辽宁、内蒙古、河北、山西、山东、河南、陕西、宁夏、甘肃、江苏、湖北；蒙古国、朝鲜半岛、俄罗斯。

棉团铁线莲（原变种）（山蓼，棉花子花，野棉花）

Clematis hexapetala var. **hexapetala**
Clematis pallasii Gmelin, Syst. Nat., ed. 13 2 (1): 873 (1791); *Clematis lasiantha* Fisch., Cat. Jard. Gorenki, ed. 2: 47 (1812); *Clematis angustifolia* var. *breviloba* Freyn, Oesterr. Bot. Z. 45 (2): 59 (1895); *Clematis angustifolia* var. *longiloba* Freyn, Oesterr. Bot. Z. 45 (2): 59 (1895); *Clematis angustifolia* var. *dissecta* Yabe, Higasi-Moko Syokubutsu Mokuroku 14 (1917); *Clematis hexapetala* var. *smithiana* S. Y. Hu, J. Arnold Arbor. 35 (2): 193 (1954); *Clematis hexapetala* var. *longiloba* (Freyn) S. Y. Hu, J. Arnold Arbor. 35 (2): 192 (1954).
黑龙江、吉林、辽宁、内蒙古、河北、山西、河南、陕西、宁夏、甘肃、江苏、湖北；蒙古国、朝鲜半岛、俄罗斯。

长冬草（铁扫帚，黑狗筋，黑老婆秧）

•**Clematis hexapetala** var. **tchefouensis** (Debeaux) S. Y. Hu, J. Arnold Arbor. 35 (2): 193 (1954).
Clematis angustifolia var. *tchefouensis* Debeaux, Actes Soc. Linn. Bordeaux. 31: 117 (1876); *Clematis hexapetala* var. *elliptica* S. Y. Hu, J. Arnold Arbor. 35 (2): 194 (1954); *Clematis hexapetala* var. *insularis* S. Y. Hu, *op. cit.* 35 (2): 193 (1954).
山东、江苏。

黄荆铁线莲

•**Clematis huangjingensis** W. T. Wang et L. Q. Li, Guihaia 32 (1): 1, fig. 1 A-B (2012).
四川。

吴兴铁线莲（金剪刀，铜脚威灵仙）

•**Clematis huchouensis** Tamura, Acta Phytotax. Geobot. 23 (1-2): 36, f. 1-2 (1968).
江苏、浙江、江西、湖南。

湖北铁线莲

•**Clematis hupehensis** Hemsl. et E. H. Wilson, Bull. Misc. Inform. Kew 1906 (5): 148 (1906).
湖北。

伊犁铁线莲

•**Clematis iliensis** Y. S. Hou et W. H. Hou, Bull. Bot. Lab. N. E. Forest. Inst., Harbin 6 (2): 131 (1986).
Clematis sibirica var. *iliensis* (Y. S. Hou et W. H. Hou) J. G. Liu, Fl. Xinjiang. 2 (1): 288 (1994).
新疆。

齿缺铁线莲

•**Clematis inciso-denticulata** W. T. Wang, Guihaia 27 (1): 11 (2007).
浙江。

全缘铁线莲

Clematis integrifolia L., Sp. Pl. 1: 544 (1753).
Clematis integrifolia var. *normalis* Kuntze, Verh. Bot. Vereins Prov. Brandenburg 26 (2): 176 (1885).
新疆；哈萨克斯坦、俄罗斯；亚洲（西南部）、欧洲。

黄花铁线莲

Clematis intricata Bunge, Mém. Acad. Imp. Sci. St.-Pétersbourg Divers Savans 2: 75 (1833).
辽宁、内蒙古、河北、山西、陕西、甘肃、青海；蒙古国。

黄花铁线莲（原变种）（透骨草）

Clematis intricata var. **intricata**
Clematis glauca var. *angustifolia* Ledeb., Fl. Ross. 1: 3 (1842).
辽宁、内蒙古、河北、山西、陕西、甘肃、青海；蒙古国。

变异黄花铁线莲（紫萼铁线莲）

•**Clematis intricata** var. **purpurea** Y. Z. Zhao, Fl. Intramong. 2: 369 (1979).
内蒙古。

台湾铁线莲（串鼻龙）

Clematis javana DC., Syst. Nat. 1: 152 (1817).
Clematis biternata DC., Syst. Nat. 1: 149, *excl. syn.* (1818); *Clematis junghuhniana* de Vriese in Miq., Pl. Jungh. 1: 75 (1851); *Clematis vitalba* subsp. *javana* (DC.) Kuntze, Verh. Bot. Vereins Prov. Brandenburg 26: 100 (1885); *Clematis taiwaniana* Hayata, J. Coll. Sci. Imp. Univ. Tokyo 30 (1): 17 (1911); *Clematis grata* var. *ryukiuensis* Tamura, Acta Phytotax. Geobot. 15 (1): 17 (1953).
台湾；日本、菲律宾、印度尼西亚、巴布亚新几内亚。

加拉铁线莲

•**Clematis jialasaensis** W. T. Wang, Acta Bot. Yunnan. 8 (3): 268, f. 3: 1-2 (1986).
云南、西藏。

加拉铁线莲（原变种）

•**Clematis jialasaensis** var. **jialasaensis**
西藏。

滇北铁线莲

•**Clematis jialasaensis** var. **macrantha** W. T. Wang, Acta Phytotax. Sin. 39 (1): 4 (2001).
云南。

景东铁线莲（多花铁线莲）

•**Clematis jingdungensis** W. T. Wang, Acta Bot. Yunnan. 4 (2): 133, pl. 1, f. 4 (1982).
云南。

金寨铁线莲

•**Clematis jinzhaiensis** Z. W. Xue et Z. W. Wang, Acta Phytotax. Sin. 24 (5): 406 (1986).
安徽。

太行铁线莲

•**Clematis kirilowii** Maxim., Bull. Acad. Imp. Sci. Saint-Pétersbourg 22 (2): 210 (1876).
河北、山西、山东、河南、陕西、安徽、江苏、湖北。

太行铁线莲（原变种）（老牛杆，黑狗筋）

•**Clematis kirilowii** var. **kirilowii**
Clematis recta subsp. *kirilowii* (Maxim.) Kuntze, Verh. Bot. Vereins Prov. Brandenburg 26: 116 (1885); *Clematis matsumurana* Yabe, Bot. Mag. (Tokyo) 29: 240 (1915).
河北、山西、山东、河南、陕西、安徽、江苏、湖北。

狭裂太行铁线莲

•**Clematis kirilowii** var. **chanetii** (H. Lév.) Hand.-Mazz., Acta Horti Gothob. 13 (4): 205 (1939).
Clematis chanetii H. Lév., Repert. Spec. Nov. Regni Veg. 11 (301-303): 495 (1913).
河北、山西、山东、河南。

滇川铁线莲

•**Clematis kockiana** C. K. Schneid., Bot. Gaz. 63 (6): 518 (1917).
Clematis yunnanensis var. *chingtungensis* M. Y. Fang, Fl. Reipubl. Popularis Sin. 28: 100, 353 (Addenda) (1980); *Clematis yunnanensis* var. *brevipedunculata* W. T. Wang, Acta Bot. Yunnan. 4 (2): 134 (1982).
四川、贵州、云南、西藏、广西。

朝鲜铁线莲

Clematis koreana Kom., Trudy Imp. S.-Peterburgsk. Bot. Sada 18 (3): 438 (1901).
Atragene koreana (Kom.) Kom., *op. cit.* 22 (1): 278 (1904); *Clematis alpina* var. *koreana* (Kom.) Nakai, J. Coll. Sci. Imp. Univ. Tokyo 27: 7 (1909); *Clematis komarovii* Koidz., Acta Phytotax. Geobot. 6 (1): 63 (1937).
黑龙江、吉林、辽宁；朝鲜半岛。

贵州铁线莲

•**Clematis kweichowensis** C. P'ei, Contr. Biol. Lab. Sci. Soc. China, Bot. 9: 305, f. 29 (1934).
湖北、四川、贵州、云南。

披针铁线莲

•**Clematis lancifolia** Bureau et Franch., J. Bot. (Morot) 5 (2): 18 (1891).
四川、云南。

披针铁线莲（原变种）（八瓜筋）

•**Clematis lancifolia** var. **lancifolia**
Clematis duclouxii H. Lév., Repert. Spec. Nov. Regni Veg. 7: 97 (1909); *Clematis iochanica* Ulbr., Bot. Jahrb. 48: 620 (1913).
四川、云南。

竹叶铁线莲

•**Clematis lancifolia** var. **ternata** W. T. Wang et M. C. Chang, Fl. Reipubl. Popularis Sin. 28: 152, 356 (Addenda) (1980).
四川。

毛叶铁线莲

•**Clematis lanuginosa** Lindl., Paxton's Fl. Gard. 3: 107, pl. 94 (1853).
Clematis florida var. *lanuginosa* (Lindl.) Kuntze, Verh. Bot. Vereins Prov. Brandenburg 26 (2): 149 (1885).
浙江。

毛蕊铁线莲（小木通，丝瓜花）

Clematis lasiandra Maxim., Bull. Acad. Imp. Sci. Saint-Pétersbourg 22 (2): 213 (1876).
河南、陕西、甘肃、安徽、浙江、江西、湖南、湖北、四川、贵州、云南、台湾、广东、广西；日本。

糙毛铁线莲

•**Clematis laxistrigosa** (W. T. Wang et M. C. Chang) W. T. Wang, Fl. China 6: 345 (2001).
Clematis chrysocoma var. *laxistrigosa* W. T. Wang et M. C. Chang, Acta Bot. Yunnan. 15 (4): 352 (1993); *Clematis chrysocoma* var. *glabrescens* H. F. Comber, Notes Roy. Bot. Gard. Edinburgh 18 (89): 234 (1934).
四川。

绣毛铁线莲（齿叶铁线莲）

Clematis leschenaultiana DC., Syst. Nat. 1: 151 (1817).
Clematis angustifolia (Hayata) Hayata, Icon. Pl. Formosan. 3: 1 (1913), non Jacq., Icon. Pl. Rar. 1: 11, pl. 104 (1786);

Clematis caesariata Hance, J. Bot. 8: 71 (1870); *Clematis acuminata* var. *leschenaultiana* (DC.) Kuntze, Verh. Bot. Vereins Prov. Brandenburg 26 (2): 167 (1885); *Clematis acuminata* subsp. *leschenaultiana* (DC.) Brühl, Ann. Roy. Bot. Gard. (Calcutta) 5 (2): 75 (1896); *Clematis leschenaultiana* var. *angustifolia* Hayata, J. Coll. Sci. Imp. Univ. Tokyo 30 (1): 16 (1911); *Clematis leschenaultiana* var. *denticulata* Merr., Lingnan. Sci. Journ. 5: 75 (1927).
江西、湖南、湖北、四川、贵州、云南、福建、台湾、广东、广西、海南；菲律宾、越南、印度尼西亚。

荔波铁线莲

•**Clematis liboensis** Z. R. Xu, Acta Phytotax. Sin. 26 (2): 150 (1988).
贵州。

凌云铁线莲

•**Clematis lingyunensis** W. T. Wang, Acta Bot. Yunnan. 8 (3): 266, 268, f. 3 (3-4) (1986).
广西。

柳州铁线莲（新拟）

•**Clematis liuzhouensis** Y. G. Wei et C. R. Lin, Novon 19 (2): 194, fig. 1 (2009).
广西。

光柱铁线莲

•**Clematis longistyla** Hand.-Mazz., Acta Horti Gothob. 13 (4): 201 (1939).
河南、湖北。

长瓣铁线莲

Clematis macropetala Ledeb., Icon. Pl. 1: 5, pl. 2 (1829).
辽宁、内蒙古、河北、山西、陕西、宁夏、甘肃、青海；蒙古国、俄罗斯（远东地区、西伯利亚）。

长瓣铁线莲（原变种）（大瓣铁线莲）

Clematis macropetala var. **macropetala**
Atragene macropetala (Ledeb.) Ledeb., Fl. Altaic. 2: 376 (1830); *Clematis alpina* subsp. *macropetala* var. *rupestris* Turcz. ex Kuntze, Verh. Bot. Vereins Prov. Brandenburg 26 (2): 163 (1885); *Clematis alpina* subvar. *rupestris* Maxim., Enum. Pl. Mongol. 6 (1889); *Clematis macropetala* var. *rupestris* (Turcz. ex Kuntze) Hand.-Mazz., Acta Horti Gothob. 13 (4): 197 (1939).
辽宁、内蒙古、河北、山西、陕西、宁夏、甘肃、青海；蒙古国、俄罗斯（远东地区、西伯利亚）。

白花长瓣铁线莲

•**Clematis macropetala** var. **albiflora** (Maxim. ex Kuntze) Hand.-Mazz., Acta Horti Gothob. 13 (4): 197 (1939).
Clematis alpina subvar. *albiflora* Maxim. ex Kuntze, Verh. Bot. Vereins Prov. Brandenburg 26 (2): 163 (1885); *Clematis alpina* var. *albiflora* Maxim. ex Kuntze, Verh. Bot. Vereins Prov. Brandenburg 26 (2): 163 (1885); *Atragene dianae* Serov, Bot. Zhurn. (Moscow et Leningrad) 76 (7): 995 (1991).
山西、宁夏。

马关铁线莲

•**Clematis maguanensis** W. T. Wang, Pl. Div. Resour. 37 (2): 139 (2015).
云南。

马山铁线莲

•**Clematis mashanensis** W. T. Wang, Bull. Bot. Res., Harbin 9 (2): 7, pl. 3, f. 1-3 (1989).
广西。

勐腊铁线莲

Clematis menglaensis M. C. Chang, Fl. Reipubl. Popularis Sin. 28: 235, 360 (Addenda) (1980).
Naravelia eichleri Tamura, Acta Phytotax. Geobot. 37: 109 (1986).
云南；泰国。

墨脱铁线莲

•**Clematis metuoensis** M. Y. Fang, Fl. Reipubl. Popularis Sin. 28: 230, 359 (Addenda) (1980).
西藏。

毛柱铁线莲

Clematis meyeniana Walp., Nov. Actorum Acad. Caes. Leop.-Carol. Nat. Cur. 19 (Suppl. 1): 297 (1843).
浙江、湖南、湖北、四川、云南、福建、台湾、广东、广西、海南；日本、越南、老挝、菲律宾、缅甸。

毛柱铁线莲（原变种）

Clematis meyeniana var. **meyeniana**
Clematis oreophila Hance, Ann. Bot. Syst. 2: 3 (1851); *Clematis meyeniana* var. *insularis* Sprague, Bull. Misc. Inform. Kew 1916: 46 (1916); *Clematis meyeniana* f. *major* Sprague, *op. cit.* 1916: 46 (1916); *Clematis meyeniana* f. *retusa* Sprague, *op. cit.* 1916: 46 (1916).
浙江、湖南、湖北、四川、云南、福建、台湾、广东、广西、海南；日本、越南、老挝、菲律宾、缅甸。

沙叶铁线莲

Clematis meyeniana var. **granulata** Finet et Gagnep., Bull. Soc. Bot. France 50: 530 (1903).
Clematis granulata (Finet et Gagnep.) Ohwi, Acta Phytotax. Geobot. 6 (3): 147 (1937).
云南、广东、广西、海南；越南、老挝。

单蕊毛柱铁线莲

•**Clematis meyeniana** var. **uniflora** W. T. Wang, Acta Phytotax. Sin. 36 (2): 158 (1998).
福建。

绒萼铁线莲

●**Clematis moisseenkoi** (Serov) W. T. Wang, Fl. China 6: 385 (2001).
Atragene moisseenkoi Serov, Bot. Zhurn. (Moscow et Leningrad) 71: 1128 (1986).
新疆。

绣球藤

Clematis montana Buch.-Ham. ex DC., Syst. Nat. 1: 164 (1817).
河南、陕西、宁夏、甘肃、青海、安徽、浙江、江西、湖南、湖北、四川、贵州、云南、西藏、福建、台湾、广西；缅甸、不丹、尼泊尔、巴基斯坦、阿富汗、印度、克什米尔地区。

绣球藤（原变种）

Clematis montana var. **montana**
Clematis kuntziana H. Lév. et Vaniot, Bull. Acad. Int. Géogr. Bot. 11 (152): 171 (1902); *Clematis insularialpina* Hayata, Icon. Pl. Formosan. 3: 3, f. 1 (1913); *Clematis spooneri* var. *subglabra* S. Y. Hu, J. Arnold Arbor. 61 (1): 74 (1980).
河南、陕西、宁夏、甘肃、青海、安徽、浙江、江西、湖南、湖北、四川、贵州、云南、西藏、福建、台湾、广西；缅甸、不丹、尼泊尔、巴基斯坦、阿富汗、印度、克什米尔地区。

伏毛绣球藤

Clematis montana var. **brevifoliola** Kuntze, Verh. Bot. Vereins Prov. Brandenburg 26: 141 (1885).
Clematis montana var. *chumbica* Bruhl, Ann. Roy. Bot. Gard. (Calcutta) 5 (2): 73 (1896).
西藏；缅甸、不丹、尼泊尔、印度、克什米尔地区。

毛果绣球藤

●**Clematis montana** var. **glabrescens** (H. F. Comber) W. T. Wang et M. C. Chang, Acta Bot. Yunnan. 15 (4): 351 (1993).
Clematis chrysocoma Franch. var. *glabrescens* H. F. Comber, Notes Roy. Bot. Gard. Edinburgh 18: 234 (1934); *Clematis montana* var. *trichogyna* M. C. Chang, Fl. Reipubl. Popularis Sin. 28: 222, 359 (Addenda) (1980).
云南、西藏。

大花绣球藤

Clematis montana var. **longipes** W. T. Wang, Acta Phytotax. Sin. 38 (4): 306 (2000).
Clematis montana var. *grandiflora* auct. non Hook., Fl. Reipubl. Popularis Sin. 28: 222 (1980).
陕西、甘肃、湖南、湖北、四川、贵州、云南、西藏；印度。

小叶绣球藤

●**Clematis montana** var. **sterilis** Hand.-Mazz., Symb. Sin. 7 (2): 320 (1931).
青海、四川、云南。

晚花绣球藤

●**Clematis montana** var. **wilsonii** Sprague, Bot. Mag. 137: pl. 8365 (1911).
Clematis montana f. *platysepala* Rehder et E. H. Wilson in C. S. Sargent, Pl. Wilson. 1 (3): 334 (1913).
四川、云南。

森氏铁线莲（台湾丝瓜花）

●**Clematis morii** Hayata, J. Coll. Sci. Imp. Univ. Tokyo 25 (19): 42 (1908).
Clematis henryi var. *morii* (Hayata) T. Y. Yang et T. C. Huang, Taiwania 37 (1): 35, pl. 9 (1992).
台湾。

墨脱银莲花

●**Anemone motuoensis** W. T. Wang, Pl. Div. Resour. 36 (4): 449 (2014).
西藏。

小叶铁线莲

●**Clematis nannophylla** Maxim., Bull. Acad. Imp. Sci. Saint-Pétersbourg 23 (2): 305 (1877).
内蒙古、陕西、宁夏、甘肃、青海。

小叶铁线莲（原变种）

●**Clematis nannophylla** var. **nannophylla**
Clematis recta subsp. *nannophylla* (Maxim.) Kuntze, Verh. Bot. Vereins Prov. Brandenburg 26: 112 (1885); *Clematis nannophylla* var. *bifoliata* Y. P. Hsu, Fl. Sin. Area. Tan-Yang 2: 160 (1993).
内蒙古、陕西、宁夏、甘肃、青海。

多叶铁线莲

●**Clematis nannophylla** var. **foliosa** Maxim., Trudy Imp. S.-Peterburgsk. Bot. Sada 11 (1): 5 (1889).
甘肃。

长小叶铁线莲

●**Clematis nannophylla** var. **pinnatisecta** W. T. Wang et L. Q. Li, Fl. China 6: 363 (2001).
陕西。

合苞铁线莲（尼泊尔铁线莲）

Clematis napaulensis DC., Syst. Nat. 1: 164 (1817).
Clematis anemoniflora D. Don, Prodr. Fl. Nepal. 192 (1825); *Clematis montana* subsp. *normalis* Kuntze, Verh. Bot. Vereins Prov. Brandenburg 26: 141 (1885); *Clematis cirrhosa* var. *napaulensis* (DC.) Kuntze, Verh. Bot. Vereins Prov. Brandenburg 26 (2): 143 (1885); *Clematis kuntziana* H. Lév. et Van, Bull. Acad. Int. Géogr. Bot. 11: 171 (1902); *Clematis insularialpina* Hayata, Icon. Pl. Formosan. 3: 3, f. 1 (1913); *Clematis montana* f. *platysepala* Rehder et E. H. Wilson in C. S. Sargent, Pl. Wilson. 1 (3): 334 (1913); *Clematis forrestii* W. W. Sm., Notes Roy. Bot. Gard. Edinburgh 8: 183 (1914);

Clematis spooneri var. *subglabra* S. Y. Hu, J. Arnold Arbor. 61 (1): 74 (1980).
贵州、云南、西藏；缅甸、不丹、尼泊尔、印度。

那坡铁线莲

•**Clematis napoensis** W. T. Wang, Acta Phytotax. Sin. 37 (3): 217, f. 2, 1-4 (1999).
广西。

宁静山铁线莲

•**Clematis ningjingshanica** W. T. Wang, Acta Phytotax. Sin. 39 (4): 310, pl. 1, f. 4-6 (2001).
西藏。

怒江铁线莲

•**Clematis nukiangensis** M. Y. Fang, Fl. Reipubl. Popularis Sin. 28: 100, 353 (Addenda) (1980).
云南。

秦岭铁线莲

•**Clematis obscura** Maxim., Trudy Imp. S.-Peterburgsk. Bot. Sada 11 (1): 6 (1890).
山西、河南、陕西、甘肃、湖北、四川。

东方铁线莲

Clematis orientalis L., Sp. Pl. 1: 543 (1753).
甘肃、新疆；印度（西北部）、巴基斯坦（北部）、阿富汗、塔吉克斯坦、吉尔吉斯斯坦、哈萨克斯坦、俄罗斯；亚洲（西部和西南部）。

东方铁线莲（原变种）

Clematis orientalis var. **orientalis**
Meclatis orientalis (L.) Spach, Hist. Nat. Vég. 7: 274 (1839); *Clematis orientalis* var. *vulgaris* Trautv., Bull. Soc. Nat. Moscou 33: 57 (1860); *Viticella orientalis* (L.) W. A. Weber, Phytologia 55: 9 (1984).
甘肃、新疆；印度（西北部）、巴基斯坦（北部）、阿富汗、塔吉克斯坦、吉尔吉斯斯坦、哈萨克斯坦、俄罗斯；亚洲（西部和西南部）。

粗梗东方铁线莲

•**Clematis orientalis** var. **sinorobusta** W. T. Wang, Acta Phytotax. Sin. 36 (2): 167 (1998).
Clematis orientalis var. *robusta* W. T. Wang, Acta Phytotax. Sin. 29: 466 (1991).
新疆。

宽柄铁线莲

•**Clematis otophora** Franch. ex Finet et Gagnep., Bull. Soc. Bot. France 50: 548, pl. 17 a (1903).
Clematis otophora var. *longnanensis* K. Sun et M. S. Yan, Bull. Bot. Res., Harbin 12 (4): 328, pl. 3, f. 7-8 (1992).
甘肃、湖北、四川。

帕米尔铁线莲

Clematis pamiralaica Grey-Wilson, Kew Bull. 44 (1): 54, f. 5 (1989).
新疆；塔吉克斯坦。

裂叶铁线莲

•**Clematis parviloba** Gardner et Champ., Hooker's J. Bot. Kew Gard. Misc. 1: 241 (1849).
浙江、江西、四川、贵州、云南、福建、台湾、广东、广西、香港。

裂叶铁线莲（原变种）

•**Clematis parviloba** var. **parviloba**
浙江、江西、四川、贵州、云南、福建、广东、广西、香港。

巴氏铁线莲

•**Clematis parviloba** var. **bartletti** (Yamam.) W. T. Wang, Acta Phytotax. Sin. 38 (5): 405 (2000).
Clematis bartlettii Yamam., Trans. Nat. Hist. Soc. Taiwan 20: 101 (1930); *Clematis parviloba* subsp. *bartlettii* (Yamam.) T. Y. A. Yang et T. C. Huang, Taiwania 40 (3): 235, f. 14 (1995).
台湾。

长药裂叶铁线莲

•**Clematis parviloba** var. **longianthera** W. T. Wang, Acta Phytotax. Sin. 36 (2): 156 (1998).
四川。

菱果裂叶铁线莲

•**Clematis parviloba** var. **rhombicoelliptica** W. T. Wang, Acta Phytotax. Sin. 38 (5): 405 (2000).
云南。

长圆裂叶铁线莲

•**Clematis parviloba** var. **suboblonga** W. T. Wang, Acta Phytotax. Sin. 38 (5): 405 (2000).
Clematis parviloba var. *tenuipes* (W. T. Wang) C. T. Ting, Fl. Reipubl. Popularis Sin. 28: 182, pl. 55 (1980); *Clematis parviloba* var. *longianthera* W. T. Wang, Acta Phytotax. Sin. 36 (2): 156 (1998).
四川。

巴山铁线莲

•**Clematis pashanensis** (M. C. Chang) W. T. Wang, Fl. China 6: 357 (2001).
山西、河南、陕西、安徽、江苏、湖北、四川。

巴山铁线莲（原变种）

•**Clematis pashanensis** var. **pashanensis**
Clematis kirilowii var. *pashanensis* M. C. Chang, Fl. Reipubl. Popularis Sin. 28: 356 (1980).
河南、陕西、安徽、江苏、湖北、四川。

尖药巴山铁线莲

•**Clematis pashanensis** var. **latisepala** (M. C. Chang) W. T. Wang, Fl. China 6: 358 (2000).
Clematis terniflora var. *latisepala* M. C. Chang, Fl. Reipubl. Popularis Sin. 28: 168, 357 (Addenda) (1980); *Clematis kirilowii* var. *latisepala* (M. C. Chang) W. T. Wang, Acta Phytotax. Sin. 36 (2): 158 (1998).
山西、河南、陕西、湖北。

转子莲

Clematis patens C. Morren et Decne., Bull. Acad. Roy. Sci Bruxelles 3: 173 (1836).
辽宁、山东、浙江；日本、朝鲜半岛。

转子莲（原变种）（大花铁线莲）

Clematis patens var. **patens**
Clematis caerulea Lindl., Edwards's Bot. Reg., n. s. 10: t. 1953 (1837); *Clematis caerulea* var. *grandiflora* Hook., Bot. Mag. 69: t. 3983 (1843); *Clematis luloni* Hort ex Koch, Deut. Dendrol. 1: 435 (1869).
辽宁、山东；日本、朝鲜半岛。

天台铁线莲

•**Clematis patens** var. **tientaiensis** (M. Y. Fang) W. T. Wang, Acta Phytotax. Sin. 36 (2): 163 (1998).
Clematis patens subsp. *tientaiensis* M. Y. Fang, Fl. Reipubl. Popularis Sin. 28: 203, 358 (Addenda) (1980).
浙江。

易武铁线莲

•**Clematis peii** L. Xie, W. J. Yang et L. Q. Li, Pl. Div. Resour. 34 (2): 160 (2012).
云南。

钝萼铁线莲

•**Clematis peterae** Hand.-Mazz., Acta Horti Gothob. 13 (4): 213 (1939).
河北、山西、河南、陕西、甘肃、安徽、江苏、浙江、江西、湖南、湖北、四川、贵州、云南。

钝萼铁线莲（原变种）（疏齿铁线莲，木通藤，小木通）

•**Clematis peterae** var. **peterae**
Clematis vitalba var. *microcarpa* Franch., Pl. Delavay. 4 (1889).
河北、山西、河南、陕西、甘肃、安徽、江苏、浙江、江西、湖南、湖北、四川、贵州、云南。

梨山铁线莲

•**Clematis peterae** var. **lishanensis** (T. Y. Yang et T. C. Huang) W. T. Wang, Acta Phytotax. Sin. 36 (2): 155 (1998).
Clematis gouriana subsp. *lishanensis* T. Y. Yang et T. C. Huang, J. Taiwan Mus. 44 (1): 144 (1991).
台湾。

毛果铁线莲（大木通）

•**Clematis peterae** var. **trichocarpa** W. T. Wang, Acta Phytotax. Sin. 6 (4): 381 (1957).
河南、陕西、甘肃、安徽、江苏、浙江、江西、湖南、湖北、四川、贵州。

片马铁线莲

•**Clematis pianmaensis** W. T. Wang, Acta Bot. Yunnan. 6 (4): 380, f. 5: 1-4 (1984).
云南。

屏边铁线莲

•**Clematis pingbianensis** W. T. Wang, Acta Phytotax. Sin. 41 (2): 120 (2003).
云南。

宾川铁线莲

•**Clematis pinchuanensis** W. T. Wang et M. Y. Fang, Fl. Reipubl. Popularis Sin. 28: 116, 354 (Addenda) (1980).
云南。

宾川铁线莲（原变种）

•**Clematis pinchuanensis** var. **pinchuanensis**
云南。

三互宾川铁线莲

•**Clematis pinchuanensis** var. **tomentosa** (Finet et Gagnep.) W. T. Wang, Acta Phytotax. Sin. 39 (1): 15 (2001).
Clematis ranunculoides var. *tomentosa* Finet et Gagnep., Bull. Soc. Bot. France 50: 544 (1903).
云南。

须蕊铁线莲

•**Clematis pogonandra** Maxim., Trudy Imp. S.-Peterburgsk. Bot. Sada 11 (1): 8 (1890).
陕西、甘肃、湖北、四川。

须蕊铁线莲（原变种）

•**Clematis pogonandra** var. **pogonandra**
Clematis pinnata Maxim., Bull. Acad. Imp. Sci. Saint-Pétersbourg 22 (2): 216 (1876); *Clematis tatarinowii* Maxim., Bull. Phys.-Math. Acad. Imp. Sci. Saint-Pétersbourg 9: 590 (1876); *Clematis pinnata* var. *normalis* Kuntze, Verh. Bot. Vereins Prov. Brandenburg 26: 182 (1885); *Clematis pinnata* var. *tatarinowii* (Maxim.) Kuntze, Verh. Bot. Vereins Prov. Brandenburg 26 (2): 182 (1885); *Clematis prattii* Hemsl., Bull. Misc. Inform. Kew 1892: 82 (1892); *Clematis faberi* Hemsl. et E. H. Wilson, Bull. Misc. Inform. Kew 1906: 148 (1906); *Clematis pinnata* var. *ternatifolia* W. T. Wang, Acta Phytotax. Sin. 39 (4): 331, pl. 1, f. 1-3 (2001).
陕西、甘肃、湖北、四川。

雷波铁线莲

•**Clematis pogonandra** var. **alata** W. T. Wang et M. Y. Fang, Fl.

Reipubl. Popularis Sin. 28: 128, 355 (Addenda) (1980).
四川。

多毛须蕊铁线莲

•**Clematis pogonandra** var. **pilosula** Rehder et E. H. Wilson in C. S. Sargent, Pl. Wilson. 1 (3): 320 (1913).
四川。

美花铁线莲

•**Clematis potaninii** Maxim., Trudy Imp. S.-Peterburgsk. Bot. Sada 11 (1): 9 (1890).
Clematis fargesii Franch., J. Bot. (Morot) 8 (16): 273 (1894); *Clematis fargesii* var. *souliei* Franch. ex Finet et Gagnep., Bull. Soc. Bot. France 50: 523 (1903); *Clematis montana* var. *potaninii* (Maxim.) Finet et Gagnep., *op. cit.* 50: 525 (1903); *Clematis potaninii* var. *fargesii* (Franch.) Hand.-Mazz., Acta Horti Gothob. 13 (4): 211 (1939).
陕西、甘肃、四川、云南、西藏。

华中铁线莲

•**Clematis pseudootophora** M. Y. Fang, Fl. Reipubl. Popularis Sin. 28: 129, 355 (Addenda) (1980).
Clematis honanensis S. Y. Wang et C. L. Chang, J. Henan Agric. Coll. 1980 (2): 7 (1980); *Clematis pseudootophora* var. *integra* W. T. Wang, Acta Bot. Yunnan. 8 (3): 266 (1986).
河南、浙江、江西、湖南、湖北、贵州、福建、广西。

西南铁线莲

•**Clematis pseudopogonandra** Finet et Gagnep., Bull. Soc. Bot. France 50: 549, pl. 17 (1903).
Clematis pseudopogonandra var. *paucidentata* Finet et Gagnep., Monogr. Phan. (1878-1896) (1878).
四川、云南、西藏。

光蕊铁线莲

•**Clematis psilandra** Kitag., J. Jap. Bot. 13 (5): 352 (1937).
Clematis heracleifolia var. *taiwanica* S. Suzuki et Hosok., Trans. Nat. Hist. Soc. Taiwan 23: 96 (1933).
台湾。

思茅铁线莲

•**Clematis pterantha** Dunn, Hooker's Icon. Pl. 28: t. 2713 (1901).
Clematis ranunculoides var. *pterantha* (Dunn) M. Y. Fang, Fl. Reipubl. Popularis Sin. 28: 119 (1980).
云南。

短毛铁线莲

Clematis puberula Hook. f. et Thomson, Fl. Brit. India 1: 4 (1872).
河北、山西、山东、陕西、甘肃、安徽、江苏、浙江、江西、湖南、湖北、四川、贵州、云南、西藏、福建、广东、广西；缅甸、不丹、尼泊尔、印度。

短毛铁线莲（原变种）

Clematis puberula var. **puberula**
Clematis parviloba subsp. *puberula* (Hook. f. et Thoms.) Kuntze, Verh. Bot. Vereins Prov. Brandenburg 26: 148 (1885).
四川、云南、西藏；缅甸、不丹、尼泊尔、印度。

扬子铁线莲

•**Clematis puberula** var. **ganpiniana** (H. Lév. et Vaniot) W. T. Wang, Acta Phytotax. Sin. 38 (5): 407 (2000).
Clematis vitalba var. *ganpiniana* H. Lév. et Vaniot, Bull. Acad. Int. Géogr. Bot. 11 (152): 167 (1902); *Clematis parviloba* var. *glabrescens* Finet et Gagnep., Bull. Soc. Bot. France 50: 534 (1903); *Clematis brevicaudata* var. *lissocarpa* Rehder et E. H. Wilson in C. S. Sargent, Pl. Wilson. 1 (3): 340 (1913); *Clematis parviloba* var. *ganpiniana* (H. Lév. et Vaniot) Rehder, J. Arnold Arbor. 17 (4): 319 (1936); *Clematis brevicaudata* var. *ganpiniana* (H. Lév. et Vaniot) Hand.-Mazz., Acta Horti Gothob. 13 (4): 215 (1939); *Clematis brevicaudata* var. *leiophylla* Hand.-Mazz., Acta Horti Gothob. 13 (4): 216 (1939).
河南、陕西、安徽、浙江、江西、湖南、湖北、四川、贵州、云南、西藏、福建、广东、广西。

毛叶扬子铁线莲

•**Clematis puberula** var. **subsericea** (Rehder et E. H. Wilson) W. T. Wang, Acta Phytotax. Sin. 38 (5): 407 (2000).
Clematis brevicaudata var. *subsericea* Rehder et E. H. Wilson in C. S. Sargent, Pl. Wilson. 1 (3): 341 (1913); *Clematis ganpiniana* var. *subsericea* (Rehder et E. H. Wilson) C. T. Ting, Fl. Reipubl. Popularis Sin. 28: 187 (1980).
四川。

毛果扬子铁线莲

•**Clematis puberula** var. **tenuisepala** (Maxim.) W. T. Wang, Acta Phytotax. Sin. 38 (5): 406 (2000).
Clematis brevicaudata var. *tenuisepala* Maxim., Trudy Imp. S.-Peterburgsk. Bot. Sada 11: 9 (1890); *Clematis brevicaudata* var. *filipes* Rehder et E. H. Wilson in C. S. Sargent, Pl. Wilson. 1 (3): 341 (1913); *Clematis ganpiniana* var. *tenuisepala* (Maxim.) C. T. Ting, Fl. Reipubl. Popularis Sin. 28: 188, pl. 58 (1980).
山西、山东、河南、陕西、甘肃、江苏、浙江、湖北、四川、云南、广西。

密毛铁线莲

•**Clematis pycnocoma** W. T. Wang, Acta Phytotax. Sin. 41 (1): 28, f. 7 C, D (2003).
云南。

青城山铁线莲

•**Clematis qingchengshanica** W. T. Wang, Acta Bot. Yunnan. 6 (4): 379, pl. 5, f. 11-12 (1984).
四川。

五叶铁线莲（柳叶见血飞，辣药）

•**Clematis quinquefoliolata** Hutch., Gard. Chron., sér. 3 41: 3

(1907).
湖南、湖北、四川、贵州、云南。

毛茛铁线莲

•**Clematis ranunculoides** Franch., Bull. Soc. Bot. France 33: 360 (1886).
四川、贵州、云南、广西。

毛茛铁线莲（原变种）

•**Clematis ranunculoides** var. **ranunculoides**
Clematis philippiana H. Lév., Bull. Acad. Int. Géogr. Bot. 11 (152): 169 (1902); *Clematis urophylla* var. *heterophylla* H. Lév., Bull. Acad. Int. Géogr. Bot. 17: ii (1907); *Clematis pterantha* var. *grossedentata* Rehder et E. H. Wilson in C. S. Sargent, Pl. Wilson. 1 (3): 322 (1913); *Clematis ranunculoides* var. *grossedentata* (Rehder et E. H. Wilson) Hand.-Mazz., Acta Horti Gothob. 13 (4): 195 (1939); *Clematis acutangula* f. *major* W. T. Wang, Acta Phytotax. Sin. 31 (3): 222 (1993); *Clematis acutangula* subsp. *ranunculoides* (Franch.) W. T. Wang, Acta Phytotax. Sin. 31 (3): 223 (1993).
四川、贵州、云南、广西。

心叶铁线莲

•**Clematis ranunculoides** var. **cordata** M. Y. Fang, Fl. Reipubl. Popularis Sin. 28: 119, 354 (Addenda) (1980).
四川。

长花铁线莲

Clematis rehderiana Craib, Bull. Misc. Inform. Kew 1914 (4): 150 (1914).
Clematis nutans var. *thyrsoidea* Rehder et E. H. Wilson in C. S. Sargent, Pl. Wilson. 1 (3): 324 (1913); *Clematis veitchiana* Craib, Bull. Misc. Inform. Kew 1914 (4): 151 (1914).
青海、四川、云南、西藏；尼泊尔。

曲柄铁线莲

•**Clematis repens** Finet et Gagnep., Bull. Soc. Bot. France 50: 548, pl. 16 (1903).
湖南、湖北、四川、贵州、云南、广东、广西。

莓叶铁线莲

•**Clematis rubifolia** C. H. Wright, Bull. Misc. Inform. Kew 1896 (109): 21 (1896).
Clematis splendens H. Lév. et Vaniot, Bull. Acad. Int. Géogr. Bot. 11 (152): 171 (1902); *Clematis leschenaultiana* var. *rubifolia* (C. H. Wright) W. T. Wang, Fl. Guangxi. 1: 284 (1991).
贵州、云南、广西。

齿叶铁线莲

Clematis serratifolia Rehder, Mitt. Deutsch. Dendrol. Ges. 1910: 248 (1910).
Clematis orientalis var. *wilfordii* Maxim., Bull. Acad. Imp. Sci. Saint-Pétersbourg 22 (2): 211 (1876); *Clematis orientalis* var. *serrata* Maxim., *op. cit.* 22 (2): 211 (1876); *Clematis intricata* var. *wilfordii* (Maxim.) Kom., Trudy Imp. S.-Peterburgsk. Bot. Sada 22 (1): 289 (1904); *Clematis intricata* var. *serrata* (Maxim.) Kom., *op. cit.* 22 (1): 289 (1904); *Clematis serrata* (Maxim.) Kom., Key Pl. Far East. Reg. U. S. S. R. 1: 549 (1931); *Clematis wilfordii* (Maxim.) Kom., *op. cit.* 1: 549 (1931).
吉林、辽宁；日本、朝鲜半岛、俄罗斯。

神农架铁线莲

•**Clematis shenlungchiaensis** M. Y. Fang, Fl. Reipubl. Popularis Sin. 28: 129, 355 (Addenda) (1980).
湖北。

陕西铁线莲（武当铁线莲）

•**Clematis shensiensis** W. T. Wang, Acta Phytotax. Sin. 6 (4): 378, pl. 59, f. 6 (1957).
Clematis wutangensis W. T. Wang, Fl. Hupeh. 1: 369 (1976).
山西、河南、陕西、湖北。

锡金铁线莲

Clematis siamensis Drumm. et Craib, Kew Bull. 1915: 420 (1915).
云南、西藏；缅甸、泰国、不丹、尼泊尔、印度。

锡金铁线莲（原变种）

Clematis siamensis var. **siamensis**
Clematis acuminata var. *sikkimensis* Hook. f. et Thomson, Fl. Brit. India 1 (1): 6 (1872); *Clematis acuminata* subsp. *sikkimensis* (Hook. f. et Thomson) Brühl, Ann. Roy. Bot. Gard. (Calcutta) 5 (2): 75 (1896); *Clematis sikkimensis* (Hook. f. et Thomson) Drumm. ex Burkill, Rec. Bot. Surv. India 10 (2): 229 (1925); *Clematis acuminata* var. *multiflora* H. F. Comber, Notes Roy. Bot. Gard. Edinburgh 18 (89): 234 (1934); *Clematis acuminata* var. *hirtella* Hand.-Mazz., Acta Horti Gothob. 13 (4): 194 (1939); *Clematis multiflora* (H. F. Comber) W. T. Wang, Acta Phytotax. Sin. 31 (3): 219 (1993); *Clematis minggangiana* W. T. Wang, Phytologia 79 (5): 387 (1995 publ. 1996) (1996).
云南、西藏；缅甸、泰国、不丹、尼泊尔、印度。

毛萼锡金铁线莲

Clematis siamensis var. **clarkei** (Kuntze) W. T. Wang, Acta Phytotax. Sin. 39 (1): 11 (2001).
Clematis acuminata var. *clarkei* Kuntze, Verh. Bot. Vereins Prov. Brandenburg 26: 167 (1885); *Clematis sikkimensis* var. *clarkei* (Kuntze) W. T. Wang, Acta Phytotax. Sin. 36 (2): 168 (1998).
云南、西藏；缅甸、泰国、印度。

单蕊锡金铁线莲

•**Clematis siamensis** var. **monantha** (W. T. Wang et L. Q. Li) W. T. Wang et L. Q. Li, Acta Phytotax. Sin. 39 (1): 11 (2001).
Clematis sikkimensis var. *monantha* W. T. Wang et L. Q. Li, Acta Phytotax. Sin. 37 (3): 218 (1999).
云南。

西伯利亚铁线莲

Clematis sibirica (L.) Mill., Gard. Dict., ed. 8: Clematis n. 12 (1768).
黑龙江、吉林、内蒙古、河北、陕西、宁夏、甘肃、青海、新疆；蒙古国、日本、俄罗斯；欧洲。

西伯利亚铁线莲（原变种）

Clematis sibirica var. **sibirica**
Atragene sibirica L., Sp. Pl. 1: 543 (1753); *Clematis alpina* subsp. *sibirica* Kuntze, Verh. Bot. Vereins Prov. Brandenburg 26: 162 (1885); *Clematis sibirica* var. *tianzhuensis* M. S. Yan et K. Sun, Bull. Bot. Res., Harbin 12 (4): 325, pl. 2 (1992).
黑龙江、内蒙古、宁夏、甘肃、青海、新疆；蒙古国、俄罗斯；欧洲。

半钟铁线莲

Clematis sibirica var. **ochotensis** (Pall.) S. H. Li et Y. H. Huang, Fl. Pl. Herb. Chin. Bor.-Or. 3: 179 (1975).
Atragene ochotensis Pall., Fl. Ross. 1: 69 (1784); *Clematis ochotensis* (Pall.) Poir. in Lamarck, Encycl. Suppl. 2: 298 (1811); *Atragene platysepala* Trautv. et C. A. Mey., Middend. Reise Sibir. 1 (2): 5 (1856); *Atragene alpina* var. *ochotensis* (Pall.) Regel et Tiling, Nouv. Mém. Soc. Imp. Naturalistes Moscou 11: 23 (1859); *Clematis alpina* var. *ochotensis* (Pall.) Kuntze, Verh. Bot. Vereins Prov. Brandenburg 26 (2): 163 (1885); *Clematis alpina* var. *chinensis* Maxim., Trudy Imp. S.-Peterburgsk. Bot. Sada 11: 10 (1890); *Clematis nobilis* Nakai, Bot. Mag. (Tokyo) 28 (335): 303 (1914); *Clematis platysepala* (Trautv. et C. A. Mey.) Hand.-Mazz., Acta Horti Gothob. 13 (4): 198 (1939).
黑龙江、吉林、内蒙古、河北、山西；日本、俄罗斯。

辛氏铁线莲

•**Clematis sinii** W. T. Wang, Acta Phytotax. Sin. 39 (4): 314, pl. 2, f. 1-2 (2001).
广西。

菝葜叶铁线莲

Clematis smilacifolia Wall., Asiat. Res. 13: 402, 414 (1820).
贵州、云南、西藏、广西、海南；菲律宾、越南、缅甸、泰国、柬埔寨、马来西亚、印度尼西亚、不丹、尼泊尔、印度、孟加拉国、斯里兰卡、巴布亚新几内亚。

菝葜叶铁线莲（原变种）（紫木通，丝铁线莲）

Clematis smilacifolia var. **smilacifolia**
Clematis glandulosa Bl., Bijdr. 1: 1 (1825); *Clematis smilacina* Bl., Bijdr. 1: 1 (1825); *Clematis subpeltata* Wall., Pl. As. Rar. 1: 19, pl. 20. (1829); *Clematis inversa* Griff., Not. Dicot. 700 (1854); *Clematis zollingeri* Turcz., Bull. Soc. Nat. Moscou 27: 274 bis (1855); *Clematis smilacifolia* subsp. *normalis* var. *subpeltata* (Wall.) Kuntze, Verh. Bot. Ver. Brand. 126: 121 (1885); *Clematis smilacifolia* subsp. *glandulosa* (Bl.) Kuntze, *op. cit.* 26: 121 (1885); *Clematis smilacifolia* subsp. *normalis* var. *zollingeri* (Turcz.) Kuntze, *op. cit.* 26: 121 (1885); *Clematis smilacifolia* subsp. *normalis* var. *chrysocarpa* Kuntze, *op. cit.* 26: 121 (1885); *Clematis esquirolii* H. Lév. et Van., Bull. Herb. Boiss., sér. 2 6: 504 (1906); *Clematis smilacifolia* var. *grandiflora* Craib, Fl. Siam. Enum. 1: 15 (1925); *Clematis smilacifolia* var. *angustifolia* Tamura, J. Phytogeogr. Taxon. 28: 14 (1980).
贵州、云南、西藏、广西、海南；菲律宾、越南、缅甸、泰国、柬埔寨、马来西亚、印度尼西亚、不丹、尼泊尔、印度、孟加拉国、斯里兰卡、巴布亚新几内亚。

盾叶铁线莲

Clematis smilacifolia var. **peltata** (W. T. Wang) W. T. Wang, Acta Phytotax. Sin. 38 (5): 415 (2000).
Clematis loureiroana var. *peltata* W. T. Wang, Acta Phytotax. Sin. 6 (2): 220, pl. 50, f. 20 (1957).
云南、广西；越南。

准噶尔铁线莲

Clematis songorica Bunge, Del. Sem. Hort. Dorpater 8 (1839).
甘肃、新疆；蒙古国、阿富汗、塔吉克斯坦、吉尔吉斯斯坦、哈萨克斯坦。

准噶尔铁线莲（原变种）

Clematis songorica var. **songorica**
Clematis gebleriana Bong., Bull. Acad. Imp. Sci. St.-Pétersbourg 8: 338 (1841); *Clematis recta* subsp. *songorica* (Bunge) Kuntze, Verh. Bot. Vereins Prov. Brandenburg 26: 112 (1885).
甘肃、新疆；蒙古国、哈萨克斯坦。

蕨叶铁线莲

Clematis songorica var. **aspleniifolia** (Schrenk) Trautv., Bull. Soc. Imp. Naturalistes Moscou 33 (1): 56 (1860).
Clematis aspleniifolia Schrenk in Fisch. et C. A. Mey., Enum. Pl. Nov. 2: 68 (1842); *Clematis songorica* var. *intermedia* Trautv., Bull. Soc. Imp. Naturalistes Moscou 33: 56 (1860); *Clematis boissieriana* Korsh., Izv. Imp. Akad. Nauk 9 (5): 400 (1898); *Clematis aspleniifolia* var. *boissieriana* (Korsh.) Krasch., Fl. U. R. S. S. 7: 317, pl. 20, f. 3 (1937).
新疆；阿富汗、塔吉克斯坦、吉尔吉斯斯坦、哈萨克斯坦。

细木通

Clematis subumbellata Kurz, J. Asiat. Soc. Bengal, Pt. 2, Nat. Hist. 39: 61 (1870).
Clematis vitalba subsp. *subumbellata* (Kurz) Kuntze, Verh. Bot. Vereins Prov. Brandenburg 26: 100 (1885); *Clematis kerriana* J. R. Drumm. et Craib, Bull. Misc. Inform. Kew 122 (1914); *Clematis umbellifera* Gagnep., Bull. Soc. Bot. France 82: 477 (1936); *Clematis laxipaniculata* C. P'ei, Sinensia 7: 473, f. 1 (1936).
云南；越南、老挝、缅甸、泰国。

田村铁线莲

•**Clematis tamurae** T. Y. A. Yang et T. C. Huang, Taiwania 40 (3): 239 (1995).
Clematis austrotaiwanensis Tamura ex T. Y. Yang et T. C. Huang, Taiwania 40 (3): 239 (1995).
台湾。

甘青铁线莲

Clematis tangutica (Maxim.) Korsh., Izv. Imp. Akad. Nauk 9 (5): 399 (1898).
陕西、甘肃、青海、新疆、四川、西藏；哈萨克斯坦。

甘青铁线莲（原变种）

Clematis tangutica var. **tangutica**
Clematis orientalis var. *tangutica* Maxim., Fl. Tangut. 3 (1889); et Enum. Pl. Mongl 1: 4 (1889); *Clematis chrysantha* Ulbr., Repert. Spec. Nov. Regni Veg. Beih. 12: 374 (1922).
陕西、甘肃、青海、新疆、四川、西藏；哈萨克斯坦。

钝萼甘青铁线莲

•**Clematis tangutica** var. **obtusiuscula** Rehder et E. H. Wilson in C. S. Sargent, Pl. Wilson. 1 (3): 343 (1913).
甘肃、青海、四川、西藏。

毛萼甘青铁线莲

•**Clematis tangutica** var. **pubescens** M. C. Chang et P. P. Ling, Fl. Reipubl. Popularis Sin. 28: 145, 356 (Addenda) (1980).
Clematis tibetana var. *dentata* Grey-Wilson, Kew Bull. 44: 48, fig 1: 2 (1989).
甘肃、青海、四川、西藏。

长萼铁线莲

Clematis tashiroi Maxim., Bull. Acad. Imp. Sci. St.-Pétersbourg 32 (4): 477 (1888).
台湾；日本、越南。

长萼铁线莲（原变种）

Clematis tashiroi var. **tashiroi**
Clematis tozanensis Hayata, J. Coll. Sci. Imp. Univ. Tokyo 25 (19): 42 (1908); *Clematis longisepala* Hayata, *op. cit.* 25 (19): 41 (1908); *Clematis yingtzulinia* S. S. Ying, Quart. J. Chin. Forest. 20 (4): 127, pl. 2 (1987).
台湾；日本、越南。

田代氏铁线莲

•**Clematis tashiroi** var. **huangii** T. Y. A. Yang, Bot. Stud. 50 (4): 508, fig., map. (2009)
台湾。

腾冲铁线莲

•**Clematis tengchongensis** W. T. Wang, Acta Bot. Yunnan. 30 (5): 520, fig. 1 D-E (2008).
云南。

细梗铁线莲（长药裂叶铁线莲）

•**Clematis tenuipes** W. T. Wang, Acta Phytotax. Sin. 6 (4): 377, pl. 59, f. 5 (1957).
云南。

柱梗铁线莲

•**Clematis teretipes** W. T. Wang, Acta Phytotax. Sin. 39 (4): 331, pl. 2, f. 5-6 (2001).
四川。

圆锥铁线莲

Clematis terniflora DC., Syst. Nat. 1: 137 (1817).
黑龙江、吉林、辽宁、内蒙古、河南、陕西、安徽、江苏、浙江、江西、湖北、台湾；蒙古国、日本、朝鲜半岛、俄罗斯。

圆锥铁线莲（原变种）（黄药子，铜威灵）

Clematis terniflora var. **terniflora**
Clematis flammula var. *robusta* Carr., Rev. Hort. (Paris) 46: 465, fig. 59 (1874); *Clematis maximowicziana* Franch. et Sav., Enum. Pl. Jap. 2: 261 (1879); *Clematis recta* subsp. *ternifolia* (DC.) Kuntze, Verh. Bot. Vereins Prov. Brandenburg 26: 114 (1885); *Clematis dioscoreifolia* H. Lév. et Vaniot, Repert. Spec. Nov. Regni Veg. 7 (152-156): 339 (1909); *Clematis dioscoreifolia* var. *robusta* (Carr.) Rehder, J. Arnold Arbor. 26: 70 (1945); *Clematis terniflora* var. *robusta* (Carr.) Tamura, Acta Phytotax. Geobot. 15 (1): 18 (1953).
河南、陕西、安徽、江苏、浙江、江西、湖北；日本、朝鲜半岛。

鹅銮鼻铁线莲

•**Clematis terniflora** var. **garanbiensis** (Hayata) M. C. Chang, Fl. Reipubl. Popularis Sin. 28: 170 (1980).
Clematis garanbiensis Hayata, Icon. Pl. Formosan. 9: 1 (1920).
台湾。

辣蓼铁线莲

Clematis terniflora var. **mandshurica** (Rupr.) Ohwi, Acta Phytotax. Geobot. 7 (1): 43 (1938).
Clematis mandshurica Rupr., Bull. Cl. Phys.-Math. Acad. Imp. Sci. Saint-Pétersbourg 15: 258 (1857); *Clematis recta* var. *mandshurica* (Rupr.) Maxim., Bull. Acad. Imp. Sci. Saint-Pétersbourg 22 (2): 218 (1876); *Clematis liaotungensis* Kitag., Rep. First Sci. Res. Manchoukuo 2: 291 (1938).
黑龙江、吉林、辽宁、内蒙古；蒙古国、朝鲜半岛、俄罗斯。

中印铁线莲

Clematis tibetana Kuntze, Verh. Bot. Vereins Prov. Brandenburg 26: 172 (1885).
四川、西藏；尼泊尔、印度。

中印铁线莲（原变种）

Clematis tibetana var. **tibetana**
西藏；印度。

狭叶中印铁线莲

•**Clematis tibetana** var. **lineariloba** W. T. Wang, Acta Phytotax. Sin. 36 (2): 164 (1998).
四川、西藏。

厚叶中印铁线莲

Clematis tibetana var. **vernayi** (C. E. C. Fisch.) W. T. Wang, Acta Phytotax. Sin. 36 (2): 164 (1998).
Clematis vernayi C. E. C. Fisch., Bull. Misc. Inform. Kew 1937 (2): 95 (1937); *Clematis tibetana* subsp. *vernayi* (C. E. C. Fisch.) Grey-Wilson, Kew Bull. 44 (1): 47 (1989).
西藏；尼泊尔。

鼎湖铁线莲

•**Clematis tinghuensis** C. T. Ting, Fl. Reipubl. Popularis Sin. 28: 184, 357 (Addenda) (1980).
广东。

灰叶铁线莲

•**Clematis tomentella** (Maxim.) W. T. Wang et L. Q. Li, Fl. China 6: 364 (2001).
Clematis fruticosa var. *tomentella* Maxim., Fl. Tangut. 2 (1889); *Clematis fruticosa* f. *lanceifolia* Kozlova, Publ. Mus. Hoangho Paiho Tien Tsin. 22: 10, pl. 1 (1933).
内蒙古、陕西、宁夏、甘肃。

洋裂铁线莲

Clematis tripartita W. T. Wang, Acta Phytotax. Sin. 38 (6): 500, f. 2, 3-4 (2000).
西藏；尼泊尔。

福贡铁线莲

•**Clematis tsaii** W. T. Wang, Acta Phytotax. Sin. 6 (4): 382 (1957).
云南、西藏。

高山铁线莲（台中铁线莲）

•**Clematis tsugetorum** Ohwi, Acta Phytotax. Geobot. 2 (3): 153 (1933).
台湾。

管花铁线莲

•**Clematis tubulosa** Turcz., Bull. Soc. Imp. Naturalistes Moscou 10 (7): 148 (1837).
吉林、辽宁、内蒙古、河北、山西、山东、河南、陕西、江苏、湖南、湖北。

管花铁线莲（原变种）

•**Clematis tubulosa** var. **tubulosa**
吉林、辽宁、内蒙古、河北、山西、山东、河南、陕西、江苏、湖南、湖北。

狭卷萼铁线莲

•**Clematis tubulosa** var. **ichangensis** (Rehder et E. H. Wilson) W. T. Wang, Acta Phytotax. Sin. 44: 335 (2006).
Clematis heracleifolia var. *ichangensis* Rehd et E. H. Wilson in C. S. Sargent, Pl. Wilson. 1 (3): 321 (1913).
河北、山西、山东、河南、陕西、安徽、浙江、湖南、湖北、贵州。

柱果铁线莲

Clematis uncinata Champ. et Benth., Hooker's J. Bot. Kew Gard. Misc. 3: 255 (1851).
陕西、甘肃、安徽、江苏、浙江、江西、湖南、湖北、四川、贵州、云南、福建、台湾、广东、广西；日本、越南。

柱果铁线莲（原变种）（小叶光板力刚，花木通，猪娘藤）

Clematis uncinata var. **uncinata**
Clematis recta var. *uncinata* (Champ. et Benth.) Kuntze, Verh. Bot. Vereins Prov. Brandenburg 26: 115 (1885); *Clematis chinensis* var. *uncinata* (Champ. ex Benth.) Kuntze, *op. cit.* 26: 115 (1885); *Clematis drakeana* H. Lév. et Vaniot, Bull. Acad. Int. Géogr. Bot. 11 (152): 168 (1902); *Clematis gagnepainiana* H. Lév. et Vaniot, Bull. Soc. Bot. France 51: 219 (1904); *Clematis uncinata* var. *floribunda* Hayata, J. Coll. Sci. Imp. Univ. Tokyo 30 (1): 18 (1911); *Clematis alsomitrifolia* Hayata, Icon. Pl. Formosan. 3: 1 (1913); *Clematis floribunda* (Hayata) Yamam., J. Soc. Trop. Agric. 4: 188 (1932); *Clematis uncinata* var. *biternata* W. T. Wang, Acta Phytotax. Sin. 6 (4): 374 (1957).
陕西、甘肃、安徽、江苏、浙江、江西、湖南、湖北、四川、贵州、云南、福建、台湾、广东、广西；日本、越南。

皱叶铁线莲（革叶铁线莲）

•**Clematis uncinata** var. **coriacea** Pamp., Nuovo Giorn. Bot. Ital., n. s. 22 (2): 288 (1915).
Clematis leiocarpa Oliv., Hooker's Icon. Pl. 16 (2): t. 1533 (1886).
陕西、甘肃、湖南、湖北、四川。

毛柱果铁线莲

Clematis uncinata var. **okinawensis** (Ohwi) Ohwi, Fl. Jap. 515 (1953).
Clematis okinawensis Ohwi, Acta Phytotax. Geobot. 6 (3): 146 (1937); *Clematis trichocarpa* Tamura, Acta Phytotax. Geobot. 16 (3): 79 (1956); *Clematis okinawensis* var. *trichocarpa* (Tamura) Tamura, Acta Phytotax. Geobot. 34: 98 (1983).
台湾；日本。

尾叶铁线莲

•**Clematis urophylla** Franch., Bull. Mens. Soc. Linn. Paris 1 (55): 433 (1884).
Clematis japonica var. *urophylla* (Franch.) Kuntze, Verh. Bot. Vereins Prov. Brandenburg 26 (2): 159 (1885); *Clematis*

urophylla var. obtusiuscula C. K. Schneid., Bot. Gaz. 63 (6): 517 (1917).
湖南、湖北、四川、贵州、广东、广西。

云贵铁线莲（粗糖藤）

•**Clematis vaniotii** H. Lév., Repert. Spec. Nov. Regni Veg. 9 (196-198): 20 (1910).
Clematis armandii var. *pinfaensis* Fimet et Gagnep., J. Bot. (Morot) 21: 16 (1908); *Clematis phaseolifolia* W. T. Wang, Acta Phytotax. Sin. 6 (4): 376 (1957).
贵州、云南。

丽叶铁线莲

•**Clematis venusta** M. C. Chang, Fl. Reipubl. Popularis Sin. 28: 218, 358 (Addenda) (1980).
云南。

绿叶铁线莲

•**Clematis viridis** (W. T. Wang et M. C. Chang) W. T. Wang, Fl. China 6: 364 (2001).
Clematis canescens subsp. *viridis* W. T. Wang et M. C. Chang, Fl. Reipubl. Popularis Sin. 28: 150, 356 (Addenda) (1980); *Clematis canescens* var. *viridis* (W. T. Wang et M. C. Chang) W. T. Wang, Acta Phytotax. Sin. 36 (2): 161 (1998).
四川、西藏。

文山铁线莲

•**Clematis wenshanensis** W. T. Wang, Acta Phytotax. Sin. 39 (4): 313, pl. 2, f. 3-4 (2001).
云南。

文县铁线莲

•**Clematis wenxianensis** W. T. Wang, Acta Phytotax. Sin. 4 (3): 331, fig. 2 A-B (2006).
甘肃。

厚萼铁线莲

Clematis wissmanniana Hand.-Mazz., Acta Horti Gothob. 13 (4): 212 (1939).
Clematis gratopsis var. *integriloba* W. T. Wang, Acta Phytotax. Sin. 6 (4): 386 (1957).
云南；泰国。

湘桂铁线莲

•**Clematis xiangguiensis** W. T. Wang, Guihaia 27 (1): 15 (2007).
湖南、广西。

新会铁线莲

•**Clematis xinhuiensis** R. J. Wang, J. Trop. Subtrop. Bot. 7 (1): 26 (1999).
广东、香港。

元江铁线莲

•**Clematis yuanjiangensis** W. T. Wang, Acta Phytotax. Sin. 31 (3): 224, pl. 3 (1993).
云南。

俞氏铁线莲

Clematis yui W. T. Wang, Acta Phytotax. Sin. 29 (5): 465, pl. 3, f. 3-5 (1991).
云南、西藏；缅甸。

云南铁线莲

•**Clematis yunnanensis** Franch., Bull. Soc. Bot. France 33: 361 (1886).
Clematis clarkeana var. *stenophylla* Hand.-Mazz., Acta Horti Gothob. 13 (4): 194 (1939); *Clematis subfalcata* C. P'ei ex M. Y. Fang, Fl. Reipubl. Popularis Sin. 28: 105, 354 (Addenda) (1980); *Clematis angustifoliola* Jacquem., Guihaia 17 (1): 14 (1997); *Clematis subfalcata* var. *stenophylla* (Hand.-Mazz.) W. T. Wang, Acta Phytotax. Sin. 36 (2): 169 (1998); *Clematis subfalcata* var. *pubipes* W. T. Wang, Acta Phytotax. Sin. 36 (2): 169 (1998).
四川、云南。

扎达铁线莲

•**Clematis zandaensis** W. T. Wang, Acta Phytotax. Sin. 36 (2): 165, pl. 2, f. 1-4 (1998).
西藏。

浙江铁线莲

•**Clematis zhejiangensis** R. J. Wang, J. Trop. Subtrop. Bot. 7 (1): 28 (1999).
浙江。

对叶铁线莲

•**Clematis zygophylla** Hand.-Mazz., Acta Horti Gothob. 13: 209 (1939).
贵州。

飞燕草属 Consolida (DC.) Gray

千鸟草

Consolida ajacis (L.) Schur, Verh. Mitth. Siebenbürg. Vereins Naturwiss. Hermannstadt 4 (3): 47 (1853).
Delphinium ajacis L., Sp. Pl. 1: 531 (1753).
中国广泛栽培；亚洲（西南部）、欧洲。

飞燕草

Consolida rugulosa (Boiss.) Schrödinger, Ann. Nat. Hofmus. Wien. 27: 43 (1913).
Delphinium rugulosum Boiss., Ann. Sci. Nat. 16: 361 (1841).
新疆；阿富汗、吉尔吉斯斯坦、哈萨克斯坦、土库曼斯坦；亚洲（西南部）。

黄连属 Coptis Salisb.

黄连（味连，川连，鸡爪连）

•**Coptis chinensis** Franch., J. Bot. (Morot) 11 (14): 231 (1897).

陕西、安徽、浙江、湖南、湖北、四川、贵州、福建、广东、广西。

黄连（原变种）

●**Coptis chinensis** var. **chinensis**

Coptis teeta var. *chinensis* (Franch.) Finet et Gagnep., Bull. Soc. Bot. France 51: 402 (1904); *Coptis teeta* var. *chinensis* subvar. *rhizomata* H. Lév., Repert. Spec. Nov. Regni Veg. 7: 258 (1909).

陕西、湖南、湖北、四川、贵州。

短萼黄连

●**Coptis chinensis** var. **brevisepala** W. T. Wang et P. G. Xiao, Acta Pharm. Sin. 12 (3): 195, f. 2, A 6 (1965).

安徽、浙江、福建、广东、广西。

三角叶黄连（雅连，峨眉家连）

●**Coptis deltoidea** C. Y. Cheng et P. G. Xiao, Acta Pharm. Sin. 12 (3): 195, f. 1, B (1965).

四川。

峨眉黄连（岩黄连，野黄连，凤尾连）

●**Coptis omeiensis** (Chen) C. Y. Cheng, Acta Pharm. Sin. 12 (3): 196, f. 1, c (1965).

Coptis chinensis var. *omeiensis* Chen, Bull. Fan Mem. Inst. Biol., n. s. 1: 93 (1943).

河南、四川。

五叶黄连

Coptis quinquefolia Miq., Ann. Mus. Bot. Lugduno-Batavi 3: 7 (1867).

Coptis quinquefolia f. *ramosa* Makino, Bot. Mag. (Tokyo) 25: 227 (1911); *Coptis morii* Hayata, Icon. Pl. Formosan. 3: 9, t. 2 (1913).

台湾；日本。

五裂黄连

●**Coptis quinquesecta** W. T. Wang, Acta Phytotax. Sin. 6 (2): 219, pl. 47, f. 7 (1957).

云南。

云南黄连（云连）

●**Coptis teeta** Wall., Trans. Med. Phys. Soc. Calcutta. 8: 347 (1842).

Coptis teetoides C. Y. Cheng, Acta Pharm. Sin. 12 (3): 196, f. 1 D, 2 D (1965).

云南、西藏。

翠雀属 Delphinium L.

塔城翠雀花

Delphinium aemulans Nevski, Fl. U. R. S. S. 7: 725 (1937).

新疆；哈萨克斯坦。

阿克陶翠雀花

●**Delphinium aktoense** W. T. Wang, Acta Phytotax. Sin. 37 (3): 216, f. 2, 5-7 (1999).

新疆。

白蓝翠雀花

●**Delphinium albocoeruleum** Maxim., Bull. Acad. Imp. Sci. Saint-Pétersbourg 23 (2): 307 (1877).

宁夏、甘肃、青海、四川、西藏。

白蓝翠雀花（原变种）

●**Delphinium albocoeruleum** var. **albocoeruleum**

Delphinium caucasicum var. *tanguticum* Maxim. ex Huth, Bull. Herb. Boissier 1: 332 (1893); *Delphinium tanguticum* Huth, Bull. Herb. Boissier 1: 331 (1893); *Delphinium albocoeruleum* var. *pumilum* Huth, Bot. Jahrb. Syst. 20 (3): 409 (1895); *Delphinium rockii* Munz, J. Arnold Arbor. 48: 533 (1967).

甘肃、青海、四川、西藏。

贺兰翠雀花（乌药）

●**Delphinium albocoeruleum** var. **przewalskii** (Huth) W. T. Wang, Fl. Reipubl. Popularis Sin. 27: 381 (1979).

Delphinium przewalskii Huth, Bot. Jahrb. Syst. 20 (3): 407 (1895).

宁夏。

高茎翠雀花

Delphinium altissimum Wall., Pl. Asiat. Rar. 2: 25, t. 128 (1831).

西藏；不丹、尼泊尔、印度。

宕昌翠雀花

●**Delphinium angustipaniculatum** W. T. Wang, Acta Phytotax. Sin. 29 (5): 456 (1991).

甘肃。

狭菱形翠雀花

●**Delphinium angustirhombicum** W. T. Wang, Bull. Bot. Res., Harbin 6 (1): 9, pl. 2, f. 1-3 (1986).

云南。

还亮草

Delphinium anthriscifolium Hance, J. Bot. 5: 207 (1868).

山西、河南、陕西、甘肃、安徽、江苏、浙江、江西、湖南、湖北、四川、贵州、云南、福建、广东、广西；越南。

还亮草（原变种）

●**Delphinium anthriscifolium** var. **anthriscifolium**

山西、河南、陕西、甘肃、安徽、江苏、浙江、江西、湖南、湖北、四川、贵州、云南、福建、广东、广西。

大花还亮草（绿花草）

●**Delphinium anthriscifolium** var. **majus** Pamp., Nuovo Giorn. Bot. Ital., n. s. 20 (2): 288 (1915).

陕西、安徽、湖南、湖北、四川、贵州。

卵瓣还亮草

Delphinium anthriscifolium var. **savatieri** (Franch.) Munz, J. Arnold Arbor. 48 (3): 261, f. 2 d (1967).

Delphinium savatieri Franch., Bull. Mens. Soc. Linn. Paris 1 (42): 330 (1882); *Delphinium robertianum* H. Lév. et Vaniot, Bull. Acad. Int. Géogr. Bot. 11 (148): 49 (1902); *Delphinium minutum* H. Lév. et Vaniot, Bull. Herb. Boissier, sér. 2 6 (6): 505 (1906); *Delphinium kweichowense* W. T. Wang, Acta Bot. Sin. 10 (3): 283 (1962).

河南、陕西、甘肃、安徽、江苏、浙江、江西、湖南、湖北、四川、贵州、云南、广东、广西；越南。

秋翠雀花

•**Delphinium autumnale** Hand.-Mazz., Symb. Sin. 7 (2): 276, pl. 5, f. 5 (1931).

Delphinium kamaonense var. *autumnale* (Hand.-Mazz.) W. T. Wang, Fl. Reipubl. Popularis Sin. 27: 449 (1979).

四川、云南。

巴塘翠雀花

•**Delphinium batangense** Finet et Gagnep., Bull. Soc. Bot. France 51: 478, pl. 5 B (1904).

Delphinium pulcherrimum W. T. Wang, Acta Phytotax. Sin. 6 (4): 370 (1957).

四川、云南。

宽距翠雀花

•**Delphinium beesianum** W. W. Sm., Notes Roy. Bot. Gard. Edinburgh. 8: 130 (1913).

四川、云南、西藏。

宽距翠雀花（原变种）

•**Delphinium beesianum** var. **beesianum**

Delphinium calcicola W. W. Sm., Notes Roy. Bot. Gard. Edinburgh 8 (37): 130 (1913); *Delphinium beesianum* f. *calcicola* (W. W. Sm.) W. T. Wang, Acta Bot. Sin. 10 (3): 265 (1962).

四川、云南、西藏。

粗裂宽距翠雀花

•**Delphinium beesianum** var. **latisectum** W. T. Wang, Acta Bot. Sin. 10 (3): 263, 265 (1962).

云南、西藏。

辐裂翠雀花

•**Delphinium beesianum** var. **radiatifolium** (Hand.-Mazz.) W. T. Wang, Acta Bot. Sin. 10 (3): 265 (1962).

Delphinium beesianum var. *malacotrichum* Hand.-Mazz. f. *radiatifolium* Hand.-Mazz., Acta Horti Gothob. 13 (4): 60 (1939); *Delphinium beesianum* var. *radiadifolium* f. *ramosum* W. T. Wang, Acta Bot. Sin. 10 (3): 265 (1962).

四川、西藏。

三出翠雀花

Delphinium biternatum Huth, Bot. Jahrb. Syst. 20 (4): 422 (1895).

新疆；吉尔吉斯斯坦、哈萨克斯坦。

短萼翠雀花

•**Delphinium brevisepalum** W. T. Wang, Bull. Bot. Res., Harbin 6 (1): 22, pl. 5, f. 1-3 (1986).

云南。

囊距翠雀花（甲果贝，雀沟勃）

Delphinium brunonianum Royle, Ill. Bot. Himal. Mts. 1: 56 (1834).

西藏；尼泊尔、巴基斯坦、阿富汗、克什米尔地区。

拟螺距翠雀花

•**Delphinium bulleyanum** Forrest ex Diels, Notes Roy. Bot. Gard. Edinburgh 5 (25): 265 (1912).

Delphinium spirocentrum var. *pauciflorum* Chen, Bull. Fan Mem. Inst. Biol. Bot., n. s. 1: 70 (1948); *Delphinium polyanthum* W. T. Wang, Acta Bot. Sin. 10 (2): 145 (1962).

四川、云南。

蓝翠雀花

Delphinium caeruleum Jacq., Voy. Inde. 4 (Bot.): 7 (1835-1844).

甘肃、青海、四川、云南、西藏；不丹、尼泊尔、印度。

蓝翠雀花（原变种）

Delphinium caeruleum var. **caeruleum**

Delphinium grandiflorum var. *kunawarense* Brühl, Ann. Roy. Bot. Gard. (Calcutta) 5 (2): 98 (1896); *Delphinium grandiflorum* var. *tsangense* Brühl, Ann. Roy. Bot. Gard. (Calcutta) 5 (2): 99, pl. 118, f. 3, 6 i, 7 c, 8 d, 9, 11 e (1896); *Delphinium beesianum* var. *malacotrichum* Hand.-Mazz., Acta Horti Gothob. 13 (4): 60 (1939); *Delphinium caeruleum* f. *album* W. T. Wang, Acta Bot. Sin. 10 (3): 266 (1962).

甘肃、青海、四川、云南、西藏；不丹、尼泊尔。

粗距蓝翠雀花

•**Delphinium caeruleum** var. **crassicalcaratum** W. T. Wang et M. J. Warnock, Guihaia 17 (1): 9 (1997).

云南。

大叶蓝翠雀花

•**Delphinium caeruleum** var. **majus** W. T. Wang, Acta Bot. Sin. 10 (3): 266 (1962).

甘肃。

钝裂蓝翠雀花

Delphinium caeruleum var. **obtusilobum** Brühl ex Huth, Bot. Jahrb. Syst. 20 (4): 46 (1895).

Delphinium grandiflorum var. *obtusilobum* Brühl, Ann. Roy. Bot. Gard. (Calcutta) 5 (2): 99, pl. 118, f. 2, 6 b (1896); *Delphinium tsoongii* W. T. Wang, Acta Phytotax. Sin. 6 (4): 368, pl. 58, f. 4 (1957).
西藏；印度。

美叶翠雀花

•**Delphinium calophyllum** W. T. Wang, Fl. Reipubl. Popularis Sin. 27: 379, 613 (Addenda) (1979).
青海。

驴蹄草叶翠雀花

•**Delphinium calthifolium** Q. E. Yang et Y. Luo, Novon 11 (3): 370, f. 1 (2001).
四川。

弯距翠雀花

•**Delphinium campylocentrum** Maxim., Trudy Imp. S.-Peterburgsk. Bot. Sada 11 (1): 31 (1890).
甘肃、四川。

奇林翠雀花

•**Delphinium candelabrum** Ostenf. in Hedin, S. Tibet 6 (3): 80, pl. 2, f. 2-3 (1922).
甘肃、青海、四川、西藏。

奇林翠雀花（原变种）

•**Delphinium candelabrum** var. **candelabrum**
西藏。

单花翠雀花

•**Delphinium candelabrum** var. **monanthum** (Hand.-Mazz.) W. T. Wang, Acta Bot. Sin. 10 (1): 78 (1962).
Delphinium monanthum Hand.-Mazz., Acta Horti Gothob. 13 (4): 50, f. 1 a (1939).
甘肃、青海、四川、西藏。

尾裂翠雀花

•**Delphinium caudatolobum** W. T. Wang, Fl. Reipubl. Popularis Sin. 27: 394, 613 (Addenda) (1979).
四川。

拟角萼翠雀花

•**Delphinium ceratophoroides** W. T. Wang, Acta Bot. Sin. 10 (2): 158 (1962).
西藏。

短角萼翠雀花

•**Delphinium ceratophorum** Franch., Bull. Soc. Bot. France 33: 377 (1886).
云南。

短角萼翠雀花（原变种）

•**Delphinium ceratophorum** var. **ceratophorum**
云南。

短角萼翠雀花

•**Delphinium ceratophorum** var. **brevicorniculatum** W. T. Wang, Acta Bot. Sin. 10 (2): 157 (1962).
Delphinium ceratophorum f. *lobatum* W. T. Wang, Acta Bot. Sin. 10 (2): 157 (1962).
云南。

毛角萼翠雀花

•**Delphinium ceratophorum** var. **hirsutum** W. T. Wang, Acta Bot. Sin. 10 (2): 158 (1962).
云南。

粗壮角萼翠雀花

•**Delphinium ceratophorum** var. **robustum** W. T. Wang, Fl. Reipubl. Popularis Sin. 27: 429, 615 (Addenda) (1979).
云南。

察隅翠雀花

•**Delphinium chayuense** W. T. Wang, Bull. Bot. Res., Harbin 6 (1): 16, pl. 4, f. 1-2 (1986).
西藏。

唇花翠雀花

Delphinium cheilanthum Fisch. ex DC., Syst. Nat. 1: 352 (1817).
内蒙古、新疆；蒙古国、俄罗斯。

唇花翠雀花（原变种）

Delphinium cheilanthum var. **cheilanthum**
内蒙古、新疆；蒙古国、俄罗斯。

展毛唇花翠雀花

•**Delphinium cheilanthum** var. **pubescens** Y. Z. Zhao, Fl. Intramong., ed. 2 2: 712 (1990).
内蒙古。

白缘翠雀花

•**Delphinium chenii** W. T. Wang, Acta Phytotax. Sin. 6 (4): 369 (1957).
Delphinium albomarginatum Chen, Bull. Fan Mem. Inst. Biol. Bot. Peiping, n. s. 1: 170 (1948), not Simonova (1924).
四川、云南。

黄毛翠雀花

•**Delphinium chrysotrichum** Finet et Gagnep., Bull. Soc. Bot. France 51: 488, pl. 78 (1904).
四川、云南、西藏。

黄毛翠雀花（原变种）

•**Delphinium chrysotrichum** var. **chrysotrichum**
Delphinium tsarongense var. *patentipilum* W. T. Wang, Acta Bot. Sin. 10: 76 (1962).
四川、西藏。

察瓦龙翠雀花

●**Delphinium chrysotrichum** var. **tsarongense** (Hand.-Mazz.) W. T. Wang, Fl. Reipubl. Popularis Sin. 27: 367, pl. 84, f. 9-10 (1979).
Delphinium tsarongense Hand.-Mazz., Anz. Akad. Wiss. Wien, Math.-Naturwiss. Kl., Abt. 1 1 59: 245 (1922).
云南、西藏。

珠峰翠雀花

●**Delphinium chumulangmaense** W. T. Wang, Acta Phytotax. Sin., Addit. 1: 98 (1965).
西藏。

仲巴翠雀花

●**Delphinium chungbaense** W. T. Wang, Fl. Reipubl. Popularis Sin. 27: 369, 612 (Addenda) (1979).
西藏。

鞘柄翠雀花

●**Delphinium coleopodum** Hand.-Mazz., Symb. Sin. 7 (2): 275, pl. 5, f. 6 (1931).
云南。

错那翠雀花

●**Delphinium conaense** W. T. Wang, Acta Phytotax. Sin. 25 (1): 34, pl. 4, f. 1 (1987).
西藏。

谷地翠雀花

●**Delphinium davidii** Franch., Bull. Soc. Philom. Paris, sér. 8 5: 179 (1893).
Delphinium longipes Franch., Nouv. Arch. Mus. Hist. Nat., sér. 2 8: 192 (1886), not Moris (1837); *Delphinium grandiflorum* var. *davidii* (Franch.) Brühl, Ann. Roy. Bot. Gard. (Calcutta) 5 (2): 98 (1896).
四川。

大藏翠雀花

●**Delphinium dazangense** W. T. Wang, Guihaia 30 (2): 149 (2010).
四川。

滇川翠雀花

●**Delphinium delavayi** Franch., Bull. Soc. Bot. France. 33: 379 (1886).
四川、贵州、云南。

滇川翠雀花（原变种）

●**Delphinium delavayi** var. **delavayi**
Delphinium delavayi var. *acuminatum* Franch., Bull. Soc. Bot. France 33: 380 (1886); *Delphinium trichophorum* f. *brevungue* H. Lév., Repert. Spec. Nov. Regni Veg. 7 (137-139): 102 (1909); *Delphinium delavayi* f. *aureum* W. T. Wang, Acta Bot. Sin. 10 (2): 144 (1962).
四川、贵州、云南。

保山翠雀花

●**Delphinium delavayi** var. **baoshanense** (W. T. Wang) W. T. Wang, Phytologia 79 (5): 384 (1995).
Delphinium baoshanense W. T. Wang, Bull. Bot. Res., Harbin 6 (1): 12, pl. 3, f. 3-5 (1986).
云南。

毛蕊翠雀花

●**Delphinium delavayi** var. **lasiandrum** W. T. Wang, Bull. Bot. Res., Harbin 6 (1): 14, pl. 4, f. 6-8 (1986).
云南。

须花翠雀花（白升麻）

●**Delphinium delavayi** var. **pogonanthum** (Hand.-Mazz.) W. T. Wang, Fl. Reipubl. Popularis Sin. 27: 401 (1979).
Delphinium pogonanthum Hand.-Mazz., Symb. Sin. 7 (2): 279, pl. 4, f. 1 (1931).
四川、贵州、云南。

密花翠雀花（文阿玛保）

Delphinium densiflorum Duthie ex Huth, Bot. Jahrb. Syst. 20 (3): 393 (1895).
Delphinium brunoniunum var. *densum* Maxim., Fl. Tangut. 24 (1889).
甘肃、青海、西藏；尼泊尔、印度。

拟长距翠雀花

●**Delphinium dolichocentroides** W. T. Wang, Acta Bot. Sin. 10 (2): 159 (1962).
四川。

拟长距翠雀花（原变种）

●**Delphinium dolichocentroides** var. **dolichocentroides**
Delphinium dolichocentroides var. *parvidolium* W. T. Wang, Bull. Bot. Lab. N. E. Forest. Inst., Harbin 7 (2): 96 (1987).
四川。

基苞翠雀花

●**Delphinium dolichocentroides** var. **leiogynum** W. T. Wang, Acta Bot. Yunnan. 8 (3): 263 (1986).
四川。

无腺翠雀花

●**Delphinium eglandulosum** C. Y. Yang et B. Wang, Acta Phytotax. Sin. 30 (1): 85 (1992).
新疆。

绢毛翠雀花

●**Delphinium elatum** var. **sericeum** W. T. Wang ex Q. Lin, M. Sun et al., Kew Bull. 64 (3): 573 (2009).
新疆。

长卵苞翠雀花

●**Delphinium ellipticovatum** L., Acta Bot. Sin. 10 (1): 83 (1962).
新疆。

毛梗翠雀花

●**Delphinium eriostylum** H. Lév., Bull. Herb. Boissier, sér. 2 6 (6): 505 (1906).
四川、贵州。

毛梗翠雀花（原变种）

●**Delphinium eriostylum** var. **eriostylum**
Delphinium bonvalotii var. *eriostylum* (H. Lév.) W. T. Wang, Fl. Reipubl. Popularis Sin. 27: 410 (1979).
四川、贵州。

糙叶毛梗翠雀花

●**Delphinium eriosylum** var. **hispidum** (W. T. Wang) W. T. Wang, Bull. Bot. Res., Harbin 16: 30, 157 (1996).
Delphinium bonvalotii var. *hispidum* W. T. Wang, Fl. Reipubl. Popularis Sin. 27: 614 (Addenda) (1979).
贵州。

二郎山翠雀花

●**Delphinium erlangshanicum** W. T. Wang, Acta Bot. Sin. 10 (1): 86 (1962).
四川。

短距翠雀花

●**Delphinium forrestii** Diels, Notes Roy. Bot. Gard. Edinburgh 5 (25): 265 (1912).
四川、云南、西藏。

短距翠雀花（原变种）

●**Delphinium forrestii** var. **forrestii**
Delphinium mairei Ulbr., Bot. Jahrb. 38: 614 (1913); *Delphinium aconitioides* Chen, Bull. Fan Mem. Inst. Biol., n. s. 1: 164 (1948); *Delphinium fengii* W. T. Wang, Acta Phytotax. Sin. 6: 262 (1957).
四川、云南。

光茎短距翠雀花

●**Delphinium forrestii** var. **viride** (W. T. Wang) W. T. Wang, Fl. Reipubl. Popularis Sin. 27: 352 (1979).
Delphinium mairei var. *viride* W. T. Wang, Acta Bot. Sin. 10 (1): 73 (1962).
云南、西藏。

叉角翠雀花

●**Delphinium furcatocornutum** W. T. Wang, Bull. Bot. Res., Harbin 34 (2): 145 (2014).
四川。

秦岭翠雀花（虎膝，蓝花草）

●**Delphinium giraldii** Diels, Bot. Jahrb. Syst. 36 (5, Beibl. 82): 39 (1905).
山西、河南、陕西、宁夏、甘肃、湖北、四川。

光茎翠雀花

●**Delphinium glabricaule** W. T. Wang, Acta Bot. Sin. 10 (2): 154 (1962).
四川。

冰川翠雀花

Delphinium glaciale Hook. f. et Thomson, Fl. Ind: 53 (1855).
西藏；不丹、尼泊尔、印度。

贡嘎翠雀花

●**Delphinium gonggaense** W. T. Wang, Acta Bot. Yunnan. 6 (4): 375, pl. 5, f. 5-7 (1984).
四川。

翠雀

Delphinium grandiflorum L. Sp. Pl. 1: 531 (1753).
黑龙江、吉林、辽宁、内蒙古、河北、北京、山西、山东、河南、陕西、宁夏、甘肃、青海、安徽、江苏、四川、云南；蒙古国、俄罗斯（西伯利亚）。

翠雀（原变种）

Delphinium grandiflorum var. **grandiflorum**
Delphinium grandiflorum var. *chinense* Fisch. ex DC., Syst. Nat. 1: 351 (1818); *Delphinium chinense* Fisch., Prodr. 1: 53 (1824); *Delphinium bonatii* H. Lév., Repert. Spec. Nov. Regni Veg. 7 (137-139): 99 (1909); *Delphinium grandiflorum* var. *tigridum* Kitag., Rep. First Sci. Exped. Manchoukuo 4: 17, 83, pl. 2 (1936); *Chienia honanensis* W. T. Wang, Acta Phytotax. Sin. 9 (2): 104, pl. 6 (1964).
黑龙江、吉林、辽宁、内蒙古、河北、山西、河南、陕西、青海、四川；蒙古国、俄罗斯（西伯利亚）。

安泽翠雀

●**Delphinium grandiflorum** var. **deinocarpum** W. T. Wang, Acta Phytotax. Sin. 32 (5): 469 (1994).
山西。

房山翠雀

●**Delphinium grandiflorum** var. **fangshanense** (W. T. Wang) W. T. Wang, Fl. Reipubl. Popularis Sin. 27: 447 (1980).
Delphinium fangshanense W. T. Wang, Acta Bot. Sin. 10 (3): 269 (1962).
北京。

腺毛翠雀

●**Delphinium grandiflorum** var. **gilgianum** (Pilg. ex Gilg) Finet et Gagnep., Bull. Soc. Bot. France 51: 483 (1904).
Delphinium gilgianum Pilg. ex Gilg, Bot. Jahrb. Syst. 34 (1, Beibl. 75): 33 (1904); *Delphinium chefoense* Franch., Bull. Soc. Philom. Paris, sér. 8 5: 170 (1893); *Delphinium grandiflorum* var. *glandulosum* W. T. Wang, Acta Bot. Sin. 10

(3): 273 (1962).
河北、山西、山东、河南、陕西、甘肃、青海、安徽、江苏。

光果翠雀

•**Delphinium grandiflorum** var. **leiocarpum** W. T. Wang, Acta Bot. Sin. 10 (3): 274 (1962).
山西、陕西、宁夏、甘肃。

裂瓣翠雀

•**Delphinium grandiflorum** var. **mosoynense** (Franch.) Huth, Bot. Jahrb. Syst. 20 (4): 46 (1895).
Delphinium mosoynense Franch., Bull. Soc. Philom. Paris, sér. 8 5: 168 (1893); *Delphinium grandiflorum* var. *robustum* W. T. Wang, Acta Phytotax. Sin., Addit. 1: 102 (1965); *Delphinium grandiflorum* var. *villosum* W. T. Wang, Acta Phytotax. Sin., Addit. 1: 103 (1965).
云南。

硕片翠雀花

•**Delphinium grandilimbum** W. T. Wang et M. J. Warnock, Guihaia 17 (1): 10 (1997).
云南。

拉萨翠雀花

•**Delphinium gyalanum** C. Marquand et Airy Shaw, J. Linn. Soc., Bot. 48: 156 (1929).
Delphinium lasiocarpum Tamura, Acta Phytotax. Geobot. 15 (6): 196, f. 3 (1954); *Delphinium kawaguchii* Tamura, *op. cit.* 15 (6): 194, f. 2 (1954).
西藏。

钩距翠雀花

•**Delphinium hamatum** Franch., Pl. Delavay. 28: pl. 7 (1889).
云南。

淡紫翠雀花

•**Delphinium handelianum** W. T. Wang, Acta Phytotax. Sin. 6 (4): 365 (1957).
Delphinium lilacinum Hand.-Mazz., Symb. Sin. 7 (2): 277, pl. 4, f. 10-11 (1931), non Willd. ex Huth (1895).
云南。

毛茛叶翠雀花

•**Delphinium hillcoatiae** Munz, J. Arnold Arbor. 49 (1): 144, f. 17 G (1968).
西藏。

毛茛叶翠雀花（原变种）

•**Delphinium hillcoatiae** var. **hillcoatiae**
西藏。

毛果毛茛叶翠雀花

•**Delphinium hillcoatiae** var. **pilocarpum** Q. E. Yang et Y. Luo, Novon 13 (4): 487 (2003).
西藏。

毛茎翠雀花

•**Delphinium hirticaule** Franch., J. Bot. (Morot) 8 (16): 275 (1894).
Delphinium coelestinum Franch., J. Bot. (Morot) 8 (16): 275 (1894); *Delphinium hirticaule* var. *coelestinum* (Franch.) Finet et Gagnep., Bull. Soc. Bot. France 51: 486 (1904); *Delphinium hirticaule* var. *micranthum* Finet et Gagnep., Bull. Soc. Bot. France 51: 485 (1904); *Delphinium wilsonii* Munz, J. Arnold Arbor. XIViii: 542 (1967).
陕西、湖北、四川。

腺毛翠雀花

•**Delphinium hirticaule** var. **mollipes** W. T. Wang, Acta Bot. Sin. 10 (2): 146 (1962).
湖北、四川。

毛叶翠雀花

•**Delphinium hirtifolium** W. T. Wang, Acta Bot. Yunnan. 6 (4): 374, pl. 5, f. 8-10 (1984).
四川。

河南翠雀花

•**Delphinium honanense** W. T. Wang, Acta Bot. Sin. 10 (2): 146 (1962).
河南、陕西、湖北。

河南翠雀花（原变种）

•**Delphinium honanense** var. **honanense**
河南、陕西、湖北。

毛梗河南翠雀花（云雾七）

•**Delphinium honanense** var. **piliferum** W. T. Wang, Fl. Tsinling. 1 (2): 256 (1974).
陕西。

兴安翠雀花

•**Delphinium hsinganense** S. H. Li et S. F. Fang, Fl. Pl. Herb. Chin. Bor.-Or. 3: 229 (1975).
内蒙古。

湟中翠雀花

•**Delphinium huangzhongense** W. T. Wang, Acta Phytotax. Sin. 37 (3): 216, f. 1, 4-5 (1999).
青海。

会泽翠雀花

•**Delphinium hueizeense** W. T. Wang, Bull. Bot. Res., Harbin 6 (1): 18, pl. 5, f. 6-8 (1986).
云南。

稻城翠雀花

•**Delphinium hui** Chen, Bull. Fan Mem. Inst. Biol. Bot., n. s. 1:

173 (1948).
四川。

乡城翠雀花

●**Delphinium humilius** (W. T. Wang) W. T. Wang, Bull. Bot. Res., Harbin 16 (1): 156 (1996).
Delphinium pachycentrum var. *humilius* W. T. Wang, Fl. Reipubl. Popularis Sin. 27: 394, 613 (Addenda) (1979).
四川、云南。

伊犁翠雀花

Delphinium iliense Huth, Bot. Jahrb. Syst. 20 (3): 40 (1895).
Delphinium turkestanicum Huth, Bot. Jahrb. Syst. 20 (4): 42 (1895); *Delphinium longiciliatum* W. T. Wang, Acta Bot. Sin. 10 (1): 84 (1962).
新疆；蒙古国、哈萨克斯坦。

缺刻翠雀花

●**Delphinium incisolobulatum** W. T. Wang, Acta Phytotax. Sin. 25 (1): 35, pl. 4, f. 2 (1987).
西藏。

光序翠雀花

Delphinium kamaonense Huth, Bull. Herb. Boissier 1: 333 (1893).
甘肃、青海、四川、西藏；尼泊尔、印度。

光序翠雀花（原变种）

Delphinium kamaonense var. **kamaonense**
Delphinium grandiflorum var. *kamaonense* (Huth) Brühl, Ann. Roy. Bot. Gard. (Calcutta) 5 (2): 98, pl. 118, f. 4, 6 e (1896).
西藏；尼泊尔、印度。

展毛翠雀花（稀吐，下冈哇）

●**Delphinium kamaonense** var. **glabrescens** (W. T. Wang) W. T. Wang, Fl. Reipubl. Popularis Sin. 27: 449 (1979).
Delphinium pseudograndiflorum var. *glabrescens* W. T. Wang, Acta Bot. Sin. 10 (3): 275 (1962); *Delphinium bonatii* H. Lév., Repert. Spec. Nov. Regni Veg. 7: 98 (1909); *Delphinium sordidecaerulescens* Ulbr., Notizbl. Bot. Gart. Berlin-Dahlem 12: 356 (1935); *Delphinium tatsienense* f. *sordidecoerulescens* (Ulbr.) Hand.-Mazz., Acta Horti Gothob. 13 (4): 61 (1939); *Delphinium soonmingense* Chen, Fan Mem. Inst. Biol. 1: 175 (1948); *Delphinium pseudograndiflorum* W. T. Wang, Acta Bot. Sin. 10 (3): 275 (1962); *Delphinium pseudograndiflorum* var. *lobatum* W. T. Wang, Acta Bot. Sin. 10 (3): 276 (1962).
甘肃、青海、四川、西藏。

甘肃翠雀花

●**Delphinium kansuense** Huth, Acta Phytotax. Sin., Addit. 1: 100, pl. 6, f. 24 (1965).
甘肃、青海。

甘肃翠雀花（原变种）

●**Delphinium kansuense** var. **kansuense**
甘肃。

粘毛甘肃翠雀花

●**Delphinium kansuense** var. **villosiusculum** W. T. Wang et M. J. Warnock, Phytologia 79 (5): 383 (1995).
青海。

甘孜翠雀花

●**Delphinium kantzeense** W. T. Wang, Acta Bot. Sin. 10 (2): 161 (1962).
四川。

喀什翠雀花

●**Delphinium kaschgaricum** C. Y. Yang et B. Wang, Bull. Bot. Lab. N. E. Forest. Inst., Harbin 9 (1): 21 (1989).
新疆。

密叶翠雀花

●**Delphinium kingianum** Brühl ex Huth, Bot. Jahrb. Syst. 20 (4): 469 (1895).
西藏。

密叶翠雀花（原变种）

●**Delphinium kingianum** var. **kingianum**
Delphinium pachycentrum subsp. *tsangense* var. *dasycarpum* Bruhl, Ann. Roy. Bot. Gard. (Calcutta) 5 (2): 108 (1896); *Delphinium pachycentrum* var. *dasycarpum* Bruhl, *op. cit.* 5 (2): 108 (1896).
西藏。

尖裂密叶翠雀花

●**Delphinium kingianum** var. **acuminatissimum** (W. T. Wang) W. T. Wang, Fl. Reipubl. Popularis Sin. 27: 393 (1979).
Delphinium acuminatissimum W. T. Wang, Acta Bot. Sin. 10 (2): 138 (1962).
西藏。

少腺密叶翠雀花

●**Delphinium kingianum** var. **eglandulosum** W. T. Wang, Acta Bot. Sin. 10 (2): 138 (1962).
西藏。

光果密叶翠雀花

●**Delphinium kingianum** var. **leiocarpum** Brühl ex Huth, Bot. Jahrb. Syst. 20 (4): 469 (1895).
西藏。

东北高翠雀花

Delphinium korshinskyanum Nevski, Fl. U. R. S. S. 7: 553 (1937).
黑龙江；俄罗斯。

昆仑翠雀花

●**Delphinium kunlunshanicum** C. Y. Yang et B. Wang, Bull. Bot. Lab. N. E. Forest. Inst., Harbin 9 (1): 23 (1989).

新疆。

帕米尔翠雀花

Delphinium lacostei Danguy, J. Bot. (Morot), sér. 2 1 (3): 50 (1908).
新疆；巴基斯坦、吉尔吉斯斯坦。

细距翠雀花

●**Delphinium lagarocentrum** W. T. Wang, Bull. Bot. Res., Harbin 34 (5): 583 (2014).
西藏。

朗县翠雀花

●**Delphinium langxianense** W. T. Wang, Bull. Bot. Res., Harbin 34 (5): 579 (2014).
西藏。

毛药翠雀花

●**Delphinium lasiantherum** W. T. Wang, Acta Bot. Yunnan. 5 (2): 160, pl. 2, f. 5-7 (1983).
Delphinium taliense var. *pubipes* W. T. Wang, Acta Bot. Sin. 10: 159 (1962).
四川。

宽菱形翠雀花

●**Delphinium latirhombicum** W. T. Wang, Bull. Bot. Res., Harbin 6 (1): 7, pl. 1, f. 3-5 (1986).
云南。

聚伞翠雀花

●**Delphinium laxicymosum** W. T. Wang, Acta Bot. Sin. 10 (2): 148 (1962).
四川。

聚伞翠雀花（原变种）

●**Delphinium laxicymosum** var. **laxicymosum**
四川。

毛序聚伞翠雀花

●**Delphinium laxicymosum** var. **pilostachyum** W. T. Wang, Fl. Reipubl. Popularis Sin. 27: 412, 614 (Addenda) (1979).
四川。

光叶翠雀花

●**Delphinium leiophyllum** (W. T. Wang) W. T. Wang, Bull. Bot. Lab. N. E. Forest. Inst., Harbin 8: 23 (1980).
Delphinium forrestii var. *leiophyllum* W. T. Wang, Fl. Reipubl. Popularis Sin. 27: 611 (1979).
西藏。

光轴翠誉花

●**Delphinium leiostachyum** W. T. Wang, Bull. Bot. Res., Harbin 7 (2): 96, pl. 1, 2 (1987).
四川。

凉山翠雀花

●**Delphinium liangshanense** W. T. Wang, Fl. Reipubl. Popularis Sin. 27: 615, pl. 98, f. 4-6 (1979).
四川、云南。

李恒翠雀花

●**Delphinium lihengianum** Q. E. Yang et Y. Luo, Novon 13 (3): 311, f. 1 (2003).
西藏。

丽江翠雀花

●**Delphinium likiangense** Franch., Bull. Soc. Philom. Paris, sér. 8 5: 180 (1893).
Delphinium oliganthum Franch., Pl. Delavay. 1: 29, pl. 8 (1889), not Boissier (1867).
云南。

灵宝翠雀花

●**Delphinium lingbaoense** S. Y. Wang et Q. S. Yang, Acta Bot. Boreal.-Occid. Sin. 9 (1): 42 (1989).
河南。

长苞翠雀花

●**Delphinium longibracteolatum** W. T. Wang, Guihaia 33 (5): 579 (2013).
西藏。

长梗翠雀花

●**Delphinium longipedicellatum** W. T. Wang, Fl. Reipubl. Popularis Sin. 27: 407, 614 (Addenda) (1979).
西藏。

金沙翠雀花

●**Delphinium majus** Ulbr., Acta Phytotax. Sin., Addit. 1: 102 (1965).
Delphinium grandiflorum var. *majus* W. T. Wang, Acta Bot. Sin. 10 (3): 273 (1962).
四川、云南。

软叶翠雀花

●**Delphinium malacophyllum** Hand.-Mazz., Acta Horti Gothob. 13 (4): 52, f. 2 b (1939).
甘肃、四川。

茂县翠雀花

●**Delphinium maoxianense** W. T. Wang, Acta Phytotax. Sin. 31 (3): 209 (1993).
四川。

多枝翠雀花

●**Delphinium maximowiczii** Franch., Bull. Soc. Philom. Paris, sér. 8 5: 164 (1893).
甘肃、四川。

墨脱翠雀花

•**Delphinium medogense** W. T. Wang, Bull. Bot. Res., Harbin 6 (1): 20, pl. 4, f. 3-5 (1986).
西藏。

新源翠雀花

•**Delphinium mollifolium** W. T. Wang, Bull. Bot. Res., Harbin 3 (1): 31 (1983).
新疆。

软毛翠雀花

•**Delphinium mollipilum** W. T. Wang, Acta Bot. Sin. 10 (3): 269 (1962).
甘肃。

磨顶山翠雀花

•**Delphinium motingshanicum** W. T. Wang et M. J. Warnock, Guihaia 17 (1): 3 (1997).
云南。

木里翠雀花

•**Delphinium muliense** W. T. Wang, Acta Phytotax. Sin. 6 (4): 365 (1957).
Delphinium pachycentrum var. *tenuicaule* Chen, Bull. Fan Mem. Inst. Biol. Bot., n. s. 1: 168 (1948).
四川。

小苞木里翠雀花

•**Delphinium muliense** var. **minutibracteolatum** W. T. Wang, Acta Bot. Sin. 10 (2): 149 (1962).
四川。

囊谦翠雀花（萨贡巴）

•**Delphinium nangchienense** W. T. Wang, Fl. Reipubl. Popularis Sin. 27: 445, 616 (Addenda) (1979).
青海。

朗孜翠雀花

•**Delphinium nangziense** W. T. Wang, Acta Phytotax. Sin. 32 (5): 467, pl. 1, f. 1-3 (1994).
西藏。

船苞翠雀花

•**Delphinium naviculare** W. T. Wang, Acta Bot. Sin. 10 (1): 82 (1962).
新疆。

船苞翠雀花（原变种）

•**Delphinium naviculare** var. **naviculare**
新疆。

毛果船苞翠雀花

•**Delphinium naviculare** var. **lasiocarpum** W. T. Wang, Acta Bot. Sin. 10 (1): 83 (1952).
新疆。

文采新翠雀花

•**Delphinium neowentsaii** Chang Y. Yang, Acta Phytotax. Sin. 43 (1): 68, fig. 1 (2005).
新疆。

宁郎山翠雀花

•**Delphinium ninglangshanicum** W. T. Wang, Bull. Bot. Res., Harbin 6 (1): 10, pl. 3, f. 1-2 (1986).
四川。

叠裂翠雀花

Delphinium nordhagenii Wendelbo, Nytt Mag. Bot. 3: 227 (1954).
新疆、西藏；巴基斯坦（北部）。

叠裂翠雀花（原变种）

Delphinium nordhagenii var. **nordhagenii**
新疆、西藏；巴基斯坦（北部）。

尖齿翠雀花

•**Delphinium nordhagenii** var. **acutidentatum** W. T. Wang, Fl. Reipubl. Popularis Sin. 27: 611 (Addenda) (1979).
西藏。

细茎翠雀花

Delphinium nortonii Dunn, Bull. Misc. Inform. Kew 1927 (6): 247 (1927).
Delphinium caeruleum var. *tenuicaule* Brühl ex Huth, Bot. Jahrb. Syst. 20 (4): 46 (1895); *Delphinium grandiflorum* var. *tenuicaule* (Brühl ex Huth) Brühl, Ann. Roy. Bot. Gard. (Calcutta) 5 (2): 98, pl. 118 K (1896).
西藏；尼泊尔、印度。

倒心形翠雀花

•**Delphinium obcordatilimbum** W. T. Wang, Fl. Reipubl. Popularis Sin. 27: 444, 616 (Addenda) (1979).
西藏。

峨眉翠雀花

•**Delphinium omeiense** W. T. Wang, Fl. Reipubl. Popularis Sin. 27: 404, 613 (Addenda) (1979).
湖北、四川、云南。

峨眉翠雀花（原变种）（峨山草乌）

•**Delphinium omeiense** var. **omeiense**
四川、云南。

小花峨眉翠雀花

•**Delphinium omeiense** var. **micranthum** G. F. Tao, Acta Phytotax. Sin. 23 (3): 219, pl. 1 (1985).
湖北。

毛峨眉翠雀花

●**Delphinium omeiense** var. **pubescens** W. T. Wang, Fl. Reipubl. Popularis Sin. 27: 405, 614 (Addenda) (1979).
四川。

拟直距翠雀花

●**Delphinium orthocentroides** W. T. Wang, Guihaia 30 (2): 145 (2010).
四川。

直距翠雀花

●**Delphinium orthocentrum** Franch., Bull. Soc. Philom. Paris, sér. 8 5: 178 (1893).
Delphinium szechuanicum Ulbr., Repert. Spec. Nov. Regni Veg. 14 (400-404): 298 (1916).
四川。

尖距翠雀花

●**Delphinium oxycentrum** W. T. Wang, Acta Bot. Sin. 10: 73 (1962).
四川。

拟粗距翠雀

●**Delphinium pachycentroides** W. T. Wang, Guihaia 28 (5): 569, fig. 1 (2008).
四川。

粗距翠雀花

●**Delphinium pachycentrum** Hemsl., J. Linn. Soc., Bot. 29 (202): 301 (1892).
青海、四川。

粗距翠雀花（原变种）

●**Delphinium pachycentrum** var. **pachycentrum**
Delphinium setiferum Franch., Bull. Soc. Philom. Paris, sér. 8 5: 171 (1893); *Delphinium pachycentrum* subsp. *hemsleyi* Brühl, Ann. Roy. Bot. Gard. (Calcutta) 5 (2): 108, pl. 128 A (1896); *Delphinium pachycentrum* var. *lobatum* W. T. Wang, Acta Bot. Sin. 10 (2): 140 (1962).
青海、四川。

狭萼粗距翠雀花

●**Delphinium pachycentrum** var. **lancisepalum** (Hand.-Mazz.) W. T. Wang, Acta Bot. Sin. 10 (2): 140 (1962).
Delphinium lancisepalum Hand.-Mazz., Acta Horti Gothob. 13 (4): 55, f. 2 a (1939).
四川。

纸叶翠雀花

●**Delphinium pergameneum** W. T. Wang, Acta Bot. Yunnan. 5 (2): 158, pl. 2, f. 3-4 (1983).
云南。

平武翠雀花

●**Delphinium pingwuense** W. T. Wang, Pl. Sci. J. 33 (1): 33 (2015).
四川。

波密翠雀华

●**Delphinium pomeense** W. T. Wang, Acta Phytotax. Sin. 12 (2): 158 (1974).
西藏。

黑水翠雀花

●**Delphinium potaninii** Huth, Bull. Herb. Boissier 1: 332, pl. 14 (1893).
陕西、甘肃、四川。

黑水翠雀花（原变种）

●**Delphinium potaninii** var. **potaninii**
Delphinium fargesii Franch., Bull. Soc. Philom. Paris, sér 8 5: 164 (1893).
陕西、甘肃、四川。

螺距黑水翠雀

●**Delphinium potaninii** var. **bonvalotii** (Franch.) W. T. Wang, Bull. Bot. Res., Harbin 16 (2): 156 (1996).
Delphinium bonvalotii Franch., Bull. Soc. Philom. Paris, sér. 8 5: 165 (1893).
四川。

宽苞黑水翠雀花

●**Delphinium potaninii** var. **latibracteolatum** W. T. Wang, Acta Bot. Sin. 10 (2): 147 (1962).
四川。

拟蓝翠雀花

●**Delphinium pseudocaeruleum** W. T. Wang, Acta Bot. Sin. 10 (3): 269 (1962).
甘肃。

拟弯距翠雀花

●**Delphinium pseudocampylocentrum** W. T. Wang, Acta Bot. Sin. 10 (2): 150 (1962).
四川。

拟弯距翠雀花（原变种）

●**Delphinium pseudocampylocentrum** var. **pseudocampylocentrum**
四川。

光序拟弯距翠雀花

●**Delphinium pseudocampylocentrum** var. **glabripes** W. T. Wang, Bull. Bot. Res., Harbin 16 (2): 158 (1996).
四川。

石滩翠雀花

●**Delphinium pseudocandelabrum** W. T. Wang, Bull. Bot. Res., Harbin 3 (1): 28 (1983).

青海。

假深蓝翠雀花

●**Delphinium pseudocyananthum** C. Y. Yang et B. Wang, Acta Phytotax. Sin. 30 (1): 83 (1992).
西藏。

拟冰川翠雀花

●**Delphinium pseudoglaciale** W. T. Wang, Fl. Reipubl. Popularis Sin. 27: 368, 612 (Addenda) (1979).
西藏。

拟钩距翠雀花

●**Delphinium pseudohamatum** W. T. Wang, Acta Bot. Yunnan. 5 (2): 161, pl. 2, f. 1-2 (1983).
云南。

条裂翠雀花

●**Delphinium pseudomosoynense** W. T. Wang, Acta Bot. Yunnan. 15 (4): 350 (1993).
四川。

条裂翠雀花（原变种）

●**Delphinium pseudomosoynense** var. **pseudomosoynense**
四川。

疏毛条裂翠雀

●**Delphinium pseudomosoynense** var. **subglabrum** W. T. Wang, Acta Bot. Yunnan. 15 (4): 351 (1993).
四川。

宽萼翠雀花

●**Delphinium pseudopulcherrimum** W. T. Wang, Acta Phytotax. Sin., Addit. 1: 100 (1965).
西藏。

拟澜沧翠雀

●**Delphinium pseudothibeticum** W. T. Wang et M. J. Warnock, Guihaia 17 (1): 8 (1997).
云南。

拟川西翠雀花

●**Delphinium pseudotongolense** W. T. Wang, Acta Bot. Sin. 10 (2): 153 (1962).
四川。

拟云南翠雀花

●**Delphinium pseudoyunnanense** W. T. Wang, M. J. Warnock et G. H. Zhu, Phytologia 79 (5): 382 (1995 publ. 1996) (1996).
云南。

普兰翠雀花

●**Delphinium pulanense** W. T. Wang, Fl. Reipubl. Popularis Sin. 27: 360, 611 (1979).
西藏。

矮翠雀花

●**Delphinium pumilum** W. T. Wang, Acta Bot. Sin. 10 (3): 267 (1962).
四川。

密距翠雀花

●**Delphinium pycnocentrum** Franch., Bull. Soc. Bot. France 33: 379 (1886).
Delphinium lankongense Franch., Pl. Delavay. 26 (1889); *Delphinium pycnocentrum* var. *lankongense* (Franch.) Huth, Bot. Jahrb. Syst. 20 (4): 46 (1895).
云南。

大通翠雀花

●**Delphinium pylzowii** Maxim., Bull. Acad. Imp. Sci. Saint-Pétersbourg 9: 709 (1876).
甘肃、青海、四川、西藏。

大通翠雀花（原变种）（下冈哇）

●**Delphinium pylzowii** var. **pylzowii**
甘肃、青海。

三果大通翠雀花

●**Delphinium pylzowii** var. **trigynum** W. T. Wang, Acta Bot. Sin. 10 (1): 78 (1962).
Delphinium labrungense Ulbr. ex Rehder et Kobuski, J. Arnold Arbor. 14 (1): 11 (1933).
甘肃、青海、四川、西藏。

青海翠雀花

●**Delphinium qinghaiense** W. T. Wang, Acta Phytotax. Sin. 29 (5): 458, pl. 1 (1991).
青海。

五花翠雀花

●**Delphinium quinqueflorum** W. T. Wang, Bull. Bot. Res., Harbin 34 (5): 581 (2014).
云南。

瓤塘翠雀花

●**Delphinium rangtangense** W. T. Wang, Acta Bot. Yunnan. 8 (3): 262, f. 1 (1-3) (1986).
四川。

岩生翠雀花

●**Delphinium saxatile** W. T. Wang, Acta Phytotax. Sin. 6 (4): 367, pl. 58, f. 3 (1957).
Delphinium davidii var. *saxatile* (W. T. Wang) W. T. Wang, Fl. Reipubl. Popularis Sin. 27: 456 (1979).
四川。

萨乌尔翠雀花

●**Delphinium shawurense** W. T. Wang, Fl. Reipubl. Popularis

Sin. 27: 383, 613 (Addenda) (1979).
新疆。

萨乌尔翠雀花（原变种）

●**Delphinium shawurense** var. **shawurense**
新疆。

白花萨乌尔翠雀花

●**Delphinium shawurense** var. **albiflorum** C. Y. Yang et B. Wang, Acta Phytotax. Sin. 30 (1): 91 (1992).
新疆。

毛茎萨乌尔翠雀花

●**Delphinium shawurense** var. **pseudoaemulans** (C. Y. Yang et B. Wang) W. T. Wang, Phytologia 79 (5): 384 (1995).
Delphinium pseudoaemulans C. Y. Yang et B. Wang, Acta Phytotax. Sin. 30 (1): 86 (1992).
新疆。

米林翠雀花

●**Delphinium sherriffii** Munz, J. Arnold Arbor. 49 (1): 115, f. 15 H (1968).
西藏。

水城翠雀花

●**Delphinium shuichengense** W. T. Wang, Acta Phytotax. Sin. 29 (5): 461, pl. 2, f. 1-3 (1991).
贵州。

新疆高翠雀花

●**Delphinium sinoelatum** C. Y. Yang et B. Wang, Acta Phytotax. Sin. 30 (1): 88 (1992).
新疆。

五果翠雀花

●**Delphinium sinopentagynum** W. T. Wang, Acta Phytotax. Sin. 12 (2): 159, pl. 45, f. 3 (1974).
四川。

花葶翠雀花

●**Delphinium sinoscaposum** W. T. Wang, Acta Bot. Sin. 10 (2): 165 (1962).
Delphinium scaposum W. T. Wang, Acta Phytotax. Sin. 6 (5): 364, pl. 58, f. 2 (1957), non Greene, Bot. Gaz. 6: 156 (1881).
四川。

葡萄叶翠雀花

●**Delphinium sinovitifolium** W. T. Wang, Acta Bot. Sin. 10 (2): 152 (1962).
Delphinium vitifolium Finet et Gagnep., Bull. Soc. Bot. France 53: 126 (1906), non Willd. ex Steud., Nomencl. Bot., ed. 2 1: 489 (1840).
四川。

细须翠雀花

●**Delphinium siwanense** Franch., Bull. Soc. Philom. Paris, sér. 8 5: 162 (1893).
内蒙古、河北、山西、陕西、宁夏、甘肃。

细须翠雀花（原变种）

●**Delphinium siwanense** var. **siwanense**
Delphinium leptopogon Hand.-Mazz., Acta Horti Gothob. 13: 58 (1939); *Delphinium siwanense* var. *leptopogon* (Hand.-Mazz.) W. T. Wang, Fl. Reipubl. Popularis Sin. 27: 381, pl. 87, f. 14 (1979).
内蒙古、河北、山西、陕西、宁夏、甘肃。

冀北翠雀花

●**Delphinium siwanense** var. **albopuberulum** W. T. Wang, Acta Phytotax. Sin. 31 (3): 208 (1993).
河北。

宝兴翠雀花

●**Delphinium smithianum** Hand.-Mazz., Acta Horti Gothob. 13 (4): 49, f. 1 b (1939).
四川、云南。

川甘翠雀花

●**Delphinium souliei** Franch., Bull. Soc. Philom. Paris, sér. 8 5: 172 (1893).
Delphinium paludicola Ulbr., Notizbl. Bot. Gart. Berlin-Dahlem 12: 357 (1935).
甘肃、四川。

疏花翠雀花

●**Delphinium sparsiflorum** Maxim., Bull. Acad. Imp. Sci. Saint-Pétersbourg 23 (2): 307 (1877).
宁夏、甘肃、青海。

螺距翠雀花

●**Delphinium spirocentrum** Hand.-Mazz., Symb. Sin. 7 (2): 280, pl. 4, f. 3-6 (1931).
Delphinium pediforme H. F. Comber, Notes Roy. Bot. Gard. Edinburgh 18: 237 (1934); *Delphinium spirocentrum* var. *hirsutum* Chen, Bull. Fan Mem. Inst. Biol. Bot., n. s. 1: 169 (1948); *Delphinium spirocentrum* var. *pediforme* (H. F. Comber) W. T. Wang, Acta Bot. Sin. 10 (2): 152 (1962); *Delphinium spirocentrum* var. *grandibracteolatum* W. T. Wang, Acta Bot. Sin. 10 (2): 153 (1962).
四川、云南。

匙苞翠雀花

●**Delphinium subspathulatum** W. T. Wang, Fl. Reipubl. Popularis Sin. 27: 362, 612 (Addenda) (1979).
西藏。

松潘翠雀花

●**Delphinium sutchuenense** Franch., Bull. Soc. Philom. Paris, sér. 8 5: 178 (1893).

Delphinium sungpanense W. T. Wang, Acta Bot. Sin. 10 (2): 149 (1962).
甘肃、四川。

吉隆翠雀花

Delphinium tabatae Tamura, Acta Phytotax. Geobot. 37 (4-6): 156 (1986).
西藏；尼泊尔。

太白翠雀华

●**Delphinium taipaicum** W. T. Wang, Acta Bot. Sin. 10 (2): 164 (1962).
陕西。

大理翠雀花

●**Delphinium taliense** Franch., Bull. Soc. Philom. Paris, sér. 8 5: 174 (1893).
四川、云南。

大理翠雀花（原变种）

●**Delphinium taliense** var. **taliense**
Delphinium georgei Comber, Notes Roy. Bot. Gard. Edinburgh 18: 236 (1934); *Delphinium mitzugense* Ulbr., Notizbl. Bot. Gart. Berlin-Dahlem 12: 358 (1935); *Delphinium taliense* var. *glabrum* W. T. Wang, Acta Bot. Sin. 10 (2): 159 (1962).
四川、云南。

长距大理翠雀花

●**Delphinium taliense** var. **dolichocentrum** W. T. Wang, Fl. Reipubl. Popularis Sin. 27: 425, 615 (Addenda) (1979).
四川。

硬毛大理翠雀花

●**Delphinium taliense** var. **hirsutum** W. T. Wang, Acta Bot. Sin. 10 (2): 159 (1962).
四川。

粗距大理翠雀花

●**Delphinium taliense** var. **platycentrum** W. T. Wang, Fl. Reipubl. Popularis Sin. 27: 425, 614 (Addenda) (1979).
四川。

新塔翠雀花

●**Delphinium tarbagataicum** C. Y. Yang et B. Wang, Bull. Bot. Lab. N. E. Forest. Inst., Harbin 9 (1): 24 (1989).
新疆。

康定翠雀花

●**Delphinium tatsienense** Franch., Bull. Soc. Philom. Paris, sér. 8 5: 169 (1893).
青海、四川、云南。

康定翠雀花（原变种）

●**Delphinium tatsienense** var. **tatsienense**
四川、云南。

班玛翠雀花

●**Delphinium tatsienense** var. **chinghaiense** W. T. Wang, Acta Phytotax. Sin. 12 (2): 158 (1974).
青海。

塔什库尔干翠雀花

●**Delphinium taxkorganense** W. T. Wang, Acta Bot. Yunnan. 15 (4): 349, f. 2: 1-2 (1993).
新疆。

长距翠雀花

●**Delphinium tenii** H. Lév., Repert. Spec. Nov. Regni Veg. 7 (137-139): 98 (1909).
Delphinium dolichocentrum W. T. Wang, Acta Bot. Sin. 10 (2): 163 (1962); *Delphinium obcordatilimbum* var. *minus* W. T. Wang, Fl. Reipubl. Popularis Sin. 27: 616 (1979).
四川、云南、西藏。

灰花翠雀花

●**Delphinium tephranthum** W. T. Wang, Bull. Bot. Res., Harbin 34 (5): 580 (2014).
西藏。

四果翠雀花

●**Delphinium tetragynum** W. T. Wang, Bull. Bot. Res., Harbin 3 (1): 26 (1983).
浙江。

澜沧翠雀花

●**Delphinium thibeticum** Finet et Gagnep., Bull. Soc. Bot. France 51: 489, pl. 7 A (1904).
四川、云南、西藏。

澜沧翠雀花（原变种）

●**Delphinium thibeticum** var. **thibeticum**
Delphinium thibeticum var. *subintegrum* Finet et Gagnep., Bulll. Soc. Bot. France. 5: 489 (1904); *Delphinium thibeticum* var. *schizophyllum* Hand.-Mazz., Symb. Sin. 7: 275 (1939); *Delphinium pycnocentroides* W. T. Wang, Acta Bot. Sin. 10 (2): 163 (1962); *Delphinium pycnocentroides* var. *latisectum* W. T. Wang, Acta Bot. Sin. 10 (2): 164 (1962).
四川、云南、西藏。

锐裂翠雀花

●**Delphinium thibeticum** var. **laceratilobum** W. T. Wang, Fl. Reipubl. Popularis Sin. 27: 615 (1979).
四川、西藏。

天山翠雀花

●**Delphinium tianshanicum** W. T. Wang, Acta Bot. Sin. 10 (1): 35 (1962).
新疆。

川西翠雀花

●**Delphinium tongolense** Franch., Bull. Soc. Philom. Paris, sér.

8 5: 166 (1893).
四川、云南。

拟毛翠雀花

●**Delphinium trichophoroides** W. T. Wang, Bull. Bot. Res., Harbin 34 (5): 577 (2014).
四川。

毛翠雀花

●**Delphinium trichophorum** Franch., Bull. Soc. Philom. Paris, sér. 8 5: 166 (1893).
甘肃、青海、四川、西藏。

毛翠雀花（原变种）

●**Delphinium trichophorum** var. **trichophorum**
Delphinium pellucidum Busch, Izv. Imp. S.-Peterburgsk. Bot. Sada 5: 134 (1905); *Delphinium purdomii* Craib., Bull. Misc. Inform. Kew 1912 (9): 380 (1912).
甘肃、青海、四川、西藏。

粗距毛翠雀花

●**Delphinium trichophorum** var. **platycentrum** W. T. Wang, Acta Bot. Sin. 10 (1): 75 (1962).
四川。

光果毛翠雀花

●**Delphinium trichophorum** var. **subglaberrimum** Hand.-Mazz., Acta Horti Gothob. 13 (4): 48 (1939).
四川。

三小叶翠雀花

●**Delphinium trifoliolatum** Finet et Gagnep., Bull. Soc. Bot. France 51: 481, pl. 6 A (1904).
安徽、湖北、四川。

全裂翠雀花

●**Delphinium trisectum** W. T. Wang, Acta Bot. Sin. 10 (1): 80 (1962).
河南、安徽、湖北。

阴地翠雀花

Delphinium umbrosum Hand.-Mazz., Symb. Sin. 7 (2): 278, pl. 4, f. 7-9 (1931).
四川、云南、西藏；尼泊尔、印度。

阴地翠雀花（原变种）

●**Delphinium umbrosum** var. **umbrosum**
云南。

宽苞阴地翠雀花

Delphinium umbrosum var. **drepanocentrum** (Brühl ex Huth) W. T. Wang et M. J. Warnock, Phytologia 79 (5): 384 (1995).
Delphinium altissimum var. *drepanocentrum* Brühl ex Huth, Bot. Jahrb. Syst. 20 (4): 41 (1895); *Delphinium drepanocentrum* (Brühl ex Huth) Munz, J. Arnold Arbor. 49 (1): 94, f. 13 L (1968); *Delphinium umbrosum* subsp. *drepanocentrum* (Brühl ex Huth) Chowdhury ex Mukerjee, Phytologia 79 (5): 384 (1996).
西藏；尼泊尔、印度。

展毛阴地翠雀花

●**Delphinium umbrosum** var. **hispidum** W. T. Wang, Acta Phytotax. Sin., Addit. 1: 102 (1965).
四川、云南。

浅裂翠雀花

Delphinium vestitum Wall. ex Royle, Ill. Bot. Himal. Mts. 1: 55 (1834).
西藏；不丹、尼泊尔、印度、克什米尔地区。

黄粘毛翠雀花

Delphinium viscosum var. **chrysotrichum** Brühl ex Huth, Bot. Jahrb. Syst. 20 (3): 401 (1895).
西藏；？不丹、尼泊尔、印度。

秀丽翠雀花

●**Delphinium wangii** M. J. Warnock, Phytologia 85: 391 (2001).
Delphinium amabile C. Y. Yang et B. Wang, Acta Phytotax. Sin. 30 (1): 89 (1992).
新疆。

堆拉翠雀花

●**Delphinium wardii** C. Marquand et Airy Shaw, J. Linn. Soc., Bot. 48: 157 (1929).
西藏。

咸宁翠雀花

●**Delphinium weiningense** W. T. Wang, Acta Phytotax. Sin. 29 (5): 459, pl. 2, f. 4-5 (1991).
贵州。

汶川翠雀花

●**Delphinium wenchuanense** W. T. Wang, Bull. Bot. Res., Harbin 3 (1): 34 (1983).
四川。

文采翠雀花

●**Delphinium wentsaii** Y. Z. Zhao, Acta Sci. Nat. Univ. Intramongol. 20 (1): 134 (1990).
新疆。

温泉翠雀花

Delphinium winklerianum Huth, Bot. Jahrb. Syst. 20 (4): 419 (1895).
Delphinium kuanii W. T. Wang, Acta Bot. Sin. 10 (1): 84 (1962).
新疆；？哈萨克斯坦。

狭序翠雀花

●**Delphinium wrightii** Chen, Bull. Fan Mem. Inst. Biol. Bot., n. s. 1: 166 (1948).
四川、云南。

狭序翠雀花（原变种）

●**Delphinium wrightii** var. **wrightii**
四川。

粗距狭序翠雀花

●**Delphinium wrightii** var. **subtubulosum** W. T. Wang, Bull. Bot. Res., Harbin 16 (2): 166 (1996).
云南。

乌恰翠雀花

●**Delphinium wuqiaense** W. T. Wang, Bull. Bot. Res., Harbin 3 (1): 32 (1983).
新疆。

西昌翠雀花

●**Delphinium xichangense** W. T. Wang, Bull. Bot. Res., Harbin 6 (1): 1, pl. 1, f. 1-2 (1986).
四川。

雅江翠雀花

●**Delphinium yajiangense** W. T. Wang, Bull. Bot. Res., Harbin 6 (1): 5, pl. 2, f. 4-5 (1986).
四川。

竞生翠雀花

●**Delphinium yangii** W. T. Wang, Bull. Bot. Res., Harbin 6 (1): 3, pl. 2, f. 6-8 (1986).
云南。

岩瓦翠雀花

●**Delphinium yanwaense** W. T. Wang, Acta Bot. Yunnan. 5 (2): 157, pl. 1, f. 7-9 (1983).
云南。

叶城翠雀花

●**Delphinium yechengense** C. Y. Yang et B. Wang, Acta Phytotax. Sin. 30 (1): 82 (1992).
新疆。

永宁翠雀花

●**Delphinium yongningense** W. T. Wang et M. J. Warnock, Guihaia 17 (1): 7 (1997).
云南。

中甸翠雀花

●**Delphinium yuanum** Chen, Bull. Fan Mem. Inst. Biol. Bot., n. s. 1: 176 (1948).
云南。

毓泉翠雀花

●**Delphinium yuchuanii** Y. Z. Zhao, Acta Sci. Nat. Univ. Intramongol. 20: 248 (1989).
内蒙古。

玉龙山翠雀花

●**Delphinium yulungshanicum** W. T. Wang, Bull. Bot. Res., Harbin 6 (1): 15, pl. 5, f. 4-5 (1986).
云南。

云南翠雀花（月下参，小草乌，鸡脚草乌）

●**Delphinium yunnanense** (Franch.) Franch., Bull. Soc. Philom. Paris, sér. 8 5: 173 (1893).
Delphinium denudatum var. *yunnanense* Franch., Bull. Soc. Bot. France 33: 378 (1886); *Delphinium esquirolii* H. Lév. et Vaniot, Bull. Herb. Boissier, sér. 2 6 (6): 505 (1906).
四川、贵州、云南。

镜锂翠雀花

●**Delphinium zhangii** W. T. Wang, Acta Phytotax. Sin. 37 (3): 214, f. 1, 1-3 (1999).
新疆。

左贡翠雀花

●**Delphinium zuogongense** W. T. Wang, Guihaia 33 (5): 581 (2013).
西藏。

人字果属 Dichocarpum W. T. Wang et Hsiao

台湾人字果

●**Dichocarpum arisanense** (Hayata) W. T. Wang et P. G. Xiao, Acta Phytotax. Sin. 9 (4): 329 (1964).
Isopyrum adiantifolium var. *arisanensis* Hayata, J. Coll. Sci. Imp. Univ. Tokyo 30 (1): 21 (1911).
台湾。

耳状人字果

●**Dichocarpum auriculatum** (Franch.) W. T. Wang et P. G. Xiao, Acta Phytotax. Sin. 9 (4): 328 (1964).
湖北、四川、贵州、云南、福建。

耳状人字果（原变种）（母猪草）

●**Dichocarpum auriculatum** var. **auriculatum**
Isopyrum auriculatum Franch., Bull. Soc. Bot. France 33: 376 (1886); *Isopyrum limprichtii* Ulbr., Repert. Spec. Nov. Regni Veg. Beih. 12: 369 (1922).
湖北、四川、云南、福建。

毛叶人字果

●**Dichocarpum auriculatum** var. **puberulum** D. Z. Fu, Acta Phytotax. Sin. 26 (4): 258 (1988).
四川。

基叶人字果（地五加）

●**Dichocarpum basilare** W. T. Wang et P. G. Xiao, Acta Phytotax. Sin. 9 (4): 325, pl. 33, f. 2 (1964).
四川。

种脐人字果

●**Dichocarpum carinatum** D. Z. Fu, Acta Phytotax. Sin. 26 (4): 258 (1988).
四川。

蕨叶人字果（岩节连）

●**Dichocarpum dalzielii** (J. R. Drumm. et Hutch.) W. T. Wang et P. G. Xiao, Acta Phytotax. Sin. 9: 327 (1964).
Isopyrum dalzielii J. R. Drumm. et Hutch., Bull. Misc. Inform. Kew 163 (1920); *Isopyrum flaccidum* Ulbr., Notizbl. Bot. Gart. Berlin-Dahlem 9 (84): 221 (1925); *Isopyrum pteridifolium* Hand.-Mazz., Beih. Bot. Centralbl. 48 (2): 304 (1931).
安徽、浙江、江西、湖南、湖北、四川、贵州、福建、广东、广西、海南。

纵肋人字果

●**Dichocarpum fargesii** (Franch.) W. T. Wang et P. G. Xiao, Acta Phytotax. Sin. 9 (4): 329 (1964).
Isopyrum fargesii Franch., J. Bot. (Morot) 11 (12): 194 (1897).
河南、陕西、甘肃、安徽、湖南、湖北、四川、贵州。

小花人字果

●**Dichocarpum franchetii** (Finet et Gagnep.) W. T. Wang et P. G. Xiao, Acta Phytotax. Sin. 9 (4): 329 (1964).
Isopyrum franchetii Finet et Gagnep., Bull. Soc. Bot. France 51: 405, pl. 4, f. B, d-i (1904).
湖南、湖北、四川、贵州、云南、广西。

粉背人字果

●**Dichocarpum hypoglaucum** W. T. Wang et P. G. Xiao, Acta Phytotax. Sin. 9 (4): 327, pl. 33, f. 3 (1964).
云南。

麻栗坡人字果

●**Dichocarpum malipoenense** D. D. Tao, Acta Phytotax. Geobot. 40: 179 (1989).
云南。

人字果

●**Dichocarpum sutchuenense** (Franch.) W. T. Wang et P. G. Xiao, Acta Phytotax. Sin. 9 (4): 328, pl. 33, f. 4 (1964).
Isopyrum sutchuenense Franch., J. Bot. (Morot) 8 (16): 274 (1894).
浙江、湖北、四川、云南。

三小叶人字果

●**Dichocarpum trifoliolatum** W. T. Wang et P. G. Xiao, Acta Phytotax. Sin. 9 (4): 324, pl. 33, f. 1 (1964).
四川。

务川人字果（新拟）

●**Dichocarpum wuchuanense** S. Z. He, Phytotaxa 227 (1): 71 (2015) [epublished].
贵州。

拟扁果草属 **Enemion** Raf.

拟扁果草（假扁果草）

Enemion raddeanum Regel, Bull. Soc. Imp. Naturalistes Moscou 34 (1): 61, pl. 2, f. 2 (1861).
黑龙江、吉林、辽宁；日本、朝鲜半岛、俄罗斯。

菟葵属 **Eranthis** Salisb.

白花菟葵

●**Eranthis albiflora** Franch., Nouv. Arch. Mus. Hist. Nat., sér. 2 8: 191 (1886).
四川。

浅裂菟葵

●**Eranthis lobulata** W. T. Wang, Acta Phytotax. Sin., Addit. 1: 53, pl. 1, f. 1 (1965).
四川。

浅裂菟葵（原变种）

●**Eranthis lobulata** var. **lobulata**
四川。

高浅裂菟葵

●**Eranthis lobulata** var. **elatior** W. T. Wang, Acta Phytotax. Sin. 29 (5): 456 (1991).
四川。

菟葵

Eranthis stellata Maxim., Prim. Fl. Amur. 22 (1859).
Eranthis uncinata var. *puberula* Regel et Maack, Tent. Fl.-Ussur. 8: n. 25 (1861); *Shibateranthis stellata* (Maxim.) Nakai, Bot. Mag. (Tokyo) 51: 364 (1937).
吉林、辽宁；朝鲜半岛、俄罗斯。

碱毛茛属 **Halerpestes** Greene

丝裂碱毛茛

●**Halerpestes filisecta** L. Liou, Fl. Reipubl. Popularis Sin. 28: 338, 362 (Addenda) (1980).
西藏。

狭叶碱毛茛

Halerpestes lancifolia (Bertol.) Hand.-Mazz., Acta Horti Gothob. 13 (4): 136 (1939).
Ranunculus lancifolius Bertol., Mém. Acad. Sc. Bolog., sér. 2 3: 423 (1862); *Ranunculus palifolius* Dunn, Bull. Misc. Inform. Kew 1925 (6): 280 (1925); *Ranunculus tricuspis* var. *lancifolius*

(Bertol.) H. Hara, Fl. E. Himalaya 3: 37, f. 9 (1975).
西藏；尼泊尔、克什米尔地区。

长叶碱毛茛（黄戴戴）

Halerpestes ruthenica (Jacq.) Ovcz., Fl. U. R. S. S. 7: 331 (1937).
Ranunculus ruthenicus Jacq., Hort. Bot. Vindob. 3: 19 (1776); *Ranunculus plantaginifolius* Murray, Novi Comment. Soc. Regiae Sci. Gott. 8: 39, t. 2 (1777); *Oxygraphis plantaginifolia* (Murray) Prantl, Bot. Jahrb. Syst. 9 (3): 263 (1888); *Ranunculus ruthenicus* f. *multidentatus* S. H. Li et Y. H. Huang, Fl. Pl. Herb. Chin. Bor.-Or. 3: 230 (1975).
黑龙江、吉林、辽宁、内蒙古、河北、山西、陕西、宁夏、甘肃、青海、新疆；蒙古国、哈萨克斯坦、俄罗斯。

碱毛茛

Halerpestes sarmentosa (Adams) Kom., Key Pl. Far East. Reg. U. S. S. R. 1: 550 (1931).
黑龙江、吉林、辽宁、内蒙古、河北、山西、陕西、宁夏、甘肃、青海、新疆、四川、西藏；蒙古国、朝鲜半岛、印度、巴基斯坦、哈萨克斯坦、俄罗斯。

碱毛茛（原变种）

Halerpestes sarmentosa var. **sarmentosa**
Ranunculus sarmentosus Adams, Nouv. Mém. Soc. Imp. Naturalistes Moscou 9: 244 (1834); *Ranunculus salsuginosus* Pall., Reise 3: 213, 265 (1776), not Georgi (1775); *Halerpestes salsuginosa* Greene, Pittonia 4: 208 (1900); *Ranunculus cymbalaria* subsp. *sarmentosus* (Adams) Kitag., Rep. First Sci. Exped. Manchoukuo 4: 18, 83 (1936).
黑龙江、吉林、辽宁、内蒙古、河北、山西、陕西、宁夏、甘肃、青海、新疆、四川、西藏；蒙古国、朝鲜半岛、印度、巴基斯坦、哈萨克斯坦、俄罗斯。

裂叶碱毛茛

●**Halerpestes sarmentosa** var. **multisecta** (S. H. Li et Y. H. Huang) W. T. Wang, Guihaia 15 (2): 102 (1995).
Ranunculus cymbalaria f. *multisecta* S. H. Li et Y. H. Huang, Fl. Pl. Herb. Chin. Bor.-Or. 3: 230 (1975).
辽宁。

三裂碱毛茛

Halerpestes tricuspis (Maxim.) Hand.-Mazz., Acta Horti Gothob. 13 (4): 135 (1939).
宁夏、甘肃、青海、新疆、四川、西藏；蒙古国、不丹、尼泊尔、印度、巴基斯坦。

三裂碱毛茛（原变种）

Halerpestes tricuspis var. **tricuspis**
Ranunculus tricuspis Maxim., Fl. Tangut. 12 (1889); *Halerpestes haiyanica* D. Z. Ma, Fl. Nixiaensis 1: 185, 474, f. 165 (1986); *Halerpestes tricuspis* var. *linearisecta* L. H. Zhou, Fl. Qinghai. 1: 507 (1997).
宁夏、甘肃、青海、新疆、西藏；尼泊尔。

异叶三裂碱毛茛

●**Halerpestes tricuspis** var. **heterophylla** W. T. Wang, Guihaia 15 (2): 100, f. 3 (5) (1995).
新疆、西藏。

浅三裂碱毛茛

●**Halerpestes tricuspis** var. **intermedia** W. T. Wang, Guihaia 15 (2): 101, f. 4 (1995).
甘肃、青海、四川、西藏。

变叶三裂碱毛茛

Halerpestes tricuspis var. **variifolia** (Tamura) W. T. Wang, Guihaia 15 (2): 100, f. 3 (6-11), f. 4 (1995).
Halerpestes lancifolia var. *variifolia* Tamura, J. Geobot. 26: 69 (1978); *Halerpestes variifolia* (Tamura) Tamura, Acta Phytotax. Geobot. 44 (1): 27 (1993).
宁夏、甘肃、四川、西藏；尼泊尔。

铁筷子属 **Helleborus** L.

铁筷子（黑毛七，九百棒，见春花）

●**Helleborus thibetanus** Franch., Nouv. Arch. Mus. Hist. Nat., sér. 2 8: 190 (1886).
Helleborus chinensis Maxim., Trudy Imp. S.-Peterburgsk. Bot. Sada 11 (1): 27 (1889); *Helleborus viridis* var. *thibetanus* (Franch.) Finet et Gagnep., Bull. Soc. Bot. France 51: 397 (1904).
陕西、甘肃、湖北、四川。

獐耳细辛属 **Hepatica** Mill.

川鄂獐耳细辛

●**Hepatica henryi** (Oliv.) Steward, Rhodora 29: 53 (1927).
陕西、湖南、湖北、四川。

川鄂獐耳细辛（原变型）

●**Hepatica henryi** f. **henryi**
Anemone henryi Oliv., Hooker's Icon. Pl. 16: t. 1570 (1887); *Hepatica yamatutae* Nakai, J. Jap. Bot. 13 (5): 311, f. 14 (1937).
陕西、湖南、湖北、四川。

重瓣川鄂獐耳细辛

●**Hepatica henryi** f. **pleniflora** Xiao D. Li et J. Q. Li, Acta Bot. Boreal.-Occid. Sin. 31 (11): 2333 (2011).
湖北。

獐耳细辛（幼肺三七）

Hepatica nobilis var. **asiatica** (Nakai) H. Hara, J. Fac. Sci. Univ. Tokyo, Sect. 3, Bot. 6 (2): 51 (1952).
Hepatica asiatica Nakai, J. Jap. Bot. 13: 237 (1937).
辽宁、河南、陕西、安徽、浙江；朝鲜半岛。

扁果草属 **Isopyrum** L.

扁果草

Isopyrum anemonoides Kar. et Kir., Bull. Soc. Imp. Naturalistes Moscou 15: 135 (1842).
甘肃、青海、新疆；印度、巴基斯坦、阿富汗、克什米尔地区、俄罗斯。

东北扁果草

•**Isopyrum manshuricum** Kom., Bot. Mater. Gerb. Glavn. Bot. Sada S. S. S. R. 6 (1): 5, 7 (1926).
Semiaquilegia manshurica Kom., Bot. Mater. Gerb. Glavn. Bot. Sada S. S. S. R. 6 (1): 5, f. 1-6 (1926); *Isopyrum yamatsutanum* Ohwi, Acta Phytotax. Geobot. 1 (1): 80 (1932).
黑龙江、吉林、辽宁。

独叶草属 **Kingdonia** Balf. f. et W. W. Sm.

独叶草

•**Kingdonia uniflora** Balf. f. et W. W. Sm., Notes Roy. Bot. Gard. Edinburgh 8 (38): 191 (1914).
陕西、甘肃、四川、云南。

蓝堇草属 **Leptopyrum** Rchb.

蓝堇草

Leptopyrum fumarioides (L.) Rchb., Consp. Regn. Veg. 192 (1828).
Isopyrum fumarioides L., Sp. Pl. 1: 557 (1753).
黑龙江、吉林、辽宁、内蒙古、河北、山西、陕西、宁夏、甘肃、青海、新疆；蒙古国、朝鲜半岛、哈萨克斯坦、俄罗斯。

毛茛莲花属 **Metanemone** W. T. Wang

毛茛莲花

•**Metanemone ranunculoides** W. T. Wang, Fl. Reipubl. Popularis Sin. 28: 71, 352 (Addenda) (1980).
云南。

锡兰莲属 **Naravelia** Adans.

两广锡兰莲（锡兰莲，拿拉藤）

•**Naravelia pilulifera** Hance, J. Bot. 6 (64): 111 (1868).
云南、广东、广西、海南。

锡兰莲

Naravelia zeylanica (L.) DC., Syst. Nat. 1: 167 (1817).
Atragene zeylanica L., Sp. Pl. 1: 542 (1753); *Naravelia pilulifera* var. *yunnanensis* Y. Fei, Acta Bot. Yunnan. 19 (4): 406 (1997).
云南；不丹、尼泊尔、印度。

鸦跖花属 **Oxygraphis** Bunge

脱萼鸦跖花

•**Oxygraphis delavayi** Franch., Bull. Soc. Bot. France 33: 374 (1886).
Oxygraphis delavayi var. *nyingchiensis* W. L. Zheng, Acta Phytotax. Sin. 37 (3): 304 (1999).
四川、云南、西藏。

圆齿鸦跖花

Oxygraphis endlicheri (Walp.) Bennet et Sumer Chandra, Indian Forester 108: 374 (1982).
Callianthemum endlicheri Walp., Repert. Bot. Syst. 1: 33 (1842); *Ranunculus polypetalus* Royle, Ill. Bot. Himal. Mts. 54: pl. 11, f. 2 (1834); *Oxygraphis polypetala* (Royle) Hook. f. et Thomson, Fl. Ind.: 27 (1855).
西藏；不丹、尼泊尔、印度、巴基斯坦、克什米尔地区。

鸦跖花

Oxygraphis glacialis (Fisch. ex DC.) Bunge, Verz. Saisang-Nor Pfl. 46 (1836).
Ficaria glacialis Fisch. ex DC., Prodr. 1: 44, 305 (1817); *Ranunculus kamchaticus* DC., Regnum Veg. 1: 30 (1817); *Caltha glacialis* (Fisch. ex DC.) Spreng., Syst. Veg., ed. 16 2: 660 (1825); *Caltha kamchatica* (DC.) Spreng., Syst. Veg., ed. 16 2: 660 (1825).
陕西、甘肃、青海、新疆、四川、云南、西藏；蒙古国、不丹、尼泊尔、印度、哈萨克斯坦、俄罗斯。

小鸦跖花

•**Oxygraphis tenuifolia** W. E. Evans, Notes Roy. Bot. Gard. Edinburgh 13 (63-64): 172 (1921).
四川、云南。

拟耧斗菜属 **Paraquilegia** J. R. Drumm. et Hutch.

乳突拟耧斗菜

Paraquilegia anemonoides (Willd.) Ulbr., Repert. Spec. Nov. Regni Veg. Beih. 12: 369 (1922).
Aquilegia anemonoides Willd., Mag. Neuesten Entdeck. Gesammten Naturk. Freunde Berlin 5: 401, pl. 9, f. 6 (1811); *Isopyrum grandiflorum* Fisch. ex DC., Prodr. 1: 48 (1824); *Paraquilegia grandiflora* (Fisch. ex DC.) J. R. Drumm. et Hutch., Bull. Misc. Inform. Kew 1920 (5): 156 (1920).
宁夏、甘肃、青海、新疆、西藏；蒙古国、不丹、巴基斯坦、阿富汗、哈萨克斯坦、克什米尔地区、俄罗斯。

密丛拟耧斗菜

Paraquilegia caespitosa (Boiss. et Hohen.) J. R. Drumm. et Hutch., Bull. Misc. Inform. Kew 1920 (5): 158 (1920).

Isopyrum caespitosum Boiss. et Hohen., Diagn. Pl. Orient., sér. 1 8: 7 (1849).
新疆；阿富汗、塔吉克斯坦、吉尔吉斯斯坦、克什米尔地区、俄罗斯；亚洲（西南部）。

拟耧斗菜（榆莫得乌锦，益母宁精，假耧斗菜）

Paraquilegia microphylla (Royle) J. R. Drumm. et Hutch., Bull. Misc. Inform. Kew 1920 (5): 157, f. 2 (1920).
Isopyrum microphyllum Royle, Ill. Bot. Himal. Mts. 1: 54 (1839); *Isopyrum grandiflorum* var. *microphyllum* (Royle) Finet et Gagnep., Bull. Soc. Bot. France 51: 409 (1904).
甘肃、青海、新疆、四川、西藏；尼泊尔、印度、巴基斯坦、塔吉克斯坦、哈萨克斯坦、俄罗斯。

白头翁属 Pulsatilla Mill.

蒙古白头翁

Pulsatilla ambigua (Turcz. ex Hayek) Juz., Fl. U. R. S. S. 7: 307 (1937).
黑龙江、内蒙古、宁夏、甘肃、青海、新疆；蒙古国、俄罗斯。

蒙古白头翁（原变种）

Pulsatilla ambigua var. **ambigua**
Anemone ambigua Turcz. ex Hayek, Festschrift zu P. Ascherson's Siebzigstem Geburtstage. 466 (1904).
黑龙江、内蒙古、宁夏、甘肃、青海、新疆；蒙古国、俄罗斯。

拟蒙古白头翁

●**Pulsatilla ambigua** var. **barbata** J. G. Liu, Bull. Bot. Res., Harbin 12 (3): 236 (1992).
新疆。

钟萼白头翁

Pulsatilla campanella Fisch. ex Krylov, Fl. Zap. Sibiri 5: 1169 (1931).
Pulsatilla albana var. *campanella* Fisch. ex Regel et Tiling, Fl. Ajan. 30 (1859).
新疆；蒙古国、巴基斯坦、阿富汗、塔吉克斯坦、吉尔吉斯斯坦、哈萨克斯坦、俄罗斯（东西伯利亚）。

钟萼白头翁（原变型）

Pulsatilla campanella f. **campanella**
新疆；蒙古国、巴基斯坦、阿富汗、塔吉克斯坦、吉尔吉斯斯坦、哈萨克斯坦、俄罗斯（东西伯利亚）。

朝鲜白头翁灰花变型

●**Pulsatilla cernua** f. **plumbea** J. X. Ji et Y. T. Z, Bull. Bot. Res., Harbin 9 (4): 69 (1989).
Anemone cernua Thunb., Fl. Jap. 238 (1784); *Anemone cernua* var. *koreana* Yabe ex Nakai, J. Coll. Sci. Imp. Univ. Tokyo 26: 19 (1909); *Pulsatilla koreana* (Yabe ex Nakai) Nakai ex T. Mori, Enum. Pl. Corea. 159 (1922); *Pulsatilla cernua* var. *koreana* (Yabe ex Nakai) Y. N. Lee, Fl. Korea 1157 (1966).
吉林。

白头翁（羊胡子花，老冠花，将军草）

Pulsatilla chinensis (Bunge) Regel, Tent. Fl.-Ussur. 5 (1861).
Anemone chinensis Bunge, Mém. Acad. Imp. Sci. St.-Pétersbourg, Sér. 6, Sci. Math. 2: 76 (1832).
黑龙江、吉林、辽宁、内蒙古、河北、山西、山东、河南、陕西、甘肃、青海、安徽、江苏、湖北、四川；朝鲜半岛、俄罗斯（远东地区）。

白头翁（原变型）

Pulsatilla chinensis f. **chinensis**
黑龙江、吉林、辽宁、内蒙古、河北、山西、山东、河南、陕西、甘肃、青海、安徽、江苏、湖北、四川；朝鲜半岛、俄罗斯（远东地区）。

白花白头翁

●**Pulsatilla chinensis** f. **alba** D. K. Zang, Bull. Bot. Res., Harbin 13 (4): 340 (1993).
山东。

多萼白头翁

●**Pulsatilla chinensis** f. **plurisepala** D. K. Zang, Bull. Bot. Res., Harbin 13 (4): 340 (1993).
山东。

金县白头翁

●**Pulsatilla chinensis** var. **kissii** (Mandl) S. H. Li et Y. H. Huang, Fl. Pl. Herb. Chin. Bor.-Or. 3: 162 (1975).
Pulsatilla × *kissii* Mandl, Oesterr. Bot. Z. 71: 178 (1922).
辽宁。

兴安白头翁

Pulsatilla dahurica (Fisch. ex DC.) Spreng., Syst. Veg., ed. 16 2: 663 (1825).
Anemone dahurica Fisch. ex DC., Prodr. 1: 17 (1824).
黑龙江、吉林、内蒙古；朝鲜半岛、俄罗斯（远东地区、东西伯利亚）。

紫蕊白头翁

Pulsatilla kostyczewii (Korsh.) Juz., Fl. U. R. S. S. 7: 288 (1937).
Anemone kostyczewii Korsh., Mém. Acad. Imp. Sci. St.-Pétersbourg, Sér. 6, Sci. Math. 4: 88, pl. 1 (1896).
新疆；塔吉克斯坦、吉尔吉斯斯坦。

西南白头翁

●**Pulsatilla millefolium** (Hemsl. et E. H. Wilson) Ulbr., Notizbl. Bot. Gart. Berlin-Dahlem 9 (84): 225 (1925).
Anemone millefolium Hemsl. et E. H. Wilson, Bull. Misc. Inform. Kew 1906 (5): 149 (1906); *Anemone mairei* H. Lév., Bull. Acad. Int. Géogr. Bot. 22 (275): 228 (1912).
四川、云南。

肾叶白头翁

Pulsatilla patens (L.) Mill., Gard. Dict., ed. 8: *Pulsatilla* no. 4 (1768).
黑龙江、内蒙古、新疆；蒙古国、哈萨克斯坦、俄罗斯；欧洲（北部）、北美洲。

肾叶白头翁（原亚种）

Pulsatilla patens var. **patens**
Anemone patens L., Sp. Pl. 1: 538 (1753).
新疆；哈萨克斯坦、俄罗斯；欧洲（北部）。

发黄白头翁

Pulsatilla patens subsp. **flavescens** (Zucc.) Zamels, Acta Horti Bot. Univ. Latv. 1: 95 (1926).
Anemone flavescens Zucc., Regensb. Zeit. 1: 371 (1826); *Pulsatilla flavescens* (Zucc.) Juz., Fl. U. R. S. S. 7: 296 (1937).
新疆；蒙古国、俄罗斯。

掌叶白头翁

Pulsatilla patens subsp. **multifida** (Pritz.) Zämels, Acta Horti Bot. Univ. Latv. 1: 98 (1926).
Anemone patens var. *multifida* Pritz., Linnaea 15: 581 (1841); *Pulsatilla multifida* (Pritz.) Juz., Fl. U. R. S. S. 7: 296 (1937); *Pulsatilla patens* var. *multifida* (Pritz.) S. H. Li et Y. H. Huang, Fl. Pl. Herb. Chin. Bor.-Or. 3: 163 (1975).
黑龙江、内蒙古、新疆；蒙古国、俄罗斯；欧洲、北美洲。

黄花白头翁

Pulsatilla sukaczevii Juz., Fl. U. R. S. S. 7: 301, 741 (1937).
黑龙江、内蒙古；蒙古国、俄罗斯。

细裂白头翁

Pulsatilla tenuiloba (Hayek) Juz., Fl. U. R. S. S. 7: 298 (1937).
Anemone tenuiloba Hayek, Festschrift zu P. Ascherson's Siebzigstem Geburtstage 472 (1904).
内蒙古；蒙古国、俄罗斯。

细叶白头翁

Pulsatilla turczaninovii Krylov et Serg., Sist. Zametki Mater. Gerb. Krylova Tomsk. Gosud. Univ. Kuybysheva. 5-6: 1 (1930).
黑龙江、吉林、辽宁、内蒙古、河北、宁夏、新疆；蒙古国、俄罗斯（远东地区）。

细叶白头翁（原变种）

Pulsatilla turczaninovii var. **turczaninovii**
Pulsatilla turczaninovii f. *albiflora* Y. Z. Zhao.
黑龙江、吉林、辽宁、内蒙古、河北、宁夏、新疆；蒙古国、俄罗斯（远东地区）。

裂萼细叶白头翁

•**Pulsatilla turczaninovii** var. **fissasepalum** J. H. Yu, Bull. Bot. Res., Harbin 30 (6): 648, fig. 1 (2010).
内蒙古。

呼伦白头翁

•**Pulsatilla turczaninovii** var. **hulunensis** L. Q. Zhao, Acta Bot. Boreal.-Occid. Sin. 31 (10): 2131 (2011).
内蒙古。

毛茛属 Ranunculus L.

五福花叶毛茛

Ranunculus adoxifolius Hand.-Mazz., Acta Horti Gothob. 13: 152 (1939).
西藏；尼泊尔、印度。

哀牢山毛茛

•**Ranunculus ailaoshanicus** W. T. Wang, Acta Phytotax. Sin. 45 (3): 293, fig. 1 (2007).
云南。

宽瓣毛茛

Ranunculus albertii Regel et Schmalh, Trudy Imp. S.-Peterburgsk. Bot. Sada 5 (1): 223 (1877).
Ranunculus sulphureus var. *albertii* (Regel et Schmalh.) Maxim., Enum. Pl. Mongol. 19 (1889).
新疆；哈萨克斯坦。

阿尔泰毛茛

Ranunculus altaicus Laxm., Novi Comment. Acad. Sci. Imp. Petrop. 18: 533 (1773).
新疆；蒙古国、吉尔吉斯斯坦、哈萨克斯坦、俄罗斯。

长叶毛茛

Ranunculus amurensis Kom., Trudy Imp. S.-Peterburgsk. Bot. Sada 22 (1): 294 (1904).
黑龙江、内蒙古；俄罗斯。

狭萼毛茛

•**Ranunculus angustisepalus** W. T. Wang, Bull. Bot. Res., Harbin 15 (3): 320, pl. 3, f. 4-7 (1995).
西藏。

田野毛茛

Ranunculus arvensis L., Sp. Pl. 1: 555 (1753).
安徽、湖北；亚洲（西南部）、欧洲。

巴郎山毛茛

•**Ranunculus balangshanicus** W. T. Wang, Bull. Bot. Res., Harbin 7 (2): 105, pl. 2, f. 7-9 (1987).
四川。

巴里坤毛茛

•**Ranunculus balikunensis** J. G. Liu, Bull. Bot. Lab. N. E. Forest. Inst., Harbin 12 (3): 235 (1992).
新疆。

班戈毛茛

●**Ranunculus banguoensis** L. Liou, Fl. Reipubl. Popularis Sin. 28: 293, 362 (1980).
青海、西藏。

班戈毛茛（原变种）

●**Ranunculus banguoensis** var. **banguoensis**
青海、西藏。

普兰毛茛

●**Ranunculus banguoensis** var. **grandiflorus** W. T. Wang, Bull. Bot. Res., Harbin 15 (2): 177 (1995).
西藏。

北毛茛

Ranunculus borealis Trautv., Bull. Soc. Imp. Naturalistes Moscou 33: 72 (1860).
新疆；哈萨克斯坦、俄罗斯；欧洲。

鸟足毛茛

Ranunculus brotherusii Freyn, Bull. Herb. Boissier 6: 885 (1898).
内蒙古、山西、甘肃、青海、新疆、四川、西藏；哈萨克斯坦。

苍山毛茛

●**Ranunculus cangshanicus** W. T. Wang, Bull. Bot. Res., Harbin 15 (3): 321 (1995).
云南。

禺毛茛

Ranunculus cantoniensis DC., Prodr. 1: 43 (1824).
Hecatonia pilosa Lour., Fl. Cochinch., ed. 2 1: 303 (1790), not *Ranunculus pilosus* Humboldt (1821); *Ranunculus brachyrhynchus* S. S. Chien, Rhodora 18: 189 (1916).
河南、陕西、安徽、江苏、浙江、江西、湖南、湖北、四川、贵州、云南、福建、台湾、广东、广西；日本、朝鲜半岛、不丹、尼泊尔。

昌平毛茛

●**Ranunculus changpingensis** W. T. Wang, Acta Phytotax. Sin. 32 (5): 475, pl. 4, f. 1-3 (1994).
北京。

掌叶毛茛

●**Ranunculus cheirophyllus** Hayata, Icon. Pl. Formosan. 3: 7 (1913).
Ranunculus kawakamii Hayata, J. Coll. Sci. Imp. Univ. Tokyo 30 (1): 19 (1911), not Makino (1904).
台湾。

茴茴蒜

Ranunculus chinensis Bunge, Enum. Pl. Chin. Bor. 3 (1831).
Ranunculus pensylvanicus var. *chinensis* (Bunge) Maxim., Enum. Pl. Mongol. 1: 23 (1889).
黑龙江、吉林、辽宁、内蒙古、河北、河南、宁夏、甘肃、安徽、江苏、湖南、湖北、贵州；蒙古国、日本、朝鲜半岛、泰国、不丹、印度、巴基斯坦、哈萨克斯坦、俄罗斯。

青河毛茛

●**Ranunculus chinghoensis** L. Liou, Fl. Reipubl. Popularis Sin. 28: 287, 361 (Addenda) (1980).
新疆。

崇州毛茛

●**Ranunculus chongzhouensis** W. T. Wang, Bull. Bot. Res., Harbin 35 (5): 645 (2015).
四川。

川青毛茛

●**Ranunculus chuanchingensis** L. Liou, Fl. Reipubl. Popularis Sin. 28: 293, 361 (Addenda) (1980).
青海、四川。

楔叶毛茛

●**Ranunculus cuneifolius** Maxim., Bull. Acad. Imp. Sci. Saint-Pétersbourg 23 (2): 306 (1877).
黑龙江、辽宁、内蒙古。

楔叶毛茛（原变种）

●**Ranunculus cuneifolius** var. **cuneifolius**
黑龙江、辽宁、内蒙古。

宽楔叶毛茛

●**Ranunculus cuneifolius** var. **latisectus** S. H. Li et Y. H. Huang, Fl. Pl. Herb. Chin. Bor.-Or. 3: 230, f. 85, f. 3-4 (1975).
辽宁。

大邑毛茛

●**Ranunculus dayiensis** W. T. Wang, Bull. Bot. Res., Harbin 35 (5): 641 (2015).
四川。

十蕊毛茛

●**Ranunculus decandrus** W. T. Wang, Guihaia 33 (5): 585 (2013).
西藏。

睫毛毛茛

●**Ranunculus densiciliatus** W. T. Wang, Bull. Bot. Res., Harbin 15 (3): 280 (1995).
Ranunculus densiciliatus var. *nyingchiensis* W. L. Zheng, Acta Phytotax. Sin. 37 (3): 303 (1999); *Ranunculus densiciliatus* var. *glabrescens* W. L. Zheng, *op. cit.* 37 (3): 304 (1999).
西藏。

康定毛茛

●**Ranunculus dielsianus** Ulbr., Bot. Jahrb. Syst. 48 (5): 621 (1913).

青海、四川、云南、西藏。

康定毛茛（原变种）

●**Ranunculus dielsianus** var. **dielsianus**
四川、云南、西藏。

大通毛茛

●**Ranunculus dielsianus** var. **leiogynus** W. T. Wang, Bull. Bot. Res., Harbin 15 (3): 291 (1995).
青海。

长毛康定毛茛

●**Ranunculus dielsianus** var. **longipilosus** W. T. Wang, Bull. Bot. Res., Harbin 16 (2): 164 (1996).
云南。

丽江毛茛

●**Ranunculus dielsianus** var. **suprasericeus** Hand.-Mazz., Symb. Sin. 7 (2): 299 (1931).
Ranunculus suprasericeus (Hand.-Mazz.) L. Liou, Fl. Reipubl. Popularis Sin. 28: 278 (1980).
四川、云南。

铺散毛茛

Ranunculus diffusus DC., Prodr. 1: 38 (1824).
Ranunculus diffusus f. *mollis* Wall. ex Diels, Notes Roy. Bot. Gard. Edinburgh 7 (33): 391 (1912).
云南、西藏；缅甸、不丹、尼泊尔、印度、巴基斯坦、阿富汗。

定结毛茛

●**Ranunculus dingjieensis** L. Liou, Fl. Reipubl. Popularis Sin. 28: 298, 362 (Addenda) (1980).
西藏。

黄毛茛

Ranunculus distans Royle, Ill. Bot. Himal. Mts. 1: 53 (1834).
Ranunculus laetus Wall. ex Royle, Ill. Bot. Himal. Mts. 1: 53 (1834); *Ranunculus pseudolaetus* Tamura, Acta Phytotax. Geobot. 19 (4-6): 109 (1963).
云南、西藏；不丹、尼泊尔、印度、巴基斯坦、阿富汗、吉尔吉斯斯坦、哈萨克斯坦。

圆裂毛茛

●**Ranunculus dongrergensis** Hand.-Mazz., Acta Horti Gothob. 13 (4): 157, pl. 1, f. 8, 9 (1939).
四川、云南、西藏。

圆裂毛茛（原变种）

●**Ranunculus dongrergensis** var. **dongrergensis**
四川、云南、西藏。

深圆裂毛茛

●**Ranunculus dongrergensis** var. **altifidus** W. T. Wang, Bull. Bot. Res., Harbin 15 (3): 291 (1995).
西藏。

多雄拉毛茛

●**Ranunculus duoxionglashanicus** W. T. Wang, Guihaia 33 (5): 585 (2013).
西藏。

扇叶毛茛

●**Ranunculus felixii** H. Lév., Repert. Spec. Nov. Regni Veg. 12 (325-330): 281 (1913).
四川、云南。

扇叶毛茛（原变种）

●**Ranunculus felixii** var. **felixii**
Ranunculus affinis var. *flabellatus* Franch., Pl. Delavay. 19 (1890).
四川、云南。

心基扇叶毛茛

●**Ranunculus felixii** var. **forrestii** Hand.-Mazz., Acta Horti Gothob. 13 (4): 142 (1939).
云南。

西南毛茛

Ranunculus ficariifolius H. Lév. et Vaniot, Bull. Soc. Bot. France 51: 288 (1904).
Ranunculus flaccidus Hook. f. et Thomson, Fl. Ind.: 38 (1855), not Persoon (1795); *Ranunculus duclouxii* Finet et Gagnep., Bull. Soc. Bot. France 54: 82 (1907); *Ranunculus ficariifolius* var. *ovalifolius* H. Lév., Repert. Spec. Nov. Regni Veg. 7 (137): 102 (1909); *Ranunculus ficariifolius* var. *crenatus* H. Lév., *op. cit.* 7: 102 (1909); *Ranunculus bonatianus* Ulbr., Bot. Jahrb. Syst. 48: 621 (1913); *Ranunculus ficariifolius* var. *erythrosepalus* H. Lév., Fl. Kouy-Tchéou 338 (1915); *Ranunculus repens* var. *loponensis* H. Lév., Bull. Acad. Int. Géogr. Bot. 25: 43 (1915); *Ranunculus vaniotii* H. Lév., Cat. Pl. Yun-Nan 226 (1917); *Ranunculus microphyllus* Hand.-Mazz., Symb. Sin. 7 (2): 299 (1931).
江西、湖南、湖北、四川、贵州、云南；泰国、不丹、尼泊尔、印度。

蓬莱毛茛

●**Ranunculus formosa-montanus** Ohwi, Acta Phytotax. Geobot. 2 (3): 154 (1933).
台湾。

深山毛茛

Ranunculus franchetii H. Boissieu, Bull. Herb. Boissier 7: 591 (1899).
Ranunculus polyrhizos var. *major* Maxim., Prim. Fl. Amur. 20 (1859); *Ranunculus ussuriensis* Kom., Bot. Mater. Gerb. Glavn. Bot. Sada S. S. S. R. 6: 7 (1926).
黑龙江、吉林、辽宁；日本、朝鲜半岛、俄罗斯。

团叶毛茛

Ranunculus fraternus Schrenk in Fisch. et C. A. Mey., Enum. Pl. Nov. 1: 103 (1841).
Ranunculus altaicus var. *fraternus* (Schrenk) Trautv., Bull. Soc. Imp. Naturalistes Moscou 33: 70 (1860).
新疆；哈萨克斯坦。

叉裂毛茛

•**Ranunculus furcatifidus** W. T. Wang, Acta Phytotax. Sin. 32 (5): 478, pl. 5 (1994).
内蒙古、河北、青海、新疆、四川、云南、西藏。

冷地毛茛

Ranunculus gelidus Kar. et Kir., Bull. Soc. Imp. Naturalistes Moscou 15: 133 (1842).
Ranunculus glacialis var. *gelidus* (Kar. et Kir.) Finet et Gagnep., Bull. Soc. Bot. France 51: 307 (1904).
新疆；哈萨克斯坦。

甘藏毛茛

•**Ranunculus glabricaulis** (Hand.-Mazz.) L. Liou, Fl. Reipubl. Popularis Sin. 28: 298, pl. 90, f. 6 (1980).
甘肃、西藏。

甘藏毛茛（原变种）

•**Ranunculus glabricaulis** var. **glabricaulis**
Ranunculus hirtellus var. *glabricaulis* Hand.-Mazz., Acta Horti Gothob. 13 (4): 151 (1939).
甘肃、西藏。

绿萼甘藏毛茛

•**Ranunculus glabricaulis** var. **viridisepalus** W. T. Wang, Bull. Bot. Res., Harbin 15 (2): 178 (1995).
甘肃。

宿萼毛茛

Ranunculus glacialiformis Hand.-Mazz., Acta Horti Gothob. 13 (4): 153, pl. 1, 12-13 (1939).
四川、云南；克什米尔地区。

砾地毛茛

•**Ranunculus glareosus** Hand.-Mazz., Symb. Sin. 7 (2): 307 (1931).
青海、四川、云南。

小掌叶毛茛

Ranunculus gmelinii DC., Syst. Nat. 1: 303 (1817).
黑龙江、吉林、内蒙古；蒙古国、日本、俄罗斯；欧洲。

共和毛茛

•**Ranunculus gongheensis** W. T. Wang, Bull. Bot. Res., Harbin 35 (5): 645 (2015).
青海。

大叶毛茛

Ranunculus grandifolius C. A. Mey. in Ledebour, Fl. Altaic. 2: 330 (1830).
新疆；哈萨克斯坦、俄罗斯。

大毛茛

Ranunculus grandis Honda, Bot. Mag. (Tokyo) 43: 657 (1929).
黑龙江、吉林；日本。

大毛茛（原变种）

Ranunculus grandis var. **grandis**
Ranunculus subcorymbosus var. *grandis* (Honda) Kitag., Acta Phytotax. Geobot. 24: 166 (1970); *Ranunculus subcorymbosus* var. *ovczinnikovii* Tamura, Acta Phytotax. Geobot. 24: 166 (1970); *Ranunculus subcorymbosus* subsp. *grandis* (Honda) Tamura, *op. cit*. 24: 166 (1970).
吉林；日本。

帽儿山毛茛

•**Ranunculus grandis** var. **manshuricus** H. Hara, J. Jap. Bot. 19 (12): 360 (1943).
Ranunculus subcorymbosus var. *manshuricus* (H. Hara) Kitag., *op. cit*. 41 (12): 365, f. 1 (1966).
黑龙江。

哈密毛茛

•**Ranunculus hamiensis** J. G. Liu, Acta Phytotax. Sin. 30 (4): 378 (1992).
新疆。

和静毛茛

•**Ranunculus hejingensis** W. T. Wang, Bull. Bot. Res., Harbin 15 (3): 286 (1995).
新疆。

和田毛茛

•**Ranunculus hetianensis** L. Liou, Fl. Reipubl. Popularis Sin. 28: 274, 360 (Addenda) (1980).
新疆。

基隆毛茛

Ranunculus hirtellus Royle, Ill. Bot. Himal. Mts. 53 (1834).
青海、四川、云南、西藏；尼泊尔、印度、巴基斯坦、阿富汗、克什米尔地区。

基隆毛茛（原变种）

Ranunculus hirtellus var. **hirtellus**
Ranunculus jilongensis L. Liou, Fl. Reipubl. Popularis Sin. 28: 293, 361 (Addenda) (1980).
西藏；尼泊尔、印度、巴基斯坦、阿富汗、克什米尔地区。

小基隆毛茛

•**Ranunculus hirtellus** var. **humilis** W. T. Wang, Bull. Bot. Res., Harbin 15 (2): 176 (1995).
青海、四川、西藏。

三裂毛茛

•**Ranunculus hirtellus** var. **orientalis** W. T. Wang, Bull. Bot. Res., Harbin 15 (2): 176 (1995).
Ranunculus hirtellus var. *sigylaicus* W. L. Zheng, Acta Phytotax. Sin. 37 (3): 303 (1999); *Ranunculus hirtellus* var. *glabrescens* W. L. Zheng, Acta Phytotax. Sin. 37 (3): 303 (1999).
青海、四川、云南、西藏。

低毛茛

•**Ranunculus humillimus** W. T. Wang, Bull. Bot. Res., Harbin 15 (3): 281 (1995).
西藏。

圆叶毛茛

•**Ranunculus indivisus** (Maxim.) Hand.-Mazz., Acta Horti Gothob. 13 (4): 145, f. 4, 22-23 (1939).
山西、青海、四川。

圆叶毛茛（原变种）

•**Ranunculus indivisus** var. **indivisus**
Ranunculus affinis var. *indivisus* Maxim., Fl. Tangut. 14 (1889).
山西、青海。

阿坝毛茛

•**Ranunculus indivisus** var. **abaensis** (W. T. Wang) W. T. Wang, Bull. Bot. Res., Harbin 15 (3): 293 (1995).
Ranunculus abaensis W. T. Wang, Acta Phytotax. Sin. 25 (1): 36, pl. 4, f. 3 (1987).
甘肃、青海、四川。

内蒙古毛茛

•**Ranunculus intramongolicus** Y. Z. Zhao, Bull. Bot. Res., Harbin 9 (1): 69, pl. 2-7 (1989).
内蒙古。

毛茛

Ranunculus japonicus Thunb., Trans. Linn. Soc. London 2: 337 (1794).
黑龙江、吉林、辽宁、内蒙古、河北、山西、山东、河南、陕西、宁夏、甘肃、青海、安徽、江苏、江西、湖南、湖北、贵州、福建、广东、广西；蒙古国、日本、俄罗斯。

毛茛（原变种）（老虎脚迹，五虎草）

Ranunculus japonicus var. **japonicus**
Ranunculus labordei H. Lév. et Vaniot, Bull. Acad. Int. Géogr. Bot. 11 (148): 50 (1902); *Ranunculus japonicus* var. *latissimus* Kitag., J. Jap. Bot. 19 (3): 68 (1943); *Ranunculus acris* subsp. *japonicus* (Thunb.) Hultén, Kungl. Svenska Vetenskapsakad. Handl. 13 (1): 399 (1971); *Ranunculus japonicus* f. *latissimus* (Kitag.) Kitag., Neolin. Fl. Manshur. 307 (1979).
黑龙江、吉林、辽宁、内蒙古、河北、山西、山东、河南、陕西、宁夏、甘肃、青海、安徽、江苏、江西、湖南、湖北、贵州、福建、广东、广西；日本、俄罗斯。

银叶毛茛

•**Ranunculus japonicus** var. **hsinganensis** (Kitag.) W. T. Wang, Bull. Bot. Res., Harbin 15 (3): 306 (1995).
Ranunculus hsinganensis Kitag., J. Jap. Bot. 22 (10-12): 175 (1948).
内蒙古。

伏毛毛茛

Ranunculus japonicus var. **propinquus** (C. A. Mey.) W. T. Wang, Bull. Bot. Res., Harbin 15 (3): 305 (1995).
Ranunculus propinquus C. A. Mey. in Ledebour, Fl. Altaic. 2: 332 (1830); *Ranunculus steveni* Andrz. ex Besser, Enum. Pl. 22 (1822); *Ranunculus acris* var. *propinquus* (C. A. Mey.) Maxim., Enum. Pl. Mongol. 1: 22 (1889).
黑龙江、吉林、辽宁、内蒙古、河北、山西、山东、河南、陕西、宁夏、甘肃、青海、新疆、四川、贵州、云南；蒙古国、俄罗斯。

三小叶毛茛

•**Ranunculus japonicus** var. **ternatifolius** L. Liao, Bull. Bot. Res., Harbin 12 (4): 375 (1992).
浙江、江西。

靖远毛茛

•**Ranunculus jingyuanensis** W. T. Wang, Acta Phytotax. Sin. 32 (5): 475, pl. 3, f. 3-4 (1994).
甘肃。

高山毛茛

•**Ranunculus junipericola** Ohwi, Acta Phytotax. Geobot. 2 (3): 154 (1933).
台湾。

昆仑毛茛

•**Ranunculus kunlunshanicus** J. G. Liu, Fl. Xinjiang. 2 (1): 352 (1994).
新疆。

昆明毛茛

•**Ranunculus kunmingensis** W. T. Wang, Bull. Bot. Res., Harbin 15 (3): 309 (1995).
四川、贵州、云南。

昆明毛茛（原变种）

•**Ranunculus kunmingensis** var. **kunmingensis**
Ranunculus laetus var. *leipoensis* L. Liou, Fl. Reipubl. Popularis Sin. 28: 317, 362 (Addenda) (1980); *Ranunculus kunmingensis* f. *leipoensis* (L. Liou) W. T. Wang, Bull. Bot. Res., Harbin 15 (3): 320 (1995).
四川、云南。

展毛昆明毛茛

•**Ranunculus kunmingensis** var. **hispidus** W. T. Wang, Bull. Bot. Res., Harbin 15 (3): 310 (1995).

贵州、云南。

老河沟毛茛

●**Ranunculus laohegouensis** W. T. Wang et S. R. Chen, Bull. Bot. Res., Harbin 35 (6): 801 (2015).

四川。

纺锤毛茛

●**Ranunculus limprichtii** Ulbr., Repert. Spec. Nov. Regni Veg. Beih. 12: 377 (1922).

四川。

纺锤毛茛（原变种）

●**Ranunculus limprichtii** var. **limprichtii**

四川。

狭瓣纺锤毛茛

●**Ranunculus limprichtii** var. **flavus** Hand.-Mazz., Acta Horti Gothob. 13 (4): 144 (1939).

四川。

条叶毛茛

Ranunculus lingua L., Sp. Pl. 1: 549 (1753).

新疆；哈萨克斯坦、俄罗斯；欧洲。

浅裂毛茛

Ranunculus lobatus Jacquem., Voy. Inde. 4 (Bot.): 1, 4, pl. 1B (1835-1844).

西藏；印度、巴基斯坦。

若尔盖毛茛

●**Ranunculus luoergaiensis** L. Liou, Fl. Reipubl. Popularis Sin. 28: 289, 361 (Addenda) (1980).

四川。

米林毛茛

●**Ranunculus mainlingensis** W. T. Wang, Acta Phytotax. Sin. 32 (5): 473 (1994).

西藏。

疏花毛茛

●**Ranunculus matsudai** Hayata ex Masam., J. Soc. Trop. Agric. 6: 570 (1934).

台湾。

黑果毛茛

●**Ranunculus melanogynus** W. T. Wang, Bull. Bot. Res., Harbin 15 (3): 301, pl. 1, f. 5-7 (1995).

西藏。

棉毛茛

Ranunculus membranaceus Royle, Ill. Bot. Himal. Mts. 53 (1834).

内蒙古、宁夏、甘肃、青海、新疆、四川、西藏；尼泊尔、巴基斯坦。

棉毛茛（原变种）

Ranunculus membranaceus var. **membranaceus**

Ranunculus pulchellus var. *sericeus* Hook. f. et Thomson, Fl. Brit. India 1 (1): 17 (1872); *Ranunculus pulchellus* var. *membranaceus* (Royle) Mukerjee, Bull. Bot. Surv. India 2: 104 (1960).

四川、西藏；尼泊尔、巴基斯坦。

多花柔毛茛

●**Ranunculus membranaceus** var. **floribundus** W. T. Wang, Bull. Bot. Res., Harbin 15 (3): 285 (1995).

甘肃。

柔毛茛

●**Ranunculus membranaceus** var. **pubescens** (W. T. Wang) W. T. Wang, Bull. Bot. Res., Harbin 15 (3): 285 (1995).

Ranunculus nephelogenes var. *pubescens* W. T. Wang, Bull. Bot. Res., Harbin 7 (2): 110 (1987); *Ranunculus alaschanicus* Y. Z. Zhao, Bull. Bot. Res., Harbin 9 (1): 64, pl. 1, f. 1 (1989).

内蒙古、宁夏、甘肃、青海、新疆、四川、西藏。

门源毛茛

●**Ranunculus menyuanensis** W. T. Wang, Bull. Bot. Res., Harbin 15 (3): 290 (1995).

青海。

短喙毛茛

Ranunculus meyerianus Rupr., Fl. Caucasi 1: 25 (1869).

Ranunculus pseudoparviflorus H. Lév., Repert. Spec. Nov. Regni Veg. 12 (325): 281 (1913).

新疆；哈萨克斯坦；亚洲（西南部）、欧洲。

窄瓣毛茛

●**Ranunculus micronivalis** Hand.-Mazz., Anz. Akad. Wiss. Wien, Math.-Naturwiss. Kl. 57: 48, pl. 6, f. 14 (1920).

Ranunculus longipetalus Hand.-Mazz., Acta Horti Gothob. 13 (4): 160, pl. 1, f. 1-7 (1939).

四川、云南。

小苞毛茛

●**Ranunculus minor** (L. Liou) W. T. Wang, Bull. Bot. Res., Harbin 6 (1): 29 (1986).

Ranunculus involucratus var. *minor* L. Liou, Fl. Reipubl. Popularis Sin. 28: 284, 361 (Addenda) (1980).

西藏。

森氏毛茛

●**Ranunculus morii** (Yamam.) Ohwi, J. Jap. Bot. 12 (5): 333 (1936).

Anemone taraoi var. *morii* Yamam., Icon. Pl. Formosan. 3: 26 (1927); *Ranunculus taizanensis* Yamam., J. Soc. Trop. Agric. 4: 188 (1932).

台湾。

藏西毛茛

Ranunculus munroanus J. R. Drumm. ex Dunn, Bull. Misc. Inform. Kew 1925 (6): 279 (1925).
Ranunculus munroanus var. *minor* Tamura, Pl. W. Pak. 63 (1964).
西藏；尼泊尔、巴基斯坦、克什米尔地区。

刺果毛茛

Ranunculus muricatus L., Sp. Pl. 1: 555 (1753).
安徽、江苏、浙江；亚洲（西南部）、欧洲。

藓丛毛茛

●**Ranunculus muscigenus** W. T. Wang, Bull. Bot. Res., Harbin 6 (1): 30, f. 2 (1986).
西藏。

南湖毛茛

●**Ranunculus nankotaizanus** Ohwi, Acta Phytotax. Geobot. 2 (3): 155 (1933).
台湾。

纳帕海毛茛

●**Ranunculus napahaiensis** W. T. Wang et L. Liao, Guihaia 29 (4): 427, fig. 1 (2009).
云南。

浮毛茛

Ranunculus natans C. A. Mey. in Ledebour, Fl. Altaic. 2: 315 (1830).
黑龙江、内蒙古、青海、新疆、西藏；蒙古国、哈萨克斯坦、俄罗斯。

丝叶毛茛

●**Ranunculus nematolobus** Hand.-Mazz., Acta Horti Gothob. 13 (4): 148 (1939).
Ranunculus affinis var. *capillaceus* Franch., Pl. Delavay. 19 (1890); *Ranunculus affinis* var. *filiformis* Finet et Gagnep., Bull. Soc. Bot. France 51: 315 (1904); *Ranunculus altaicus* var. *sulphureus* Finet et Gagnep., New Fl. (1954); *Ranunculus tanguticus* var. *capillaceus* (Franch.) L. Liou, Fl. Reipubl. Popularis Sin. 28: 297 (1980).
云南。

云生毛茛

Ranunculus nephelogenes Edgew., Trans. Linn. Soc. London 20 (1): 28 (1846).
山西、甘肃、青海、新疆、四川、云南、西藏；蒙古国、尼泊尔、巴基斯坦、哈萨克斯坦、俄罗斯。

云生毛茛（原变种）

Ranunculus nephelogenes var. **nephelogenes**
Ranunculus affinis var. *tibeticus* Maxim., Fl. Tangut. 14 (1889); *Ranunculus longicaulis* var. *nephelogenes* (Edgew.) L. Liou, Fl. Reipubl. Popularis Sin. 28: 269 (1980).
山西、甘肃、青海、新疆、四川、西藏；尼泊尔、巴基斯坦。

曲长毛茛

●**Ranunculus nephelogenes** var. **geniculatus** (Hand.-Mazz.) W. T. Wang, Bull. Bot. Res., Harbin 7 (2): 109 (1987).
Ranunculus pulchellus var. *geniculatus* Hand.-Mazz., Symb. Sin. 7 (2): 305 (1931); *Ranunculus longicaulis* var. *geniculatus* (Hand.-Mazz.) L. Liou, Fl. Reipubl. Popularis Sin. 28: 269 (1980).
云南。

长茎毛茛

Ranunculus nephelogenes var. **longicaulis** (Trautv.) W. T. Wang, Bull. Bot. Res., Harbin 7 (2): 110 (1987).
Ranunculus pulchellus var. *longicaulis* Trautv., Bull. Soc. Imp. Naturalistes Moscou 33 (1-2): 68 (1860); *Ranunculus longicaulis* C. A. Mey. in Ledebour, Fl. Altaic. 2: 308 (1830).
山西、甘肃、青海、新疆、西藏；蒙古国、哈萨克斯坦、俄罗斯。

聂拉木毛茛

●**Ranunculus nyalamensis** W. T. Wang, Bull. Bot. Res., Harbin 15 (3): 293 (1995).
西藏。

聂拉木毛茛（原变种）

●**Ranunculus nyalamensis** var. **nyalamensis**
西藏。

浪卡子毛茛

●**Ranunculus nyalamensis** var. **angustipetalus** W. T. Wang, Bull. Bot. Res., Harbin 15 (3): 294 (1995).
西藏。

花莛毛茛

Ranunculus oreionannos C. Marquand et Airy Shaw, J. Linn. Soc., Bot. 48 (321): 155 (1929).
西藏；尼泊尔。

栉裂毛茛

●**Ranunculus pectinatilobus** W. T. Wang, Bull. Bot. Res., Harbin 15 (3): 275 (1995).
内蒙古。

裂叶毛茛

Ranunculus pedatifidus Sm., Cycl. 29: Ranunculus n. 72 (1818).
内蒙古、甘肃、新疆；蒙古国、哈萨克斯坦、俄罗斯。

长梗毛茛

●**Ranunculus pedicellatus** Hand.-Mazz., Acta Horti Gothob. 13: 161 (1939).
四川。

爬地毛茛

Ranunculus pegaeus Hand.-Mazz., Acta Horti Gothob. 13 (4): 141 (1939).
云南、西藏；尼泊尔、印度。

太白山毛茛

•**Ranunculus petrogeiton** Ulbr., Repert. Spec. Nov. Regni Veg. Beih. 12: 376 (1922).
陕西、甘肃、四川。

大瓣毛茛

•**Ranunculus platypetalus** (Hand.-Mazz.) Hand.-Mazz., Acta Horti Gothob. 13 (4): 155, f. 4, 20-21 (1939).
Ranunculus micronivalis var. *platypetalus* Hand.-Mazz., Symb. Sin. 7 (2): 308, taf. 6, pl. 15 (1931).
云南。

硕花大瓣毛茛

•**Ranunculus platypetalus** var. **macranthus** W. T. Wang, Bull. Bot. Res., Harbin 16 (2): 161 (1996).
云南。

宽翅毛茛

Ranunculus platyspermus Fisch. in A. de Condolle, Prodr. 1: 37 (1824).
新疆；哈萨克斯坦、俄罗斯。

柄果毛茛

•**Ranunculus podocarpus** W. T. Wang, Bull. Bot. Res., Harbin 16 (2): 163 (1996).
安徽、江西。

上海毛茛

•**Ranunculus polii** Franch. ex Hemsl., J. Linn. Soc., Bot. 23 (152): 15 (1886).
上海。

多花毛茛

Ranunculus polyanthemos L., Sp. Pl. 1: 554 (1753).
新疆；哈萨克斯坦、俄罗斯；欧洲。

多根毛茛

Ranunculus polyrhizos Stephan ex Willd., Sp. Pl., ed. 4 2 (2): 1324 (1799).
新疆；哈萨克斯坦、俄罗斯；欧洲。

天山毛茛

Ranunculus popovii Ovcz., Fl. U. R. S. S. 7: 741, pl. 24, f. 5 (1937).
甘肃、青海、新疆、四川、云南、西藏；不丹、尼泊尔、印度、哈萨克斯坦。

天山毛茛（原变种）

Ranunculus popovii var. **popovii**
新疆；哈萨克斯坦。

深齿毛茛

Ranunculus popovii var. **stracheyanus** (Maxim.) W. T. Wang, Bull. Bot. Res., Harbin 15 (2): 180 (1995).
Ranunculus affinis var. *stracheyanus* Maxim., Fl. Tangut. 14 (1889); *Ranunculus pulchellus* var. *stracheyanus* (Maxim.) Hand.-Mazz., Acta Horti Gothob. 13 (4): 147, f. 4, 1-8 (1939).
甘肃、青海、新疆、四川、云南、西藏；不丹、尼泊尔、印度。

川滇毛茛

Ranunculus potaninii Kom., Repert. Spec. Nov. Regni Veg. 9 (217-221): 392 (1911).
Ranunculus pulchellus var. *potaninii* (Kom.) Hand.-Mazz., Acta Horti Gothob. 13 (4): 147 (1939).
甘肃、四川、云南、西藏；尼泊尔。

大金毛茛

•**Ranunculus pseudolobatus** L. Liou, Fl. Reipubl. Popularis Sin. 28: 271, 360 (Addenda) (1980).
四川。

矮毛茛

Ranunculus pseudopygmaeus Hand.-Mazz., Acta Horti Gothob. 13 (4): 161, pl. 1, f. 14 (1939).
云南、西藏；尼泊尔。

美丽毛茛

Ranunculus pulchellus C. A. Mey. in Ledebour, Fl. Altaic. 2: 333 (1830).
内蒙古、甘肃、新疆；蒙古国、哈萨克斯坦、俄罗斯。

沼地毛茛

Ranunculus radicans C. A. Mey. in Ledebour, Fl. Altaic. 2: 316 (1830).
Ranunculus hyperboreus var. *radicans* Hook. f., Fl. Brit. India 1 (1): 18 (1872); *Ranunculus gmelinii* var. *radicans* Krylov, Kungl. Svenska Vetenskapsakad. Handl. 13 (1): 343 (1971).
黑龙江、内蒙古、新疆；蒙古国、俄罗斯。

扁果毛茛

Ranunculus regelianus Ovcz., Byull. Moskovsk. Obshch. Isp. Prir. Otd. Biol. 44: 267, 269 (1935).
新疆；哈萨克斯坦。

匍枝毛茛

Ranunculus repens L., Sp. Pl. 1: 554 (1753).
Ranunculus repens var. *brevistylus* Maxim., Trudy Imp. S.-Peterburgsk. Bot. Sada 11 (1): 25 (1890); *Ranunculus repens* f. *polypetalus* S. H. Li et Y. H. Huang, Fl. Pl. Herb. Chin. Bor.-Or. 3: 200, 230 (1975).
黑龙江、吉林、辽宁、内蒙古、山西、新疆、云南；蒙古国、日本、巴基斯坦、吉尔吉斯斯坦、哈萨克斯坦、俄罗

斯；欧洲、北美洲。

松叶毛茛

Ranunculus reptans L., Sp. Pl. 1: 549 (1753).
黑龙江、内蒙古、新疆；蒙古国、日本、哈萨克斯坦、俄罗斯；欧洲、北美洲。

掌裂毛茛

Ranunculus rigescens Turcz. ex Ovcz., Fl. U. R. S. S. 7: 389 (1937).
Ranunculus rigescens var. *leiocarpus* Kitag., J. Jap. Bot. 22 (10-12): 178 (1948); *Ranunculus manshuricus* S. H. Li, Clav. Pl. Chin. Bor.-Orient. 86 (1959).
内蒙古、新疆；蒙古国、俄罗斯。

红萼毛茛

Ranunculus rubrocalyx Regel ex Kom., Trudy Imp. S.-Peterburgsk. Obsc. Estestvoisp., Vyp. 3, Otd. Bot. 26: 62 (1896).
Ranunculus rufosepalus var. *parviflora* Kom., *op. cit.* 26: 62 (1896).
新疆；巴基斯坦、阿富汗、哈萨克斯坦。

棕萼毛茛

Ranunculus rufosepalus Franch., Ann. Sci. Nat., Bot., sér. 6 15: 27, 217 (1883).
新疆；巴基斯坦、阿富汗、塔吉克斯坦、哈萨克斯坦。

欧毛茛

Ranunculus sardous Crantz, Stirp. Austr. Fasc. 2: 84 (1763).
上海；欧洲。

石龙芮

Ranunculus sceleratus L., Sp. Pl. 1: 551 (1753).
Hecatonia palustris Lour., Fl. Cochinch., ed. 2 1: 303 (1790); *Ranunculus oryzetorum* Bunge, Enum. Pl. Chin. Bor. 2 (1833); *Ranunculus holophyllus* Hance, Ann. Sci. Nat., Bot., sér. 4 5: 220 (1861); *Ranunculus sceleratus* var. *sinensis* H. Lév. et Vaniot, Bull. Herb. Boissier, sér. 2 6 (6): 505 (1906).
黑龙江、河北、甘肃、安徽、贵州、福建、广东、广西；日本、朝鲜半岛、泰国、不丹、尼泊尔、印度、巴基斯坦、阿富汗、哈萨克斯坦、俄罗斯；亚洲（西南部）、欧洲、北美洲。

水城毛茛

•**Ranunculus shuichengensis** L. Liao, Acta Phytotax. Sin. 35 (1): 57, pl. 1 (1997).
贵州。

扬子毛茛（辣子草，地胡椒）

Ranunculus sieboldii Miq., Ann. Mus. Bot. Lugduno-Batavi 3: 5 (1867).
Ranunculus pensylvanicus var. *sieboldii* (Miq.) Ito, J. Coll. Sci. Imp. Univ. Tokyo 12: 276 (1899); *Ranunculus sardous* var. *monanthos* Finet et Gagnep., Bull. Soc. Bot. France 51: 302 (1904); *Ranunculus arcuans* S. S. Chien, Rhodora 18: 190 (1916); *Ranunculus sieboldii* var. *arcuans* (S. S. Chien) H. Hara, J. Jap. Bot. 18 (8): 458 (1942); *Ranunculus cantoniensis* var. *sieboldii* (Miq.) Kitam. ex Hatus., Fl. Ryukyus 279 (1971).
山东、河南、陕西、甘肃、安徽、江苏、浙江、江西、湖南、湖北、四川、贵州、云南、福建、台湾、广西；日本。

钩柱毛茛

Ranunculus silerifolius H. Lév., Repert. Spec. Nov. Regni Veg. 7 (146-148): 257 (1909).
江苏、湖南、湖北、四川、贵州、云南、福建、台湾、广东、广西；日本、朝鲜半岛、印度尼西亚、不丹、印度。

钩柱毛茛（原变种）

Ranunculus silerifolius var. **silerifolius**
Ranunculus ternatus var. *hirsutus* H. Boissieu, Bull. Herb. Boissier 7: 594 (1899).
江苏、湖南、湖北、四川、贵州、云南、福建、台湾、广东、广西；日本、朝鲜半岛、印度尼西亚、不丹、印度。

长花毛茛

•**Ranunculus silerifolius** var. **dolicanthus** L. Liao, Acta Phytotax. Sin. 35 (1): 59, pl. 2 (1997).
贵州。

苞毛茛

•**Ranunculus similis** Hemsl., Hooker's Icon. Pl. 26 (4): t. 2586 (1899).
Ranunculus involucratus Maxim., Fl. Tangut. 15, pl. 22, f. 7-13 (1889); *Ranunculus maximowiczii* Pamp., Bull. Soc. Bot. Ital. 66 (1915); *Oxygraphis involucrata* (Maxim.) Riedl, Kew Bull. 34 (2): 365 (1979).
青海、新疆、西藏。

褐鞘毛茛

•**Ranunculus sinovaginatus** W. T. Wang, Bull. Bot. Res., Harbin 6 (1): 34 (1986).
Ranunculus vaginatus Hand.-Mazz., Symb. Sin. 7 (2): 303, taf. 6, pl. 10 (1931), non. Sommerauer (1833).
陕西、甘肃、四川、云南。

兴安毛茛

Ranunculus smirnovii Ovcz., Fl. U. R. S. S. 7: 745, 467 (1937).
Ranunculus japonicus var. *smirnovii* (Ovcz.) L. Liou, Fl. Reipubl. Popularis Sin. 28: 314 (1980).
内蒙古；俄罗斯。

新疆毛茛

Ranunculus songoricus Schrenk in Fisch. et C. A. Mey., Enum. Pl. Nov. 2: 67 (1842).
Ranunculus songoricus var. *lasiopetalus* Maxim., Handb. Bromel. (1889).

新疆；哈萨克斯坦。

宝兴毛茛

•**Ranunculus stenorhynchus** Franch., Nouv. Arch. Mus. Hist. Nat., sér. 2 8: 189 (1885).
四川。

棱边毛茛

Ranunculus submarginatus Ovcz., Fl. U. R. S. S. 7: 745, pl. 24, f. 3 (1937).
新疆；俄罗斯。

长嘴毛茛

Ranunculus tachiroei Franch. et Sav., Enum. Pl. Jap. 2 (2): 267 (1878).
Ranunculus cantoniensis subsp. *tachiroei* (Franch. et Sav.) Kitam., Acta Phytotax. Geobot. 20: 204 (1962).
吉林、辽宁；日本、朝鲜半岛。

鹿场毛茛

•**Ranunculus taisanensis** Hayata, J. Coll. Sci. Imp. Univ. Tokyo 30 (1): 20 (1911).
Ranunculus geraniifolius Hayata, Icon. Pl. Formosan. 3: 7 (1913); *Ranunculus taisanensis* var. *tripartitus* Ohwi, Acta Phytotax. Geobot. 2 (3): 156 (1933).
台湾。

台湾毛茛

•**Ranunculus taiwanensis** Hayata, J. Coll. Sci. Imp. Univ. Tokyo 30 (Art. 1): 20 (1911).
台湾。

高原毛茛

Ranunculus tanguticus (Maxim.) Ovcz., Fl. U. R. S. S. 7: 392 (1937).
内蒙古、山西、陕西、宁夏、甘肃、青海、四川、云南、西藏；尼泊尔。

高原毛茛（原变种）（结察）

Ranunculus tanguticus var. **tanguticus**
Ranunculus affinis var. *tanguticus* Maxim., Fl. Tangut. 14 (1889); *Ranunculus affinis* var. *ternatus* Franch., Pl. Delavay. 19 (1889); *Ranunculus brotherusii* var. *tanguticus* (Maxim.) Tamura, Acta Phytotax. Geobot. 23 (1-2): 31 (1968).
内蒙古、山西、陕西、宁夏、甘肃、青海、四川、云南、西藏；尼泊尔。

毛果高原毛茛

•**Ranunculus tanguticus** var. **dasycarpus** (Maxim.) L. Liou, Fl. Reipubl. Popularis Sin. 28: 297 (1980).
Ranunculus affinis var. *dasycarpus* Maxim., Fl. Tangut. 14 (1889); *Ranunculus brotherusii* var. *dasycarpus* (Maxim.) Hand.-Mazz., Acta Horti Gothob. 13 (4): 149 (1939).
甘肃、青海、四川、云南、西藏。

兴隆山毛茛

•**Ranunculus tanguticus** var. **xinglongshanicus** Z. X. Peng et Y. J. Zhang, Bull. Bot. Res., Harbin 16 (3): 289, f. 1 (1996).
甘肃。

腾冲毛茛

•**Ranunculus tengchongensis** W. T. Wang, Acta Bot. Yunnan. 30 (5): 523 (2008).
云南。

猫爪草

Ranunculus ternatus Thunb., Fl. Jap. 241 (1784).
河南、安徽、江苏、上海、浙江、江西、湖南、湖北、福建、台湾、广西；日本。

猫爪草（原变种）

Ranunculus ternatus var. **ternatus**
Ranunculus extorris Hance, Ann. Sci. Nat., Bot., sér. 5 5: 204 (1866); *Ranunculus zuccarinii* Miq., Ann. Mus. Bot. Lugduno-Batavi 3: 5 (1867); *Ranunculus leiocladus* Hayata, Icon. Pl. Formosan. 3: 7, f. 3 (1913); *Ranunculus formosanus* Masam., J. Soc. Trop. Agric. 2 (1): 48 (1930).
河南、安徽、江苏、上海、浙江、江西、湖南、湖北、福建、台湾、广西；日本。

细裂猫爪草

•**Ranunculus ternatus** var. **dissectissimus** (Migo) Hand.-Mazz., Acta Horti Gothob. 13 (4): 167 (1939).
Ranunculus zuccarinii var. *dissectissimus* Migo, J. Shanghai Sci. Inst. 3: 4 (1934).
江苏、上海。

四蕊毛茛

•**Ranunculus tetrandrus** W. T. Wang, Acta Phytotax. Sin. 32 (5): 477, pl. 4, f. 4-8 (1994).
西藏。

铜仁毛茛

•**Ranunculus tongrenensis** W. T. Wang, Bull. Bot. Res., Harbin 35 (5): 643 (2015).
青海。

疣果毛茛

Ranunculus trachycarpus Fisch. et C. A. Mey., Index Sem. (St. Petersburg). 3: 46 (1836).
湖南；亚洲（西南部）、欧洲。

截叶毛茛

Ranunculus transiliensis Popov ex Ovcz., Fl. U. R. S. S. 7: 401 (1937).
Ranunculus nivalis var. *tianschanicus* Rupr., Mém. Acad. Imp. Sci. St.-Pétersbourg 14: 37 (1869).
新疆；哈萨克斯坦。

毛托毛茛

Ranunculus trautvetterianus C. Regel ex Ovcz., Fl. U. R. S. S. 7: 403, pl. 25, f. 3 (1937).
Ranunculus songoricus var. *partitus* Rupr., Mém. Acad. Imp. Sci. St.-Pétersbourg 14: 37 (1869).
新疆；哈萨克斯坦。

三角叶毛茛

•**Ranunculus triangularis** W. T. Wang, Acta Phytotax. Sin. 25 (1): 37, pl. 4, f. 4 (1987).
四川。

棱喙毛茛

•**Ranunculus trigonus** Hand.-Mazz., Symb. Sin. 7 (2): 304, taf. 6, pl. 12-13 (1931).
四川、云南、西藏。

棱喙毛茛（原变种）

•**Ranunculus trigonus** var. **trigonus**
四川、云南、西藏。

伏毛棱喙毛茛

•**Ranunculus trigonus** var. **strigosus** W. T. Wang, Bull. Bot. Res., Harbin 16 (2): 164 (1996).
云南。

文采毛茛

•**Ranunculus wangianus** Q. E. Yang, Acta Phytotax. Sin. 38 (6): 551, f. 1 (2000).
云南。

新宁毛茛

•**Ranunculus xinningensis** W. T. Wang, Bull. Bot. Res., Harbin 9 (2): 10, pl. 3, f. 5-7 (1989).
湖南。

砚山毛茛

•**Ranunculus yanshanensis** W. T. Wang, Bull. Bot. Res., Harbin 16 (2): 161 (1996).
云南。

姚氏毛茛

•**Ranunculus yaoanus** W. T. Wang, Bull. Bot. Res., Harbin 15 (3): 278 (1995).
西藏。

叶城毛茛

•**Ranunculus yechengensis** W. T. Wang, Bull. Bot. Res., Harbin 15 (3): 281 (1995).
新疆。

阴山毛茛

•**Ranunculus yinshanicus** (Y. Z. Zhao) Y. Z. Zhao, Bull. Bot. Res., Harbin 9 (1): 67 (1989).
Ranunculus pulchellus var. *yinshanicus* Y. Z. Zhao, Fl. Intramong. 2: 369, pl. 132, f. 1-6 (1978).
内蒙古。

云南毛茛

•**Ranunculus yunnanensis** Franch., Bull. Soc. Bot. France 32: 5 (1885).
Ranunculus mairei H. Lév., Repert. Spec. Nov. Regni Veg. 12 (325-330): 281 (1913).
四川、云南。

舟曲毛茛

•**Ranunculus zhouquensis** W. T. Wang, Bull. Bot. Res., Harbin 35 (5): 643 (2015).
甘肃。

中甸毛茛

•**Ranunculus zhungdianensis** W. T. Wang, Bull. Bot. Res., Harbin 7 (2): 104, pl. 2, f. 4-6 (1987).
云南。

天葵属 **Semiaquilegia** Makino

天葵（麦无踪，紫背天葵）

Semiaquilegia adoxoides (DC.) Makino, Bot. Mag. (Tokyo) 16 (183): 119 (1902).
Isopyrum adoxoides DC., Syst. Nat. 1: 324 (1817); *Semiaquilegia adoxoides* var. *grandis* D. Q. Wang, Bull. Bot. Res., Harbin 9 (4): 53, photo 2 (1989); *Semiaquilegia dauciformis* D. Q. Wang, Bull. Bot. Res., Harbin 9 (4): 51, photo 1 (1989).
河北、陕西、安徽、江苏、浙江、江西、湖南、湖北、四川、贵州、云南、福建、广西；日本、朝鲜半岛。

黄三七属 **Souliea** Franch.

黄三七（太白黄连，土黄连，长果长麻）

Souliea vaginata (Maxim.) Franch., J. Bot. (Morot) 12 (5): 70 (1898).
Isopyrum vaginatum Maxim., Fl. Tangut. 18, pl. 30 (1889); *Coptis ospriocarpa* Brühl, Ann. Roy. Bot. Gard. (Calcutta) 5 (2): 89, pl. 115 (1896); *Actaea vaginata* (Maxim.) J. Compton, Taxon 47 (3): 613 (1998).
陕西、甘肃、青海、四川、云南、西藏；缅甸（北部）、不丹、印度。

唐松草属 **Thalictrum** L.

尖叶唐松草（石笋还阳）

•**Thalictrum acutifolium** (Hand.-Mazz.) B. Boivin, Rhodora 46: 364 (1944).
Thalictrum clavatum var. *acutifolium* Hand.-Mazz., Akad. Wiss. Wien, Math.-Naturwiss. Kl., Denkschr. 43: 1 (1926); *Thalictrum clavatum* var. *cavaleriei* H. Lév., Repert. Spec.

Nov. Regni Veg. 7 (146-148): 258 (1909); *Thalictrum unguiculatum* B. Boivin, Rhodora 46: 365 (1944); *Thalictrum declinatum* B. Boivin, *op. cit.* 46: 364 (1944); *Thalictrum chiaonis* B. Boivin, *op. cit.* 46: 368 (1944).
安徽、浙江、江西、湖南、四川、贵州、福建、广东、广西。

高山唐松草

Thalictrum alpinum L., Sp. Pl. 1: 545 (1753).
河北、山西、陕西、宁夏、甘肃、青海、新疆、四川、云南、西藏；蒙古国、越南、不丹、尼泊尔、印度、巴基斯坦、阿富汗、哈萨克斯坦、俄罗斯（西伯利亚）；欧洲、北美洲。

高山唐松草（原变种）

Thalictrum alpinum var. **alpinum**
Thalictrum alpinum var. *hebetum* B. Boivin., Rhodora 46 (550): 356 (1944).
新疆、西藏；蒙古国、越南、不丹、尼泊尔、印度、巴基斯坦、阿富汗、哈萨克斯坦、俄罗斯（西伯利亚）；欧洲、北美洲。

直梗高山唐松草（复叶披麻草，亮星草，亮叶草）

Thalictrum alpinum var. **elatum** Ulbr., Notizbl. Bot. Gart. Berlin-Dahlem 10 (98): 877 (1929).
Thalictrum esquirolii H. Lév. et Vaniot, Bull. Acad. Int. Géogr. Bot. 17 (210-211): II (1907); *Thalictrum tofieldioides* Diels, Notes Roy. Bot. Gard. Edinburgh 5 (25): 263 (1912); *Thalictrum nudum* H. Lév. et Vaniot ex Hand.-Mazz., Symb. Sin. 7 (2): 311 (1931); *Thalictrum alpinum* var. *hebetum* B. Boivin, Rhodora 46 (550): 356 (1944); *Thalictrum alpinum* var. *acutilobum* H. Hara, Fl. E. Himalaya 3: 40 (1975); *Thalictrum setulosinerve* H. Hara, J. Jap. Bot. 51 (1): 7 (1976); *Thalictrum alpinum* f. *puberulum* W. T. Wang et S. H. Wang, Fl. Reipubl. Popularis Sin. 27: 591, 621 (Addenda) (1979); *Thalictrum alpinum* var. *setulosinerve* (H. Hara) W. T. Wang, Bull. Bot. Lab. N. E. Forest. Inst., Harbin 1980 (8): 36 (1980).
河北、山西、陕西、甘肃、四川、云南、西藏；缅甸、不丹、尼泊尔、印度。

柄果高山唐松草

Thalictrum alpinum var. **microphyllum** (Royle) Hand.-Mazz., Symb. Sin. 7 (2): 311 (1931).
Thalictrum microphyllum Royle, Ill. Bot. Himal. Mts. 1: 51 (1834).
云南、西藏；印度。

唐松草（草黄连，马尾连，黑汉子腿）

Thalictrum aquilegiifolium var. **sibiricum** Regel et Tiling, Fl. Ajan. 23 (1858).
Thalictrum contortum L., Sp. Pl. 1: 547 (1753); *Thalictrum rubellum* Siebold et Zucc., Abh. Math.-Phys. Cl. Königl. Bayer. Akad. Wiss. 4 (2): 177 (1843); *Thalictrum daisenense* Nakai, Bot. Mag. (Tokyo) 42: 1 (1928); *Thalictrum aquilegiifolium* var. *asiaticum* Nakai, J. Jap. Bot. 13 (7): 473 (1937); *Thalictrum aquilegiifolium* subsp. *asiaticum* (Nakai) Kitag., Fl. Mansh. 226 (1939); *Thalictrum aquilegiifolium* var. *daisenense* (Nakai) Emura, J. Fac. Sci. Univ. Tokyo, Sect. 3, Bot. 11 (3-4): 128 (1972).
黑龙江、吉林、辽宁、内蒙古、河北、山西、山东、浙江；蒙古国、日本、朝鲜半岛、俄罗斯。

狭序唐松草

•**Thalictrum atriplex** Finet et Gagnep., Bull. Soc. Bot. France 50: 613, pl. 19 B (1903).
四川、云南、西藏。

藏南唐松草（新拟）

•**Thalictrum austrotibeticum** Jin Y. Li, L. Xie et L. Q. Li, Phytotaxa 207 (3): 281 (2015) [epublished].
西藏。

贝加尔唐松草

Thalictrum baicalense Turcz. ex Ledeb., Bull. Soc. Imp. Naturalistes Moscou 11: 85 (1838).
黑龙江、吉林、河北、河南、陕西、甘肃、青海、四川、西藏；蒙古国、朝鲜半岛、俄罗斯。

贝加尔唐松草（原变种）（马尾黄连）

Thalictrum baicalense var. **baicalense**
Thalictrum giraldii Ulbr., Notizbl. Bot. Gart. Berlin-Dahlem 9: 224 (1925).
黑龙江、吉林、河北、河南、陕西、甘肃、青海、西藏；蒙古国、朝鲜半岛、俄罗斯。

长柱贝加尔唐松草

•**Thalictrum baicalense** var. **megalostigma** B. Boivin, Rhodora 46: 963, f. 9 (1944).
Thalictrum megalostigma (B. Boivin) W. T. Wang, Bull. Bot. Lab. N. E. Forest. Inst., Harbin 1980 (8): 27 (1980).
甘肃、四川。

绢毛唐松草

•**Thalictrum brevisericeum** W. T. Wang et S. H. Wang, Fl. Tsinling. 1 (2): 603 (1974).
陕西、甘肃、云南。

美花唐松草

•**Thalictrum callianthum** W. T. Wang, Guihaia 33 (5): 583 (2013).
西藏。

察隅唐松草

•**Thalictrum chayuense** W. T. Wang, Acta Bot. Yunnan. 4 (2): 136, pl. 2, f. 7 (1982).
西藏。

珠芽唐松草

Thalictrum chelidonii DC., Prodr. 1: 11 (1824).
西藏；不丹、尼泊尔、印度、？克什米尔地区。

星毛唐松草

•**Thalictrum cirrhosum** H. Lév., Repert. Spec. Nov. Regni Veg. 7 (137-139): 97 (1909).
云南。

高原唐松草（马尾黄连，草黄连）

Thalictrum cultratum Wall., Pl. Asiat. Rar. 2: 26 (1831).
Thalictrum yui B. Boivin, J. Arnold Arbor. 26 (1): 115, pl. 1, f. 23-24 (1945); *Thalictrum deciternatum* B. Boivin, *op. cit.* 26 (1): 112, pl. 1, f. 4-7 (1945).
甘肃、四川、云南、西藏；不丹、尼泊尔、印度、克什米尔地区。

错那唐松草

•**Thalictrum cuonaense** W. T. Wang, Pl. Div. Resour. 36 (6): 791 (2014).
西藏。

偏翅唐松草

•**Thalictrum delavayi** Franch., Bull. Soc. Bot. France 33: 367 (1886).
四川、贵州、云南、西藏。

偏翅唐松草（原变种）（马尾黄连）

•**Thalictrum delavayi** var. **delavayi**
Thalictrum delavayi var. *parviflorum* Franch., Bull. Soc. Bot. 33: 358 (1886); *Thalictrum dipterocarpum* Franch., *op. cit.* 33: 368 (1886); *Thalictrum duclouxii* H. Lév., Repert. Spec. Nov. Regni Veg. 7: 98 (1909).
四川、云南、西藏。

渐尖偏翅唐松草

•**Thalictrum delavayi** var. **acuminatum** Franch., Pl. Delavay. 11 (1889).
四川、云南。

宽萼偏翅唐松草

•**Thalictrum delavayi** var. **decorum** Franch., Pl. Delavay. 11 (1889).
四川、云南。

角药偏翅唐松草

•**Thalictrum delavayi** var. **mucronatum** (Finet et Gagnep.) W. T. Wang et S. H. Wang, Fl. Reipubl. Popularis Sin. 27: 571, pl. 144, f. 8-10 (1979).
Thalictrum dipterocarpum var. *mucronatum* Finet et Gagnep., J. Bot. (Morot) 21: 21 (1908).
贵州、云南。

德昌偏翅唐松草

•**Thalictrum delavayi** f. **appendiculatum** W. T. Wang, Acta Phytotax. Sin. 31 (3): 214 (1993).
四川。

堇花唐松草

•**Thalictrum diffusiflorum** C. Marquand et Airy Shaw, J. Linn. Soc., Bot. 48 (321): 153 (1929).
西藏。

小叶唐松草

Thalictrum elegans Wall. ex Royle, Ill. Bot. Himal. Mts. 1: 51 (1834).
Thalictrum samariferum B. Boivin, J. Arnold Arbor. 26 (1): 114, pl. 1, f. 31-32 (1945).
四川、云南、西藏；不丹、尼泊尔、印度、巴基斯坦、克什米尔地区。

大叶唐松草（大叶马尾连）

•**Thalictrum faberi** Ulbr., Notizbl. Bot. Gart. Berlin-Dahlem 9 (84): 222 (1925).
Thalictrum macrophyllum Migo, J. Shanghai Sci. Inst. 14 (2): 136 (1944).
河南、安徽、江苏、浙江、江西、湖南、福建。

西南唐松草

•**Thalictrum fargesii** Franch. ex Finet et Gagnep., Bull. Soc. Bot. France 50: 608, pl. 19 C (1903).
Thalictrum pallidum Franch., Nouv. Arch. Mus. Hist. Nat., sér. 2 8: 187 (1885).
山西、河南、甘肃、湖北、四川、贵州。

花唐松草

Thalictrum filamentosum Maxim., Mém. Acad. Imp. Sci. St.-Pétersbourg Divers Savans 9: 13 (1859).
Thalictrum clavatum var. *filamentosum* (Maxim.) Finet et Gagnep., Bull. Soc. Bot. France 50: 605 (1904).
黑龙江、吉林；俄罗斯。

滇川唐松草

•**Thalictrum finetii** B. Boivin, J. Arnold Arbor. 26 (1): 113, pl. 1, f. 1-3 (1945).
四川、云南、西藏。

黄唐松草

Thalictrum flavum L., Sp. Pl. 1: 546 (1753).
Thalictrum altissimum Thomas, Ann. Sci. Nat., Bot., sér. 2 9. 369 (1838); *Thalictrum belgicum* Jord., Ann. Soc. Linn. Lyon., sér. 2 7: 419 (1861); *Thalictrum capitatum* Jord., Ann. Soc. Linn. Lyon., sér. 2 7: 419 (1861); *Thalictrum anonymum* Wallr. ex Lecoy., Bull. Soc. Bot. Belg. 24: 252 (1885); *Thalictrum angustatum* Weinm. ex Lecoy., *op. cit.* 24: 250 (1885).
新疆；亚洲（西南部）、欧洲。

丝叶唐松草

•**Thalictrum foeniculaceum** Bunge, Enum. Pl. Chin. Bor. 2

(1833).
Isopyrum trichophyllum H. Lév., Repert. Spec. Nov. Regni Veg. 9 (208-210): 224 (1911).
辽宁、河北、山西、陕西、甘肃。

腺毛唐松草

Thalictrum foetidum L., Sp. Pl. 1: 545 (1753).
内蒙古、河北、山西、陕西、甘肃、青海、新疆、四川、西藏；广泛分布在亚洲、欧洲。

腺毛唐松草（原变种）（贡布莪正）

Thalictrum foetidum var. **foetidum**
内蒙古、河北、山西、陕西、甘肃、青海、新疆、四川、西藏；亚洲、欧洲。

扁果唐松草

Thalictrum foetidum var. **glabrescens** Takeda, J. Jap. Bot. 48: 266 (1910).
河北、陕西；日本。

多叶唐松草（马尾黄连，马尾连，金丝黄连）

Thalictrum foliolosum DC., Syst. Nat. 1: 175 (1817).
Thalictrum dalingo Buch.-Ham. ex DC., Syst. Nat. 1: 175 (1817).
四川、云南、西藏；缅甸、泰国、尼泊尔、印度。

华东唐松草

•**Thalictrum fortunei** S. Moore, J. Bot. 16 (185): 130 (1878).
安徽、江苏、浙江、江西。

华东唐松草（原变种）

•**Thalictrum fortunei** var. **fortunei**
安徽、江苏、浙江、江西。

珠芽华东唐松草

•**Thalictrum fortunei** var. **bulbiliferum** B. Chen, X. J. Tian et J. G. Gao, Acta Phytotax. Sin. 43: 281 (2005).
江苏。

纺锤唐松草

•**Thalictrum fusiforme** W. T. Wang, Acta Bot. Yunnan. 4 (2): 137, pl. 2, f. 8 (1982).
西藏。

金丝马尾连

•**Thalictrum glandulosissimum** (Finet et Gagnep.) W. T. Wang et S. H. Wang, Fl. Reipubl. Popularis Sin. 27: 567 (1979).
云南。

金丝马尾连（原变种）（马尾连）

•**Thalictrum glandulosissimum** var. **glandulosissimum**
Thalictrum foetidum var. *glandulosissimum* Finet et Gagnep., Bull. Soc. Bot. France 50: 618 (1903).
云南。

昭通唐松草

•**Thalictrum glandulosissimum** var. **chaotungense** W. T. Wang et S. H. Wang, Fl. Reipubl. Popularis Sin. 27: 619, pl. 145, f. 6 (1979).
Thalictrum chaotungense W. T. Wang et S. H. Wang, Acta Pharm. Sin. 12 (1): 746, fig. 2 (1965).
云南。

巨齿唐松草

•**Thalictrum grandidentatum** W. T. Wang et S. H. Wang, Fl. Reipubl. Popularis Sin. 27: 530, 617 (Addenda) (1979).
四川。

大花唐松草

•**Thalictrum grandiflorum** Maxim., Trudy Imp. S.-Peterburgsk. Bot. Sada 11 (1): 11 (1889).
甘肃、四川。

河南唐松草

•**Thalictrum honanense** W. T. Wang et S. H. Wang, Fl. Reipubl. Popularis Sin. 27: 576, 620 (Addenda) (1979).
河南。

盾叶唐松草

•**Thalictrum ichangense** Lecoy. ex Oliv., Hooker's Icon. Pl. 18 (3): t. 1765 (1888).
辽宁、山西、甘肃、浙江、湖北、四川、云南。

盾叶唐松草（原变种）（岩扫把，龙眼草，石蒜还阳）

•**Thalictrum ichangense** var. **ichangense**
Thalictrum tripeltatum Maxim., Trudy Imp. S.-Peterburgsk. Bot. Sada 11 (1): 13 (1890); *Isopyrum multipeltatum* Pamp., Nuovo Giorn. Bot. Ital., n. s. 18 (1): 115, f. 20 (1911); *Thalictrum multipeltatum* (Pamp.) Pamp., Nuovo Giorn. Bot. Ital., n. s. 18 (2): 167, f. 24 b (1911).
辽宁、山西、甘肃、浙江、湖北、四川、云南。

朝鲜唐松草

Thalictrum ichangense var. **coreanum** (H. Lév.) H. Lév. ex Tamura, Acta Phytotax. Geobot. 15 (3): 83 (1953).
Thalictrum coreanum H. Lév., Bull. Acad. Int. Géogr. Bot. 11 (156): 297 (1902).
辽宁、山东；朝鲜半岛。

紫堇叶唐松草

Thalictrum isopyroides C. A. Mey. in Ledebour, Fl. Altaic. 2: 346 (1830).
新疆；亚洲（西南部）。

爪哇唐松草（羊不食）

Thalictrum javanicum Blume, Bijdr. Fl. Ned. Ind. 2 (1825).
Thalictrum glyphocarpum Wight et Arn., Prodr. Fl. Ind. Orient. 1: 2 (1834); *Thalictrum argyi* H. Lév., Bull. Herb. Boissier, sér. 2 6: 504 (1906); *Thalictrum sessile* Hayata, Icon. Pl. Formosan.

3: 6 (1913).
甘肃、浙江、江西、湖北、四川、贵州、云南、西藏、台湾、广东；印度尼西亚、不丹、尼泊尔、印度、斯里兰卡。

澜沧唐松草

●**Thalictrum lancangense** Y. Y. Qian, Acta Phytotax. Sin. 35 (3): 262 (1997).
云南。

疏序唐松草

●**Thalictrum laxum** Ulbr., Notizbl. Bot. Gart. Berlin-Dahlem 9 (84): 225 (1925).
湖北。

微毛爪哇唐松草

●**Thalictrum lecoyeri** Franch., Pl. Delavay. 16, pl. 5 (1889).
Thalictrum javanicum var. *puberulum* W. T. Wang, Fl. Reipubl. Popularis Sin. 27: 521, 617 (Addenda) (1979).
四川、贵州。

白茎唐松草

●**Thalictrum leuconotum** Franch., Pl. Delavay. 15 (1889).
Thalictrum mairei H. Lév., Repert. Spec. Nov. Regni Veg. 7 (152-156): 339 (1909); *Thalictrum sinomacrostigma* W. T. Wang, Acta Phytotax. Sin. 31 (3): 213 (1993).
青海、四川、云南。

鹤庆唐松草

●**Thalictrum leve** (Franch.) W. T. Wang, Acta Phytotax. Sin. 31 (3): 211 (1993).
Thalictrum scabrifolium var. *leve* Franch., Pl. Delavay. 17 (1889).
云南。

长喙唐松草

●**Thalictrum macrorhynchum** Franch., J. Bot. (Morot) 4 (17): 302 (1890).
河北、山西、陕西、甘肃、湖北、四川。

小果唐松草（虎老香，狗尾升麻，飞蛾七）

Thalictrum microgynum Lecoy. ex Oliv., Hooker's Icon. Pl. 17 (3): t. 1766 (1888).
Thalictrum scaposum W. E. Evans, Notes Roy. Bot. Gard. Edinburgh 13 (63-64): 187 (1921).
山西、湖南、湖北、四川、云南；缅甸。

亚欧唐松草

Thalictrum minus L., Sp. Pl. 1: 546 (1753).
黑龙江、吉林、辽宁、内蒙古、河北、山西、山东、河南、陕西、甘肃、青海、新疆、安徽、江苏、湖南、湖北、四川、贵州、广东；亚洲（西南部）、欧洲。

亚欧唐松草（原变种）

Thalictrum minus var. **minus**
Thalictrum sibiricum Ledeb., Fl. Ross. 1: 11 (1764).
山西、甘肃、青海、新疆；亚洲（西南部）、欧洲。

东亚唐松草（烟锅草，金鸡脚下黄，佛爷指甲）

Thalictrum minus var. **hypoleucum** (Siebold et Zucc.) Miq., Ann. Mus. Bot. Lugduno-Batavi 3: 3 (1867).
Thalictrum hypoleucum Siebold et Zucc., Abh. Math.-Phys. Cl. Königl. Bayer. Akad. Wiss. 4 (2): 178 (1846); *Thalictrum thunbergii* DC., Syst. Nat. 1: 183 (1817); *Thalictrum minus* var. *elatum* Lecoy., Bull. Soc. Roy. Bot. Belgique 24: 202 (1885); *Thalictrum amplissimum* H. Lév. et Vaniot, Bull. Acad. Int. Géogr. Bot. 11 (148): 51 (1902); *Thalictrum purdomii* J. J. Clarke, Bull. Misc. Inform. Kew 1913 (1): 39 (1913); *Thalictrum minus* var. *amplissimum* (H. Lév. et Vaniot) H. Lév., Fl. Kouy-Tchéou 339 (1915).
黑龙江、吉林、辽宁、内蒙古、河北、山西、山东、河南、陕西、安徽、江苏、湖南、湖北、四川、贵州、广东；日本、朝鲜半岛。

长梗亚欧唐松草

Thalictrum minus var. **kemense** (Fr.) Trel., Proc. Boston Soc. Nat. Hist. 23: 300 (1888).
Thalictrum kemense Fr., Fl. Hall. 1: 94 (1817); *Thalictrum kemense* var. *stipellatum* C. A. Mey. ex Maxim., Prim. Fl. Amur. 16 (1859); *Thalictrum minus* subsp. *kemense* (Fr.) Cajander, Suom. Kasvio 276 (1906); *Thalictrum minus* var. *stipellatum* (C. A. Mey. ex Maxim.) Tamura, Acta Phytotax. Geobot. 15 (3): 87 (1953).
新疆；亚洲（西南部）、欧洲。

密叶唐松草

●**Thalictrum myriophyllum** Ohwi, Acta Phytotax. Geobot. 2 (3): 156 (1933).
台湾。

稀蕊唐松草

●**Thalictrum oligandrum** Maxim., Trudy Imp. S.-Peterburgsk. Bot. Sada 11 (1): 16 (1890).
山西、甘肃、青海、四川。

峨眉唐松草（倒水莲，野海棠，黄芩）

●**Thalictrum omeiense** W. T. Wang et S. H. Wang, Fl. Reipubl. Popularis Sin. 27: 524, 617 (Addenda) (1979).
四川。

川鄂唐松草

●**Thalictrum osmundifolium** Finet et Gagnep., Bull. Soc. Bot. France 50: 615, pl. 19 A (1904).
湖北、四川。

瓣蕊唐松草（马尾黄连）

Thalictrum petaloideum L., Sp. Pl. ed. 1: 771 (1762).
黑龙江、吉林、辽宁、内蒙古、河北、山西、山东、河南、陕西、宁夏、甘肃、青海、安徽、浙江、湖北、四川；蒙古国、朝鲜半岛、俄罗斯。

瓣蕊唐松草（原变种）

Thalictrum petaloideum var. **petaloideum**
Thalictrum petaloideum var. *latifoliolatum* Kitag., Rep. First Sci. Exped. Manchoukuo 4 (7): 82 (1940).
黑龙江、吉林、辽宁、内蒙古、河北、山西、山东、河南、陕西、宁夏、甘肃、青海、安徽、浙江、湖北、四川；蒙古国、朝鲜半岛、俄罗斯。

狭裂瓣蕊唐松草

•**Thalictrum petaloideum** var. **supradecompositum** (Nakai) Kitag., Lin. Fl. Manshur. 227 (1939).
Thalictrum supradecompositum Nakai, Bot. Mag. (Tokyo) 46 (542): 54 (1932).
黑龙江、吉林、辽宁、内蒙古、河北。

菲律宾唐松草（酸味草）

Thalictrum philippinense C. B. Rob., Bull. Torrey Bot. Club 35, 65 (1908).
海南；菲律宾。

长柄唐松草

•**Thalictrum przewalskii** Maxim., Bull. Acad. Imp. Sci. Saint-Pétersbourg 23 (2): 305 (1877).
Thalictrum rockii B. Boivin, J. Arnold Arbor. 26: 115 (1945).
内蒙古、河北、山西、河南、陕西、甘肃、青海、湖北、四川、西藏。

拟盾叶唐松草

•**Thalictrum pseudoichangense** Q. E. Yang et G. H. Zhu, Novon 14: 510 (2004).
贵州。

多枝唐松草（水黄连，软杆子，软子黄连）

•**Thalictrum ramosum** B. Boivin, J. Arnold Arbor. 26 (1): 115, pl. 1, f. 12-15 (1945).
湖南、四川、广西。

美丽唐松草（鹅整）

Thalictrum reniforme Wall., Pl. Asiat. Rar. 2: 26 (1831).
Thalictrum neurocarpum Royle, Ill. Bot. Himal. Mts. 51 (1834); *Thalictrum menthosma* Stocks ex Lecoy., Bull. Soc. Bot. Belg. 24: 291 (1885).
西藏；不丹、尼泊尔、印度。

网脉唐松草

•**Thalictrum reticulatum** Franch., Bull. Soc. Bot. France 33: 371 (1886).
四川、云南。

网脉唐松草（原变种）（草黄连）

•**Thalictrum reticulatum** var. **reticulatum**
四川、云南。

毛叶网脉唐松草

•**Thalictrum reticulatum** var. **hirtellum** W. T. Wang et S. H. Wang, Fl. Reipubl. Popularis Sin. 27: 618 (1979).
四川。

粗壮唐松草

•**Thalictrum robustum** Maxim., Trudy Imp. S.-Peterburgsk. Bot. Sada 11 (1): 18 (1890).
Thalictrum clematidifolium Franch., J. Bot. (Morot) 8 (16): 273 (1894); *Thalictrum falcatum* Pamp., Nuovo Giorn. Bot. Ital., n. s. 22 (2): 290, f. 3 (1915).
山西、河南、甘肃、湖北、四川。

小喙唐松草

Thalictrum rostellatum Hook. f. et Thomson, Fl. Ind. 15 (1855).
四川、云南、西藏；不丹、尼泊尔、印度。

圆叶唐松草

Thalictrum rotundifolium DC., Syst. Nat. 1: 185 (1817).
西藏；尼泊尔。

淡红唐松草

•**Thalictrum rubescens** Ohwi, Acta Phytotax. Geobot. 2 (3): 156 (1933).
台湾。

芸香叶唐松草

Thalictrum rutifolium Hook. f. et Thomson, Fl. Ind. 14 (1855).
甘肃、青海、四川、云南、西藏；印度。

叉柱唐松草

Thalictrum saniculiforme DC., Prodr. 1: 12 (1824).
Thalictrum radiatum Royle, Ill. Bot. Himal. Mts. 52 (1831); *Thalictrum rupestre* Madden ex Lecoy., Bull. Soc. Bot. Belg. 24: 312 (1885).
云南、西藏；不丹、尼泊尔、印度。

糙叶唐松草

•**Thalictrum scabrifolium** Franch., Bull. Soc. Bot. France 33: 369 (1886).
云南。

陕西唐松草

•**Thalictrum shensiense** W. T. Wang et S. H. Wang, Fl. Tsinling. 1 (2): 603 (1974).
陕西。

思茅唐松草

•**Thalictrum simaoense** W. T. Wang et G. H. Zhu, Phytologia 79 (5): 385, f. 1 (1995).
云南。

箭头唐松草

Thalictrum simplex L., Fl. Suec., ed. 2: 191 (1755).
黑龙江、吉林、辽宁、内蒙古、河北、山西、陕西、甘肃、青海、新疆、湖北、四川；日本、朝鲜半岛、俄罗斯；亚洲（西南部）、欧洲。

箭头唐松草（原变种）

Thalictrum simplex var. **simplex**
内蒙古、新疆；亚洲（中部和西南部）、欧洲。

锐裂箭头唐松草

Thalictrum simplex var. **affine** (Ledeb.) Regel, Bull. Soc. Imp. Naturalistes Moscou 34: 44 (1861).
Thalictrum affine Ledeb., Fl. Ross. 1: 10 (1841).
黑龙江、吉林；俄罗斯。

短梗箭头唐松草（黄脚鸡，硬水黄连）

Thalictrum simplex var. **brevipes** H. Hara, J. Fac. Sci. Univ. Tokyo, Sect. 3, Bot. 6 (2): 56 (1952).
辽宁、内蒙古、河北、山西、陕西、甘肃、青海、湖北、四川；日本、朝鲜半岛。

腺毛箭头唐松草

•**Thalictrum simplex** var. **glandulosum** W. T. Wang, Fl. Reipubl. Popularis Sin. 27: 620 (1979).
黑龙江。

鞭柱唐松草（水黄连）

•**Thalictrum smithii** B. Boivin, J. Arnold Arbor. 26 (1): 114, pl. 1, f. 22 (1945).
四川、云南、西藏。

散花唐松草

Thalictrum sparsiflorum Turcz. ex Fisch. et C. A. Mey., Index Sem. (St. Petersburg) 1: 40 (1835).
Thalictrum clavatum Hook., Fl. Bor.-Amer. 1: 2 (1829); *Thalictrum richardsonii* A. Gray, Amer. J. Sci. Arts. 42: 17 (1842).
黑龙江、吉林；朝鲜半岛、俄罗斯；北美洲。

石砾唐松草（札阿中）

Thalictrum squamiferum Lecoy., Bull. Soc. Roy. Bot. Belgique 16: 227 (1880).
Thalictrum cultratum var. *tsangense* Brühl, Ann. Roy. Bot. Gard. (Calcutta) 5 (2): 72, pl. 102 (1896); *Thalictrum glareosum* Hand.-Mazz., Akad. Wiss. Wien, Math.-Naturwiss. Kl., Denkschr. 62: 218 (1925); *Schlagintweitiella fumarioides* Ulbr., Notizbl. Bot. Gart. Berlin-Dahlem 10 (98): 878, f. 15 (1929); *Schlagintweitiella glareosa* (Hand.-Mazz.) Ulbr., Notizbl. Bot. Gart. Berlin-Dahlem 12: 355 (1935).
青海、四川、云南、西藏；不丹、印度。

展枝唐松草（猫爪子，展枝白蓬草）

Thalictrum squarrosum Stephan ex Willd., Sp. Pl. ed. 2: 1299 (1799).
Thalictrum trigynum Fisch. ex Trevir., Index Sem. Hort. Bot. Vratisl. 1841 App. 2: 3 (1820); *Thalictrum oligospermum* Fisch. ex Sweet, Hort. Brit. 2 (1826); *Thalictrum dichotomum* Steud., Nomencl. Bot., ed. 2 2: 266 (1840); *Thalictrum repens* Schrad., Bull. Soc. Bot. Belg. 24: 309 (1885).
黑龙江、吉林、辽宁、内蒙古、河北、山西、陕西、四川；蒙古国、俄罗斯。

细唐松草（细枝唐松草）

•**Thalictrum tenue** Franch., Nouv. Arch. Mus. Hist. Nat., sér. 2 5: 168 (1883).
内蒙古、河北、山西、陕西、宁夏、甘肃。

玷柱唐松草

•**Thalictrum tenuisubulatum** W. T. Wang, Acta Bot. Yunnan. 4 (2): 135, pl. 2, f. 6 (1982).
云南。

毛发唐松草（珍珠莲，马尾黄连，水黄连）

•**Thalictrum trichopus** Franch., Bull. Soc. Bot. France 33: 368, 370 (1886).
Thalictrum tenii H. Lév., Repert. Spec. Nov. Regni Veg. 7 (137-139): 98 (1909).
四川、云南。

察瓦龙唐松草

•**Thalictrum tsawarungense** W. T. Wang et S. H. Wang, Fl. Reipubl. Popularis Sin. 27: 539, 618 (Addenda) (1979).
西藏。

深山唐松草

Thalictrum tuberiferum Maxim., Bull. Acad. Imp. Sci. Saint-Pétersbourg 22 (2): 227 (1876).
黑龙江、吉林、辽宁；日本、朝鲜半岛、俄罗斯。

阴地唐松草

•**Thalictrum umbricola** Ulbr., Notizbl. Bot. Gart. Berlin-Dahlem 9 (84): 221 (1925).
Thalictrum gueguenii B. Boivin, Rhodora 46: 366, f. 17 (1944).
江西、湖南、广东、广西。

钩柱唐松草

•**Thalictrum uncatum** Maxim., Trudy Imp. S.-Peterburgsk. Bot. Sada 11 (1): 14 (1890).
Thalictrum hamatum Maxim., Acta Horti Petrop. 11: 14 (1890).
甘肃、青海、四川、贵州、云南、西藏。

钩柱唐松草（原变种）

•**Thalictrum uncatum** var. **uncatum**
Thalictrum hamatum Maxim. Trudy Imp. S.-Peterburgsk. Bot. Sada 11: 16 (1889).

甘肃、青海、四川、贵州、云南、西藏。

狭翅钩柱唐松草

●**Thalictrum uncatum** var. **angustialatum** W. T. Wang, Fl. Reipubl. Popularis Sin. 27: 618 (1979).
贵州。

弯柱唐松草

●**Thalictrum uncinulatum** Franch. ex Lecoy., Bull. Soc. Roy. Bot. Belgique 24 (1): 169 (1885).
山西、甘肃、湖北、四川、贵州。

台湾唐松草

●**Thalictrum urbainii** Hayata, Icon. Pl. Formosan. 1: 25 (1911).
台湾。

台湾唐松草（原变种）

●**Thalictrum urbainii** var. **urbainii**
Thalictrum fauriei Hayata, J. Coll. Sci. Imp. Univ. Tokyo 22: 7, f. 1 (1906), non H. Lév. et Vaniot (1906), nor H. Léveillé (1909); *Thalictrum hayatanum* Koidz., Bot. Mag. (Tokyo) 34: 20 (1925).
台湾。

大花台湾唐松草

●**Thalictrum urbainii** var. **majus** T. Shimizu, J. Fac. Text. Sci. et Technol., Shinshu Univ. n. 36, sér. A (Biol.) 12: f. 4 (1936).
台湾。

帚枝唐松草（阴阳和）

Thalictrum virgatum Hook. f. et Thomson, Fl. Ind. 14 (1855).
Thalictrum macrostigma Lecoy., Bull. Soc. Bot. Belg. 24: 333 (1885); *Thalictrum virgatum* var. *stipitatum* Franch., Bull. Soc. Bot. France 33: 368 (1886); *Thalictrum verticillatum* H. Lév., Repert. Spec. Nov. Regni Veg. 7 (137-139): 97 (1909); *Thalictrum englerianum* Ulbr., Bot. Jahrb. Syst. 48 (5): 62 (1913).
四川、云南、西藏；不丹、尼泊尔、印度。

粘唐松草

●**Thalictrum viscosum** W. T. Wang et S. H. Wang, Fl. Reipubl. Popularis Sin. 27: 567, 619 (Addenda) (1979).
云南。

丽江唐松草

●**Thalictrum wangii** B. Boivin, J. Arnold Arbor. 26 (1): 116, pl. 1, f. 8-11 (1945).
云南、西藏。

武夷唐松草

●**Thalictrum wuyishanicum** W. T. Wang et S. H. Wang, Fl. Reipubl. Popularis Sin. 27: 541, 618 (Addenda) (1979).
江西、福建。

兴山唐松草

●**Thalictrum xingshanicum** G. F. Tao, Acta Phytotax. Sin. 22 (5): 423 (1984).
湖北。

云南唐松草

●**Thalictrum yunnanense** W. T. Wang, Acta Phytotax. Sin. 32 (5): 471 (1994).
云南。

云南唐松草（原变种）

●**Thalictrum yunnanense** var. **yunnanense**
云南。

滇南唐松草

●**Thalictrum yunnanense** var. **austroyunnanense** Y. Y. Qian, Acta Phytotax. Sin. 35 (3): 262 (1997).
云南。

岳西唐松草

●**Thalictrum yuoxiense** W. T. Wang, Pl. Sci. J. 32 (6): 567 (2014).
安徽。

金莲花属 Trollius L.

阿尔泰金莲花

Trollius altaicus C. A. Mey., Verz. Pfl. Casp. Meer. 200 (1831).
内蒙古、新疆；蒙古国、塔吉克斯坦、吉尔吉斯斯坦、哈萨克斯坦、乌兹别克斯坦、俄罗斯。

宽瓣金莲花

Trollius asiaticus L., Sp. Pl. 1: 557 (1753).
黑龙江、新疆；蒙古国、哈萨克斯坦（东部）、俄罗斯。

川陕金莲花（骆驼七）

●**Trollius buddae** Schipcz., Bot. Mater. Gerb. Glavn. Bot. Sada S. S. S. R. 4: 10 (1923).
陕西、甘肃、四川。

川陕金莲花（原变型）

●**Trollius buddae** f. **buddae**
Trollius stenopetalus Stapf, Bot. Mag. 152: sub pl. 9143 (1928).
陕西、甘肃、四川。

长瓣川陕金莲花（变型）

●**Trollius buddae** f. **dolichopetalus** P. L. Liu et C. Du, Acta Bot. Boreal.-Occid. Sin. 29 (5): 1050 (2009).
陕西。

金莲花

●**Trollius chinensis** Bunge, Mém. Acad. Imp. Sci. St.-Péters-

bourg, Sér. 6, Sci. Math. 2: 77 (1833).
Trollius asiaticus var. *chinensis* (Bunge) Maxim., Enum. Fl. Mongol. 25 (1889).
吉林、辽宁、内蒙古、河北、山西、河南。

准噶尔金莲花

Trollius dschungaricus Regel, Trudy Imp. S.-Peterburgsk. Bot. Sada 7 (Suppl.): 383 (1880).
Trollius europaeus var. *songoricus* Regel, Bull. Soc. Imp. Naturalistes Moscou 18: 243 (1870).
新疆；塔吉克斯坦、吉尔吉斯斯坦、哈萨克斯坦、乌兹别克斯坦。

矮金莲花

●**Trollius farreri** Stapf, Bot. Mag. 152: pl. 9143 (1928).
陕西、甘肃、青海、四川、云南、西藏。

矮金莲花（原变种）

●**Trollius farreri** var. **farreri**
Trollius pumilus var. *kansuensis* Brühl, Ann. Roy. Bot. Gard. (Calcutta) 5 (2): 88, pl. 113, f. 2 c (1896); *Trollius kansuensis* (Brühl) Mukerjee, Bull. Bot. Surv. India 2: 106 (1960).
陕西、甘肃、青海、四川、云南、西藏。

大叶矮金莲花

●**Trollius farreri** var. **major** W. T. Wang, Acta Phytotax. Sin., Addit. 1: 52 (1965).
云南、西藏。

长白金莲花

Trollius japonicus Miq., Ann. Mus. Bot. Lugduno-Batavi 3: 6 (1876).
吉林；日本。

短瓣金莲花

Trollius ledebourii Rchb., Iconogr. Bot. Pl. Crit. 3: 63 (1825).
黑龙江、辽宁、内蒙古；蒙古国、俄罗斯。

淡紫金莲花

Trollius lilacinus Bunge, Mém. Acad. Imp. Sci. Saint- Pétersbourg, sér. 6, Sci. Math., Seconde Pt. Sci. Nat. 2: 555 (1835).
Hegemone lilacina (Bunge) Bunge ex Ledeb., Fl. Ross. 1: 51 (1842).
新疆；蒙古国、吉尔吉斯斯坦、哈萨克斯坦、乌兹别克斯坦、俄罗斯。

长瓣金莲花

Trollius macropetalus (Regel) F. Schmidt, Mém. Acad. Imp. Sci. St.-Pétersbourg 12 (2): 88 (1868).
Trollius ledebourii var. *macropetalus* Regel, Mém. Acad. Imp. Sci. St.-Pétersbourg, Ser. 7 4: 4 (1861); *Trollius chinensis* subsp. *macropetalus* (Regel) Luferov, Byull. Moskovsk. Obshch. Isp. Prir. Biol. 96 (5): 74 (1991).
黑龙江、吉林、辽宁；朝鲜半岛、俄罗斯。

小花金莲花

●**Trollius micranthus** Hand.-Mazz., Symb. Sin. 7 (2): 268, pl. 6, f. 1 (1931).
云南、西藏。

小金莲花

Trollius pumilus D. Don, Prodr. Fl. Nepal. 195 (1825).
甘肃、青海、四川、西藏；缅甸（北部）、不丹、尼泊尔、印度。

小金莲花（原变种）

Trollius pumilus var. **pumilus**
Trollius pumilus var. *sikkimensis* Brühl, Ann. Roy. Bot. Gard. (Calcutta) 5 (2): 88, pl. 113, f. 2 a (1896).
西藏；缅甸（北部）、不丹、尼泊尔、印度。

显叶金莲花

●**Trollius pumilus** var. **foliosus** (W. T. Wang) W. T. Wang, Fl. Reipubl. Popularis Sin. 27: 78 (1979).
Trollius tanguticus var. *foliosus* W. T. Wang, Acta Phytotax. Sin., Addit. 1: 52 (1965).
甘肃。

青藏金莲花

●**Trollius pumilus** var. **tanguticus** Brühl, Ann. Roy. Bot. Gard. (Calcutta) 5 (2): 88, pl. 113, f. 2 d (1896).
Trollius pumilus var. *alpinus* Ulbr., Notizbl. Bot. Gart. Berlin-Dahlem 10 (98): 865 (1929); *Trollius tanguticus* (Brühl) W. T. Wang, Acta Phytotax. Sin., Addit. 1: 51 (1965).
甘肃、青海、四川、西藏。

德格金莲花

●**Trollius pumilus** var. **tehkehensis** (W. T. Wang) W. T. Wang, Fl. Reipubl. Popularis Sin. 27: 78 (1979).
Trollius tehkehensis W. T. Wang, Acta Phytotax. Sin., Addit. 1: 52 (1965).
四川。

毛茛状金莲花

●**Trollius ranunculoides** Hemsl., J. Linn. Soc., Bot. 29 (202): 301 (1892).
Trollius pumilus var. *ranunculoides* Brühl, Ann. Roy. Bot. Gard. (Calcutta) 5: 88 (1898).
甘肃、青海、四川、云南、西藏。

台湾金莲花

●**Trollius taihasenzanensis** Masam., J. Soc. Trop. Agric. 6: 570 (1934).
台湾。

鞘柄金莲花

●**Trollius vaginatus** Hand.-Mazz., Symb. Sin. 7 (2): 267, pl. 6, f. 2 (1931).
四川、云南。

云南金莲花

•**Trollius yunnanensis** (Franch.) Ulbr., Repert. Spec. Nov. Regni Veg. Beih. 12: 368 (1922).

Trollius pumilus var. *yunnanensis* Franch., Bull. Soc. Bot. France 33: 375 (1886).

甘肃、四川、云南。

云南金莲花（原变种）

•**Trollius yunnanensis** var. **yunnanensis**

Trollius pumilus subsp. *normalis* var. *yunnanensis* (Franch.) Brühl, Ann. Bot. Gard. (Calcuta) 5: 88 (1896); *Trollius papavereus* Schipcz., Bot. Mater. Gerb. Glavn. Bot. Sada R. S. F. S. R. 4: 10 (1923); *Trollius yunnanensis* f. *ubera* Stapf., Bot. Mag. 152: sub pl. 9143 (1928).

四川、云南。

覆裂云南金莲花

•**Trollius yunnanensis** var. **anemonifolius** (Brühl) W. T. Wang, Acta Phytotax. Sin., Addit. 1: 51 (1965).

Trollius pumilus subsp. *anemonifolius* Brühl, Ann. Roy. Bot. Gard. (Calcutta) 5 (2): 87, pl. 113, f. 2 k, 5 e (1896); *Trollius anemonifolius* (Brühl) Stapf, Bot. Mag. 152: sub pl. 9143 (1928); *Trollius yunnanensis* subsp. *anemonifolius* (Brühl) Dorosz., Monogr. Bot. 41: 42 (1974).

甘肃、四川。

长瓣云南金莲花

•**Trollius yunnanensis** var. **eupetalus** (Stapf) W. T. Wang, Acta Phytotax. Sin., Addit. 1: 50 (1965).

Trollius yunnanensis f. *eupetalus* Stapf, Bot. Mag. 152: pl. 9134 (1928); *Trollius pumilus* var. *yunnanensis* (Franch.) Bruhl, Bull. Soc. Bot. France 33: 375 (1886); *Vaccinium fragile* var. *myrtifolium* Franch., J. Bot. (Morot) 9 (19): 367 (1895); *Trollius papavereus* Schipcz., Bot. Mater. Gerb. Glavn. Bot. Sada S. S. S. R. 4: 10 (1923); *Trollius yunnanensis* f. *ubera* Stapf, Bot. Mag. 152: sub pl. 9143 (1928).

云南。

盾叶云南金莲花

•**Trollius yunnanensis** var. **peltatus** W. T. Wang, Acta Phytotax. Sin., Addit. 1: 51 (1965).

四川。

尾囊草属 **Urophysa** Ulbr.

尾囊草（岩蝴蝶，尾囊果）

•**Urophysa henryi** (Oliv.) Ulbr., Notizbl. Bot. Gart. Berlin-Dahlem 10 (98): 870 (1929).

Isopyrum henryi Oliv., Hooker's Icon. Pl. 18 (2): t. 1745 (1888); *Anemone boissiaei* H. Lév. et Vaniot, Bull. Acad. Int. Géogr. Bot. 11 (148): 47 (1902); *Aquilegia henryi* (Oliv.) Finet et Gagnep., Bull. Soc. Bot. France 51: 411 (1904); *Semiaquilegia henryi* (Oliv.) J. R. Drumm. et Hutch., Bull. Misc. Inform. Kew 1920 (5): 166, f. 7 (1920).

湖南、湖北、四川、贵州。

距瓣尾囊草

•**Urophysa rockii** Ulbr., Notizbl. Bot. Gart. Berlin-Dahlem 10. 869 (1929).

Semiaquilegia rockii (Ulbr.) J. R. Drumm. et Hutch., Bot. Mag., sub t. 9382 (1935).

四川。

76. 清风藤科 SABIACEAE [2 属：45 种]

泡花树属 **Meliosma** Blume

珂楠树

Meliosma alba (Schltdl.) Walp., Repert. Bot. Syst. 2: 816 (1843).

Millingtonia alba Schltdl., Linnaea 16: 395 (1842); *Meliosma beaniana* Rehder et E. H. Wilson in C. S. Sargent, Pl. Wilson. 2 (1): 205 (1914).

浙江、江西、湖南、湖北、四川、贵州、云南；缅甸。

狭叶泡花树（香椿木，鸡胆，鸡腿树）

Meliosma angustifolia Merr., Philipp. J. Sci. 21: 348 (1922).

Meliosma crassifolia Hand.-Mazz., Sinensia 3: 191 (1933); *Meliosma pinnata* subsp. *angustifolia* (Merr.) Beus., Blumea 19: 504 (1971).

云南、广东、广西、海南；越南（北部）。

南亚泡花树（蒙自珂楠树，贡山泡花树）

Meliosma arnottiana (Wight) Walp., Repert. Bot. Syst. 1: 423 (1842).

Millingtonia arnottiana Wight, Ill. Ind. Bot. 1: 144, t. 53 (1840); *Meliosma wallichiii* Planchon ex Hook. f., Fl. Brit. India 2: 6 (1876); *Meliosma pinnata* subsp. *arnottiana* (Wight) Beus., Blumea 19: 499, fig. 29, B5, fig. 32 (1971).

云南、西藏、广西；日本、朝鲜半岛、菲律宾、越南、泰国、马来西亚、印度尼西亚、尼泊尔、印度、斯里兰卡。

双裂泡花树

•**Meliosma bifida** Y. W. Law, Acta Phytotax. Sin. 17 (1): 44, pl. 3 (1979).

云南。

紫珠叶泡花树

•**Meliosma callicarpifolia** Hayata, Icon. Pl. Formosan. 3: 68 (1913).

Meliosma simplicifolia subsp. *fruticosa* (Blume) Beus., Blumea 19 (3): 477 (1971).

台湾。

泡花树（黑果木，山漆槁）

•**Meliosma cuneifolia** Franch., Nouv. Arch. Mus. Hist. Nat., sér. 2 8: 211 (1886).

Meliosma platypoda Rehder et E. H. Wilson in C. S. Sargent, Pl. Wilson. 2 (1): 201 (1914); *Meliosma dilleniifolia* subsp. *cuneifolia* (Franch.) Beus., Blumea 19 (3): 442 (1971).
山西、河南、陕西、甘肃、安徽、湖南、湖北、四川、贵州、云南、西藏。

泡花树（原变种）

•**Meliosma cuneifolia** var. **cuneifolia**
河南、陕西、甘肃、湖北、四川、贵州、云南、西藏。

光叶泡花树

•**Meliosma cuneifolia** var. **glabriuscula** Cufod., Oesterr. Bot. Z. 88: 257 (1939).
Meliosma mairei Cufod., Oesterr. Bot. Z. 88: 257 (1939); *Meliosma dillenifolia* var. *multinervia* Beus., Blumea 19 (3): 443 (1971).
江西、四川、云南、福建。

重齿泡花树

Meliosma dilleniifolia (Wall. ex Wight et Arn.) Walp., Repert. Bot. Syst. 1: 423 (1842).
Millingtonia dilleniifolia Wall. ex Wight et Arn., Edinburgh New Philos. J. 15: 179 (1833).
云南、西藏；缅甸（北部）、不丹、尼泊尔、印度（北部）。

灌丛泡花树

Meliosma dumicola W. W. Sm., Notes Roy. Bot. Gard. Edinburgh 13 (63-64): 170 (1921).
Meliosma tsangtakii Merr., Philipp. J. Sci. 23 (3): 251 (1923); *Meliosma dumicola* var. *serrata* Vidal in Aubréville, Fl. Cambodge, Laos et Vietnam 1: 36 (1960); *Meliosma lepidota* subsp. *dumicola* (W. W. Sm.) Beus., Blumea 19 (3): 460 (1971).
云南、西藏、广东、海南；越南（北部）、泰国。

垂枝泡花树

•**Meliosma flexuosa** Pamp., Nuovo Giorn. Bot. Ital., n. s. 17 (3): 423 (1910).
Meliosma pendens Rehder et E. H. Wilson in C. S. Sargent, Pl. Wilson. 2 (1): 200 (1914); *Meliosma dilleniifolia* subsp. *flexuosa* (Pamp.) Beus., Blumea 19 (3): 444, pl. 21 (1971).
陕西、安徽、江苏、浙江、江西、湖南、湖北、四川、贵州、广东。

香皮树

Meliosma fordii Hemsl., J. Linn. Soc., Bot. 23 (153): 144 (1886).
江西、湖南、贵州、云南、福建、广东、广西、海南；越南、老挝、泰国、柬埔寨。

香皮树（原变种）（霍氏泡花树，过家见，过假麻）

Meliosma fordii var. **fordii**
Meliosma pseudopaupera Cufod., Oesterr. Bot. Z. 88: 264 (1939); *Meliosma obtusa* Merr. et Chun, Sunyatsenia 5: 115 (1940); *Meliosma pseudopaupera* var. *pubisepala* F. C. How, Acta Phytotax. Sin. 3 (4): 436, t. 57, f. 9-11 (1955); *Meliosma hainanensis* F. C. How, Acta Phytotax. Sin. 3 (4): 433, t. 57, f. 1-3 (1955); *Meliosma simplicifolia* subsp. *fordii* (Hemsl.) Beus., Blumea 19 (3): 480, f. 22 (1971); *Meliosma xichouensis* H. W. Li ex S. K. Chen, Fl. Yunnan. 4: 312 (1986).
江西、湖南、贵州、云南、福建、广东、广西、海南；越南、老挝、泰国、柬埔寨。

辛氏泡花树

•**Meliosma fordii** var. **sinii** (Diels) Law, Acta Phytotax. Sin. 20 (4): 430 (1982).
Meliosma sinii Diels, Notizbl. Bot. Gart. Berlin-Dahlem 11 (103): 213 (1931).
贵州、广东、广西。

腺毛泡花树

•**Meliosma glandulosa** Cufod., Oesterr. Bot. Z. 88: 252 (1939).
贵州、广东、广西。

贵州泡花树（亨氏泡花树）

•**Meliosma henryi** Diels, Bot. Jahrb. Syst. 29 (3-4): 452 (1900).
湖北、四川、贵州、云南、广西。

山青木

•**Meliosma kirkii** Hemsl. et E. H. Wilson, Bull. Misc. Inform. Kew 1906: 154 (1906).
四川、云南。

华南泡花树（刘氏泡花树，大叶泡花树）

Meliosma laui Merr., Lingnan Sci. J. 14 (1): 32 (1935).
Meliosma simplicifolia subsp. *laui* (Merr.) Beus., Blumea 19 (3): 472, f. 22 (1971); *Meliosma laui* var. *megaphylla* H. W. Li ex S. K. Chen, Fl. Yunnan. 4: 308 (1986).
云南、广东、广西、海南；越南。

疏枝泡花树

Meliosma longipes Merr., J. Arnold Arbor. 23 (2): 178 (1942).
Meliosma depauperata Chun ex F. C. How, Acta Phytotax. Sin. 3 (4): 427, t. 55 (1955); *Meliosma lepidota* subsp. *longipes* (Merr.) Beus., Blumea 19 (3): 456, f. 22 (1971).
云南、广东、广西；越南。

多花泡花树

Meliosma myriantha Siebold et Zucc., Abh. Math.-Phys. Cl. Königl. Bayer. Akad. Wiss. 4 (2): 153 (1845).
山东、河南、陕西、安徽、江苏、浙江、江西、湖南、湖北、四川、贵州、福建、广东、广西；日本、朝鲜半岛（南部）。

多花泡花树（原变种）

Meliosma myriantha var. **myriantha**
山东、河南、陕西、安徽、江苏、浙江、江西、湖南、湖北、四川、贵州、福建、广东、广西；日本、朝鲜半岛（南部）。

异色泡花树

•**Meliosma myriantha** var. **discolor** Dunn, J. Linn. Soc., Bot. 38 (267): 358 (1908).

Meliosma stewardii Merr., Philipp. J. Sci. 27 (2): 164 (1925); *Meliosma myriantha* var. *stewardii* (Merr.) Beus., Blumea 19 (3): 439 (1971).

安徽、浙江、江西、湖南、湖北、贵州、福建、广东、广西。

柔毛泡花树（浙江泡花树）

•**Meliosma myriantha** var. **pilosa** (Lecomte) Law, Acta Phytotax. Sin. 20: 430 (1982).

Meliosma pilosa Lecomte, Bull. Soc. Bot. France 54: 676 (1908); *Meliosma myriantha* subsp. *pilosa* var. *pilosa* (Lecomte) Beus., Blumea 19: 438 (1971).

陕西、安徽、江苏、浙江、江西、湖南、湖北、四川、贵州、福建。

红柴枝

Meliosma oldhamii Miq. ex Maxim., Bull. Phys.-Math. Acad. Imp. Sci. Saint-Pétersbourg 6: 263 (1868).

河南、陕西、安徽、江苏、浙江、江西、湖南、湖北、贵州、云南、福建、广东、广西；日本、朝鲜半岛（南部）。

红柴枝（原变种）

Meliosma oldhamii var. **oldhamii**

Meliosma arnottiana var. *oldhamii* (Miq. ex Maxim.) H. Ohba, Fl. Jap. (Iwatsuki et al., eds.) 2 c: 78 (1999); *Rhus bofillii* H. Lév., Mem. Real Acad. Ci. Barcelona 12: 562 (1916); *Meliosma sinensis* Nakai, J. Arnold Arbor. 5: 80 (1924); *Meliosma oldhamii* var. *sinensis* (Nakai) Cufod., Oesterr. Bot. Z. 88: 253 (1939).

河南、陕西、安徽、江苏、浙江、江西、湖南、湖北、贵州、云南、福建、广东、广西；日本、朝鲜半岛（南部）。

有腺泡花树

•**Meliosma oldhamii** var. **glandulifera** Cufod., Oesterr. Bot. Z. 88: 253 (1939).

安徽、江西、湖南、广西。

细花泡花树

•**Meliosma parviflora** Lecomte, Bull. Soc. Bot. France 54: 676 (1908).

Meliosma dilatata Diels, Notizbl. Bot. Gart. Berlin-Dahlem 11 (103): 212 (1931).

河南、江苏、浙江、湖北、四川、西藏。

狭序泡花树

Meliosma paupera Hand.-Mazz., Anz. Akad. Wiss. Wien, Math.-Naturwiss. Kl. 58: 150 (1921).

Meliosma paupera var. *repandoserrata* Merr., Sunyatsenia 1: 200 (1934); *Meliosma donnaiensis* Gagnep. Notul. Syst. (Paris) 14 (4): 272 (1952).

江西、贵州、云南、广东、广西；越南。

羽叶泡花树

Meliosma pinnata (Roxb.) Maxim., Bull. Acad. Imp. Sci. Saint-Pétersbourg, sér. 3 12: 64 (1868).

Millingtonia pinnata Roxb., Fl. Ind. 1: 103 (1820).

西藏；缅甸、不丹、印度、孟加拉国。

漆叶泡花树

Meliosma rhoifolia Maxim., Bull. Phys.-Math. Acad. Imp. Sci. Saint-Pétersbourg 6: 262 (1867).

浙江、江西、湖南、贵州、福建、台湾、广东、广西；琉球群岛。

漆叶泡花树（原变种）

Meliosma rhoifolia var. **rhoifolia**

台湾；琉球群岛。

腋毛泡花树

•**Meliosma rhoifolia** var. **barbulata** (Cufod.) Y. W. Law, Acta Phytotax. Sin. 20 (4): 431 (1982).

Meliosma rhoifolia subsp. *barbulata* Cufod., Oesterr. Bot. Z. 88: 254 (1939); *Meliosma pinnata* subsp. *barbulata* (Cufod.) Beus. ex Welzen, Thai Forest Bull. Bot. 32: 168 (2004).

浙江、江西、湖南、贵州、福建、广东、广西。

笔罗子

Meliosma rigida Siebold et Zucc., Abh. Bayer. Akad. Wiss., Math.-Naturwiss. Kl. 4 (2): 153 (1845).

河南、浙江、江西、湖南、湖北、贵州、云南、福建、台湾、广东、广西；日本、菲律宾、越南、老挝。

笔罗子（原变种）（野枇杷）

Meliosma rigida var. **rigida**

Meliosma patens Hemsl., J. Linn. Soc., Bot. 23 (153): 145 (1886); *Meliosma glomerulata* Rehder et E. H. Wilson in C. S. Sargent, Pl. Wilson. 2 (1): 203 (1914); *Meliosma rigida* var. *patens* (Hemsl.) Cufod., Oesterr. Bot. Z. 88: 267 (1939); *Meliosma simplicifolia* subsp. *rigida* (Siebold et Zucc.) Beus., Blumea 19 (3): 473, f. 22 (1971).

河南、浙江、江西、湖南、湖北、贵州、云南、福建、台湾、广东、广西；日本、菲律宾、越南、老挝。

毡毛泡花树

•**Meliosma rigida** var. **pannosa** (Hand.-Mazz.) Y. W. Law, Acta Phytotax. Sin. 20 (4): 430 (1982).

Meliosma pannosa Hand.-Mazz., Anz. Akad. Wiss. Wien, Math.-Naturwiss. Kl. 58: 179 (1921).

浙江、江西、湖南、湖北、贵州、福建、广东、广西。

单叶泡花树

Meliosma simplicifolia (Roxb.) Walp., Repert. Bot. Syst. 1: 423 (1842).

Millingtonia simplicifolia Roxb., Pl. Coromandel 3: 50 (1820).

云南、西藏；老挝、缅甸、泰国、不丹、尼泊尔、印度、孟加拉国、斯里兰卡。

樟叶泡花树（绿樟，秤先树，野木棉）

Meliosma squamulata Hance, J. Bot. 14 (168): 364 (1876).

Meliosma lutchuensis Koidz., Bot. Mag. (Tokyo) 27: 563 (1913); *Meliosma lepidota* subsp. *squamulata* (Hance) Beus., Blumea 19 (3): 454, f. 22, J 1, 2 (1971).

浙江、江西、湖南、贵州、云南、福建、台湾、广东、广西、海南；日本。

西南泡花树（毛果泡花树）

Meliosma thomsonii King ex Brandis, Indian Trees 195 (1906).

Meliosma subverticillaris Rehder et E. H. Wilson in C. S. Sargent, Pl. Wilson. 2 (1): 201 (1914); *Meliosma forrestii* W. W. Sm., Notes Roy. Bot. Gard. Edinburgh 10 (46): 52 (1917); *Meliosma trichocarpa* Hand.-Mazz., Sinensia 5 (1-2): 17 (1934); *Meliosma simplicifolia* subsp. *thomsonii* (King ex Brandis) Beus., Blumea 19 (3): 469 (1971); *Meliosma thomsonii* var. *trichocarpa* (Hand.-Mazz.) C. Y. Wu et S. K. Chen, Fl. Yunnan. 4: 306 (1986).

四川、贵州、云南、西藏；缅甸（北部）、尼泊尔、印度（北部）。

山楝叶泡花树（罗壳木，泸水泡花树）

Meliosma thorelii Lecomte, Bull. Soc. Bot. France 54: 677 (1908).

Meliosma mannii Lace, Bull. Misc. Inform. Kew 113 (1915); *Meliosma buchananifolia* Merr., Philipp. J. Sci. 23 (3): 250 (1923); *Meliosma affinis* Merr., J. Arnold Arbor. 21 (3): 375 (1940); *Meliosma henryi* subsp. *mannii* (Lace) Beus., Blumea 19 (3): 451 (1971); *Meliosma henryi* subsp. *thorelii* (Lecomte) Beus., Blumea 19 (3): 449, f. 22 (1971).

四川、贵州、云南、福建、广东、广西、海南；越南、老挝、印度。

毛泡花树（绒毛泡花树）

Meliosma velutina Rehder et E. H. Wilson in C. S. Sargent, Pl. Wilson. 2 (1): 202 (1914).

Meliosma costata Cufod., Oesterr. Bot. Z. 88: 266 (1939).

云南、广东、广西；越南。

云南泡花树

Meliosma yunnanensis Franch., Bull. Soc. Bot. France 33: 465 (1886).

Meliosma fischeriana Rehder et E. H. Wilson in C. S. Sargent, Pl. Wilson. 2 (1): 203 (1914); *Meliosma simplicifolia* subsp. *yunnanensis* (Franch.) Beus., Blumea 19 (3): 471 (1971); *Meliosma yunnanensis* var. *fischeriana* (Rehder et E. H. Wilson) C. Y. Chang, Fl. Sichuan. 4: 167 (1988).

四川、贵州、云南、西藏；缅甸（北部）、不丹、尼泊尔、印度（北部）。

清风藤属 Sabia Colebr.

钟花清风藤

Sabia campanulata Wall. in W. Roxburgh, Fl. Ind. 2: 311 (1824).

云南、西藏；不丹、尼泊尔、印度。

钟花清风藤（原亚种）

Sabia campanulata subsp. **campanulata**

云南、西藏；不丹、尼泊尔、印度。

龙陵清风藤

●**Sabia campanulata** subsp. **metcalfiana** (L. Chen) Y. F. Wu, Acta Phytotax. Sin. 20 (4): 427, pl. 2, f. 2-3 (1982).

Sabia metcalfiana L. Chen, Sargentia 3: 27 (1943).

云南。

鄂西清风藤

●**Sabia campanulata** subsp. **ritchieae** (Rehder et E. H. Wilson) Y. F. Wu, Acta Phytotax. Sin. 20 (4): 426 (1982).

Sabia ritchieae Rehder et E. H. Wilson in C. S. Sargent, Pl. Wilson. 2 (1): 195 (1914); *Sabia gaultheriifolia* Stapf ex L. Chen, Sargentia 3: 26 (1943); *Sabia shensiensis* L. Chen, Sargentia 3: 31 (1943).

陕西、甘肃、安徽、江苏、浙江、江西、湖南、湖北、四川、贵州、福建、广东。

革叶清风藤（厚叶清风藤）

●**Sabia coriacea** Rehder et E. H. Wilson in C. S. Sargent, Pl. Wilson. 2 (1): 198 (1914).

江西、福建、广东。

平伐清风藤

●**Sabia dielsii** H. Lév., Feddes Repert. Spec. Nov. Regni Veg. 9 (222): 456 (1911).

Sabia olacifolia Stapf ex L. Chen, Sargentia 3: 52 (1943); *Sabia wangii* L. Chen, Sargentia 3: 51 (1943); *Sabia brevipetiolata* L. Chen, Sargentia 3: 50 (1943).

贵州、云南、广西。

灰背清风藤

●**Sabia discolor** Dunn, J. Linn. Soc., Bot. 38: 358 (1908).

浙江、江西、贵州、福建、广东、广西。

凹萼清风藤（凹叶清风藤）

●**Sabia emarginata** Lecomte, Bull. Soc. Bot. France 54: 673 (1908).

Sabia heterosepala L. Chen, Sargentia 3: 41 (1943).

湖南、湖北、四川、贵州、广西。

簇花清风藤

Sabia fasciculata Lecomte ex L. Chen, Sargentia 3: 42 (1943).

云南、福建、广东、广西；越南、缅甸。

清风藤

Sabia japonica Maxim., Bull. Acad. Imp. Sci. Saint-Péters-bourg 11 (3): 430 (1867).
河南、安徽、江苏、浙江、江西、湖北、贵州、福建、广东、广西；日本。

清风藤（原变种）（寻风藤）

Sabia japonica var. **japonica**
Sabia bullockii Hance, J. Bot. 16 (181): 9 (1878); *Sabia japonica* var. *spinosa* Lecomte, Bull. Soc. Bot. France 54: 673 (1907); *Sabia spinosa* Stapf ex Anon, Acta Phytotax. Geobot. 5 (1): 78 (1936).
河南、安徽、江苏、浙江、江西、湖北、贵州、福建、广东、广西；日本。

中华清风藤

•**Sabia japonica** var. **sinensis** (Stapf ex Koidz) L. Chen, Sargentia 3: 36 (1943).
Sabia sinensis Stapf ex Koidz, Acta Phytotax. Geobot. 5 (1): 78 (1936).
江西、福建、广东。

披针清风藤（狭叶清风藤）

Sabia lanceolata Colebr., Trans. Linn. Soc. London 12: 355 (1819).
Sabia kachinica L. Chen, Sargentia 3: 63 (1943).
西藏；缅甸、不丹、印度、孟加拉国。

柠檬清风藤

Sabia limoniacea Wall. ex Hook. f. et Thomson, Fl. Ind. 1: 210 (1855).
Androglossum reticulatum Champ. ex Benth., Hooker's J. Bot. Kew Gard. Misc. 4: 42 (1852); *Sabia limoniacea* var. *ardisioides* L. Chen, Sargentia 3: 58 (1943).
四川、云南、福建、广东、海南；缅甸、泰国、马来西亚、印度尼西亚、印度、孟加拉国。

长脉清风藤

•**Sabia nervosa** Chun ex Y. F. Wu, Acta Phytotax. Sin. 17 (1): 42 (1979).
广东、广西。

锥序清风藤（圆锥清风藤）

Sabia paniculata Edgew. ex Hook. f. et Thomson, Fl. Ind. 1: 211 (1855).
云南；缅甸、泰国、不丹、尼泊尔、印度、孟加拉国。

小花清风藤

Sabia parviflora Wall. ex Roxb., Fl. Ind. 2: 310 (1824).
Sabia harmandiana Pierre, Fl. Forest. Cochinch. 5: t. 360 B (1897); *Sabia parviflora* var. *harmandiana* (Pierre) Lecomte, Bull. Soc. Bot. France 54: 673 (1907); *Celastrus esquirolii* H. Lév., Repert. Spec. Nov. Regni Veg. 13: 262 (1914); *Celastrus discolor* H. Lév., Bull. Géogr. Bot. 24: 142 (1914); *Sabia parviflora* var. *nitidissima* H. Lév., Fl. Kouy-Tchéou 379 (1915); *Sabia polyantha* Hand.-Mazz., Sinensia 3 (8): 190 (1933); *Changiodendron guangxiense* R. H. Miao, Sci. Nat. Univ. Sunyatseni. 34 (1): 66 (1995).
四川、贵州、云南、广西；菲律宾、越南、缅甸、泰国、印度尼西亚、尼泊尔、印度。

灌丛清风藤

•**Sabia purpurea** subsp. **dumicola** (W. W. Sm.) Water, Blumea 26 (1): 54 (1980).
Sabia dumicola W. W. Sm., Notes Roy. Bot. Gard. Edinburgh 10 (46): 63 (1917); *Sabia parvifolia* L. Chen, Sargentia 3: 49 (1943); *Sabia acuminata* L. Chen, Sargentia 3: 49 (1943).
云南。

四川清风藤

•**Sabia schumanniana** Diels, Bot. Jahrb. Syst. 29 (3-4): 451 (1900).
河南、陕西、湖北、四川、重庆、贵州、云南。

四川清风藤（原亚种）（女儿藤，青木香）

•**Sabia schumanniana** var. **schumanniana**
Sabia schumanniana var. *longipes* Rehder et E. H. Wilson in C. S. Sargent, Pl. Wilson. 2: 197 (1914); *Sabia schumanniana* subsp. *longipes* (Rehder et E. H. Wilson) C. Y. Chang, Fl. Sichuan. 4: 161 (1988).
陕西、湖北、重庆、贵州、云南。

多花清风藤

•**Sabia schumanniana** subsp. **pluriflora** (Rehder et E. H. Wilson) Y. F. Wu, Acta Phytotax. Sin. 20 (4): 427 (1982).
Sabia schumanniana var. *pluriflora* Rehder et E. H. Wilson in C. S. Sargent, Pl. Wilson. 2 (1): 197 (1914); *Sabia bicolor* L. Chen, Sargentia 3: 32 (1943); *Sabia schumanniana* var. *bicolor* (L. Chen) Y. F. Wu, Acta Phytotax. Sin. 20 (4): 428 (1982).
湖北、四川、贵州、云南。

尖叶清风藤（卵叶清风藤，陇瑞清风藤）

Sabia swinhoei Hemsl., J. Linn. Soc., Bot. 23 (153): 144 (1886).
Sabia gracilis Hemsl., Hooker's Icon. Pl. 29 (2): t. 2831 (1907); *Sabia dunnii* H. Lév., Repert. Spec. Nov. Regni Veg. 9 (222-226): 457 (1911); *Sabia subcorymbosa* L. Chen, Sargentia 3: 45 (1943); *Sabia swinhoei* var. *hainanensis* L. Chen, Sargentia 3: 45 (1943); *Sabia uropetala* Gagnep. in Lecomte, Notul. Syst. (Paris) 14: 271 (1952); *Sabia swinhoei* var. *pavifolia* Y. H. Xiang et Q. H. Chen, J. Arnola Arbor. 71 (1): 126 (1990); *Sabia longruiensis* X. X. Chen et D. R. Liang, Bull. Bot. Res., Harbin 12 (2): 151 (1992); *Sabia ovalifolia* S. Y. Liu, J. Trop. Subtrop. Bot. 10 (3): 247 (2002).
江苏、浙江、江西、湖南、湖北、四川、贵州、云南、福建、台湾、广东、广西、海南；越南（北部）。

阿里山清风藤

●**Sabia transarisanensis** Hayata, Icon. Pl. Formosan. 5: 31, pl. 5 (1915).
台湾。

云南清风藤

Sabia yunnanensis Franch., Bull. Soc. Bot. France 33: 465 (1886).
河南、湖北、四川、云南、西藏；不丹、尼泊尔。

云南清风藤（原亚种）

Sabia yunnanensis subsp. **yunnanensis**
Sabia leptandra Hook. f. et Thomson, Fl. Ind. 1: 209 (1855); *Sabia puberula* Rehder et E. H. Wilson in C. S. Sargent, Pl. Wilson. 2 (1): 197 (1914); *Celastrus mairei* H. Lév., Repert. Spec. Nov. Regni Veg. 13 (363-367): 264 (1914); *Sabia rotundata* Stapt ex L. Chen, Sargentia 3: 68 (1943); *Sabia rockii* L. Chen, *op. cit.* 3: 21 (1943); *Sabia puberula* var. *hupehensis* L. Chen, *op. cit.* 3: 23 (1943); *Sabia glandulosa* L. Chen, *op. cit.* 3: 30 (1943); *Sabia yuii* L. Chen, *op. cit.* 3: 25 (1943); *Sabia pentadenia* L. Chen, *op. cit.* 3: 27 (1943); *Sabia croizatiana* L. Chen, *op. cit.* 3: 28 (1943); *Sabia pubescens* L. Chen, *op. cit.* 3: 20 (1943); *Sabia yunnanensis* var. *mairei* (H. Lév.) L. Chen, *op. cit.* 3: 24 (1943); *Sabia angustifolia* L. Chen, *op. cit.* 3: 31 (1943); *Sabia pallida* Stapf ex L. Chen, *op. cit.* 3: 33 (1943); *Sabia callosa* L. Chen, *op. cit.* 3: 33 (1943).
河南、湖北、四川、云南、西藏；不丹、尼泊尔。

阔叶清风藤（毛清风藤）

●**Sabia yunnanensis** subsp. **latifolia** (Rehder et E. H. Wilson) Y. F. Wu, Acta Phytotax. Sin. 20 (4): 428, pl. 2, f. 13-15 (1982).
Sabia latifolia Rehder et E. H. Wilson in C. S. Sargent, Pl. Wilson. 2 (1): 195 (1914); *Sabia omeiensis* Stapf ex L. Chen, Sargentia 3: 29 (1943); *Sabia obovatifolia* Y. W. Law et Y. F. Wu, Acta Phytotax. Sin. 17 (1): 42, pl. 1 (1979); *Sabia latifolia* var. *omeiensis* (Stapf ex L. Chen) S. K. Chen, Fl. Yunnan. 4: 325 (1986).
河南、安徽、江西、四川、贵州、云南。

77. 莲科 NELUMBONACEAE [1 属：1 种]

莲属 **Nelumbo** Adans.

莲（莲花，芙蓉，荷花）

Nelumbo nucifera Gaertn., Fruct. Sem. Pl. 1: 73 (1788).
Nymphaea nelumbo L., Sp. Pl. 1: 511 (1753); *Nelumbium nuciferum* Gaertn., Fruct. Sem. Pl. 1: 73 (1788); *Nelumbium speciosum* Willd., Sp. Pl. 2 (2): 1258 (1799); *Nelumbo komarovii* Grossh., Bot. Mater. Gerb. Bot. Inst. Komarova Akad. Nauk S. S. S. R. 8: 135 (1940).
中国广泛分布；日本、朝鲜半岛、菲律宾、越南、缅甸、泰国、马来西亚、印度尼西亚、不丹、尼泊尔、印度、巴基斯坦、斯里兰卡、巴布亚新几内亚、俄罗斯、澳大利亚。

78. 悬铃木科 PLATANACEAE [1 属：3 种]

悬铃木属 **Platanus** L.

法国梧桐（二球悬铃木，英国梧桐）

☆**Platanus acerifolia** (Aiton) Willd., Sp. Pl., ed. 4 4 (1): 474 (1797).
Platanus orientalis var. *acerifolia* Aiton, Hortus Kew. 3: 364 (1789); *Platanus hybridus* Brot., Fl. Lusit. 2: 487 (1805).
华中、东北、华南等多地有栽培；栽培起源于亚洲（西南部）或欧洲。

悬铃木（一球悬铃木，美国梧桐）

☆**Platanus occidentalis** L., Sp. Pl. 2: 999 (1753).
中国北部及中部均有栽培；原产于北美洲。

三球悬铃木（祛汗树，法国梧桐，悬铃木）

☆**Platanus orientalis** L., Sp. Pl. 2: 999 (1753).
中国有栽培；原产于亚洲（西南部）和欧洲（东南部）。

79. 山龙眼科 PROTEACEAE [4 属：26 种]

银桦属 **Grevillea** R. Br.

银桦

☆**Grevillea robusta** A. Cunn. ex R. Br., Prodr. Fl. Nov. Holl. Suppl. 24 (1830).
浙江、江西、四川、云南、福建、台湾、广东、广西等地栽培；原产于澳大利亚。

山龙眼属 **Helicia** Lour.

山地山龙眼（倮倮栗果）

●**Helicia clivicola** W. W. Sm., Notes Roy. Bot. Gard. Edinburgh 10 (49-50): 179 (1918).
云南。

小果山龙眼（越南山龙眼，红叶树，羊屎果）

Helicia cochinchinensis Lour., Fl. Cochinch. 1: 83 (1790).
云南、广东、广西、海南；日本、越南、泰国、柬埔寨。

东兴山龙眼

●**Helicia dongxingensis** H. S. Kiu, Guihaia 15 (2): 111 (1995).
广西。

镰叶山龙眼（新拟）

•**Helicia falcata** C. Y. Wu ex N. Jiang, X. Lin, K. Y. Guan et Wen-Bin Yu, Nordic J. Bot. 29 (1): 61, fig. 1 (2011).
云南。

山龙眼（菜甫筋）

Helicia formosana Hemsl., J. Linn. Soc., Bot. 26 (176): 394 (1891).
Helicia formosana var. *oblanceolata* Sleumer, Blumea 8 (1): 53 (1955).
台湾、广西、海南；越南、老挝、泰国。

大山龙眼

Helicia grandis Hemsl., Hooker's Icon. Pl. 27: t. 2631 (1900).
云南；越南。

海南山龙眼

Helicia hainanensis Hayata, Icon. Pl. Formosan. 9: 87 (1920).
云南、广东、广西、海南；越南、老挝、泰国。

广东山龙眼

•**Helicia kwangtungensis** W. T. Wang, Acta Phytotax. Sin. 5: 297 (1956).
Helicia cochinchinensis var. *lungtauensis* Sleumer, Blumea 8 (1): 77 (1955); *Helicia chunii* W. T. Wang, Acta Phytotax. Sin. 5: 293 (1956).
江西、湖南、福建、广东、广西。

长柄山龙眼

Helicia longipetiolata Merr. et Chun, Sunyatsenia 2: 217 (1935).
广东、广西、海南；越南、泰国。

深绿山龙眼

Helicia nilagirica Bedd., Madras J. Lit. Sci., sér. 3 1: 56 (1864).
Helicia erratica Hook. f., Fl. Brit. India 5: 189 (1886); *Helicia stricta* Diels, Repert. Spec. Nov. Regni Veg. 13: 527 (1915); *Helicia cornifolia* W. T. Wang, Acta Phytotax. Sin. 5 (4): 296 (1956); *Helicia erratica* var. *sinica* W. T. Wang, *op. cit.* 5 (4): 296 (1956).
云南；老挝、缅甸、泰国、柬埔寨、不丹、尼泊尔、印度。

倒卵叶山龙眼

Helicia obovatifolia Merr. et Chun, Sunyatsenia 5: 45 (1940).
广东、广西、海南；越南。

枇杷叶山龙眼（野乌榄）

Helicia obovatifolia var. **mixta** (H. L. Li) Sleumer, Blumea 8 (1): 32 (1955).
Helicia vestita var. *mixta* H. L. Li, J. Arnold Arbor. 24: 444 (1943).
广东、广西、海南；越南。

焰序山龙眼

Helicia pyrrhobotrya Kurz, J. Asiat. Soc. Bengal, Pt. 2, Nat. Hist. 42 (2): 103 (1873).
云南、广西；缅甸。

莲花池山龙眼

•**Helicia rengetiensis** Masam., Bull. Tokyo Univ. Forest. 39: 143 (1951).
Helicia obovata Y. C. Liu, J. Agr. et For. Taiwan 6: 1, pl. 1-5 (1958); *Helicia cochinchinensis* var. *rengetiensis* (Masam.) S. S. Ying, Colour Illustr. Ligneous Pl. Taiwan 1: 403 (1987).
台湾。

网脉山龙眼（萝卜树）

•**Helicia reticulata** W. T. Wang, Acta Phytotax. Sin. 5 (4): 300, pl. 56 (1956).
Helicia cochinchinensis var. *pseuderratica* Sleumer, Blumea 8 (1): 77 (1955); *Helicia reticulata* var. *parvifolia* W. T. Wang, Acta Phytotax. Sin. 5 (4): 302 (1956).
江西、湖南、贵州、云南、福建、广东、广西。

瑞丽山龙眼（罗罗李，老母猪果）

•**Helicia shweliensis** W. W. Sm., Notes Roy. Bot. Gard. Edinburgh 10 (49-50): 180 (1918).
云南。

林地山龙眼

•**Helicia silvicola** W. W. Sm., Notes Roy. Bot. Gard. Edinburgh 10: 181 (1918).
云南。

西藏山龙眼

•**Helicia tibetensis** H. S. Kiu, Acta Phytotax. Sin. 18: 524 (1980).
云南、西藏。

潞西山龙眼

•**Helicia tsaii** W. T. Wang, Acta Phytotax. Sin. 5: 292 (1956).
云南。

浓毛山龙眼

Helicia vestita W. W. Sm., Notes Roy. Bot. Gard. Edinburgh 10: 181 (1918).
云南、西藏；泰国。

浓毛山龙眼（原变种）

•**Helicia vestita** var. **vestita**
云南。

锈毛山龙眼

•**Helicia vestita** var. **longipes** W. T. Wang, Fl. Xizang. 1: 568 (1983).
西藏。

阳春山龙眼

●**Helicia yangchunensis** H. S. Kiu, Guihaia 15: 110 (1995).
广东。

假山龙眼属 Heliciopsis Sleum.

假山龙眼

●**Heliciopsis henryi** (Diels) W. T. Wang, Acta Phytotax. Sin. 5: 307 (1956).
Helicia henryi Diels, Repert. Spec. Nov. Regni Veg. 13: 52 (1915); *Helicia pallidiflora* W. W. Sm., Notes Roy. Bot. Gard. Edinburgh 10 (49-50): 179 (1918).
云南。

调羹树（那托，定朗）

Heliciopsis lobata (Merr.) Sleumer, Blumea 8 (1): 83 (1955).
Helicia lobata Merr., Lingnan Sci. J. 6 (3): 276 (1928).
海南；马来西亚。

痄腮树（硬壳果，鹅掌枫，老鼠核桃）

Heliciopsis terminalis (Kurz) Sleumer, Blumea 8 (1): 80 (1955).
Helicia terminalis Kurz, Forest Fl. Burma 2: 312 (1877); *Heliciopsis lobata* var. *microcarpa* C. Y. Wu et T. Z. Hsu, Fl. Yunnan. 1: 39, pl. 8, f. 8-10 (1977).
云南、广东、广西、海南；越南、缅甸、泰国、柬埔寨、不丹、印度。

澳洲坚果属 Macadamia F. Muell.

澳洲坚果

☆**Macadamia integrifolia** Maiden et Betche, Proc. Linn. Soc. New South Wales., sér. 2 21 (84): 624 (1897).
云南、台湾、广东、海南有栽培；世界各地广泛栽培，原产于澳大利亚。

四叶澳洲坚果

☆**Macadamia tetraphylla** Johnson, Proc. Linn. Soc. New South Wales 79 (1): 15 (1954).
广东有栽培；世界各地广泛栽培。

80. 昆栏树科 TROCHODENDRACEAE [2 属：2 种]

水青树属 Tetracentron Oliv.

水青树

Tetracentron sinense Oliv., Hooker's Icon. Pl. 19 (4): t. 1892 (1889).
Tetracentron sinense var. *himalense* H. Hara et Kanai, J. Jap. Bot. 39: 193 (1964).
河南、陕西、甘肃、湖南、湖北、四川、贵州、云南、西藏；越南、缅甸、不丹、尼泊尔、印度。

昆栏树属 Trochodendron Siebold et Zucc.

昆栏树

Trochodendron aralioides Siebold et Zucc., Fl. Jap. 1: 84, pl. 39-40 (1839).
台湾；日本（南部）、朝鲜半岛。

81. 黄杨科 BUXACEAE [3 属：29 种]

黄杨属 Buxus L.

滇南黄杨（河滩黄杨）

●**Buxus austroyunnanensis** Hatus., J. Dept. Agric. Kyushu Imp. Univ. 6: 286 (1942).
云南。

雀舌黄杨

●**Buxus bodinieri** H. Lév., Repert. Spec. Nov. Regni Veg. 11 (304-308): 549 (1913).
Buxus harlandii var. *platyphylla* C. K. Schneid., Ill. Handb. Laubholzk. 2: 139 (1912).
河南、陕西、甘肃、浙江、江西、湖北、四川、贵州、云南、广东、广西。

头花黄杨

●**Buxus cephalantha** H. Lév. et Vaniot, Repert. Spec. Nov. Regni Veg. 3 (27-28): 21 (1906).
Buxus sempervirens var. *microphylla* H. Lév., Fl. Kouy-Tchéou 160 (1914); *Buxus harlandii* var. *linearis* Hand.-Mazz., Symb. Sin. 7 (2): 237 (1931); *Buxus harlandii* var. *cephalantha* (H. Lév. et Vaniot) Rehder, J. Arnold Arbor. 14 (3): 237 (1933).
贵州、广东、广西。

头花黄杨（原变种）

●**Buxus cephalantha** var. **cephalantha**
贵州、广西。

汕头黄杨

●**Buxus cephalantha** var. **shantouensis** M. Cheng, Acta Phytotax. Sin. 17 (3): 97, pl. 7, f. 1 (1979).
Buxus chaoanensis H. G. Ye, J. Trop. Subtrop. Bot. 10 (3): 245 (2002).
广东。

海南黄杨

●**Buxus hainanensis** Merr., Lingnan Sci. J. 14 (1): 25, f. 8 (1935).
海南。

匙叶黄杨

•**Buxus harlandii** Hance, J. Linn. Soc., Bot. 13: 123 (1873).
广东、海南。

毛果黄杨

•**Buxus hebecarpa** Hatus., J. Dept. Agric. Kyushu Imp. Univ. 6: 302 (1942).
四川。

河南黄杨

•**Buxus henanensis** T. B. Zhao, Z. X. Chen et G. H. Tian, J. Beijing Forest. Univ. 26 (2): 76 (2004).
河南。

大花黄杨（桃叶黄杨）

•**Buxus henryi** Mayr, Fremdländ. Wald-Parkbäume 451 (1906).
湖北、四川、贵州。

宜昌黄杨

•**Buxus ichangensis** Hatus., J. Dept. Agric. Kyushu Imp. Univ. 6 (6): 309 (1942).
湖北。

阔柱黄杨

Buxus latistyla Gagnep., Bull. Soc. Bot. France 68: 482 (1921).
云南、广西；越南、老挝（北部）。

线叶黄杨

•**Buxus linearifolia** M. Cheng, Acta Phytotax. Sin. 17 (3): 97, pl. 7, f. 2 (1979).
广西。

大叶黄杨

•**Buxus megistophylla** H. Lév., Fl. Kouy-Tchéou 160 (1914).
江西、湖南、贵州、广东、广西。

软毛黄杨（毛黄杨）

•**Buxus mollicula** W. W. Sm., Notes Roy. Bot. Gard. Edinburgh 10 (46): 16 (1917).
Buxus wallichiana var. *velutina* Franch., Fl. Dan. Suppl. 136 (1889).
四川、云南。

软毛黄杨（原变种）

•**Buxus mollicula** var. **mollicula**
云南。

变光软毛黄杨（光叶黄杨）

•**Buxus mollicula** var. **glabra** Hand.-Mazz., Symb. Sin. 7 (2): 236 (1931).
四川、云南。

杨梅黄杨

Buxus myrica H. Lév., Repert. Spec. Nov. Regni Veg. 11 (304-308): 549 (1913).
湖南、四川、贵州、云南、广西、海南；越南。

杨梅黄杨（原变种）

Buxus myrica var. **myrica**
湖南、四川、贵州、云南、广西、海南；越南。

狭叶杨梅黄杨

Buxus myrica var. **angustifolia** Gagnep., Observ. Bot. 5: 662 (1927).
贵州、广西；越南（北部）。

毛枝黄杨

•**Buxus pubiramea** Merr. et Chun, Sunyatsenia 5: 104 (1940).
海南。

皱叶黄杨（高山黄杨）

•**Buxus rugulosa** Hatus., J. Dept. Agric. Kyushu Imp. Univ. 6: 303 (1942).
Buxus harlandii var. *platyphylla* C. K. Schneid., Ill. Handb. Laubholzk. 2: 139 (1912); *Buxus microphylla* var. *platyphylla* (Schneid.) Hand.-Mazz., Symb. Sin. 7 (2): 237 (1931).
四川、云南、西藏。

皱叶黄杨（原变种）

•**Buxus rugulosa** var. **rugulosa**
四川、云南。

平卧皱叶黄杨

•**Buxus rugulosa** var. **prostrata** (W. W. Sm.) M. Cheng, Fl. Reipubl. Popularis Sin. 45 (1): 29, pl. 8, f. 11-12 (1980).
Buxus microphylla var. *prostrata* W. W. Sm., Notes Roy. Bot. Gard. Edinburgh 10 (46): 16 (1917); *Buxus rugulosa* var. *intermedia* Hatus., J. Dept. Agric. Kyushu Imp. Univ. 6 (6): 305 (1942).
四川、云南、西藏。

岩生黄杨

•**Buxus rugulosa** var. **rupicola** (W. W. Sm.) P. Brückner et T. L. Ming, Fl. China 11: 325 (2008).
Buxus microphylla var. *rupicola* W. W. Sm., Notes Roy. Bot. Gard. Edinburgh 9 (42): 88 (1916); *Buxus rugulosa* subsp. *rupicola* (W. W. Sm.) Hatus., J. Dept. Agric. Kyushu Imp. Univ. 6 (6): 309 (1942).
四川、云南、西藏。

黄杨

•**Buxus sinica** (Rehder et E. H. Wilson) M. Cheng, Fl. Reipubl. Popularis Sin. 45 (1): 37 (1980).
Buxus microphylla var. *sinica* Rehder et E. H. Wilson in C. S. Sargent, Pl. Wilson. 2: 165 (1914).
山东、陕西、甘肃、安徽、江苏、浙江、江西、湖南、湖北、四川、重庆、贵州、福建、台湾、广东、广西。

黄杨（原变种）

●**Buxus sinica** var. **sinica**

山东、陕西、甘肃、安徽、江苏、浙江、江西、湖北、四川、贵州、广东、广西。

尖叶黄杨

●**Buxus sinica** var. **aemulans** (Rehder et E. H. Wilson) P. Brückner et T. L. Ming, Fl. China 11: 327 (2008).

Buxus microphylla var. *aemulans* Rehder et E. H. Wilson in C. S. Sargent, Pl. Wilson. 2: 169 (1914); *Buxus microphylla* var. *kiangsiensis* Hu et F. H. Chen, Acta Phytotax. Sin. 1 (2): 227 (1951); *Buxus sinica* subsp. *aemulans* (Rehder et E. H. Wilson) M. Cheng, Fl. Reipubl. Popularis Sin. 45 (1): 40 (1980).

安徽、浙江、江西、湖南、湖北、四川、重庆、福建、广东、广西。

雌花黄杨

●**Buxus sinica** var. **femineiflora** T. B. Zhao et Z. Y. Chen, J. Beijing Forest. Univ. 26 (2): 77 (2004).

河南。

中间黄杨

●**Buxus sinica** var. **intermedia** (Kaneh.) M. Cheng, Fl. Reipubl. Popularis Sin. 45 (1): 40 (1980).

Buxus intermedia Kaneh., Formosan Trees Indigenous to the Island (revised) 359, f. 315 (1936); *Buxus microphylla* var. *intermedia* (Kaneh.) H. L. Li, Woody Fl. Taiwan. 442, f. 170 (1963).

台湾。

小叶黄杨

●**Buxus sinica** var. **parvifolia** M. Cheng, Acta Phytotax. Sin. 17 (3): 98, pl. 7, f. 4 (1979).

安徽、浙江、江西、湖北、重庆。

矮生黄杨

●**Buxus sinica** var. **pumila** M. Cheng, Acta Phytotax. Sin. 17 (3): 98 (1979).

湖北。

越桔叶黄杨

●**Buxus sinica** var. **vaccinifolia** M. Cheng, Acta Phytotax. Sin. 17 (3): 98, pl. 7, f. 3 (1979).

江西、湖南、重庆、广东。

狭叶黄杨（汕头黄杨）

●**Buxus stenophylla** Hance, J. Bot. 6 (71): 331 (1868).

Buxus ichangensis var. *fukienensis* Hatus., J. Dept. Agric. Kyushu Imp. Univ. 6 (6): 309 (1942).

贵州、福建、广东。

板凳果属 Pachysandra Michx.

板凳果（多毛板凳果，宿柱三角咪，光叶板凳果）

●**Pachysandra axillaris** Franch., Pl. Delavay. 135, pl. 26 (1889).

Pachysandra axillaris var. *tricarpa* Hayata, Icon. Pl. Formosan. 2: 129 (1912); *Pachysandra axillaris* f. *kouytchensis* H. Lév., Fl. Kouy-Tchéou 166 (1914); *Pachysandra stylosa* var. *glaberrima* Hand.-Mazz., Symb. Sin. 7 (2): 236 (1931); *Pachysandra axillaris* var. *glaberrima* (Hand.-Mazz.) C. Y. Wu, Fl. Yunnan. 1: 154 (1977).

陕西、江西、四川、云南、福建、台湾、广东。

板凳果（原变种）

●**Pachysandra axillaris** var. **axillaris**

四川、云南、台湾。

多毛板凳果

●**Pachysandra axillaris** var. **stylosa** (Dunn) M. Cheng, Fl. Reipubl. Popularis Sin. 45 (1): 59, t. 21, f. 7-9 (1980).

Pachysandra stylosa Dunn, J. Bot. 46 (10): 326 (1908); *Pachysandra bodinieri* H. Lév., Repert. Spec. Nov. Regni Veg. 12 (317-321): 187 (1913); *Pachysandra axillaris* subsp. *stylosa* (Dunn) Boufford et Q. Y. Xiang, Bot. Bull. Acad. Sin. 33 (2): 205 (1992).

陕西、江西、云南、福建、广东。

顶花板凳果（粉蕊黄杨，顶蕊三角咪，富贵草）

Pachysandra terminalis Siebold et Zucc., Abh. Math.-Phys. Cl. Königl. Bayer. Akad. Wiss. 4 (2): 182 (1845).

陕西、甘肃、浙江、湖北、四川；日本。

野扇花属 Sarcococca Lindl.

聚花野扇花（聚花清香桂）

●**Sarcococca confertiflora** Sealy, Hooker's Icon. Pl. 36 (3): t. 3559 (1958).

云南。

羽脉野扇花（树八爪龙）

Sarcococca hookeriana Baill., Monogr. Buxac. 53 (1859).

Sarcococca pruniformis var. *hookeriana* Hook. f., Fl. Brit. India 5 (14): 266 (1887); *Sarcococca humilis* Stapf, Bull. Misc. Inform. Kew 1911 (8): 329 (1911).

陕西、湖北、四川、重庆、云南、西藏；不丹、尼泊尔、印度（东北部）、阿富汗。

羽脉野扇花（原变种）

Sarcococca hookeriana var. **hookeriana**

西藏；不丹、尼泊尔、印度（东北部）、阿富汗。

双蕊野扇花（树八爪龙）

●**Sarcococca hookeriana** var. **digyna** Franch., Pl. Delavay. 135 (1889).

Myrsine chevalieri H. Lév., Fl. Kouy-Tchéou 284 (1914); *Sarcococca hookeriana* var. *humilis* Rehder et E. H. Wilson in C. S. Sargent, Pl. Wilson. 2 (1): 164 (1914); *Pachysandra mairei* H. Lév., Cat. Pl. Yun-Nan 97, f. 23 (1916).

陕西、湖北、四川、重庆、云南。

长叶野扇花

●**Sarcococca longifolia** M. Cheng et K. F. Wu, Acta Phytotax. Sin. 17 (3): 99 (1979).
广西。

长叶柄野扇花

●**Sarcococca longipetiolata** M. Cheng, Acta Phytotax. Sin. 17 (3): 99, pl. 8, f. 1-2 (1979).
湖南、广东。

东方野扇花

●**Sarcococca orientalis** C. Y. Wu ex M. Cheng, Acta Phytotax. Sin. 17 (3): 99, pl. 8, f. 4 (1979).
浙江、江西、福建、广东。

野扇花（清香桂）

●**Sarcococca ruscifolia** Stapf, Bull. Misc. Inform. Kew 1910 (10): 394 (1910).
Sarcococca saligna var. *chinensis* Franch., Pl. Delavay. 135 (1889); *Sarcococca ruscifolia* var. *chinensis* (Franch.) Rehder et E. H. Wilson in C. S. Sargent, Pl. Wilson. 2 (1): 163 (1914); *Sarcococca pauciflora* C. Y. Wu ex S. Y. Pao, Fl. Yunnan. 1: 151 (1977).
山西、甘肃、湖南、湖北、四川、贵州、云南、广西。

柳叶野扇花

Sarcococca saligna (D. Don) Müll. Arg. in A. de Condolle, Prodr. 16 (1): 11 (1869).
Buxus saligna D. Don, Prodr. Fl. Nepal. 63 (1825); *Sarcococca pruniformis* var. *angustifolia* Lindl., Edwards's Bot. Reg. 12: t. 1012 (1826); *Sarcococca salicifolia* Baill., Monogr. Buxac. 47 (1859).
西藏、台湾；尼泊尔、印度、巴基斯坦、阿富汗。

海南野扇花（大叶清香桂）

Sarcococca vagans Stapf, Bull. Misc. Inform. Kew 1914: 230 (1914).
Sarcococca balansae Gagnep., Bull. Soc. Bot. 68: 482 (1921); *Sarcococca euphlebia* Merr., Philipp. J. Sci. 23 (3): 249 (1923).
云南、海南；越南、缅甸。

云南野扇花（厚叶清香桂）

Sarcococca wallichii Stapf, Bull. Misc. Inform. Kew 1916: 34 (1916).
Sarcococca pruniformis Lindl., Edwards's Bot. Reg. 12: t. 1012 (1826); *Sarcococca coriacea* Müll. Arg. in A. de Condolle, Prodr. 16 (1): 11 (1869).
云南、西藏；缅甸、不丹、尼泊尔、印度（东北部）。

82. 五桠果科 DILLENIACEAE [2 属：6 种]

五桠果属 Dillenia L.

五桠果

Dillenia indica L., Sp. Pl. 1: 535 (1753).
Dillenia speciosa Thunb., Trans. Linn. Soc. London 1: 200 (1791); *Dillenia elliptica* Thunb. in A. de Condolle, Prodr. 1: 76 (1824).
云南、广西；菲律宾、越南、老挝、缅甸、泰国、马来西亚、印度尼西亚、不丹、尼泊尔、印度、斯里兰卡。

小花五桠果

Dillenia pentagyna Roxb., Pl. Coromandel 1: 21, t. 20 (1795).
Dillenia hainanensis Merr., Lingnan Sci. J. 13 (1): 64 (1934).
云南、海南；越南、缅甸、泰国、马来西亚、印度尼西亚、不丹、尼泊尔、印度。

大花五桠果

Dillenia turbinata Finet et Gagnep., Bull. Soc. Bot. France 52: 11, t. 1 (1906).
云南、广西、海南；越南。

锡叶藤属 Tetracera L.

锡叶藤

Tetracera sarmentosa (L.) Vahl, Symb. Bot. 3: 70 (1794).
Delima sarmentosa L., Gen. Pl., ed. 5 Addend: 522 (1754); *Seguieria asiatica* Lour., Fl. Cochinch. 1: 341 (1790); *Tetracera levinei* Merr., Philipp. J. Sci. 13 (3): 147 (1918); *Tetracera asiatica* (Lour.) Hoogland, Fl. Males. Bull. 1 (4): 143 (1951).
云南、广东、广西、海南；缅甸、泰国、马来西亚、印度尼西亚、印度、斯里兰卡。

毛果锡叶藤

Tetracera scandens (L.) Merr., Interpr. Herb. Amboin. 365 (1917).
Tragia scandens L., Herb. Amboin. 18 (1754).
云南；印度、印度尼西亚、马来西亚、缅甸、菲律宾、泰国、越南。

勐腊锡叶藤

●**Tetracera xui** H. Zhu et H. Wang, Guihaia 19 (4): 337, f. 1 (1999).
云南。

本书主要参考文献

Alexey P S. 2015. Molecular and morphological revision of the *Allium saxatile* group (Amaryllidaceae): geographical isolation as the driving force of underestimated speciation. Botanical Journal of the Linnean Society, 178: 67-101.

Chase M V, Reveal J L, Fay M F. 2009. A subfamilial classification for the expanded asparagalean families Amaryllidaceae, Asparagaceae and Xanthorrhoeaceae. Botanical Journal of the Linnean Society, 161: 132-136.

Choi H J, Oh B U. 2011. A partial revision of *Allium* (Amaryllidaceae) in Korea and north-eastern China. Botanical Journal of the Linnean Society, 167(2): 153-211.

Friesen N, Fritsch R M, Blattner F R. 2006. Phylogeny and new intrageneric classification of *Allium* (Alliaceae) based on nuclear ribosomal DNA ITS sequences. Aliso, 22: 372-395.

Govaerts R, Friesen N, Fritsch R, et al. 2016. World checklist of *Allium*. Royal Botanic Gardens. http://wcsp.science.kew.org/qsearch.do;jsessionid=F92C16ACB1D586188B36DD19B69835A4.kppapp06-wcsp[2017-12-29].

Li Q Q, Zhou S D, He X J, et al. 2010. Phylogeny and biogeography of *Allium* (Amaryllidaceae: Allieae) based on nuclear ribosomal internal transcribed spacer and chloroplast *rps16* sequences, focusing on the inclusion of species endemic to China. Annals of Botany, 106(5): 709-733.

Liu K W, Xie G C, Chen L J, et al. 2012. *Sinocurculigo*, a new genus of Hypoxidaceae from China based on molecular and morphological evidence. PLoS ONE, 7(6): e38880.

Luo Y, Yang Q E. 2005. Taxonomic revision of *Aconitum* (Ranunculaceae) from Sichuan, China. Acta Phytotaxonomica Sinica, 43(43): 289-386.

Rix E M. 2001. *Fritillaria*: A revised classification. Edinburgh: The *Fritillaria* Group of the Alpine Garden Society: 151-171.

Rønsted N, Law S, Thornton H, et al. 2005. Molecular phylogenetic evidence for the monophyly of *Fritillaria* and *Lilium* (Liliaceae; Liliales) and the infrageneric classification of *Fritillaria*. Molecular Phylogenetics and Evolution, 35(3): 509-527.

Tan D Y, Zhang Z, Li X R, et al. 2005. Restoration of the genus *Amana* Honda (Liliaceae) based on a cladistic analysis of morphological characters. Acta Phytotaxon Sin, 43(3): 262-270.

Veldkamp J F, Zonneveld B J M. 2012. The infrageneric nomenclature of *Tulipa* (Liliaceae). Plant Systematics and Evolution, 298(1): 87-92.

Wang W T. 2002. A revision of *Clematis* sect. Cheiropsis (Ranunculaceae). Acta Phytotaxonomica Sinica, 40(3): 193-241.

Wang W T. 2004a. A revision of *Clematis* sect. Aspidanthera s.l. (Ranunculaceae). Acta Phytotaxonomica Sinica, 42(1): 1-72.

Wang W T. 2004b. A revision of *Clematis* sect. Brachiatae (Ranunculaceae). Acta Phytotaxonomica Sinica, 42(4): 289-332.

Wang W T. 2006. A revision of *Clematis* sect. Naraveliopsis (Ranunculaceae). Acta Phytotaxonomica Sinica, 44(6): 670-699.

Wang W T, Xie L. 2007. A revision of *Clematis* sect. Tubulosae (Ranunculaceae). Acta Phytotaxonomica Sinica, 45(4): 425-457.

中文名索引

C

D

E

F

G

H

J

M

N

O

P

Q

R

S

T

W

X

Y

Z

学名索引

A

B

C

D

E

F

G

H

I

K

L

M

N

O

P

R

S

T

U

X

Z